行列の関数とジョルダン標準形

【増補改訂版】

千葉克裕　著

サイエンティスト社

恩師

故 木村俊房 先生

にささぐ

――

追慕と深い敬愛の想いをこめて

まえがき

本書は大学の理工系学部での初年級程度の線形代数学と解析学の基礎的事項を一応は学習された読者を対象に，《行列変数の関数》とその応用について，多くの例題を含めて丁寧にわかり易く述べた入門書である．1つの正方行列 A が与えられたとき，ある条件をみたすスカラー変数 z の（複素数値）関数 $f(z)$ に対して，行列 $f(A)$ を合理的に定義し —— その代表的なものが行列変数の指数関数 e^A である —— かつそれを具体的に計算すること，また，行列を変数とするこのような関数に関連する基本的なことがらをまとめて，以下では便宜的に《行列変数の関数の初等的理論》とよぶことにする．

行列変数の関数の初等的理論は通常の線形代数の範囲に収まるものであり，微分・積分との結びつきも深いので，線形代数と解析の双方の学習のより良い動機づけになると考えられる．本書はこの立場から，線形代数をひと通り学んではみたもののもう少し線形代数と解析とが密接に結びついた部分を学びたいと思われる読者のために書かれたものである．

とくに，第1章と第2章は Jordan 標準形以前の知識で容易に理解できるという事実は大いに強調する価値があるだろう．なぜなら，定数係数の線形常微分方程式系あるいは線形差分方程式系に効果的に活用される行列変数の関数 —— すなわち e^{tA} あるいは A^n —— は，Jordan 標準形に頼ることなく簡便に求めることができて，読者の興味と関心を高め，学習意欲を強めてくれると思われるからである．この意味で行列変数の関数の初等的理論とその応用は Jordan 標準形を学ぶまえに線形代数学と初等解析学の有難味と面白さの両方を十分に味わわせてくれる，と言ってもよいのではないだろうか．

また，関数解析学，量子力学などでは一般に無限次元空間における作用素の関数が必要欠くべからざる役割を果たしているが，それらの多くはすべて有限次元の線形空間での線形作用素 —— すなわち行列 —— を変数とする関数を一般化したものであるといってよい．とくに，作用素解析などにおいて見られる多くの重要な命題は行列の関数の初等的理論の中にその原型が見い出される（§ 16 参照）．したがって，この視点からも行列の関数について一応の理解を深めておくことは決して無駄なことではないと思う．

第1章では行列の関数の初等的理論を述べ，第2章ではその初等的な応用について平易に解説した．§ 14~16 では読者に複素関数論の初歩的な知識を仮定しているが，複素関数論に馴染みのない読者はそこを読みとばしてもそのあとの理解のさまたげになることはない．はじめの2つの章では読者に Jordan 標準形に関する知識は仮定していない．

第 3 章では，行列の演算に関連して恐らく多くの読者が一度は関心をもって考えてみたであろう行列のベキ根について述べた．ここではどうしても Jordan 標準形についての知識が必要になる，というよりもむしろ，Jordan 標準形が最も有効に活用される．そのため，Jordan 標準形に馴染みの薄い読者の便宜をはかる意味も含めて，第 4 章では 1 次変換から説き起こし，代数的および幾何的な 2 通りの方法による Jordan 標準形の構築法まで，できるかぎり詳しく丁寧な解説を試みた．Jordan 標準形の解説はたしかに第 3 章への準備としての意味をもっているが，これによって「行列の関数」を主題とする本書の一貫した流れを中断したくなかったことと，それ自体にも独立した性格を持たせたかったため，これを最後の章とした．第 4 章は，すでに Jordan 標準形まで学習された読者にとっても復習に利用できるであろう．

今日，線形代数とその応用に関して無数といえる程の書物が出版され，それぞれにさまざまな教育的な配慮・工夫が凝らされているようであるが，行列を変数とする関数について何らかの形にまとめられた初等的な入門書は今までに全く見られなかったように思われる．それゆえ，本書が線形代数の副読本として単に読者の個人的な興味をかきたてるだけに留まらず，教育的な面においても多少とも存在価値を見出すことができて，さらにより高度な数学の学習への橋渡しの役割を果たしてくれれば著者にとってこの上ない喜びである．

おわりに，年来の畏友：早稲田大学教授 佐藤總夫氏および東京大学教授 岡本和夫氏のご厚情に対して衷心からの感謝を捧げるものである．本書の原稿はほぼ 2 年前にできあがり著者は早速両氏に原稿の閲読をお願いしたところ，当時佐藤總夫氏はご自身の著作をしばしば中断されてまで，また，岡本和夫氏は内外の大学における教育・研究と日本数学会の理事長として公私にわたる激務の中にあって，本書の原稿の閲読を快く引き受けられ多くの有益な示唆と助言を与えて下さった．

本書は，個人的な思い入れのかなり強い内容といささか特殊な出版形態にこだわる著者のわがままを敢えてご海容下さったサイエンティスト社々長 大野満夫氏の多大のご厚意と英断によって陽の目を見ることができた．ここに深く感謝申し上げる次第である．

1998 年 3 月 22 日　　著者

☆　本書は著者が数学用ワープロ SPE（岩波ソフトウェアライブラリ）によって作成した A4 版の原稿を NEC レーザプリンタ MultiWriter 1000EW で出力したものを B5 版に縮小してそのままオフセット印刷したものである．ただし，図版は別途に作成したものである．

なお，SPE に関してはお茶の水女子大学理学部情報科学科の浅本紀子氏に種々ご教示いただいたこと，岩波書店編集部の宮内久男氏にもなにかとお世話になったことをここに記して厚く御礼申し上げる．

増補改訂版の　まえがき

1998 年に本書の初版を世に出して早くも 12 年近い歳月が過ぎ去ろうとしています．その間，2006年の夏には初版の出版に尽力された（株）サイエンティスト社々長 大野満夫氏が急逝されたことは誠に悲しく残念なことでした．このような事情で同社は一旦解散しましたが，間もなく 中山昌子氏が代表取締役になられて，社名もそのままに（株）サイエンティスト社として復活し，旧社が出版した多くの良書が救われたのは不幸中の幸でありました．このたび，初版の増補改訂版を出版できましたのは著者にとってこの上もない大きな喜びでありますが，これはひとえに中山昌子氏のご厚情によるものであり，氏と図版の作成その他で何かと終始お世話になりました添田かをりさんに深く感謝いたします．

この新版では，初版に見られた誤植等をすべて修正した上で全体を見直し，いくつかの例を付け加え，新たに§29，§30，§31 を加えて付録としました．初版の§13 には 2 つの項目（へ），（ト）を補充し，（へ）で証明を省略した変係数の同次線形連立微分方程式の解の存在定理の証明を§29 で与えておきました．また，§30，§31 では実変数の行列値関数の乗法的積分（Multiplicative integral，Produkt-Integral）に関連する基本的事項を述べました．

本書の初版は，その内容も出版の形態も，かなり風変わりなものであったにも拘わらず，著者の恩師，先輩，友人，読者から誤植のご指摘あるいは，ご感想，ご意見，さらには温かい励ましのお手紙まで頂戴することができましたのは，何よりも嬉しいことでした．ここで皆様に厚く御礼申し上げます．

とくに，東海大学名誉教授（元理学部数学科教授）渡辺 宏氏は初版を綿密に閲読され，多くの誤植・不備等をご教示下さいました．氏のお蔭によって，この新版ではこれらの個所をすべて修正することができましたことは，まことに有難く，幸いなことであります．この機会を借りて渡辺 宏氏のご厚情に心からの感謝を捧げます．

２０１０年５月１７日　　　　著者

☆　この新版も，初版のときと同様に，著者が元立教大学教授 故島内剛一氏が独自に開発された数学用ワープロSPE ver.1，ver.2（岩波ソフトウェアライブラリ．1988年）によって作成したＡ４版の原稿をＮＥＣレーザプリンタMultiWriter 1000ＥＷで出力したものをＢ5版に縮小してそのまま写真製版により印刷したものである．ただし，図版は別に作成した．

目　次

まえがき（初版の）
まえがき（増補改訂版の）

第 1 章　行列の関数の初等的理論（1~58）
§ 1．行列の無限級数の収束と極限（1~6）
§ 2．行列のスペクトル上で定義された関数（7~13）
§ 3．Lagrange-Sylvester の補間多項式（14~22）
§ 4．基幹行列と行列の関数に対する基本公式（23~32）
§ 5．基幹行列 Z_{jk} の基本的性質（33~39）
§ 6．基幹行列 Z_{j1}, Z_{j2} の特徴づけと行列 $f(A)$ の一般形（40~44）
§ 7．行列の関数の列の収束と極限（45~50）
§ 8．行列の関数の関数関係（51~58）

第 2 章　行列の関数の応用 I（59~122）
§ 9．行列の平方根と立方根（59~63）
§ 10．行列の代数方程式の解（64~73）
§ 11．定数係数の線形同次差分方程式への応用（74~80）
§ 12．実変数の行列値関数の微分と積分（81~84）
§ 13．定数係数の実変数線形常微分方程式への応用（85~99）
§ 14．複素変数関数論からの初等的な準備（100~107）
§ 15．行列の正則関数の積分表示（108~114）
§ 16．行列の関数の積分表示の応用例（115~122）

第 3 章　行列の関数の応用 II（123~170）
§ 17．行列方程式 $AX=XB$ の一般解（123~132）
§ 18．与えられた行列と可換な行列の一般形（133~139）
§ 19．行列 $f(A)$ の単純単因子（140~148）
§ 20．正則な行列のベキ根（149~156）
§ 21．正則でない行列のベキ根（157~166）
§ 22．行列の自然対数（167~170）

第 4 章　1 次変換と Jordan 標準形（171~228）
§ 23．1 次変換とその表現行列（171~178）
§ 24．固有多項式と最小多項式（179~184）

§25．行列の基本変形とSmith標準形（185~198）
§26．固有空間と一般固有空間（199~205）
§27．Jordan 標準形の構築（206~216）
§28．いくつかの簡単な例とまとめ（217~228）

付録（229~244）
§29．変係数の同次線形連立微分方程式の解の存在（229~232）
§30．行列値関数の乗法的積分と乗法的微分（233~239）
§31．乗法的積分の一般化（240~244）

記号一覧（245~246）
参考書（初版の）（247）
参考書（増補改訂版の）（248）
索引（249~251）

第1章　行列の関数の初等的理論

§1. 行列の無限級数の収束と極限.

本書では，用語または概念の定義には，実線による下線を付し，読者の注意を促したり，著者が強調したい個所，重要と思われる個所には波型の下線を使用することにした.

いま，任意の n 次行列（行列成分は一般に複素数とする）

$$A=\begin{pmatrix} a_{11} & a_{12} & \cdots & a_{1n} \\ a_{21} & a_{22} & \cdots & a_{2n} \\ \vdots & \vdots & \cdots\cdots & \vdots \\ a_{n1} & a_{n2} & \cdots & a_{nn} \end{pmatrix}$$

が与えられたとしよう. 別に，複素数体（複素平面）$\boldsymbol{C}$ のある部分集合 D で定義された1つの複素数値関数 $f: D \longrightarrow \boldsymbol{C}\,(D \subseteqq \boldsymbol{C})$ があるとする. そうすれば，どんな複素数 $z \in D$ に対しても，$f(z)$ は1つの複素数として確定する. この場合，$f(z)$ がどのような関数ならば，“z に行列 A を代入“して，$f(A)$ に行列としての意味を持たせることができるだろうか?

まず，誰でもすぐに思いつくのは，関数 f が z の多項式，すなわち

(1) $$f(z)=c_0+c_1z+c_2z^2+\ldots+c_{m-1}z^{m-1}+c_mz^m$$

の場合（係数 $c_0, c_1, \ldots$ は一般に複素数とする）であろう. この場合には，もちろん

$$f(A)=c_0I+c_1A+c_2A^2+\ldots+c_{m-1}A^{m-1}+c_mA^m$$

と定義するのが自然である（ただし，I は n 次の単位行列とする）.

この考えをもう一歩進めて，関数 f が収束するようなベキ級数で与えられているとき，たとえば，$f(z)$ が収束半径無限大の z のベキ級数 $\sum_{k=0}^{\infty} c_k z^k$ である場合には，行列のベキ級数

(2) $$c_0I+c_1A+c_2A^2+\ldots+c_kA^k+\ldots.$$

を利用して，

$$f(A)=c_0I+c_1A+c_2A^2+\ldots+c_kA^k+\ldots.=\sum_{k=0}^{\infty} c_kA^k$$

と定義することはできないであろうか? もちろんこの場合，前もって何らかの方法ですべての正の整数 k に対して A^k が求められねばならない.

良く知られた初等超越関数 e^z, $\cos z$, $\sin z$ あるいは $\log z$ などは z のベキ級数で表わされるから，いま述べたようにこれらのベキ級数におけるスカラー変数 z を n 次行列 A で置き換えることにより，e^A, $\cos A$, $\sin A$, $\log A$ などが定義できるのではないだろうか. しかし，行列 A のベキ級数 (2) の場合には，多項式 (1) の場合と違って，当然 (2) が“収束“してくれるかどうかが問題になるだろう. このようなわけで，これからまずはじめに，一般に n 次行列の無限列 $(A_k)_{k=1}^{\infty}$ が収束するとはどういうことであるかを定義する.

定義 1. n 次(複素)行列の無限列

$$A_1, A_2, \ldots, A_k, \ldots\ldots$$

が収束するというのは,行列 A_k の (i,j) 成分を $a_{ij}^{(k)}$ とするとき,すべての i,j $(1 \leqq i \leqq n, 1 \leqq j \leqq n)$ に対して n^2 個の数列 $(a_{ij}^{(k)})_{k=1}^{\infty}$ が収束すること,すなわち

$$\lim_{k\to\infty} a_{ij}^{(k)} \quad (i, j = 1, 2, \ldots, n)$$

が存在することである.したがって,よく知られたCauchyの収束条件によれば,行列の無限列 $(A_k)_{k=1}^{\infty}$ が収束するための必要十分条件は,すべての i,j $(=1, 2, \ldots, n)$ に対して

$$\lim_{l,m\to\infty} \left| a_{ij}^{(l)} - a_{ij}^{(m)} \right| = 0$$

となることである.$(A_k)_{k=1}^{\infty}$ が収束するとき,極限値

$$\lim_{k\to\infty} a_{ij}^{(k)} = a_{ij} \quad (i, j = 1, \ldots, n)$$

を (i,j) 成分とする n 次行列 $A = [a_{ij}]$ を行列の無限列 $(A_k)_{k=1}^{\infty}$ の極限であるといい,

$$A = \lim_{k\to\infty} A_k$$

と書く.通常の級数の場合と全く同様にして,“行列の無限級数の和“を次のように定義しよう:

定義 2. n 次行列 A_k $(k = 1, 2, \ldots)$ を項とする無限級数

$$\sum_{k=1}^{\infty} A_k = A_1 + A_2 + \ldots + A_k + \ldots$$

が収束するというのは,この級数の m 項までの部分和:

$$S_m = A_1 + A_2 + \ldots + A_m = \sum_{k=1}^{m} A_k$$

からつくられる行列の無限列 $(S_m)_{m=1}^{\infty}$ が収束することである.また,$S = \lim_{m\to\infty} S_m$ となるとき,

S を級数 $\sum_{k=1}^{\infty} A_k$ の和といい,次のように書き表わす:

$$S = \sum_{k=1}^{\infty} A_k$$

これは要するに,S, A_k の (i,j) 成分をそれぞれ s_{ij}, $a_{ij}^{(k)}$ とするとき,すべての i,j $(1 \leqq i \leqq n, 1 \leqq j \leqq n)$ に対して,

$$s_{ij} = \sum_{k=1}^{\infty} a_{ij}^{(k)}$$

となることに他ならない.つぎに,簡単な定理を証明しておこう.

定理 1. z のベキ級数 $\sum_{k=0}^{\infty} c_k z^k$ の収束半径が無限大――すなわち,このベキ級数がすべての $z \in \mathbf{C}$ に対して収束する――ならば,任意の n 次行列 A に対して,行列の無限級数:

$$\sum_{k=0}^{\infty} c_k A^k = c_0 I + c_1 A + c_2 A^2 + \ldots + c_k A^k + \ldots$$

は収束する．

証明． $A^k = \left[a_{ij}^{(k)}\right]$ ($k=0,1,2,\ldots$；ただし，$A^0 = I$) としよう．$A = A^1$ の行列成分 $a_{ij}^{(1)}$ に対して，

$$\left|a_{ij}^{(1)}\right| \leqq r \ (i, j = 1, 2, \ldots, n)$$

となるような正の数 r を任意に 1つとることにする．そうすれば，行列の積の定義から明らかなように，A^2 の成分 $a_{ij}^{(2)}$，A^3 の成分 $a_{ij}^{(3)}$ の絶対値に関して，順次に次の 2 つの不等式が成り立つことがわかる：

$$\left|a_{ij}^{(2)}\right| = \left|\sum_{k=1}^{n} a_{ik}^{(1)} a_{kj}^{(1)}\right| \leqq \sum_{k=1}^{n} \left|a_{ik}^{(1)}\right| \cdot \left|a_{kj}^{(1)}\right| \leqq n r^2,$$

$$\left|a_{ij}^{(3)}\right| = \left|\sum_{k=1}^{n} a_{ik}^{(2)} a_{kj}^{(1)}\right| \leqq \sum_{k=1}^{n} \left|a_{ik}^{(2)}\right| \cdot \left|a_{kj}^{(1)}\right| \leqq n^2 r^3.$$

これより一般に，数学的帰納法により，不等式

$$\left|a_{ij}^{(k)}\right| \leqq n^{k-1} r^k \quad (k=1,2,\ldots).$$

が得られる．ゆえに，すべての $i, j = 1, 2, \ldots, n$ に対して，次の不等式が成り立つ：

$$\sum_{k=1}^{\infty} \left| c_k a_{ij}^{(k)} \right| \leqq \frac{1}{n} \sum_{k=1}^{\infty} |c_k| (nr)^k.$$

仮定よりこの右辺の級数は収束するから，けっきょく，$\sum_{k=0}^{\infty} c_k A^k$ のすべての成分が絶対収束することがわかった．これで，定理が証明された．なお，いま見たように，$\sum_{k=0}^{\infty} c_k A^k$ のすべての成分が絶対収束するとき，行列のベキ級数 $\sum_{k=0}^{\infty} c_k A^k$ は絶対収束するという．

定義 3．定理 1 により，収束半径が無限大のベキ級数によって定められる関数

$$f(z) = \sum_{k=0}^{\infty} c_k z^k$$

に対して，

$$f(A) = \sum_{k=0}^{\infty} c_k A^k$$

と定義する．

例 1．関数 e^z，$\sin z$，$\cos z$ の展開式：

$$e^z = \exp z = 1 + \frac{1}{1!} z + \frac{1}{2!} z^2 + \ldots + \frac{1}{k!} z^k + \ldots\ldots,$$

$$\sin z = z - \frac{1}{3!} z^3 + \frac{1}{5!} z^5 + \ldots + (-1)^k \frac{1}{(2k+1)!} z^{2k+1} + \ldots\ldots,$$

$$\cos z = 1 - \frac{1}{2!} z^2 + \frac{1}{4!} z^4 - \ldots + (-1)^k \frac{1}{(2k)!} z^{2k} + \ldots\ldots$$

はすべての複素数 $z \in \boldsymbol{C}$ について収束するから，定理 1 により，任意の n 次行列 A に対して

(3) $$e^A = \exp A = \sum_{k=0}^{\infty} \frac{1}{k!} A^k, \quad \sin A = \sum_{k=0}^{\infty} (-1)^k \frac{1}{(2k+1)!} A^{2k+1},$$

$$\cos A = \sum_{k=0}^{\infty} (-1)^k \frac{1}{(2k)!} A^{2k}$$

として，行列 A の関数 $e^A(=\exp A)$，$\sin A$，$\cos A$ が定義される．さらにまた，t をスカラー変数として，A の代わりに行列 tA を考えれば，上式からただちに

(4) $$e^{tA} = \exp(tA) = \sum_{k=0}^{\infty} \frac{t^k}{k!} A^k, \quad e^{0A} = \exp(0A) = e^O = I \text{（単位行列）}$$

(5) $$\sin(tA) = \sum_{k=0}^{\infty} (-1)^k \frac{t^{2k+1}}{(2k+1)!} A^{2k+1}, \quad \sin(0A) = O \text{（零行列）}$$

(6) $$\cos(tA) = \sum_{k=0}^{\infty} (-1)^k \frac{t^{2k}}{(2k)!} A^{2k}, \quad \cos(0A) = I$$

が得られる．これら 3 つの等式の右辺の行列のベキ級数はいずれも，t のすべての値に対して絶対収束し，t の値を決めるごとに 1 つの行列を定める．言い換えると，これらはスカラー変数 t の行列値関数，すなわち t の関数を成分とする行列である．

t を変数とする行列値関数 $\exp(tA)$ は応用上とくに重要であり，行列の関数の応用としてこのあと第 2 章でたびたび活用する．

行列 A^k の (i,j) 成分を $a_{ij}^{(k)}$，$\exp(tA)$ の (i,j) 成分を $s_{ij}(t)$ とすれば，

$$s_{ij}(t) = \sum_{k=0}^{\infty} \frac{t^k}{k!} a_{ij}^{(k)}$$

で，右辺の級数は t のすべての値に対して収束するから，t について何回でも項別微分可能である．同様に，行列 $\cos(tA)$，$\sin(tA)$ の各成分も t について何回でも項別微分可能である．

定義 1 で述べた行列の無限列 $(A_k)_{k=1}^{\infty}$ の収束と極限の定義に対応して，こんどは一般に，ある区間 Q で定義された実変数 t の n 次の行列値関数

$$A(t) = \begin{pmatrix} a_{11}(t) & a_{12}(t) & \dots & a_{1n}(t) \\ a_{21}(t) & a_{22}(t) & \dots & a_{2n}(t) \\ \vdots & \vdots & \cdots\cdots & \vdots \\ a_{n1}(t) & a_{n2}(t) & \dots & a_{nn}(t) \end{pmatrix} \quad (t \in Q)$$

に対して，その収束と極限の定義を述べておこう．いま，$t \to t_0$（ただし，$t, t_0 \in Q$）のとき，すべての $j, k = 1, 2, \dots, n$ に対して n^2 個の極限値

(7) $$\lim_{t \to t_0} a_{jk}(t) = a_{jk}$$

が存在するならば，a_{jk} を (j,k) 成分とする n 次行列を $A = [a_{jk}]$ とおいて，行列値関数 $A(t)$ は $t \to t_0$ のとき行列 A に収束するという．また，この関係を

$$\lim_{t \to t_0} A(t) = A$$

と書く．このとき，行列式の定義から明らかなように行列式（の値）は行列成分の連続関数であ

るから，(7)から等式 $\lim_{t \to t_0} \{\det A(t)\} = \det A$ が得られる（det＊は行列＊の行列式を表わす）．さらに，すべての $j, k=1, 2, \ldots, n$ に対して，$a_{jk}(t)$ が区間 Q で連続ならば，$A(t)$ は Q で連続であるという．この場合，任意の $t_0 \in Q$ に対して，

$$\lim_{t \to t_0} a_{jk}(t) = a_{jk}(t_0) \quad (t \in Q; j, k=1, 2, \ldots, n)$$

であるから，$A(t)$ は $A(t_0)$ に収束し，

$$\lim_{t \to t_0} A(t) = A(t_0)$$

と書くことができる．この場合も $\lim_{t \to t_0} \{\det A(t)\} = \det A(t_0)$ となることはいうまでもない．実変数 t の行列値関数の微分・積分については第 2 章（§ 12）で詳しく述べることにする．なお，これからは，e^z と $\exp z$ とをそのときどきの状況に応じて便宜的に使い分けるが，多くの場合，e^z の方を使うことにする．

例 2．任意のスカラー z_1, z_2 について成り立つ指数法則 $e^{z_1+z_2}=e^{z_1}e^{z_2}$ は，z_1, z_2 を行列でおきかえたときには一般に成り立たないことを注意しておこう．

実際，$A=\begin{pmatrix} 0 & 1 \\ 0 & 0 \end{pmatrix}$，$B=\begin{pmatrix} 0 & 0 \\ 1 & 0 \end{pmatrix}$ の場合，

$$(A+B)^k = \begin{pmatrix} 0 & 1 \\ 1 & 0 \end{pmatrix}^k = \begin{cases} I & (k \text{ が偶数のとき}), \\ A+B & (k \text{ が奇数のとき}) \end{cases}$$

となるから，定義式(3)によって次式が得られる：

$$e^{A+B} = \sum_{k=0}^{\infty} \frac{(A+B)^k}{k!} = \sum_{k=0}^{\infty} \frac{1}{(2k)!} I + \sum_{k=0}^{\infty} \frac{1}{(2k+1)!}(A+B)$$

$$= \begin{pmatrix} \displaystyle\sum_{k=0}^{\infty} \frac{1}{(2k)!} & \displaystyle\sum_{k=0}^{\infty} \frac{1}{(2k+1)!} \\ \displaystyle\sum_{k=0}^{\infty} \frac{1}{(2k+1)!} & \displaystyle\sum_{k=0}^{\infty} \frac{1}{(2k)!} \end{pmatrix} = \begin{pmatrix} \cosh 1 & \sinh 1 \\ \sinh 1 & \cosh 1 \end{pmatrix}.$$

ただし，ここで cosh，sinh はそれぞれ双曲線余弦関数，双曲線正弦関数を表わし，これらは次式で定義されるものである：

$$\cosh z = \frac{e^z + e^{-z}}{2} = \sum_{k=0}^{\infty} \frac{z^{2k}}{(2k)!}, \quad \sinh z = \frac{e^z - e^{-z}}{2} = \sum_{k=0}^{\infty} \frac{z^{2k+1}}{(2k+1)!}.$$

これより，$\cosh 1 \fallingdotseq 1.54$，$\sinh 1 \fallingdotseq 1.17$ となることがわかる．他方，$A^2=O$，$B^2=O$ であるから，$e^A=I+A$，$e^B=I+B$ より，

$$e^A e^B = (I+A)(I+B) = I+A+B+AB = \begin{pmatrix} 2 & 1 \\ 1 & 1 \end{pmatrix}$$

となる．ゆえに，明らかに $e^{A+B} \neq e^A e^B$ である．

一般に，n 次行列 A, B に対して $e^{A+B}=e^A e^B$ となるためには，A と B とが可換すなわち $AB=BA$ でなければならない．その証明は § 12 の定理 2 で与えることにする．

さて，上で見てきたように，ベキ級数の収束半径が無限大のときには，任意に正方行列 A が与えられたとき，このベキ級数が定める関数 $f(z)$ に対して行列 $f(A)$ を定義することができたが，収束半径が有限のベキ級数 $f(z)=\sum_{k=0}^{\infty} c_k z^k$ の場合にはどうであろうか?

次の定理が成り立つことが，§7 の例 3 において，もっと一般的な立場から証明される．

定理 2．行列 A のすべての固有値が z のベキ級数 $\sum_{k=0}^{\infty} c_k z^k$ の収束円内にあるならば，行列 A のベキ級数 $\sum_{k=0}^{\infty} c_k A^k$ は収束する．したがって，この場合には，関数 $f(z)=\sum_{k=0}^{\infty} c_k z^k$ に対して，$f(A)=\sum_{k=0}^{\infty} c_k A^k$ と定義することができる．

それでは，ベキ級数では定義されないようなもっと一般な関数(たとえば有限回しか微分できないような関数) $f(z)$ に対して，果たして行列 A の関数 $f(A)$ を定義することは可能であろうか？ また，そのためには関数 $f(z)$ はどのような条件をみたさねばならないか？ さらに，具体的に 1 つの行列 A が与えられたときに，$f(A)$ を実際に計算するにはどうしたらよいだろうか？ たとえば，等式(3) によって行列 e^A を求めるためには，前もってすべての正の整数 k に対して A^k を求めておく必要があるが，この計算はどのようにしたらよいであろうか？ また，e^A をベキ級数によらずに計算する方法はないであろうか？つぎの §2 からは，このようなことがらについて学んでいくことにする．

【注 1】 例 1 においてはスカラー変数 z の関数 $e^z, \sin z, \cos z$ に対して “行列 A の関数“ e^A, $\sin A$, $\cos A$ を定義したが，このようにして得られた “行列の関数 “がこの場合にも，スカラー関数として本来持っていた性質を持ち続けてくれるであろうか?．たとえば，スカラー変数 z に対して成り立つ恒等式 $\sin^2 z+\cos^2 z=1$ が，z を任意の 正方行列 A で置き換えたときにも $\sin^2 A+\cos^2 A=I$ (I は単位行列) の形の等式として保存されるだろうか？ 数学的な常識からは保存されることが望ましいことは当然である．

一般に，スカラー変数 z のいくつかの関数 $f_1(z)$，$f_2(z)$，…，$f_p(z)$ の間に成り立つ関数関係 $F(f_1(z), f_2(z), \dots, f_p(z))=0$ があるとき，与えられた正方行列 A に対してどのような条件のもとで行列 $f_1(A)$，$f_2(A)$，…，$f_p(A)$ の間にも同じ関係:

$$F(f_1(A), f_2(A), \dots, f_p(A))=O \quad (O \text{ は } n \text{ 次の零行列})$$

が成り立つであろうか？ この問題は §8 において論じられる．

【注 2】周知のように，ベキ級数は解析関数の局所的な表示であり，与えられた解析関数 $f(z)$ に対して，行列の関数 $f(A)$ をベキ級数による局所的な表示から離れて定義する方法は，つぎの §2 で述べる．また §15 では，さらに別の方法による $f(A)$ の表示法について述べる．

§ 2. 行列のスペクトル上で定義された関数.

n 次(複素)行列 A の相異なる固有値を $\lambda_1, \lambda_2, \ldots, \lambda_s$ とし，A の固有多項式を

$$\Phi_A(z) = (z-\lambda_1)^{n_1}(z-\lambda_2)^{n_2}\ldots(z-\lambda_s)^{n_s},$$

A の最小多項式を

$$\Psi_A(z) = (z-\lambda_1)^{m_1}(z-\lambda_2)^{m_2}\ldots(z-\lambda_s)^{m_s}$$

としよう．したがって，$n_1+n_2+\ldots+n_s=n$ であり，$1 \leqq m_k \leqq n_k$ ($k=1,2,\ldots,s$) である．

これからは，本書全体を通して，行列 A の固有多項式はつねに Φ_A で，最小多項式はつねに Ψ_A で表わす(固有値，固有多項式，最小多項式については，§ 24 のB]を参照のこと)．また，行列 A の固有値の集合 $\{\lambda_1, \lambda_2, \ldots, \lambda_s\}$ は A のスペクトルと名づけ，これを $\sigma(A)$ で表わすことにする．とくに，n_j, m_j をそれぞれ固有値 λ_j の代数的重複度(または単に重複度)，幾何的重複度とよぶ(ただし，後者は本書でのみ便宜的に用いる)．

$p(z), q(z)$ を z の多項式とすれば，§ 1 のはじめに述べたように，z に行列 A を代入することによって，行列 $p(A), q(A)$ を考えることができる．このとき，$p(A)=q(A)$ となるのはどのような場合であるかを考えてみよう．

いま，$p(A)=q(A)$ となったとしよう．そうすれば，$r(z)=p(z)-q(z)$ とおいたとき，$r(A)=p(A)-q(A)=O$ (零行列)となるから，$r(z)$ は行列 A の零化多項式である．したがって，$r(z)$ は A の最小多項式 $\Psi_A(z)$ で割り切れなければならない(§ 24 の B] 参照)．ゆえに，$\lambda_1, \lambda_2, \ldots, \lambda_s$ はすべて $r(z)=0$ の解(根)でなければならい．しかもこのとき，$r(z)=0$ の解としての λ_j ($j=1,2,\ldots,s$) の重複度は m_j より小さくはないから，

(1) $$r(\lambda_j)=r'(\lambda_j)=r''(\lambda_j)=\ldots=r^{(m_j-1)}(\lambda_j)=0 \ (1 \leqq j \leqq s)$$

となるはずである．ところが，$r(z)=p(z)-q(z)$ であったから，(1)は

(2) $$p(\lambda_j)=q(\lambda_j),\ p'(\lambda_j)=q'(\lambda_j),\ \ldots,\ p^{(m_j-1)}(\lambda_j)=q^{(m_j-1)}(\lambda_j) \quad (1 \leqq j \leqq s)$$

を意味する．ゆえに，$p(A)=q(A)$ ならば(2)が成り立たねばならないことがわかった．

逆に，2つの多項式 $p(z), q(z)$ に対して条件(2)が成り立っていれば，多項式 $r(z)=p(z)-q(z)$ に対して(1)が成り立つことになり，$r(z)=0$ の解としての λ_j の重複度は m_j より小さくはないことがわかる．したがって，$r(z)$ は行列 A の最小多項式 $\Psi_A(z)$ によって割り切れなければならない．すなわち，ある多項式 $r_1(z)$ が存在して

$$r(z)=r_1(z)\Psi_A(z)$$

となる．したがって，

$$p(A)-q(A)=r(A)=r_1(A)\Psi_A(A)=r_1(A)O=O$$

となって，$p(A)=q(A)$ が得られる．以上のことがらを定理としてまとめておこう．

定理 1．2つの多項式 $p(z), q(z)$ に対して $p(A)=q(A)$ となるための必要十分条件は，A の各固有値 λ_j ($j=1,2,\ldots,s$) に対して，等式(2)が成り立つことである．ただし，m_j は A の最小多項式の零点としての λ_j の重複度(すなわち幾何的重複度)である．

ここで，次のような定義を与えることにする．

定義 1. 関数 $f(z)$ が行列 A のスペクトル $\sigma(A)$ 上で定義されているというのは，$f(z)$ が $\sigma(A)$ を含む（複素平面上の）ある開集合（連結集合の必要はない）で定義され，しかも各固有値 $z=\lambda_j$ ($j=1,2,\ldots,s$) において m_j-1 回微分可能なことである．ただし，m_j は行列 A の固有値 λ_j の幾何的重複度である．このとき，$m=m_1+m_2+\ldots+m_s$ 個の値

$$f(\lambda_j),\ f'(\lambda_j),\ \ldots,\ f^{(m_j-1)}(\lambda_j)\quad (j=1,2,\ldots,s)$$

を A のスペクトル上での f の値といい，これを $f[\sigma(A)]$ で表わすことにしよう．

とくに，A の最小多項式が相異なる 1 次因子の積に分解されるとき，すなわち，$m_1=m_2=\ldots=m_s=1$ ($s=n$) の場合には，関数 $f(z)$ が A のスペクトル上で定義されているということは，$f(z)$ が A の各固有値 $z=\lambda_k$ ($k=1,2,\ldots$) において定義されているだけでよいことになる（微分可能性は必要でない）．

つぎに，A のスペクトル上で定義された 2 つの関数 f，g に対して，

(3)
$$f(\lambda_j)=g(\lambda_j),\ f'(\lambda_j)=g'(\lambda_j),\ \ \ldots\ \ ,f^{(m_j-1)}(\lambda_j)=g^{(m_j-1)}(\lambda_j)\quad (j=1,\ldots,s)$$

となるとき，f と g とは A のスペクトル上で等しい値を取る，あるいは，A のスペクトル上での f の値と g の値は一致する，ということにし，このことを

$$f[\sigma(A)]=g[\sigma(A)]$$

と書くことにしよう．とくに $f^{(k)}(\lambda_j)=0$ ($k=0,\ldots,m_j-1;\ j=1,\ldots,s$) であるときには，関数 f は A のスペクトル上で 0 になるといい，$f[\sigma(A)]=0$ と書くことにする．

【注 1】 一般に，$f(z)$ は複素変数 z の複素数値関数であるから $f^{(k)}(\lambda_j)$ ($k=1,2,\ldots$) は複素関数としての逐次微係数を意味している．しかし，実変数の実数値関数の微分法にしかなじみのない読者は，$f(z)$ を実変数 z の実数値関数，固有値はすべて実数と考えてこの先を読み進まれても述べられていることがらの本質的な理解をさまたげられることは全くない．

定理 1 をいま定義した言葉を用いて言い換えれば，つぎのようになる．

定理 2. $p(z)$，$q(z)$ を z の多項式とするとき，行列 A に対して $p(A)=q(A)$ となるための必要十分条件は，A のスペクトル上での p の値と q の値が一致すること，すなわち，

$$p[\sigma(A)]=q[\sigma(A)]$$

となることである．

なお，条件（1）は多項式 $r(z)$ が A の最小多項式 $\Psi_A(z)$ で割り切れるための必要十分条件であるから，このことを別の形に言い換えると次のようになる：

系 1. 多項式 $r(z)$ が A のスペクトル上で 0 になるための必要十分条件は，$r(z)$ が A の最小多項式 $\Psi_A(z)$ によって割り切れることである．このとき $r(z)$ は A の零化多項式になる．

A のスペクトル $\sigma(A)$ 上で定義された関数全体の集合を $\mathscr{F}_\sigma[A]$ で表わすことにしよう．言うまでもなく，$\mathscr{F}_\sigma[A]$ にはすべての多項式が含まれる．また，ベキ級数によって定義された関数はその収束円内の各点で何回でも微分可能であるから，$\sigma(A)$ をその収束円内に含むような

ベキ級数で定義された関数はすべて $\mathscr{F}_\sigma[A]$ に属する．もっと一般に，$\sigma(A)$ を含むような開集合で定義された解析関数など（関数によってその定義域が変わってよい）も $\mathscr{F}_\sigma[A]$ に含まれる．

さて，$f\in\mathscr{F}_\sigma[A]$ とし，この関数 $f(z)$ に対して次の等式をみたすような多項式 $h(z)$ をうまくつくることができたとしよう：

(4) $$h(\lambda_j)=f(\lambda_j),\ h'(\lambda_j)=f'(\lambda_j),\ \ldots\ ,h^{(m_j-1)}(\lambda_j)=f^{(m_j-1)}(\lambda_j)$$
$$(j=1,2,\ldots,s).$$

このとき，$f(A)=h(A)$ とおいて行列 $f(A)$ を定義すれば，定理 2 から明らかなように，$f(A)$ は条件 (4) をみたす多項式 $h(z)$ の取りかたによらずに一意的にきまる．それゆえ，次のような定義を与えることが可能になる．

定義 2．A のスペクトル上で定義された関数 $f(z)$ に対して，条件 (4) をみたす多項式 $h(z)$ を任意に取って，行列 $f(A)$ を次式によって定義する：

$$f(A)=h(A).$$

この定義と定理 2 とから，ただちに次の命題が得られる：

定理 3．2 つの関数 $f,g\in\mathscr{F}_\sigma[A]$ に対して，

$$f[\sigma(A)]=g[\sigma(A)]\ \text{ならば},\ f(A)=g(A).$$

じつは，与えられた $f\in\mathscr{F}_\sigma[A]$ に対して，条件 (4) をみたす多項式 h でその次数が $m=m_1+m_2+\ldots+m_s$ よりも小さいものがただ 1 つ存在することが知られている．その具体的な構築法は次の § 3 で述べることにするが，これが A のスペクトル上で定義された関数 f に対する Lagrange-Sylvester の補間多項式とよばれているもので，これを $L_{A,f}(z)$ で表わし，A の f に対する L-S 多項式という．とくに，一連の議論において行列 A が固定されていて混乱のおそれがない場合には，$L_{A,f}(z)$ を簡単に $L_f(z)$ で表わし，これを単に f に対する L-S 多項式とよぶことにする．

【注 2】 $f,g\in\mathscr{F}_\sigma[A]$ に対して，$f[\sigma(A)]=g[\sigma(A)]$ ならば (3) が成り立つから，2 つの関数の積の逐次導関数に関する Leibniz の公式から明らかなように，任意の多項式 $r(z)$ に対して，次の等式が成り立つ：

(5) $$(rf)[\sigma(A)]=(rg)[\sigma(A)].$$

ただし，ここで rf は関数としての $r(z)$ と $f(z)$ との通常の積を意味している．すなわち，$(rf)(z)=r(z)f(z)$ である．(5) と定理 3 から，$(rf)(A)=(rg)(A)$ となる．もちろん，もっと一般に，多項式 r の代わりに $\mathscr{F}_\sigma[A]$ に属する任意の関数を取っても，この等式が成り立つことは言うまでもない．

L-S 多項式 $L_{A,f}$ のつくりかたはつぎの § で述べることにして，ここでは定義 2 から導かれる 3 つの簡単な命題を証明しておこう．

系 1．n 次行列 A の固有値 $\lambda_1,\lambda_2,\ldots,\lambda_s$ をそれぞれの（代数的）重複度数だけ並べれば全部で n 個になるから，それらを

$$\mu_1,\mu_2,\ldots,\mu_n$$

とする．このとき，任意の $f \in \mathcal{F}_\sigma[A]$ に対して，n 次行列 $f(A)$ の n 個の固有値は，

(6) $$f(\mu_1),\ f(\mu_2),\ \dots,\ f(\mu_n)$$

で与えられる．

証明．A のスペクトル上で f と等しい値を取る任意の多項式を $h(z)$（たとえば $L_f(z)$）とすれば，定義 2 によって $f(A)=h(A)$ である．ゆえに，$f(A)$ の固有値は $h(A)$ の固有値に他ならない．ところが，多項式 $h(z)$ に対しては，良く知られているように，$h(A)$ の固有値をそれらの重複度数だけ並べたものは，

(7) $$h(\mu_1),\ h(\mu_2),\ \dots,\ h(\mu_n)$$

で与えられる（おわりの【注 4】を見られたい）．ところが，$h(z)$ は A のスペクトル上で f と等しい値を取るのであるから，(7) は (6) そのものである（§ 19 の定理 3 の系 1 も参照）．

系 2．2 つの n 次行列 A と B とが互いに相似ならば，すなわち，ある正則行列（行列式が 0 ではない行列）T によって $B=T^{-1}AT$ と表わされるならば，A のスペクトル上で定義された任意の関数 $f \in \mathcal{F}_\sigma[A]$ に対して，次の等式が成り立つ：

$$f(B)=T^{-1}f(A)T.$$

証明．互いに相似な 2 つの行列の最小多項式は一致する（§ 24 の B] を見られたい）から，$\Psi_A(z) \equiv \Psi_B(z)$ であり，A のスペクトル上で定義された関数 f は明らかに B のスペクトル上で定義された関数でもある．そこでいま，A のスペクトル上で（すなわち B のスペクトル上で）f と等しい値を取る多項式 $h(z)$（たとえば $L_f(z)$）をつくれば，定義 2 より，

$$f(A)=h(A),\quad f(B)=h(B)$$

である．ところが，多項式 $h(z)$ に対しては $h(T^{-1}AT)=T^{-1}h(A)T$ となるから，等式

$$f(B)=h(B)=h(T^{-1}AT)=T^{-1}h(A)T=T^{-1}f(A)T$$

が得られる．これで $f(B)=T^{-1}f(A)T$ が示された．

系 3．行列 A がいくつかの正方行列 A_k ($k=1,2,\dots,r$) の直和（対角型ブロック行列）であるとする（§ 17 のはじめの部分参照）：

$$A=\sum_{k=1}^{r}\oplus A_k=\begin{pmatrix} A_1 & O & \dots & O \\ O & A_2 & \dots & O \\ \vdots & \vdots & \ddots & \vdots \\ O & O & \dots & A_r \end{pmatrix}.$$

このとき，A のスペクトル上で定義された関数 f に対して，次の等式が成り立つ：

$$f(A)=\sum_{k=1}^{r}\oplus f(A_k)=\begin{pmatrix} f(A_1) & O & \dots & O \\ O & f(A_2) & \dots & O \\ \vdots & \vdots & \ddots & \vdots \\ O & O & \dots & f(A_r) \end{pmatrix}.$$

証明．明らかに，行列 A の l 乗は $A^l=\sum_{k=1}^{r}\oplus A_k^l$ ($l=0,1,\dots$) となるから，任意の多項式 $p(z)$ に対して $p(A)=\sum_{k=1}^{r}\oplus p(A_k)$ となる．ゆえに，とくに A の最小多項式 $\Psi_A(z)$ に対して，

$$O=\Psi_A(A)=\sum_{k=1}^{r}\oplus\Psi_A(A_k)$$

となる．これより $\Psi_A(A_k)=O_k$ (O_k は A_k と同じ次数の零行列；$k=1, 2, \ldots, r$) でなければならないことがわかる．ゆえに，$\Psi_A(z)$ は A_k $(1\leq k\leq r)$ の零化多項式であり，これは A_k の最小多項式 $\Psi_{A_k}(z)$ $(1\leq k\leq r)$ で割り切れる．したがって，A_k $(1\leq k\leq r)$ の固有値はすべて A の固有値であり，A_k の固有値の幾何的重複度は A の固有値としての幾何的重複度を越えないことがわかる．ゆえに，A のスペクトル上で定義された関数 f は当然 A_k のスペクトル上でも定義されていることになる．ところが，L-S 多項式 $L_{A,f}(z)$ は A のスペクトル上で f と同じ値を取る多項式であり，$L_{A_k,f}(z)$ は A_k のスペクトル上で f と同じ値を取る多項式であるから，明らかに $L_{A,f}(z)$ と $L_{A_k,f}(z)$ とは A_k のスペクトル上で同じ値を取る多項式である：$L_{A,f}[\sigma(A_k)]=L_{A_k,f}[\sigma(A_k)]$．ゆえに，定理 2 と定義 2 により，

$$L_{A,f}(A_k)=L_{A_k,f}(A_k)=f(A_k) \quad (k=1, 2, \ldots, r)$$

となる．したがって，これより

$$f(A)=L_{A,f}(A)=\sum_{k=1}^{r}\oplus L_{A,f}(A_k)=\sum_{k=1}^{r}\oplus f(A_k)$$

が得られる．

最後に，いくつかの簡単な例をあげておこう．これらはあとで利用される．

例 1．次の形の n 次行列 N を考えよう．

$$N=\begin{pmatrix} 0 & 1 & 0 & \cdots & 0 \\ 0 & 0 & 1 & \ddots & \vdots \\ \vdots & \vdots & & \ddots & 0 \\ & & & \ddots & 1 \\ 0 & 0 & \cdots & & 0 \end{pmatrix}.$$

すなわち，N は対角線の一本上の準対角線上に 1 が並び，他のすべての要素が 0 であるような行列である（このあと本書全体を通じて N はこの形の行列を意味するものとする）．$N^{n-1}\neq O$ であるが $N^n=O$ となるから，N は指数 n のベキ零行列である．明らかに，N の最小多項式 $\Psi_N(z)$ は z^n である：$\Psi_N(z)=z^n$（これは明らかに N の固有多項式でもある）．ゆえに，N の固有値は $z=0$ (n 重根) だけである．したがって，N のスペクトル上で定義された関数とは，点 $z=0$ において $n-1$ 回微分可能な任意の関数のことである．いま，f をそのような関数としよう．このとき，N の f に対する L-S 多項式 $L_f(z)$ とは，点 $z=0$ において次の等式を成り立たせるような $n-1$ 次の多項式のことである：

$$f(0)=L_f(0),\ f'(0)=L_f'(0),\ \ldots,\ f^{(n-1)}(0)=L_f^{(n-1)}(0).$$

ゆえに，$L_f(z)$ は次の式で与えられることがわかる（$L_f(z)$ の $z=0$ における Taylor 展開）：

$$L_f(z)=f(0)+\frac{f'(0)}{1!}z+\frac{f^{(2)}(0)}{2!}z^2+\ldots+\frac{f^{(n-1)}(0)}{(n-1)!}z^{n-1}.$$

これより，定義 2 によって，

$$f(N)=L_f(N)=f(0)I+\frac{f'(0)}{1!}N+\frac{f^{(2)}(0)}{2!}N^2+\ldots+\frac{f^{(n-1)}(0)}{(n-1)!}N^{n-1}$$

$$
= \begin{pmatrix} f(0) & \frac{f'(0)}{1!} & \frac{f^{(2)}(0)}{2!} & \cdots\cdots & \frac{f^{(n-1)}(0)}{(n-1)!} \\ 0 & f(0) & \frac{f'(0)}{1!} & \ddots & \vdots \\ \vdots & & f(0) & \ddots & \frac{f^{(2)}(0)}{2!} \\ & & & \ddots & \frac{f'(0)}{1!} \\ 0 & & \mathbf{0} & & \\ 0 & \cdots\cdots & & 0 & f(0) \end{pmatrix}
$$

となることがわかる．

例 2．次のような n 次行列 J を考えよう．この形の行列を μ_0 に属する Jordan 細胞という（§ 27 の A]）．ただし，I は n 次の単位行列，N は例 1 で定義した n 次のベキ零行列である．

$$
J = \mu_0 I + N = \begin{pmatrix} \mu_0 & 1 & 0 & \cdots & 0 \\ 0 & \mu_0 & 1 & \cdots & 0 \\ \vdots & \vdots & \ddots & \ddots & \vdots \\ & & & \ddots & 1 \\ 0 & 0 & \cdots\cdots & & \mu_0 \end{pmatrix}.
$$

このとき，$J-\mu_0 I = N$ より $(J-\mu_0 I)^n = O$ となるから，$(z-\mu_0)^n$ は J の零化多項式になる．これが実は J の最小多項式（=固有多項式）である．なぜなら，$n-1$ 次以下の任意の多項式 $p(z)$ の最高次の項を az^l $(a \neq 0, l \leq n-1)$ とすると，$p(J) = p(\mu_0 I + N)$ における N のベキ指数が最大の項も aN^l であり，$l \leq n-1$ と $a \neq 0$ とから，$p(J)$ は零行列にはなり得ないからである．すなわち，$\Psi_J(z) = (z-\mu_0)^n$．ゆえに，J のスペクトル上で定義された関数 f というのは，J のただ 1 つの固有値 $z = \mu_0$ において $n-1$ 回微分可能な関数のことである．このとき，J の f に対する L-S 多項式とは，点 $z = \mu_0$ において次の等式を成り立たせるような $n-1$ 次の多項式 $L_f(z)$ のことである：

$$
L_f(\mu_0) = f(\mu_0), \ L'_f(\mu_0) = f'(\mu_0), \ \ldots, L_f^{(n-1)}(\mu_0) = f^{(n-1)}(\mu_0).
$$

したがって，この場合，

$$
L_f(z) = f(\mu_0) + \frac{f'(\mu_0)}{1!}(z-\mu_0) + \frac{f^{(2)}(\mu_0)}{2!}(z-\mu_0)^2 + \ldots + \frac{f^{(n-1)}(\mu_0)}{(n-1)!}(z-\mu_0)^{n-1}
$$

でなければならない．ゆえに，求める行列 $f(J)$ は次式で与えられる：

$$
f(J) = L_f(J) = f(\mu_0)I + \frac{f'(\mu_0)}{1!}N + \frac{f^{(2)}(\mu_0)}{2!}N^2 + \ldots + \frac{f^{(n-1)}(\mu_0)}{(n-1)!}N^{n-1}
$$

$$
= \begin{pmatrix} f(\mu_0) & \frac{f'(\mu_0)}{1!} & \frac{f^{(2)}(\mu_0)}{2!} & \cdots\cdots & \frac{f^{(n-1)}(\mu_0)}{(n-1)!} \\ 0 & f(\mu_0) & \frac{f'(\mu_0)}{1!} & \ddots & \vdots \\ \vdots & & f(\mu_0) & \ddots & \frac{f^{(2)}(\mu_0)}{2!} \\ & & & \ddots & \frac{f'(\mu_0)}{1!} \\ 0 & & \mathbf{0} & & \\ 0 & \cdots\cdots & & 0 & f(\mu_0) \end{pmatrix}.
$$

例 3. α は A の固有値ではない数とし，関数 $f(z)=\dfrac{1}{z-\alpha}$ を考えよう．明らかに f は A のスペクトル上で定義された関数であるから，f に対して L-S 多項式 L_f をつくることができる．このとき，定義 2 により $f(A)=L_f(A)$ である．ところが，f と L_f とは A のスペクトル上で等しい値を取る関数であるから，【注 2】で述べたように，関数 $g(z)=(z-\alpha)f(z)\equiv 1$ と多項式 $(z-\alpha)L_f(z)$ も A のスペクトル上で等しい値を取る．したがって，ふたたび定義 2 によって，行列 $g(A)$ すなわち A と同じ次数の単位行列 I は，行列 $(A-\alpha I)L_f(A)$ に等しくなければならない：$I=(A-\alpha I)L_f(A)$．この等式と $L_f(A)=f(A)$ とから，等式 $I=(A-\alpha I)f(A)$ が得られる．ゆえに，$f(A)=(A-\alpha I)^{-1}$ でなければならない．以上より，

$$f(z)=\frac{1}{z-\alpha} \text{ ならば，} f(A)=(A-\alpha I)^{-1}$$

となることがわかった．とくに，A が正則行列ならば，$\alpha=0$ は A のスペクトルに属さないから，関数 $f(z)=\dfrac{1}{z}$ は A のスペクトル上で定義された関数であり，この場合には $f(A)=A^{-1}$ となる．これらは，われわれの常識が期待する事実ともよく合う結果である．

【注 3】 $\left|\dfrac{z}{\alpha}\right|<1$ すなわち $|z|<|\alpha|$ ならば，$f(z)$ は次のように収束する z のベキ級数に展開される：

$$f(z)=\frac{1}{z-\alpha}=-\frac{1}{\alpha}\frac{1}{1-\dfrac{z}{\alpha}}=-\frac{1}{\alpha}\left(1+\frac{z}{\alpha}+\frac{z^2}{\alpha^2}+\dots+\frac{z^n}{\alpha^n}+\dots\right).$$

このベキ級数の収束半径は $|\alpha|$ であるから，行列 A のすべての固有値の絶対値が $|\alpha|$ よりも小さければ，$f(z)$ は A のスペクトル上で定義された関数になり，§1 の定理 2 によって，行列 $f(A)=(A-\alpha I)^{-1}$ は次のように A のベキ級数としても得られることに注意しよう $(A^0=I)$：

$$(A-\alpha I)^{-1}=-\frac{1}{\alpha}\left(I+\frac{A}{\alpha}+\frac{A^2}{\alpha^2}+\dots+\frac{A^n}{\alpha^n}+\dots\right)=-\sum_{n=0}^{\infty}\frac{A^n}{\alpha^{n+1}}.$$

【注 4】 ここでは，定理 3 の系 1 を z の多項式 $g(z)$ に対して証明しておこう．

$\Delta(z)=\prod_{k=1}^{n}(z-\mu_k)$ とおけば，$\Delta(z)=\Phi_A(z)=\det(zI-A)$ である．$\tau_1,\tau_2,\dots,\tau_l$ を $g(z)=0$ の根であるとして，$g(z)=a_0(\tau_1-z)(\tau_2-z)\dots(\tau_l-z)$ と書くことにしよう．このとき，根と係数の関係により，$g(A)=a_0(\tau_1 I-A)(\tau_2 I-A)\dots(\tau_l I-A)$ となる（[5]，p.98）．この等式の両辺の行列式をとると，次の等式が得られる：

$$\begin{aligned}|g(A)|&=a_0^n|(\tau_1 I-A)|\cdot|(\tau_2 I-A)|\dots|(\tau_l I-A)|=a_0^n\,\Phi_A(\tau_1)\Phi_A(\tau_2)\dots\Phi_A(\tau_l)\\&=a_0^n\Delta(\tau_1)\Delta(\tau_2)\dots\Delta(\tau_l)=a_0^n\prod_{i=1}^{l}\prod_{k=1}^{n}(\tau_i-\mu_k)=\prod_{k=1}^{n}\left\{a_0\prod_{i=1}^{l}(\tau_i-\mu_k)\right\}\\&=g(\mu_1)g(\mu_2)\dots g(\mu_n).\end{aligned}$$

この等式 $|g(A)|=g(\mu_1)g(\mu_2)\dots g(\mu_n)$ において多項式 $g(z)$ を $\mu-g(z)$ で置き替えれば，

$$|\mu I-g(A)|=\{\mu-g(\mu_1)\}\{\mu-g(\mu_2)\}\dots\{\mu-g(\mu_n)\}$$

となる．これは，$g(\mu_1),g(\mu_2),\dots,g(\mu_n)$ が $g(A)$ の固有値のすべてであることを示している．

§ 3. Lagrange - Sylvester の補間多項式.

まえの § 2 と同様に，行列 A の最小多項式を

$$\Psi_A(z)=(z-\lambda_1)^{m_1}(z-\lambda_2)^{m_2}\dots(z-\lambda_s)^{m_s} \quad (i \neq j \text{ ならば } \lambda_i \neq \lambda_j)$$

としよう. また，f を A のスペクトル $\sigma(A)=\{\lambda_1,\lambda_2,\dots,\lambda_s\}$ 上で定義された関数とする: $f\in\mathcal{F}_\sigma[A]$. このとき，$f(z)$ は A の固有値 $z=\lambda_j$ $(j=1,2,\dots,s)$ において m_j-1 回微分可能である. 次の定理は，行列 $f(A)$ を定義する際に基本的な役割を果たすものである.

定理 1. 関数 $f\in\mathcal{F}_\sigma[A]$ に対して，等式

(1) $$h(\lambda_j)=f(\lambda_j),\ h'(\lambda_j)=f'(\lambda_j),\ \dots,h^{(m_j-1)}(\lambda_j)=f^{(m_j-1)}(\lambda_j)$$
$$(j=1,2,\dots s)$$

をみたすような，次数が $m=m_1+m_2+\dots+m_s$ よりも小さい多項式 $h(z)$ がただ 1 つ存在する.

証明. はじめに一意性を証明しよう. いま仮に，そのような多項式が 2 つあったとして，それらを $h_1(z)$，$h_2(z)$ とすれば，条件 (1) より，h_1-h_2 は A のスペクトル上で 0 となる多項式であるから，これは A の最小多項式 (次数 m) によって割り切れなければならない (§2 の定理 2 の系 1). しかし，多項式 h_1-h_2 の次数は $m-1$ 以下であるからそれは恒等的に 0 に等しくなければならない. ゆえに $h_1=h_2$ となる. つぎに，多項式 $h(z)$ の形を求めてみよう.

$h(z)$ の次数は $m-1$ 以下であるから，$\dfrac{h(z)}{\Psi_A(z)}$ は真分数式である. ゆえに，

(2) $$\frac{h(z)}{\Psi_A(z)}=\sum_{j=1}^{s}\left\{\frac{\alpha_{j1}}{(z-\lambda_j)^{m_j}}+\frac{\alpha_{j2}}{(z-\lambda_j)^{m_j-1}}+\ \dots\ +\frac{\alpha_{jm_j}}{z-\lambda_j}\right\} \quad (\alpha_{jk}\in C)$$

と部分分数に展開することができる. ここで $\alpha_{j1},\dots,\alpha_{jm_j}$ $(j=1,\dots,s)$ はいまのところ未定であるが，以下でこれらの数が A のスペクトル上での f の値によって一意的に決定されることを示そう. いま，

$$\Psi_j(z)=\frac{\Psi_A(z)}{(z-\lambda_j)^{m_j}}=\prod_{i\neq j}(z-\lambda_i)^{m_i}$$

とおいて，(2) の両辺に $(z-\lambda_j)^{m_j}$ を掛ければ，(2) は次のように書き表わされる:

(3) $$\frac{h(z)}{\Psi_j(z)}=\alpha_{j1}+\alpha_{j2}(z-\lambda_j)+\ \dots\ +\alpha_{jm_j}(z-\lambda_j)^{m_j-1}$$
$$+(z-\lambda_j)^{m_j}\sum_{i\neq j}\left\{\frac{\alpha_{i1}}{(z-\lambda_i)^{m_i}}+\frac{\alpha_{i2}}{(z-\lambda_i)^{m_i-1}}+\ \dots\ +\frac{\alpha_{im_i}}{z-\lambda_i}\right\}.$$

この等式の右辺の $z-\lambda_i$ $(i\neq j)$ のベキを分母にもつ項を全部まとめて

$$g_j(z)=(z-\lambda_j)^{m_j}\sum_{i\neq j}\sum_{q=0}^{m_i-1}\frac{\alpha_{i,q+1}}{(z-\lambda_i)^{m_i-q}}$$

とおけば，関数 $g_j(z)$ は点 $z=\lambda_j$ において何回でも微分可能で，$g_j^{(k)}(\lambda_j)=0$ $(k=0,1,\dots,m_j-1)$ である. ゆえに，(3) の両辺を z についてつぎつぎに微分して $z=\lambda_j$ とおけば，

(4) $$\alpha_{jk}=\frac{1}{(k-1)!}\left[\frac{h(z)}{\Psi_j(z)}\right]^{(k-1)}_{z=\lambda_j}=\frac{1}{(k-1)!}\sum_{r=0}^{k-1}\binom{k-1}{r}h^{(r)}(\lambda_j)\left[\frac{1}{\Psi_j(z)}\right]^{(k-1-r)}_{z=\lambda_j}$$
$$(k=1,\dots,m_j;\ j=1,2,\dots,s)$$

でなければならないことがわかる．ところが，(1)により

$$h^{(r)}(\lambda_j)=f^{(r)}(\lambda_j)\ (r=0,1,\ldots,m_j-1;j=1,2,\ldots,s)$$

であるから，(4)の右辺の $h^{(r)}(\lambda_j)$ は $f^{(r)}(\lambda_j)$ で置き換えられることに注意すれば，(4)は次のように書き換えられる：

(5) $$\alpha_{jk}=\frac{1}{(k-1)!}\left[\frac{f(z)}{\Psi_j(z)}\right]^{(k-1)}_{z=\lambda_j}\quad(k=1,\ldots,m_j;j=1,2,\ldots,s).$$

これで，(2)で未定の係数 $\alpha_{j1},\ldots,\alpha_{jm_j}$ は A のスペクトル上での関数 f の値によって一意的に決定されることがわかった．この等式(5)によって，各 j について $\alpha_{jk}\ (k=1,2,\ldots,m_j)$ の値を求め，(2)の両辺に $\Psi_A(z)$ を掛ければ，求める多項式

(6) $$h(z)=\sum_{j=1}^{s}\left\{\alpha_{j1}+\alpha_{j2}(z-\lambda_j)+\ldots+\alpha_{jm_j}(z-\lambda_j)^{m_j-1}\right\}\Psi_j(z)$$

が得られる．この等式の括弧 $\{\ \}$ の中は，(5)から明らかなように，要するに，関数 $\dfrac{f(z)}{\Psi_j(z)}$ の $z=\lambda_j$ における第 m_j 項までの Taylor 展開に他ならないことに注意しよう．

定義．すでに§2の定理3のすぐあとに述べたように，定理1の多項式 $h(z)$ を関数 $f(\in\mathcal{F}_\sigma[A])$ に対する Lagrange-Sylvester の補間多項式，または単に L-S 多項式とよび，これを $L_{A,f}(z)$ あるいは（混乱のおそれがない場合には A を省略して）$L_f(z)$ で表わす．

このとき，§2の定義2により行列 $f(A)$ を次のように定義する：

(7) $$f(A)=L_f(A).$$

ゆえに，$f(A)$ はつねに A の多項式である．いうまでもなく $m-1$ 次以下の任意の多項式 $p(z)$ に対しては，L-S 多項式の一意性から，$L_p(z)=p(z)$ である．一般に，$f(z)$ が A の最小多項式 $\Psi_A(z)$ の次数 m を超える多項式の場合には，$f(z)$ を $\Psi_A(z)$ で割ったときの剰余を $r(z)$ とするとき $L_f(z)=r(z)$ となることがわかる．このことは，高階導関数に関する Leibniz の公式と $\Psi_A(z)$ が A のスペクトル上で 0 になることから容易に導かれる．証明は読者に任せよう．

【注1】 定理1では任意の $f\in\mathcal{F}_\sigma[A]$ に対して条件(1)をみたす L-S 多項式 $h(z)=L_f(z)$ をつくったが，一般に，任意に $m=m_1+m_2+\ldots+m_s$ 個の複素数 $\zeta_{jk}\ (k=0,\ldots,m_j-1;j=1,\ldots,s)$ の列 $\boldsymbol{\zeta}=(\zeta_{10},\ldots,\zeta_{1,m_1-1},\zeta_{20},\ldots,\zeta_{2,m_2-1},\ldots,\zeta_{s0},\ldots,\zeta_{s,m_s-1})$ が与えられたときに，条件(1)の代わりに，条件

(8) $$h^{(r)}(\lambda_j)=\zeta_{jr}\quad(r=0,\ldots,m_j-1;j=1,\ldots,s)$$

をみたす $m-1$ 次以下の多項式 $h(z)$ をつくることができることに注意しよう．このことは，(4)の $h^{(r)}(\lambda_j)$ に(8)を代入すればよいことから明らかである．これからさき，この多項式は $L_{\boldsymbol{\zeta}}(z)$ で表わすことにする．

例 1．行列 A の最小方程式 $\Psi_A(z)=0$ の根がいづれも単根の場合に，A のスペクトル上で定義された任意の関数 $f\in\mathcal{F}_\sigma[A]$ に対して，L-S 多項式 $L_f(z)$ がどのようなものになるかを見てみよう．このときには，$m_1=m_2=\ldots=m_s=1\ (s=m)$ であるから f は微分可能である必要はなく，要するに，A の固有値 $\lambda_1,\lambda_2,\ldots,\lambda_s$ において関数の値 $f(\lambda_1),f(\lambda_2),\ldots,f(\lambda_s)$ が

定義されていさえすればよいことになる．このような関数 f に対して，条件

$$h(\lambda_j)=f(\lambda_j) \quad (j=1,2,\ldots,s)$$

をみたす $m-1$ 次以下の多項式 $h(z)$ が求める L-S 多項式 $L_f(z)$ である．

$$\Psi_A(z)=(z-\lambda_1)(z-\lambda_2)\ldots(z-\lambda_s)$$

であるから，この場合には

$$\Psi_j(z)=\frac{\Psi_A(z)}{z-\lambda_j}=(z-\lambda_1)\ldots(z-\lambda_{j-1})(z-\lambda_{j+1})\ldots(z-\lambda_s)$$

であり，$m_j=1$ ($j=1,2,\ldots,s$) であるから，(5) より

$$\alpha_{j1}=\frac{f(\lambda_j)}{\Psi_j(\lambda_j)} \quad (j=1,2,\ldots,s)$$

となることがわかる．ゆえに，(6) より

$$\begin{aligned}L_f(z)&=\alpha_{11}\Psi_1(z)+\alpha_{21}\Psi_2(z)+\ldots+\alpha_{s1}\Psi_s(z)\\&=\sum_{j=1}^{s}f(\lambda_j)\frac{(z-\lambda_1)\ldots(z-\lambda_{j-1})(z-\lambda_{j+1})\ldots(z-\lambda_s)}{(\lambda_j-\lambda_1)\ldots(\lambda_j-\lambda_{j-1})(\lambda_j-\lambda_{j+1})\ldots(\lambda_j-\lambda_s)}\end{aligned}$$

となる．したがって，

$$f(A)=L_f(A)=\sum_{j=1}^{s}f(\lambda_j)\frac{(A-\lambda_1 I)\ldots(A-\lambda_{j-1}I)(A-\lambda_{j+1}I)\ldots(A-\lambda_s I)}{(\lambda_j-\lambda_1)\ldots(\lambda_j-\lambda_{j-1})(\lambda_j-\lambda_{j+1})\ldots(\lambda_j-\lambda_s)}$$

である．この公式は，最小方程式 $\Psi_A(z)=0$ が単根のみをもつならば，たとえ A の固有方程式が重根をもつ場合でも，通用することに注意しよう．

例 2．$A=\begin{pmatrix}6&-3&-2\\4&-1&-2\\3&-2&0\end{pmatrix}$ であるとき，A のスペクトル上で定義された関数 f に対して，行列 $f(A)$ を求めてみよう．A の最小多項式は $\Psi_A(z)=(z-1)(z-2)^2$ であることがわかるから，2 つの点 $z=1$ と $z=2$ の近傍で定義され，$z=2$ においては 1 回微分可能であるようなどんな関数 f に対しても $f(A)$ が定義される．$\lambda_1=1$, $\lambda_2=2$ とし，上で述べた一般論の記号を用いれば，$m_1=1$，$m_2=2$ で，

$$\Psi_1(z)=\frac{\Psi_A(z)}{z-1}=(z-2)^2,\quad \Psi_2(z)=\frac{\Psi_A(z)}{(z-2)^2}=z-1$$

であるから，(6) より

$$L_f(z)=\alpha_{11}(z-2)^2+\left\{\alpha_{21}+\alpha_{22}(z-2)\right\}(z-1)$$

の形となる．ここで (5) によって係数 α_{11}，α_{21}，α_{22} を計算すれば，

$$\alpha_{11}=\frac{f(1)}{\Psi_1(1)}=f(1)\ ,\ \alpha_{21}=\frac{f(2)}{\Psi_2(2)}=f(2)\ ,$$

$$\alpha_{22}=\left[\frac{f(z)}{\Psi_2(z)}\right]'_{z=2}=f(2)\left[\frac{1}{z-1}\right]'_{z=2}+f'(2)\frac{1}{2-1}=f'(2)-f(2)$$

であるから，

(9)
$$\begin{aligned}L_f(z)&=f(1)(z-2)^2+\left[f(2)+\left\{f'(2)-f(2)\right\}(z-2)\right](z-1)\\&=f(1)(z-2)^2+f(2)(3-z)(z-1)+f'(2)(z-2)(z-1)\end{aligned}$$

が得られる．したがって，

$$f(A)=L_f(A)=f(1)(A-2I)^2+f(2)(3I-A)(A-I)+f'(2)(A-2I)(A-I)$$

である．ここで，

$$A-2I=\begin{pmatrix}4&-3&-2\\4&-3&-2\\3&-2&-2\end{pmatrix},\quad (A-2I)^2=\begin{pmatrix}-2&1&2\\-2&1&2\\-2&1&2\end{pmatrix},\quad A-I=\begin{pmatrix}5&-3&-2\\4&-2&-2\\3&-2&-1\end{pmatrix},$$

$$(3I-A)(A-I)=\begin{pmatrix}3&-1&-2\\2&0&-2\\2&-1&-1\end{pmatrix},\quad (A-2I)(A-I)=\begin{pmatrix}2&-2&0\\2&-2&0\\1&-1&0\end{pmatrix}$$

であるから，行列 $f(A)$ は次のようになる：

$$(10)\qquad f(A)=f(1)\begin{pmatrix}-2&1&2\\-2&1&2\\-2&1&2\end{pmatrix}+f(2)\begin{pmatrix}3&-1&-2\\2&0&-2\\2&-1&-1\end{pmatrix}+f'(2)\begin{pmatrix}2&-2&0\\2&-2&0\\1&-1&0\end{pmatrix}$$

$$=\begin{pmatrix}-2f(1)+3f(2)+2f'(2)&f(1)-f(2)-2f'(2)&2f(1)-2f(2)\\-2f(1)+2f(2)+2f'(2)&f(1)\qquad-2f'(2)&2f(1)-2f(2)\\-2f(1)+2f(2)\quad+f'(2)&f(1)-f(2)\quad-f'(2)&2f(1)\quad-f(2)\end{pmatrix}.$$

等式(10)は $f(A)$ が A のスペクトル上での f の値だけで与えられることを端的に示しているが，この等式は，次の§4で述べる $f(A)$ に対する基本公式(8)に相当する(§4の例6参照)．

例 3．$f(z)=z^{-1}$ のとき，例2の行列 A に対して，$f(A)$ すなわち A の逆行列 A^{-1} を公式(10)によって計算してみよう．

この場合，$f(1)=1$，$f(2)=2^{-1}$，$f'(2)=-2^{-2}$ であるから，(10)より，

$$A^{-1}=f(A)=\begin{pmatrix}-2+3\cdot2^{-1}-2\cdot2^{-2}&1-2^{-1}+2\cdot2^{-2}&2-2\cdot2^{-1}\\-2+2\cdot2^{-1}-2\cdot2^{-2}&1\qquad+2\cdot2^{-2}&2-2\cdot2^{-1}\\-2+2\cdot2^{-1}\quad-2^{-2}&1-2^{-1}\quad+2^{-2}&2\quad-2^{-1}\end{pmatrix}$$

$$=\begin{pmatrix}-1&1&1\\-\frac{3}{2}&\frac{3}{2}&1\\-\frac{5}{4}&\frac{3}{4}&\frac{3}{2}\end{pmatrix}=\frac{1}{4}\begin{pmatrix}-4&4&4\\-6&6&4\\-5&3&6\end{pmatrix}$$

となる．これがたしかに A の逆行列であることの検算は読者に任せよう．

例 4．例2の行列 A に対して A^n（n は任意の整数）を計算してみよう．このため，$f(z)=z^n$ とすれば，$f(1)=1$，$f(2)=2^n$，$f'(2)=n2^{n-1}$ であるから，(10)よりただちに

$$A^n=\begin{pmatrix}-2+3\cdot2^n+n2^n&1-2^n-n2^n&2-2^{n+1}\\-2+2^{n+1}+n2^n&1-n2^n&2-2^{n+1}\\-2+2^{n+1}+n2^{n-1}&1-2^n-n2^{n-1}&2-2^n\end{pmatrix}$$

$$=\begin{pmatrix}-2+(3+n)2^n&1-(1+n)2^n&2-2^{n+1}\\-2+(2+n)2^n&1-n2^n&2-2^{n+1}\\-2+(4+n)2^{n-1}&1-(2+n)2^{n-1}&2-2^n\end{pmatrix}\quad(n=0,\pm1,\pm2,\dots)$$

が得られる．

例 5．上と同じ行列 A に対して e^A を計算しよう．$f(z)=e^z$ とおけば，$f(1)=e$，$f(2)=f'(2)=e^2$ であるから，(10)を利用して，

$$e^A=\begin{pmatrix}-2e+5e^2 & e-3e^2 & 2e-2e^2\\ -2e+4e^2 & e-2e^2 & 2e-2e^2\\ -2e+3e^2 & e-2e^2 & 2e-e^2\end{pmatrix}$$

となることがわかる．他方，$e^z=\sum_{n=0}^{\infty}\frac{z^n}{n!}$ であるから，いま得られた結果が§1の定理1によって計算される $\sum_{n=0}^{\infty}\frac{A^n}{n!}$ と同じ行列になるかどうかを念のためにしらべてみよう．例4ですでに計算ずみの A^n を利用すれば，

$$\sum_{n=0}^{\infty}\frac{1}{n!}A^n=\sum_{n=0}^{\infty}\begin{pmatrix}\frac{-2+(3+n)2^n}{n!} & \frac{1-(1+n)2^n}{n!} & \frac{2-2^{n+1}}{n!}\\ \frac{-2+(2+n)2^n}{n!} & \frac{1-n2^n}{n!} & \frac{2-2^{n+1}}{n!}\\ \frac{-2+(4+n)2^{n-1}}{n!} & \frac{1-(2+n)2^{n-1}}{n!} & \frac{2-2^n}{n!}\end{pmatrix}$$

であるから，この無限級数の和として得られる行列の(1，1)成分は，次のようにして求まる：

$$\begin{aligned}\sum_{n=0}^{\infty}\frac{-2+(3+n)2^n}{n!}&=-2\sum_{n=0}^{\infty}\frac{1}{n!}+3\sum_{n=0}^{\infty}\frac{2^n}{n!}+\sum_{n=1}^{\infty}\frac{n2^n}{n!}=-2e+3e^2+2\sum_{n=1}^{\infty}\frac{2^{n-1}}{(n-1)!}\\ &=-2e+3e^2+2\sum_{n=0}^{\infty}\frac{2^n}{n!}=-2e+3e^2+2e^2=-2e+5e^2\end{aligned}$$

他の行列成分についても同様な計算によって，公式(10)によって計算された e^A と，A のベキ級数によって計算された e^A とは確かに一致することがわかる．

【注2】 行列 A のスペクトル $\sigma(A)$ 上で定義された関数 $f(z)$ が，

$$f(z)=\sum_{n=0}^{\infty}\alpha_n(z-a)^n$$

のように $z=a$ を中心とするベキ級数に展開されているとき，もしも $\sigma(A)$ がこのベキ級数の収束円の内部に含まれていれば，行列の無限級数 $\sum_{n=0}^{\infty}\alpha_n(A-aI)^n$ は収束し，それはたしかに L-S 多項式 $L_f(z)$ によって求められた行列 $f(A)=L_f(A)$ と一致することが§7において一般的な立場から証明される．

例6．$A=\begin{pmatrix}5 & -1 & 1\\ 8 & -1 & 2\\ -6 & 1 & -1\end{pmatrix}$ のとき，A^n ($n=0,\pm1,\pm2,\ldots$) と e^A を求めてみよう．

この行列の最小多項式は $(z-1)^3$ であることがわかるから，A のスペクトル上で定義された任意の関数 f に対して，L-S 多項式は

(#) $$L_f(z)=\alpha_{11}+\alpha_{12}(z-1)+\alpha_{13}(z-1)^2$$

の形になる．とくに，$f(z)=z^n$ の場合には公式(5)により $\alpha_{11}=1$, $\alpha_{12}=n$, $\alpha_{13}=\frac{n(n-1)}{2}$ となることがわかるから，(#)によって，次のようになる：

$$A^n=L_f(A)=I+n(A-I)+\frac{n(n-1)}{2}(A-I)^2$$

$$
=\begin{pmatrix}1&0&0\\0&1&0\\0&0&1\end{pmatrix}+n\begin{pmatrix}4&-1&1\\8&-2&2\\-6&1&-2\end{pmatrix}+\frac{n(n-1)}{2}\begin{pmatrix}2&-1&0\\4&-2&0\\-4&2&0\end{pmatrix}
$$

$$
=\begin{pmatrix}1+4n+n(n-1)&-n-\frac{n(n-1)}{2}&n\\8n+2n(n-1)&1-2n-n(n-1)&2n\\-6n-2n(n-1)&n+n(n-1)&1-2n\end{pmatrix}
$$

$$
=\begin{pmatrix}n^2+3n+1&\frac{-n^2-n}{2}&n\\2n^2+6n&-n^2-n+1&2n\\-2n^2-4n&n^2&1-2n\end{pmatrix}\quad(n=0,\pm1,\pm2,\dots)
$$

これで，すべての整数 n に対して行列 A^n の各成分が n の関数として具体的に求められた．

また，$f(z)=e^z$ の場合には，(5) によって $\alpha_{11}=\alpha_{12}=e$，$\alpha_{13}=\frac{e}{2}$ となるから，(#) により

$$
e^A=L_f(A)=eI+e(A-I)+\frac{e}{2}(A-I)^2=\frac{e}{2}(I+A^2)
$$

$$
=e\begin{pmatrix}6&-\frac{3}{2}&1\\10&-2&2\\-8&2&-1\end{pmatrix}
$$

である．この行列が A のベキ級数：

$$
\sum_{n=0}^{\infty}\frac{A^n}{n!}=\sum_{n=0}^{\infty}\begin{pmatrix}\frac{n^2+3n+1}{n!}&\frac{-n^2-n}{2n!}&\frac{n}{n!}\\\frac{2n^2+6n}{n!}&\frac{-n^2-n+1}{n!}&\frac{2n}{n!}\\\frac{-2n^2-4n}{n!}&\frac{n^2}{n!}&\frac{-2n+1}{n!}\end{pmatrix}
$$

で与えられる行列に等しいことは，

$$
\sum_{n=0}^{\infty}\frac{n^2}{n!}=2e,\quad \sum_{n=0}^{\infty}\frac{n}{n!}=e
$$

となることから明らかであろう．なお，定義式 (7) のすぐあとに述べたように，この例題において $f(z)=z^n$ に対して得られた L-S 多項式 $L_f(z)=1+n(z-1)+\frac{n(n-1)}{2}(z-1)^2$ は z^n を $(z-1)^3$ で割ったときの剰余であることに注意しよう．

行列 A の固有値は $\lambda=1$（重複度 3）だけであるから，§2 の終わりの【注 3】により，$|\alpha|>1$ ならば $(A-\alpha I)^{-1}$ は次のように A のベキ級数に展開される：

$$
(A-\alpha I)^{-1}=-\frac{1}{\alpha}\left(I+\frac{A}{\alpha}+\frac{A^2}{\alpha^2}+\dots\right)=-\sum_{n=0}^{\infty}\frac{A^n}{\alpha^{n+1}}.
$$

容易に，この等式の左辺は $(A-\alpha I)^{-1}=-\frac{1}{(\alpha-1)^3}\begin{pmatrix}\alpha^2+2\alpha-1&-\alpha&\alpha-1\\8\alpha-4&\alpha^2-4\alpha+1&2\alpha-2\\-6\alpha+2&\alpha+1&\alpha^2-4\alpha+3\end{pmatrix}$ となることがわかるが，上で求めた $A^n\,(n=0,1,\dots)$ によって行列 $-\sum_{n=0}^{\infty}\frac{A^n}{\alpha^{n+1}}$ の各成分を計算することにより，この級数が実際に $(A-\alpha I)^{-1}$ に等しいことを確かめることができる．

【注 3】 A の Jordan 標準形によってその累乗 A^n および指数関数 e^A を計算する方法をすでに学ばれた読者は，上の例 4~例 6 で見た A^n と e^A の計算が Jordan 標準形を利用する方法よりもはるかに簡便なことを納得されるだろう（§ 28 の D］も参照されたい）．

例 7．$A=\begin{pmatrix} 9 & -5 & 6 \\ 5 & -2 & 5 \\ -6 & 5 & -3 \end{pmatrix}$ のとき，$\sqrt{A}$ を求めてみよう．A の最小多項式は $\Psi_A(z)=(z+2)(z-3)^2$ であるから，$\lambda_1=-2$, $\lambda_2=3$ とすれば，$m_1=1$, $m_2=2$ で，$\Psi_1(z)=(z-3)^2$, $\Psi_2(z)=z+2$ である．A のスペクトル上で定義された関数 $f(z)$ に対して，

$$L_f(z)=\alpha_{11}(z-3)^2+\{\alpha_{21}+\alpha_{22}(z-3)\}(z+2)$$

の形となる．ここでふたたび公式(5) によって，α_{11}, α_{21}, α_{22} を求めれば，

$$\alpha_{11}=\frac{f(-2)}{\Psi_1(-2)}=\frac{f(-2)}{25},\quad \alpha_{21}=\frac{f(3)}{\Psi_2(3)}=\frac{f(3)}{5},$$

$$\alpha_{22}=\left[\frac{f(z)}{\Psi_2(z)}\right]'_{z=3}=\frac{f'(3)}{5}-\frac{f(3)}{25}$$

となるから，$L_f(z)$ は次式で与えられる：

$$L_f(z)=\frac{f(-2)}{25}(z-3)^2+\left[\frac{f(3)}{5}+\left\{\frac{f'(3)}{5}-\frac{f(3)}{25}\right\}(z-3)\right](z+2).$$

A の平方根を求めるために，$f(z)=\pm\sqrt{z}$ に対して，$f(3)=\sqrt{3}\varepsilon$ $(\varepsilon=\pm1)$，$f'(3)=\frac{\sqrt{3}}{6}\varepsilon$，$f(-2)=\sqrt{2}\,i\eta$（ただし，$i=\sqrt{-1}$，$\eta=\pm1$）と取れば（異なる固有値 3 と -2 に対して ε，η を独立に取ることができる．その理由はこのあとの § 9 で明らかになる），この場合，

$$L_f(z)=\frac{\sqrt{2}i\eta}{25}(z-3)^2+\left[\frac{\sqrt{3}\varepsilon}{5}+\left\{\frac{\sqrt{3}\varepsilon}{30}-\frac{\sqrt{3}\varepsilon}{25}\right\}(z-3)\right](z+2).$$

となる．また，

$$(A-3I)^2=\begin{pmatrix} -25 & 25 & -25 \\ -25 & 25 & -25 \\ 25 & -25 & 25 \end{pmatrix},\quad A+2I=\begin{pmatrix} 11 & -5 & 6 \\ 5 & 0 & 5 \\ -6 & 5 & -1 \end{pmatrix},$$

$$(A-3I)(A+2I)=\begin{pmatrix} 5 & 0 & 5 \\ 0 & 0 & 0 \\ -5 & 0 & -5 \end{pmatrix}$$

であるから，$f(z)=\pm\sqrt{z}$ のとき，

$$L_f(A)=\sqrt{2}i\eta\begin{pmatrix} -1 & 1 & -1 \\ -1 & 1 & -1 \\ 1 & -1 & 1 \end{pmatrix}+\frac{\sqrt{3}\varepsilon}{5}\begin{pmatrix} 11 & -5 & 6 \\ 5 & 0 & 5 \\ -6 & 5 & -1 \end{pmatrix}-\frac{\sqrt{3}\varepsilon}{30}\begin{pmatrix} 1 & 0 & 1 \\ 0 & 0 & 0 \\ -1 & 0 & -1 \end{pmatrix}$$

である．これを $\sqrt{A}$ で表わすことにすれば，

$$\sqrt{A}=\begin{pmatrix} \frac{13}{6}\sqrt{3}\varepsilon-\sqrt{2}i\eta & -\sqrt{3}\varepsilon+\sqrt{2}i\eta & \frac{7}{6}\sqrt{3}\varepsilon-\sqrt{2}i\eta \\ \sqrt{3}\varepsilon-\sqrt{2}i\eta & \sqrt{2}i\eta & \sqrt{3}\varepsilon-\sqrt{2}i\eta \\ -\frac{7}{6}\sqrt{3}\varepsilon+\sqrt{2}i\eta & \sqrt{3}\varepsilon-\sqrt{2}i\eta & -\frac{1}{6}\sqrt{3}\varepsilon+\sqrt{2}i\eta \end{pmatrix}\quad(\varepsilon=\pm1,\ \eta=\pm1)$$

となることがわかる．この例では，$\varepsilon=\pm1$，$\eta=\pm1$ の取りかたによって A の平方根が 4 個得られたことになる．実際に $(\sqrt{A})^2=A$ となることの検証は読者に任せよう．

最後に，A が n 次の実行列（すべての成分が実数であるような行列）である場合に，z の関数 $f(z)$ がどのような条件をみたせば，行列 $f(A)$ もまた実行列になるかを考えてみよう．A が実行列ならばその固有多項式 $\Phi_A(z)$ のみならず，最小多項式

$$\Psi_A(z)=(z-\lambda_1)^{m_1}(z-\lambda_2)^{m_2}\dots(z-\lambda_s)^{m_s}$$

もまた実係数の z の多項式になるから（§25 の定理 6 の（#）を見よ），互いに異なる固有値 $\lambda_1, \dots, \lambda_s$ は一般に実数または重複度数が相等しい互いに共役な複素数のいくつかの組からなる．

いま，A のスペクトル $\sigma(A)$ 上で定義された関数 $f\in\mathscr{F}_\sigma[A]$ に対して，すべての実固有値 λ_j については，$f^{(k)}(\lambda_j)$ $(k=0,1,\dots,m_j-1)$ が実数値を取り，また，互いに複素共役な固有値のどんな組についても，これら 2 つの固有値における f の逐次微係数が互いに複素共役な値を取るとき，（たとえば，互いに共役な λ_g と $\lambda_h(=\bar{\lambda}_g)$ に関して，つねに

(11) $$f^{(k)}(\lambda_g)=\overline{f^{(k)}(\lambda_h)}\quad(k=0,1,\dots,m_g=m_h)$$

となるとき），関数 $f(z)$ は <u>A のスペクトル上で実である</u>という．以下では，実行列 A に対して，このような関数 f を考えることにする．このとき明らかに，実固有値 λ_j に対して，$\Psi_j(z)=\dfrac{\Psi_A(z)}{(z-\lambda_j)^{m_j}}$ は実係数の z の多項式である．さらに，互いに共役な固有値 λ_g と λ_h に対して，$P_{g,h}(z)=\dfrac{\Psi_A(z)}{(z-\lambda_g)^{m_g}(z-\lambda_h)^{m_h}}$ とおけば，$m_g=m_h$ であるから $P_{g,h}(z)$ も明らかに実係数の z の多項式である．ゆえに，この事実と $\lambda_g=\bar{\lambda}_h$ に注意すれば，z の 2 つの多項式：

$$\Psi_g(z)=\frac{\Psi_A(z)}{(z-\lambda_g)^{m_g}}=(z-\lambda_h)^{m_h}P_{g,h}(z),\quad \Psi_h(z)=\frac{\Psi_A(z)}{(z-\lambda_h)^{m_h}}=(z-\lambda_g)^{m_g}P_{g,h}(z)$$

においては同じ指数をもつ z の係数は互いに複素共役であることがわかる．ゆえにここで，z の多項式 $Q(z)$ のすべての係数をその共役複素数で置き換えて得られる z の多項式を $\bar{Q}(z)$ で表わすことにすれば，いま述べたことから，明らかに次の等式が成り立つ：

$$\Psi_g^{(k)}(z)=\bar{\Psi}_h^{(k)}(z),\quad \Psi_h^{(k)}(z)=\bar{\Psi}_g^{(k)}(z)\ .$$

したがって，$\lambda_h=\bar{\lambda}_g$ と上の第 2 の等式から，次式が得られる：

$$\Psi_h^{(k)}(\lambda_h)=\Psi_h^{(k)}(\bar{\lambda}_g)=\bar{\Psi}_g^{(k)}(\bar{\lambda}_g)=\overline{\Psi_g^{(k)}(\lambda_g)}\ .$$

さらにまた，これらの等式から，

$$\left[\frac{1}{\Psi_h(z)}\right]'_{z=\lambda_h}=-\left\{\Psi_h(\lambda_h)\right\}^{-2}\Psi_h'(\lambda_h)=-\left\{\overline{\Psi_g(\lambda_g)}\right\}^{-2}\overline{\Psi_g'(\lambda_g)}=\overline{\left[\frac{1}{\Psi_g(z)}\right]'}_{z=\lambda_g}$$

$$\left[\frac{1}{\Psi_h(z)}\right]''_{z=\lambda_h}=2\left\{\Psi_h(\lambda_h)\right\}^{-3}\Psi_h'(\lambda_h)-\left\{\Psi_h(\lambda_h)\right\}^{-2}\Psi_h''(\lambda_h)$$

$$=2\left\{\overline{\Psi_g(\lambda_g)}\right\}^{-3}\overline{\Psi_g'(\lambda_g)}-\left\{\overline{\Psi_g(\lambda_g)}\right\}^{-2}\overline{\Psi_g''(\lambda_g)}=\overline{\left[\frac{1}{\Psi_g(z)}\right]''}_{z=\lambda_g}$$

となり，同様にして，一般に次の等式が成り立つことがわかる：

(12) $$\left[\frac{1}{\Psi_h(z)}\right]^{(k)}_{z=\lambda_h}=\overline{\left[\frac{1}{\Psi_g(z)}\right]^{(k)}_{z=\lambda_g}} \quad (k=0,1,\ldots,m_h-1=m_g-1)$$

他方，実固有値 λ_j に対しては，$f^{(k)}(\lambda_j)$，$\Psi_j^{(k)}(\lambda_j)$ ($k=0,1,2,\ldots$) は実数値を取ることに注意すれば，(5) から

$$\alpha_{jk}=\frac{1}{(k-1)!}\sum_{r=0}^{k-1}\binom{k-1}{r}f^{(r)}(\lambda_j)\left[\frac{1}{\Psi_j(z)}\right]^{(k-1-r)}_{z=\lambda_j}$$
$$(k=1,\ldots,m_j;\ j=1,2,\ldots,s)$$

であるから，実固有値 λ_j に対しては α_{jk} ($k=1,2,\ldots,m_j$) はすべて実数である．また，互いに複素共役な固有値 λ_g と λ_h に対しては，仮定(11)と上で得られた等式(12)によって，

$$\alpha_{hk}=\bar{\alpha}_{gk} \quad (k=1,2,\ldots,m_g=m_k)$$

とならなければならない．以上より次のことがわかる．すなわち，(6)の右辺に含まれている実固有値 λ_j に応じる z の多項式

$$\left\{\alpha_{j1}+\alpha_{j2}(z-\lambda_j)+\ldots+\alpha_{jm_j}(z-\lambda_j)^{m_j-1}\right\}\Psi_j(z)$$

の係数はすべて実数であり，さらにまた(6)の右辺に含まれている互いに複素共役な固有値 λ_g と $\lambda_h=\bar{\lambda}_g$ ($m_g=m_h$) に対応する次の 2 つの z の多項式：

(13) $$\left\{\alpha_{g1}+\alpha_{g2}(z-\lambda_g)+\ldots+\alpha_{gm_g}(z-\lambda_g)^{m_g-1}\right\}\Psi_g(z),$$

(14) $$\left\{\alpha_{h1}+\alpha_{h2}(z-\lambda_h)+\ldots+\alpha_{hm_h}(z-\lambda_h)^{m_h-1}\right\}\Psi_h(z)$$

の同じ指数をもつ z の係数は互いに複素共役である．ゆえに，(13) と (14) との和は明らかに実数を係数とする z の多項式になる．このようなわけで，実行列 A のスペクトル上で実である関数 $f\in\mathcal{F}_\sigma[A]$ に対しては，(6) における s 項の和を実固有値に対応する項全部の和と互いに複素共役な固有値に対応する 2 つの項どうしをひと組にしたものの和とにすれば，(6) で定義される f の L-S 多項式 $h(z)$ $(=L_f(z))$ は実係数の z の多項式となるから，$f(A)=L_f(A)=h(A)$ はたしかに実行列になる．以上の結果を定理としておこう．

定理 2．A が実行列のとき，関数 f ($\in\mathcal{F}_\sigma[A]$) が A のスペクトル上で実ならば，$f(A)$ も実行列になる．

【注 4】 任意の $f\in\mathcal{F}_\sigma[A]$ に対して $f(A)=L_f(A)$ と定義して得られた行列 $f(A)$ がスカラー関数としての $f(z)$ の性質を受けついでいるかどうかは，今のところまだ明らかではない．たとえば，例 4 において関数 $f(z)=z^n$ を利用して，公式(10)により行列 A^n を計算することができたが，この行列は実際に A の n 個の積に等しいであろうか？ 実際，たしかにそうなることが§5 の例 1 において検証される．また，上の例 7 では行列 $\sqrt{A}$ を求めたが，これは今のところは関数 $f(z)=\sqrt{z}$ に対して L-S 多項式 $L_f(z)$ をつくって，$L_f(A)$ を単に $\sqrt{A}$ と書いているだけのことであって，この関数 f がみたしている等式 $\left\{f(z)\right\}^2=z$ が z を A で置き換えたときにも成り立つかどうかはやはり検証を要する問題である．§1 のおわりの【注 1】でも述べたように，このようなことがらは§8 においてもっと一般的な立場から論じられる．

§ 4．基幹行列と行列の関数に対する基本公式．

ここでは行列の関数を計算するための基本公式について述べ，さらに，いくつかの例によって具体的に 3 種類の計算法を示すことにする．

行列 A のスペクトル $\sigma(A)=\{\lambda_1,\lambda_2,\ldots,\lambda_s\}$ の上で定義された関数 $f\in\mathcal{F}_\sigma[A]$ に対する Lagrange-Sylvester の補間多項式 $L_f(z)$ は，§ 3 の定理 1 の (6) で見たように，

(1) $$L_f(z)=\sum_{j=1}^{s}\left\{\alpha_{j1}+\alpha_{j2}(z-\lambda_j)+\alpha_{j3}(z-\lambda_j)^2+\ldots+\alpha_{jm_j}(z-\lambda_j)^{m_j-1}\right\}\Psi_j(z)$$

の形で与えられた．ただしここで $\Psi_j(z)=\prod_{i\neq j}(z-\lambda_i)^{m_i}$ であり，§3 の (5) より

(2) $$\alpha_{jp}=\frac{1}{(p-1)!}\left[\frac{f(z)}{\Psi_j(z)}\right]_{z=\lambda_j}^{(p-1)}\quad(p=1,2,\ldots,m_j\,;\,j=1,2,\ldots,s)$$

である．ところが，2 つの関数の積の高階導関数に関する Leibniz の公式より

(3) $$\left[\frac{f(z)}{\Psi_j(z)}\right]_{z=\lambda_j}^{(p-1)}=\sum_{r=0}^{p-1}\binom{p-1}{r}f^{(r)}(\lambda_j)\left[\frac{1}{\Psi_j(z)}\right]_{z=\lambda_j}^{(p-1-r)}$$

であるから，$\alpha_{jp}\,(p=1,2,\ldots,m_j)$ は $f(\lambda_j),f'(\lambda_j),\ldots,f^{(p-1)}(\lambda_j)$ の 1 次式であることがわかる．したがって，(1) 式の $\{\ldots\}$ の中を

$$f(\lambda_j),f'(\lambda_j),\ \ldots\ ,f^{(m_j-1)}(\lambda_j)$$

について整理して，(1) を

(4) $$L_f(z)=\sum_{j=1}^{s}\left\{f(\lambda_j)\varphi_{j1}(z)+f'(\lambda_j)\varphi_{j2}(z)+\ldots+f^{(m_j-1)}(\lambda_j)\varphi_{jm_j}(z)\right\}$$

の形に書き表わすことができる．ここで $\varphi_{j1}(z),\varphi_{j2}(z),\ldots,\varphi_{jm_j}(z)\ (j=1,2,\ldots,s)$ は z の多項式であるが，これらの多項式が実際にどのようなものになるかをしらべてみよう．

$k\,(1\leq k\leq m_j)$ をひとつ決めたとき，$p\geq k$ であれば，(2)，(3) からわかるように α_{jp} は $f^{(k-1)}(\lambda_j)$ を含む項をもち，それは

$$\frac{1}{(p-1)!}\binom{p-1}{k-1}f^{(k-1)}(\lambda_j)\left[\frac{1}{\Psi_j(z)}\right]_{z=\lambda_j}^{(p-k)}=\frac{1}{(k-1)!\,(p-k)!}\left[\frac{1}{\Psi_j(z)}\right]_{z=\lambda_j}^{(p-k)}f^{(k-1)}(\lambda_j)$$

であるから，(1) の $\{\ \}$ の中で $f^{(k-1)}(\lambda_j)$ を含む項は

$$\alpha_{jk}(z-\lambda_j)^{k-1}+\alpha_{j,k+1}(z-\lambda_j)^{k}+\ldots+\alpha_{jm_j}(z-\lambda_j)^{m_j-1}$$

に現れる．ゆえに，この式において $f^{(k-1)}(\lambda_j)$ を含む項を全部加えたものは，

$$\sum_{p=k}^{m_j}\frac{1}{(k-1)!\,(p-k)!}\left[\frac{1}{\Psi_j(z)}\right]_{z=\lambda_j}^{(p-k)}f^{(k-1)}(\lambda_j)(z-\lambda_j)^{p-1}$$
$$=f^{(k-1)}(\lambda_j)\frac{(z-\lambda_j)^{k-1}}{(k-1)!}\sum_{r=0}^{m_j-k}\frac{1}{r!}\left[\frac{1}{\Psi_j(z)}\right]_{z=\lambda_j}^{(r)}(z-\lambda_j)^{r}$$

となる．したがって，この等式の右辺と (4) と (1) の $\Psi_j(z)$ に注意すれば，(4) から

(5) $$\varphi_{jk}(z)=\Psi_j(z)\frac{(z-\lambda_j)^{k-1}}{(k-1)!}\sum_{r=0}^{m_j-k}\frac{1}{r!}\left[\frac{1}{\Psi_j(z)}\right]_{z=\lambda_j}^{(r)}(z-\lambda_j)^{r}$$

であることがわかる．明らかに，この多項式は関数 $f(z)$ には依存せず，A の最小多項式 $\Psi_A(z)$

にのみ関係して定まる $m-1$ 次の多項式であることに注意しよう．

他方，見方を変えて，多項式 $\varphi_{jk}(z)$ を次のように特徴づけることもできる．この形による $\varphi_{jk}(z)$ の定義はこのあとの§5 でたびたび利用される．いま，2つの整数 j $(1 \leq j \leq s)$，k $(1 \leq k \leq m_j)$ をきめて，A のスペクトル上でとくに条件：

$$(6) \qquad \begin{cases} f^{(k-1)}(\lambda_j)=1, \quad f^{(l)}(\lambda_j)=0 & (0 \leq l \leq m_j-1, \, l \neq k-1), \\ f^{(l)}(\lambda_i)=0 & (i \neq j, \, 0 \leq l \leq m_i-1) \end{cases}$$

をみたすような関数 f の L-S 多項式 $L_f(z)$ をつくれば（下の【注 1】参照），(4) と (6) より

$$L_f(z)=\sum_{j=1}^{s}\left\{f(\lambda_j)\varphi_{j1}(z)+f'(\lambda_j)\varphi_{j2}(z)+\ldots+f^{(m_j-1)}(\lambda_j)\varphi_{jm_j}(z)\right\}=\varphi_{jk}(z)$$

となる．これは，多項式 $\varphi_{jk}(z)$ が条件 (6) をみたす関数 f に対する L-S 多項式に他ならないことを示している．すなわち，(4) に現われる多項式 $\varphi_{jk}(z)$ は，条件：

$$(7) \qquad \begin{cases} \varphi_{jk}^{(l-1)}(\lambda_j)=\delta_{kl} & (k, l=1, \ldots, m_j), \\ \varphi_{jk}^{(l-1)}(\lambda_i)=0 & (i \neq j ; k, l=1, \ldots, m_j) \end{cases}$$

あるいは，もっと簡単に，条件：

$$\varphi_{jk}^{(l-1)}(\lambda_i)=\delta_{kl}\cdot\delta_{ij} \quad (i, j=1, \ldots, s ; k, l=1, \ldots, m_j)$$

をみたす $m-1$ 次の多項式である．ただし，δ_{ik} はクロネッカー (Kronecker) の記号である：

$$\delta_{ik}=\begin{cases} 1 & (i=k \text{ のとき}) \\ 0 & (i \neq k \text{ のとき}). \end{cases}$$

【注 1】 A のスペクトル上で条件 (6) をみたす関数 $f(z)$ が存在するかどうかは問題であるが，それが実際に存在することは，§3 で述べた【注 1】から明らかであろう．すなわち，(6) で与えられる $m=m_1+m_2+\ldots+m_s$ 個の数の列 ζ に対してつくられる次数が m よりも小さい多項式 $L_\zeta(z)$ が $\varphi_{jk}(z)$ に他ならない．

定義 1．多項式 $\varphi_{jk}(z)$ を用いて，行列 Z_{jk} を次のように定義しよう：

$$Z_{jk}=\varphi_{jk}(A) \quad (k=1, \ldots, m_j ; j=1, \ldots, s).$$

そうすれば，全部で $m=m_1+m_2+\ldots+m_s$ 個の行列 Z_{jk} が得られる．ここで任意の $f \in \mathcal{F}_\sigma[A]$ に対して $f(A)=L_f(A)$ と定義したこと（§3 の定義）を思い起せば，等式 (4) より，次の重要な公式が得られる：

$$(8) \qquad f(A)=\sum_{j=1}^{s}\left\{f(\lambda_j)Z_{j1}+f'(\lambda_j)Z_{j2}+\ldots+f^{(k-1)}(\lambda_j)Z_{jk}+\ldots+f^{(m_j-1)}(\lambda_j)Z_{jm_j}\right\}.$$

これを行列の関数 $f(A)$ に対する基本公式，あるいは行列 A のスペクトル上で定義された関数 f に対する基本公式と名づける．本書ではとくに $\varphi_{jk}(z)$，Z_{jk} $(k=1, \ldots, m_j ; j=1, \ldots, s)$ をそれぞれ A の基幹多項式，A の基幹行列とよび，またこのあと便宜上，Z_{j1}，Z_{j2} をそれぞれ A の固有値 λ_j に属するベキ等行列，主ベキ零行列と名づけることにする（Gantmacher [1] では Z_{jk} を A のコンポーネントとよんでいる）．なお，$m_j=1$ であれば，(8) には Z_{jk} $(k \geq 2)$ を含む項は現われないことに注意しよう．

【注 2】 基幹行列 Z_{jk} は A の最小多項式だけによって決まる A の多項式であるから，関数 $f(z)$ がパラメータ t を含むような場合にも，A の基幹行列はパラメータ t に全く依存しない．この事実は応用上有益である．たとえば，パラメータ t を含む z の関数 $f(z,t)$ が z の関数として A のスペクトル上で定義されていれば，関数 f に対する基本公式は次のようになる（つぎの例 2，3 参照）：

$$f(A,t)=\sum_{j=1}^{s}\left\{f(\lambda_j,t)Z_{j1}+f'(\lambda_j,t)Z_{j2}+\dots+f^{(m_j-1)}(\lambda_j,t)Z_{jm_j}\right\}$$

$$\left(\text{ただし，}f^{(k)}(\lambda_j,t)=\frac{\partial^k}{\partial z^k}f(z,t)\Big|_{z=\lambda_j}\right).$$

例 1．$f(z)=z$ とおけば，(8) からただちに次の等式が得られる：

$$A=\sum_{j=1}^{s}(\lambda_j Z_{j1}+Z_{j2}).$$

ただし，固有値 λ_j の重複度 $m_j=1$ ならば，上式において Z_{j2} は現われないことに注意しよう．

例 2．実数 t をパラメータにもつ関数 $f(z,t)=e^{tz}$ に対して，$\dfrac{\partial^k}{\partial z^k}e^{tz}=t^k e^{tz}$ であるから，上の例 1 の行列 A に対して行列 e^{tA} は次式で与えられる：

$$e^{tA}=\sum_{j=1}^{s}\sum_{k=1}^{m_j}t^{k-1}e^{t\lambda_j}Z_{jk}. \tag{9}$$

いま，固有値 λ_j の実部を $\mathrm{Re}\,\lambda_j$ で表わすことにすれば，$t>0$ のとき $|t^k e^{t\lambda_j}|=t^k e^{t(\mathrm{Re}\,\lambda_j)}$ となるから，もしも A のすべての固有値 $\lambda_1,\lambda_2,\dots,\lambda_s$ の実部が負であれば，微分学で良く知られているように，

$$\lim_{t\to+\infty}t^k e^{t(\mathrm{Re}\,\lambda_j)}=0\quad(k=0,1,\dots,m_j)$$

となる．ゆえに，この場合 (9) から明らかなように，$t\longrightarrow+\infty$ のとき行列値関数 e^{tA} のすべての成分は 0 に収束する．すなわち，$\lim\limits_{t\to+\infty}e^{tA}=O$（$n$ 次の零行列）となることがわかる．

例 3．$f(z,t)=(t-z)^{-1}$ の場合は，$\dfrac{\partial^k}{\partial z^k}(t-z)^{-1}=k!(t-z)^{-k-1}$ $(k=0,1,2,\dots)$ であるから，t の行列値関数 $(tI-A)^{-1}$ は次式で与えられる：

$$(tI-A)^{-1}=\sum_{j=1}^{s}\sum_{k=1}^{m_j}(k-1)!(t-\lambda_j)^{-k}Z_{jk}.$$

例 4．$f(z,t)=(t-a)^z$（a は定数，t は実パタメータ）のとき，$f(A,t)=(t-a)^A$ を求めてみよう．$\log f(z,t)=z\log(t-a)$ であるから，

$$\frac{\partial}{\partial z}\log f(z,t)=\log(t-a) \quad と \quad \frac{\partial}{\partial z}\log f(z,t)=\frac{1}{f(z,t)}\frac{\partial}{\partial z}f(z,t)$$

の 2 つの等式より，$\dfrac{\partial}{\partial z}f(z,t)=f(z,t)\log(t-a)$ が得られ，$f(z,t)$ の逐次導関数は次式で与えられることがわかる：

$$\frac{\partial^j}{\partial z^j}f(z,t)=f(z,t)\left\{\log(t-a)\right\}^j=(t-a)^z\left\{\log(t-a)\right\}^j\quad(j=0,1,\dots).$$

したがって，上の【注 2】の公式によって，次式が得られる：

$$(t-a)^A=\sum_{j=1}^{s}\left\{Z_{j1}+Z_{j2}\log(t-a)+\ldots+Z_{jm_j}\left[\log(t-a)\right]^{m_j-1}\right\}(t-a)^{\lambda_j}.$$

基幹行列の性質は§5でしらべることにして，ここでは次の簡単な命題を証明しておく．

定理 1．行列 A の $m(=m_1+m_2+\ldots+m_s)$ 個の基幹行列

(10) $$\left\{Z_{jk}\,\middle|\,k=1,\ldots,m_j\,;\,j=1,\ldots,s\right\}$$

は 1 次独立である．

証明．いま，ある m 個の c_{jk} に対して

(11) $$\sum_{j=1}^{s}\left\{c_{j1}Z_{j1}+c_{j2}Z_{j2}+\ldots+c_{jm_j}Z_{jm_j}\right\}=O\ \text{（零行列）}$$

であったとする．このとき§3の【注 1】で述べたように，m 個の数からなる数列 $\boldsymbol{c}=(c_{11},\ldots,c_{1m_1},c_{21}\ldots,c_{2m_2},\ldots,c_{s1},\ldots,c_{sm_s})$ に対して，条件

(12) $$L_{\boldsymbol{c}}^{(k-1)}(\lambda_j)=c_{jk}\ \ (k=1,\ldots,m_j\,;\,j=1,\ldots,s)$$

をみたすような $m-1$ 次以下の多項式 $L_{\boldsymbol{c}}(z)$ をつくることができる．そうすれば，行列 $L_{\boldsymbol{c}}(A)$ に対する基本公式は（L-S 多項式の一意性によって），

$$L_{\boldsymbol{c}}(A)=\sum_{j=1}^{s}\left\{c_{j1}Z_{j1}+c_{j2}Z_{j2}+\ldots+c_{jm_j}Z_{jm_j}\right\}$$

となる．ところがこの等式の右辺は (11) により零行列 O に等しい：$L_{\boldsymbol{c}}(A)=O$．すなわち，$L_{\boldsymbol{c}}(z)$ は行列 A の零化多項式である．ゆえに，$L_{\boldsymbol{c}}(z)$ は A の最小多項式 $\Psi_A(z)$ で割り切れることになる（§24のB]）．しかし，$L_{\boldsymbol{c}}(z)$ の次数は $m-1$ 以下であるから，$L_{\boldsymbol{c}}(z)$ は恒等的に 0 に等しくなければならない．したがって，等式 (12) よりすべての c_{jk} が 0 に等しくなければならない．これで，(10) の 1 次独立性が証明された．

【注 3】 いま証明した命題は，n 次（複素）行列の n^2 個の成分を一定の順序にならべて，これを n^2 次元の（複素）数ベクトル空間 $\boldsymbol{C}^{n^2}$ の《ベクトル》と考えたとき，m 個の《ベクトル》

(10) $$\left\{Z_{jk}\,\middle|\,k=1,\ldots,m_j\,;\,j=1,\ldots,s\right\}$$

が空間 $\boldsymbol{C}^{n^2}$ の中で 1 次独立なことを示している．このことから n^2 項の（複素）数ベクトルと考えられる行列 $f(A)$ の集合 $\left\{f(A)\,\middle|\,f\in\mathscr{F}_\sigma[A]\right\}$ は，基本公式 (8) から明らかなように，(10) を一組の基底とする（空間 $\boldsymbol{C}^{n^2}$ の中の）m 次元の部分空間をつくっていることがわかる．しかもこのとき，基底 (10) に関するベクトル $f(A)$ の《座標》が行列 A のスペクトル上での f の値

(13) $$\left\{f^{(k-1)}(\lambda_j)\,\middle|\,k=1,\ldots,m_j\,;\,j=1,\ldots,s\right\}$$

に他ならないことに注意しよう．

例 5．最小多項式が $\Psi_A(z)=(z-1)^3(z-3)^2$ であるような行列 A のスペクトル上で定義された任意の関数 $f\in\mathscr{F}_\sigma[A]$ に対して，L-S 多項式 $L_f(z)$ を (1) の形で求め，それを (4) の形に整理することにより，行列 A の 5 個の基幹行列 $Z_{jk}=\varphi_{jk}(A)$ を求めてみよう．

上に述べた一般論での記号をそのまま用いることにして，$\lambda_1=1$，$\lambda_2=3$ と考えれば，

$m_1=3,\ m_2=2$ であり，

$$\Psi_1(z)=\frac{\Psi_A(z)}{(z-1)^3}=(z-3)^2,\quad \Psi_2(z)=\frac{\Psi_A(z)}{(z-3)^2}=(z-1)^3$$

となる．したがって，公式(1)より

(14)　$$L_f(z)=\{\alpha_{11}+\alpha_{12}(z-1)+\alpha_{13}(z-1)^2\}(z-3)^2+\{\alpha_{21}+\alpha_{22}(z-3)\}(z-1)^3$$

の形を取り，右辺の係数 α_{jk} を(2)によって計算すれば，

$$\alpha_{11}=\frac{f(1)}{\Psi_1(1)}=\frac{f(1)}{(1-3)^2}=\frac{1}{4}f(1),$$

$$\alpha_{12}=\frac{1}{(2-1)!}\left[\frac{f(z)}{\Psi_1(z)}\right]'_{z=1}=f(1)\left[\frac{1}{(z-3)^2}\right]'_{z=1}+f'(1)\frac{1}{(1-3)^2}$$

$$=\frac{1}{4}f(1)+\frac{1}{4}f'(1),$$

$$\alpha_{13}=\frac{1}{(3-1)!}\left[\frac{f(z)}{\Psi_1(z)}\right]''_{z=1}$$

$$=\frac{1}{2}\left\{f(1)\left[\frac{1}{(z-3)^2}\right]''_{z=1}+2f'(1)\left[\frac{1}{(z-3)^2}\right]'_{z=1}+f''(1)\frac{1}{(1-3)^2}\right\}$$

$$=\frac{3}{16}f(1)+\frac{1}{4}f'(1)+\frac{1}{8}f''(1),$$

$$\alpha_{21}=\frac{f(3)}{\Psi_2(3)}=\frac{f(3)}{(3-1)^3}=\frac{1}{8}f(3),$$

$$\alpha_{22}=\left[\frac{f(z)}{\Psi_2(z)}\right]'_{z=3}=f(3)\left[\frac{1}{(z-1)^3}\right]'_{z=3}+f'(3)\frac{1}{(3-1)^3}=-\frac{3}{16}f(3)+\frac{1}{8}f'(3)$$

となることがわかる．これらを(14)に代入して $f(1)$，$f'(1)$，$f''(1)$，$f(3)$，$f'(3)$ について整理すれば，(14)は次のようになる：

$$\begin{aligned}L_f(z)=&\Big[\frac{1}{4}f(1)+\Big\{\frac{1}{4}f(1)+\frac{1}{4}f'(1)\Big\}(z-1)\\&+\Big\{\frac{3}{16}f(1)+\frac{1}{4}f'(1)+\frac{1}{8}f''(1)\Big\}(z-1)^2\Big](z-3)^2\\&+\Big[\frac{1}{8}f(3)+\Big\{-\frac{3}{16}f(3)+\frac{1}{8}f'(3)\Big\}(z-3)\Big](z-1)^3\\=&f(1)\Big\{\frac{1}{4}+\frac{1}{4}(z-1)+\frac{3}{16}(z-1)^2\Big\}(z-3)^2\\&+f'(1)\Big\{\frac{1}{4}(z-1)+\frac{1}{4}(z-1)^2\Big\}(z-3)^2+\\&+f''(1)\frac{1}{8}(z-1)^2(z-3)^2+f(3)\Big\{\frac{1}{8}-\frac{3}{16}(z-3)\Big\}(z-1)^3\\&+f'(3)\frac{1}{8}(z-3)(z-1)^3.\end{aligned}$$

ゆえに，この最後の等式において $f(1)$，$f'(1)$，$f''(1)$，$f(3)$，$f'(3)$ を係数とする z の 5 個の多項式がそれぞれ $\varphi_{11}(z)$，$\varphi_{12}(z)$，$\varphi_{13}(z)$，$\varphi_{21}(z)$，$\varphi_{22}(z)$ であり，これにより A の 5 個の基幹行列として次のものが得られる：

$$Z_{11}=\varphi_{11}(A)=\frac{1}{16}\{4I+4(A-I)+3(A-I)^2\}(A-3I)^2$$

$$=\frac{1}{16}(3A^2-2A+3I)(A-3I)^2,$$

$$Z_{12}=\varphi_{12}(A)=\frac{1}{4}\{(A-I)+(A-I)^2\}(A-3I)^2=\frac{1}{4}A(A-I)(A-3I)^2,$$

$$Z_{13}=\varphi_{13}(A)=\frac{1}{8}(A-I)^2(A-3I)^2,$$

$$Z_{21}=\varphi_{21}(A)=\frac{1}{16}\{2I-3(A-3I)\}(A-I)^3=\frac{1}{16}(11I-3A)(A-I)^3,$$

$$Z_{22}=\varphi_{22}(A)=\frac{1}{8}(A-3I)(A-I)^3.$$

ゆえに，基本公式(8)により，任意の $f\in\mathcal{F}_\sigma[A]$ に対して行列 $f(A)$ は次式で与えられる：

$$f(A)=L_f(A)=f(1)Z_{11}+f'(1)Z_{12}+f''(1)Z_{13}+f(3)Z_{21}+f'(3)Z_{22}.$$

以上ではあえて煩雑さをいとわずに，この§のはじめに述べた方法によって $f\in\mathcal{F}_\sigma[A]$ に対する基本公式(14)の右辺を $z=1$ と $z=3$ における f の逐次微係数について整理して行列 A の基幹行列を求めてみた．これが第2の方法である．もちろん，直接に(5)によって A の基幹多項式 $\varphi_{jk}(z)$ を計算し，z に A を代入して A の基幹行列 $Z_{jk}=\varphi_{jk}(A)$ を求めることもできる．その場合には，

(15) $$\varphi_{11}(z)=\frac{1}{16}(3z^2-2z+3)(z-3)^2,\ \varphi_{12}(z)=\frac{1}{4}z(z-1)(z-3)^2,$$

$$\varphi_{13}(z)=\frac{1}{8}(z-1)^2(z-3)^2,\ \varphi_{21}(z)=\frac{1}{16}(11-3z)(z-1)^3,\varphi_{22}(z)=\frac{1}{8}(z-3)(z-1)^3$$

となることは言うまでもない．公式(5)によって直接に(15)を導くことは読者に任せよう．

例 6．§3の例2で見た行列 $A=\begin{pmatrix}6&-3&-2\\4&-1&-2\\3&-2&0\end{pmatrix}$ をまた考えてみよう．A の最小多項式は $\Psi_A(z)=(z-1)(z-2)^2$ であり，そこですでに見たように(§3の(9))，A のスペクトル上で定義された任意の関数 $f\in\mathcal{F}_\sigma[A]$ に対して，

(16) $$L_f(z)=f(1)(z-2)^2+f(2)(3-z)(z-1)+f'(2)(z-2)(z-1)$$

であった．ゆえに，$\lambda_1=1$，$\lambda_2=2$，($m_1=1$，$m_2=2$) として上での一般論の記号を用いれば，(16)で $f(1)$，$f(2)$，$f'(2)$ を係数にもつ多項式はそれぞれ

$$\varphi_{11}(z)=(z-2)^2,\ \varphi_{21}(z)=(3-z)(z-1),\ \varphi_{22}(z)=(z-2)(z-1)$$

であり，行列 A の基幹行列として次の3個の行列が得られる：

$$Z_{11}=(A-2I)^2=\begin{pmatrix}-2&1&2\\-2&1&2\\-2&1&2\end{pmatrix},\quad Z_{21}=(3I-A)(A-I)=\begin{pmatrix}3&-1&-2\\2&0&-2\\2&-1&-1\end{pmatrix},$$

$$Z_{22}=(A-2I)(A-I)=\begin{pmatrix}2&-2&0\\2&-2&0\\1&-1&0\end{pmatrix}.$$

したがって，行列 $f(A)$ は次式で与えられる：

$$f(A)=f(1)Z_{11}+f(2)Z_{21}+f'(2)Z_{22}.$$

この等式はすでに§3の(10)として得られたものであり，そこで A^{-1}，A^n (n は正の整数)，e^A を求めたことを思い起そう(§3の例3～例5)．

さて，いままで述べた2つの方法以外に，次のようにして A の基幹行列を求めることも

できる．たとえば，$g_1(z)=1$，$g_2(z)=z$，$g_3(z)=z^2$ とおけば，$g_1(A)=I$，$g_2(A)=A$，$g_3(A)=A^2$ となる．一方，これら３つの関数に対する基本公式は

$$g_i(A)=g_i(1)Z_{11}+g_i(2)Z_{21}+g_i'(2)Z_{22} \quad (i=1,2,3)$$

であるから，これより次の３つの等式が得られる：

$$(17) \qquad I=Z_{11}+Z_{21},\ A=Z_{11}+2Z_{21}+Z_{22},\ A^2=Z_{11}+4Z_{21}+4Z_{22}.$$

ここで(17)の第２,３式から等式 $4A-A^2=3Z_{11}+4Z_{21}$ が得られ，同じく(17)の第１式から $Z_{11}=I-Z_{21}$ となるから，これを前式に代入すれば，$4A-A^2=3I+Z_{21}$．ゆえに，

$$Z_{21}=4A-A^2-3I,\ Z_{11}=I-Z_{21}=4I-4A+A^2,$$

$$Z_{22}=A-Z_{11}-2Z_{21}=A-(4I-4A+A^2)-2(4A-A^2-3I)=2I-3A+A^2$$

となる．ここで

$$(18) \qquad A=\begin{pmatrix}6&-3&-2\\4&-1&-2\\3&-2&0\end{pmatrix},\ A^2=\begin{pmatrix}18&-11&-6\\14&-7&-6\\10&-7&-2\end{pmatrix}$$

に注意すれば，

$$Z_{11}=4\begin{pmatrix}1&0&0\\0&1&0\\0&0&1\end{pmatrix}-4\begin{pmatrix}6&-3&-2\\4&-1&-2\\3&-2&0\end{pmatrix}+\begin{pmatrix}18&-11&-6\\14&-7&-6\\10&-7&-2\end{pmatrix}=\begin{pmatrix}-2&1&2\\-2&1&2\\-2&1&2\end{pmatrix},$$

$$Z_{21}=-3\begin{pmatrix}1&0&0\\0&1&0\\0&0&1\end{pmatrix}+4\begin{pmatrix}6&-3&-2\\4&-1&-2\\3&-2&0\end{pmatrix}-\begin{pmatrix}18&-11&-6\\14&-7&-6\\10&-7&-2\end{pmatrix}=\begin{pmatrix}3&-1&-2\\2&0&-2\\2&-1&-1\end{pmatrix},$$

$$Z_{22}=2\begin{pmatrix}1&0&0\\0&1&0\\0&0&1\end{pmatrix}-3\begin{pmatrix}6&-3&-2\\4&-1&-2\\3&-2&0\end{pmatrix}+\begin{pmatrix}18&-11&-6\\14&-7&-6\\10&-7&-2\end{pmatrix}=\begin{pmatrix}2&-2&0\\2&-2&0\\1&-1&0\end{pmatrix}$$

が得られる．もちろん，これはすでに得られた結果に一致する．

今まで述べてきたことから，われわれは基幹行列を求める３つの方法を知った．

第１の方法は，$f\in\mathscr{F}_\sigma[A]$ に対して(2)により α_{jk} の右辺を計算して，それを(1)に代入してから(4)の形に整理して基幹行列 $Z_{jk}=\varphi_{jk}(A)$ を求める方法．

第２の方法は，(5)によって直接に多項式 $\varphi_{jk}(z)$ を計算して，定義１によって z に A を代入して Z_{jk} を求める方法である．

最後の第３の方法は，何個かの簡単な多項式に対する基本公式を連立させて，これを“未知数“ Z_{jk} について解く方法である．

おわりに，一般に $m(=m_1+m_2+\dots+m_s)$ 個の z の関数 $g_1, g_2, \dots, g_m$ がどのような条件をみたせば，行列 $g_1(A), g_2(A), \dots, g_m(A)$ に対する m 個の基本公式

$$(19) \qquad g_k(A)=\sum_{j=1}^{s}\left\{g_k(\lambda_j)Z_{j1}+g_k'(\lambda_j)Z_{j2}+\dots+g_k^{(m_j-1)}(\lambda_j)Z_{jm_j}\right\}$$
$$(k=1,2,\dots,m)$$

から基幹行列 Z_{jk} $(k=1,2,\dots,m_j;\ j=1,\dots,s)$ を求めることができるかを考えてみよう．

$\{Z_{jk}\}$ を“未知数“とする連立１次方程式(19)の係数のつくる行列は次のようになる：

$$\begin{pmatrix} g_1(\lambda_1) & g_1'(\lambda_1) & \cdots & g_1^{(m_1-1)}(\lambda_1) & \cdots & \cdots & g_1(\lambda_s) & g_1'(\lambda_s) & \cdots & g_1^{(m_s-1)}(\lambda_s) \\ g_2(\lambda_1) & g_2'(\lambda_1) & \cdots & g_2^{(m_1-1)}(\lambda_1) & \cdots & \cdots & g_2(\lambda_s) & g_2'(\lambda_s) & \cdots & g_2^{(m_s-1)}(\lambda_s) \\ \vdots & \vdots & \cdots & \vdots & \vdots & \vdots & \vdots & \vdots & \cdots & \vdots \\ g_m(\lambda_1) & g_m'(\lambda_1) & \cdots & g_m^{(m_1-1)}(\lambda_1) & \cdots & \cdots & g_m(\lambda_s) & g_m'(\lambda_s) & \cdots & g_m^{(m_s-1)}(\lambda_s) \end{pmatrix}.$$

この m 次の行列を G で表わすことにすれば，連立 1 次方程式(19)を $\{Z_{jk}\}$ について一意的に解くことができるための条件は $\det G \neq 0$ である(通常の連立 1 次方程式の解に関するクラメールの公式がこの場合にも成り立つことに注意)．以下，条件 $\det G \neq 0$ を関数 g_i $(i=1, \ldots, m)$ に関する条件に述べ換えてみよう．

行列 G の上から k $(1 \leq k \leq m)$ 番目の行ベクトルを $\boldsymbol{g}_k$ で表わすことにすれば，

$$\boldsymbol{g}_k = (g_k(\lambda_1), g_k'(\lambda_1), \ldots, g_k^{(m_1-1)}(\lambda_1), g_k(\lambda_2), g_k'(\lambda_2), \ldots, g_k^{(m_2-1)}(\lambda_2), \\ \ldots\ldots\ldots\ldots, g_k(\lambda_s), g_k'(\lambda_s), \ldots, g_k^{(m_s-1)}(\lambda_s))$$

であるから，その成分は A のスペクトル上での関数 g_k の値に他ならないことに注意しよう．また，G の左から $m_1+m_2+\ldots+m_{i-1}+k$ $(1 \leq k \leq m_i; 1 \leq i \leq s;\ m_0=0)$ 番目の列ベクトルは

$${}^t(g_1^{(k-1)}(\lambda_i), g_2^{(k-1)}(\lambda_i), \ldots, g_{m-1}^{(k-1)}(\lambda_i), g_m^{(k-1)}(\lambda_i))$$

である(紙面節約のため，左肩の t は行ベクトルの転置を意味している)．したがって，G の m 個の行ベクトル $\boldsymbol{g}_1, \boldsymbol{g}_2, \ldots, \boldsymbol{g}_m$ の 1 次結合 $c_1\boldsymbol{g}_1+\ldots+c_m\boldsymbol{g}_m$ $(c_k \in \boldsymbol{C})$ の $m_1+m_2+\ldots+m_{i-1}+k$ 番目の成分は $c_1g_1^{(k-1)}(\lambda_i)+c_2g_2^{(k-1)}(\lambda_i)+\ldots+c_mg_m^{(k-1)}(\lambda_i)$ である．言い換えるならば，$c_1\boldsymbol{g}_1+\ldots+c_m\boldsymbol{g}_m$ は関数 $c_1g_1(z)+\ldots+c_mg_m(z)$ が行列 A のスペクトル上で取る値を成分とするベクトルである．論理的に同等なことを $\Longleftrightarrow$ で表わすことにすれば，次のようになる：

$\det G \neq 0 \Longleftrightarrow$ ベクトル $\boldsymbol{g}_1, \boldsymbol{g}_2, \ldots, \boldsymbol{g}_m$ が 1 次独立 $\Longleftrightarrow$ ベクトル $\boldsymbol{g}_1, \boldsymbol{g}_2, \ldots, \boldsymbol{g}_m$ の自明でないどんな 1 次結合も $\boldsymbol{0}$ ベクトルにならない $\Longleftrightarrow$ 関数 $g_1(z), \ldots, g_m(z)$ の自明でないどんな 1 次結合も A のスペクトル上で 0 にならない，

ということになる．多項式が A のスペクトル上で 0 になるということと，その多項式が A の最小多項式 $\Psi_A(z)$ で割り切れるということとは同等であるから(§2 の定理 2 の系 1 参照)，つぎの定理が得られる．

定理 2．行列 A の基幹行列 Z_{jk} $(k=1, \ldots, m_j; j=1, \ldots, s)$ を未知の行列とする連立 1 次方程式(19)が解けるための必要かつ十分条件は，多項式 $g_1(z), g_2(z), \ldots, g_m(z)$ $(m=\sum_{j=1}^{s} m_j)$ の自明でないどんな 1 次結合も A の最小多項式 $\Psi_A(z)$ で割り切れないことである．

この定理から明らかなように，$g_1(z), \ldots, g_m(z)$ としてそれぞれ 0 次(0 でない定数)，1 次，2 次，…，$m-1$ 次の多項式を取れば，このとき $\det G \neq 0$ となり，連立方程式(19)は "未知数"$\{Z_{jk}\}$ について一意的に解くことができる．これが，A の基幹行列 Z_{jk} を求める第 3 の方法である．この方法によって基幹行列を求める例を 2 つだけあげておこう．

例 7．$A=\begin{pmatrix} 9 & -5 & 6 \\ 5 & -2 & 5 \\ -6 & 5 & -3 \end{pmatrix}$ の最小多項式は $\Psi_A(z)=(z+2)(z-3)^2$ であるから，今まで一貫して用いてきた記法により，$\lambda_1=-2$，$m_1=1$，$\lambda_2=3$，$m_2=2$ とすれば，固有値 -2 に対応する基幹行列は Z_{11} ただ 1 個であり，固有値 3 に対応する基幹行列は Z_{21}，Z_{22} の 2 個であるから，A のスペクトル上で定義された関数 $g\in\mathscr{F}_\sigma[A]$ に対する基本公式(8)は

(20) $$g(A)=g(-2)Z_{11}+g(3)Z_{21}+g'(3)Z_{22}$$

となる．ここでたとえば，$g_1(z)=1$, $g_2(z)=z+2$, $g_3(z)=(z-3)^2$ と取れば，$g_1(A)=I$，$g_2(A)=A+2I$，$g_3(A)=(A-3I)^2$ となるから，次のようになる：

$$g_1(A)=\begin{pmatrix} 1 & 0 & 0 \\ 0 & 1 & 0 \\ 0 & 0 & 1 \end{pmatrix},\ g_2(A)=\begin{pmatrix} 11 & -5 & 6 \\ 5 & 0 & 5 \\ -6 & 5 & -1 \end{pmatrix},\ g_3(A)=\begin{pmatrix} -25 & 25 & -25 \\ -25 & 25 & -25 \\ 25 & -25 & 25 \end{pmatrix}.$$

$g_1(-2)=1$，$g_1(3)=1$，$g_1'(3)=0$，$g_2(-2)=0$，$g_2(3)=5$，$g_2'(3)=1$，$g_3(-2)=25$，$g_3(3)=0$，$g_3'(3)=0$ であるから，$g_1(A)$，$g_2(A)$，$g_3(A)$ に対する基本公式(20)から，それぞれ次の 3 個の等式が得られる：

(21) $$I=Z_{11}+Z_{21},\ A+2I=5Z_{21}+Z_{22},\ (A-3I)^2=25Z_{11}.$$

この連立方程式(21)を Z_{11}, Z_{21}, Z_{22} について解けば，次のようになる：

(22) $$Z_{11}=\begin{pmatrix} -1 & 1 & -1 \\ -1 & 1 & -1 \\ 1 & -1 & 1 \end{pmatrix},\ Z_{21}=\begin{pmatrix} 2 & -1 & 1 \\ 1 & 0 & 1 \\ -1 & 1 & 0 \end{pmatrix},\ Z_{22}=\begin{pmatrix} 1 & 0 & 1 \\ 0 & 0 & 0 \\ -1 & 0 & -1 \end{pmatrix}.$$

こんどはたとえば，$g_1(z)=1$，$g_2(z)=z$，$g_3(z)=z^2$ と取ってみよう．そうすれば，これら 3 個の関数から得られる行列 A の関数 $g_1(A)=I$，$g_2(A)=A$，$g_3(A)=A^2$ に対する基本公式(20)は“未知数“ Z_{11}，Z_{21}，Z_{22} に関して，次の連立方程式を与える：

$$\begin{cases} I=\begin{pmatrix} 1 & 0 & 0 \\ 0 & 1 & 0 \\ 0 & 0 & 1 \end{pmatrix} = Z_{11}+Z_{21} \\ A=\begin{pmatrix} 9 & -5 & 6 \\ 5 & -2 & 5 \\ -6 & 5 & -3 \end{pmatrix} = -2Z_{11}+3Z_{21}+Z_{22} \\ A^2=\begin{pmatrix} 20 & -5 & 11 \\ 5 & 4 & 5 \\ -11 & 5 & -2 \end{pmatrix} = 4Z_{11}+9Z_{21}+6Z_{22}. \end{cases}$$

これを Z_{11}，Z_{21}，Z_{22} について解けば，もちろん前と同じ結果(22)が得られる．いずれにせよ，任意の $g\in\mathscr{F}_\sigma[A]$ に対する基本公式(20)は次のようになる：

$$g(A)=g(-2)\begin{pmatrix} -1 & 1 & -1 \\ -1 & 1 & -1 \\ 1 & -1 & 1 \end{pmatrix}+g(3)\begin{pmatrix} 2 & -1 & 1 \\ 1 & 0 & 1 \\ -1 & 1 & 0 \end{pmatrix}+g'(3)\begin{pmatrix} 1 & 0 & 1 \\ 0 & 0 & 0 \\ -1 & 0 & -1 \end{pmatrix}$$
$$=\begin{pmatrix} -g(-2)+2g(3)+g'(3) & g(-2)-g(3) & -g(-2)+g(3)+g'(3) \\ -g(-2)+g(3) & g(-2) & -g(-2)+g(3) \\ g(-2)-g(3)-g'(3) & -g(-2)+g(3) & g(-2)-g'(3) \end{pmatrix}.$$

これより，たとえば A^n，e^A は次のようになることがわかる：

$$A^n=\begin{pmatrix} -(-2)^n+2\cdot3^n+n3^{n-1} & (-2)^n-3^n & -(-2)^n+3^n+n3^{n-1} \\ -(-2)^n\ \ +3^n & (-2)^n & -(-2)^n+3^n \\ (-2)^n\ \ -3^n-n3^{n-1} & -(-2)^n+3^n & (-2)^n\ \ \ -n3^{n-1} \end{pmatrix}\quad (n=0,\pm1,\pm2,\dots),$$

$$e^A=\begin{pmatrix} -e^{-2}+3e^3 & e^{-2}-e^3 & -e^{-2}+2e^3 \\ -e^{-2}\ +e^3 & e^{-2} & -e^{-2}\ +e^3 \\ e^{-2}-2e^3 & -e^{-2}+e^3 & e^{-2}\ -e^3 \end{pmatrix}.$$

例 8．4 次の行列 $A=\begin{pmatrix} -1 & 10 & 0 & 5 \\ -2 & 8 & -2 & 3 \\ 0 & -3 & 0 & -2 \\ 4 & -17 & 5 & -7 \end{pmatrix}$ の基幹行列を求めてみよう．

この行列の最小多項式は $\Psi_A(z)=(z+1)^2(z-1)^2$ であることがわかるから，A の固有値は $\lambda_1=-1\,(m_1=2)$ と $\lambda_2=1\,(m_2=2)$ である．ゆえに，λ_1 に属する基幹行列は Z_{11}（ベキ等）と Z_{12}（主ベキ零）の 2 個，λ_2 に属する基幹行列は Z_{21}（ベキ等）と Z_{22}（主ベキ零）の 2 個であり，任意の $f\in\mathscr{F}_\sigma[A]$ に対する基本公式 (8) は

(23) $$f(A)=f(-1)Z_{11}+f'(-1)Z_{12}+f(1)Z_{21}+f'(1)Z_{22}$$

の形になる．ここで $f(z)$ として順次に，たとえば $f_1(z)=1$，$f_2(z)=z+1$，$f_3(z)=(z+1)^2$，$f_4(z)=(z+1)^3$ をとれば，$f_1(A)=I$，$f_2(A)=A+I$，$f_3(A)=(A+I)^2$，$f_4(A)=(A+I)^3$ となるから，これら 4 個の行列に対する基本公式(23)から次のような連立方程式が得られる：

(24) $$\begin{cases} I=Z_{11}+Z_{21} \\ A+I=Z_{12}+2Z_{21}+Z_{22} \\ (A+I)^2=4Z_{21}+4Z_{22} \\ (A+I)^3=8Z_{21}+12Z_{22}. \end{cases}$$

ここで，たとえば，第 4 式と第 3 式から $4Z_{22}=(A+I)^3-2(A+I)^2$，ついでこれと第 3 式から $4Z_{21}=3(A+I)^2-(A+I)^3$，これと第 2 式から $4Z_{12}=4(A+I)-4(A+I)^2+(A+I)^3$ が，そして $4Z_{11}=4I-3(A+I)^2+(A+I)^3$ が得られ，4 個の基幹行列は次のようになる：

$$Z_{11}=\frac{1}{4}\begin{pmatrix} -6 & 15 & -20 & 5 \\ -2 & 4 & -7 & 1 \\ 2 & -4 & 7 & -1 \\ 2 & 2 & 9 & 3 \end{pmatrix},\quad Z_{12}=\frac{1}{4}\begin{pmatrix} -10 & 50 & -25 & 25 \\ -4 & 20 & -10 & 10 \\ 4 & -20 & 10 & -10 \\ 8 & -40 & 20 & -20 \end{pmatrix},$$

$$Z_{21}=\frac{1}{4}\begin{pmatrix} 10 & -15 & 20 & -5 \\ 2 & 0 & 7 & -1 \\ -2 & 4 & -3 & 1 \\ -2 & -2 & -9 & 1 \end{pmatrix},\quad Z_{22}=\frac{1}{4}\begin{pmatrix} -10 & 20 & -15 & 5 \\ -8 & 16 & -12 & 4 \\ 0 & 0 & 0 & 0 \\ 12 & -24 & 18 & -6 \end{pmatrix}.$$

上の例 7 で見たように，関数 $g_1(z)$，$g_2(z)$，$g_3(z)$ の選びかたによって，基幹行列に関する連立方程式(20)の解き易さに差が出ることに注意しよう．この例 8 でも f_1, f_2, f_3, f_4 として，$1, z, z^2, z^3$ を取って基本公式を利用して基幹行列 $Z_{11}, Z_{12}, Z_{21}, Z_{22}$ を求める場合，(24) に相当する連立方程式を解いて同じ結果が得られることを演習問題として確かめられたい．

【注 4】 つぎの §5 でわかるように，$Z_{jk}\,(k\geq2)$ は Z_{j2} の累乗として表わされる．

§ 5. 基幹行列 Z_{jk} の基本的性質.

すでにまえの§4で述べたように，正方行列 A の最小多項式が

$$\Psi_A(z)=(z-\lambda_1)^{m_1}(z-\lambda_2)^{m_2}\dots(z-\lambda_s)^{m_s}\quad(i\neq j \text{ ならば } \lambda_i\neq\lambda_j)$$

であるとき，A の基幹行列 Z_{jk} は次式で与えられる行列であった(§4の定義1)：

(1) $$Z_{jk}=\varphi_{jk}(A)\quad(k=1,2,\dots,m_j;j=1,\dots,s).$$

ただし，関数 φ_{jk} は次の条件をみたす $m-1$ 次 $(m=\sum_{j=1}^{s}m_j)$ の多項式であった(§4,(7))：

(2) $$\begin{cases}\varphi_{jk}^{(l-1)}(\lambda_j)=\delta_{kl} & (k,l=1,\dots,m_j),\\ \varphi_{jk}^{(l-1)}(\lambda_i)=0 & (i\neq j;k,l=1,\dots,m_j).\end{cases}$$

あるいは，§4の(5)で示したもっと具体的な表現によれば，次のように書き表わされる：

$$\varphi_{jk}(z)=\Psi_j(z)\frac{(z-\lambda_j)^{k-1}}{(k-1)!}\sum_{r=0}^{m_j-k}\frac{1}{r!}\left[\frac{1}{\Psi_j(z)}\right]^{(r)}_{z=\lambda_j}(z-\lambda_j)^r$$
$$(k=1,2,\dots,m_j;j=1,\dots,s).$$

ただし，$\Psi_j(z)=\dfrac{\Psi_A(z)}{(z-\lambda_j)^{m_j}}=\prod_{k\neq j}(z-\lambda_k)^{m_k}$ である.

A の基幹行列 Z_{jk} は A の多項式であるから，いうまでもなく，どの2つも互いに可換である.

ここで，行列 A のスペクトル上で定義された関数 f に対する基本公式(§4の(8))を改めて書き出しておこう.

(3) $$f(A)=\sum_{j=1}^{s}\left\{f(\lambda_j)Z_{j1}+f'(\lambda_j)Z_{j2}+\dots+f^{(m_j-1)}(\lambda_j)Z_{jm_j}\right\}.$$

なお，すでに§4で注意したが，$m_j=1$ の場合には，(3)の右辺に $Z_{j2},Z_{j3},\dots$ は現われない.

はじめに，次の簡単な定理を証明しておく.

定理 1. (1)によって与えられる行列 A の $m(=\sum_{j=1}^{s}m_j)$ 個の基幹行列：

$$\left\{Z_{jk}\,\middle|\,k=1,2,\dots,m_j;j=1,2,\dots,s\right\}$$

は次の性質をもつ：

(a) $I=\sum_{j=1}^{s}Z_{j1}$ （I は n 次単位行列）

(b) $Z_{j1}^2=Z_{j1}$ $(j=1,2,\dots,s)$

(c) $i\neq j$ ならば，$Z_{ik}Z_{jl}=O$ $(k=1,\dots,m_i;l=1,\dots,m_j)$

(d) $$Z_{ik}Z_{il}=\begin{cases}\dfrac{(k+l-2)!}{(k-1)!(l-1)!}Z_{i,k+l-1} & (1\leq k+l-1\leq m_i \text{ のとき}),\\ O & (k+l-1>m_i \text{ のとき}).\end{cases}$$

証明. (a)は基本公式(3)において $f(z)\equiv 1$ とおくことによってただちに得られる.

つぎに，2つの多項式 $\varphi_{ik}(z)$ と $\varphi_{jl}(z)$ との通常の積 $\varphi_{ik}(z)\varphi_{jl}(z)$ を $(\varphi_{ik}\varphi_{jl})(z)$ で表わせば，$Z_{ik}Z_{jl}=\varphi_{ik}(A)\varphi_{jl}(A)=(\varphi_{ik}\varphi_{jl})(A)$ である. ゆえに，基本公式(3)によって，

(4) $$Z_{ik}Z_{jl}=\sum_{r=1}^{s}\left\{(\varphi_{ik}\varphi_{jl})(\lambda_r)Z_{r1}+(\varphi_{ik}\varphi_{jl})'(\lambda_r)Z_{r2}+\dots+(\varphi_{ik}\varphi_{jl})^{(m_r-1)}(\lambda_r)Z_{rm_r}\right\}$$

となる．ところが，関数の積の高階導関数に関するLeibnizの公式によって，

(5) $$(\varphi_{ik}\varphi_{jl})^{(h)}(\lambda_r)=\sum_{p=0}^{h}\binom{h}{p}\varphi_{ik}^{(p)}(\lambda_r)\varphi_{jl}^{(h-p)}(\lambda_r)\quad(h=0,1,2,\dots)$$

であるから，ここで関数 φ_{jk} の性質(2)に注意すれば，$i\neq j$ であるかぎり，

$$\varphi_{ik}^{(p)}(\lambda_r)\varphi_{jl}^{(h-p)}(\lambda_r)=0\quad(r=1,\dots,s;p=0,\dots,h)$$

となる．したがって，$i\neq j$ ならば(5)より

(6) $$(\varphi_{ik}\varphi_{jl})^{(h)}(\lambda_r)=0\quad(r=1,\dots,s;h=0,\dots,m_r-1)$$

となり，(4)より

$$Z_{ik}Z_{jl}=O\quad(i\neq j;k=1,\dots,m_i;l=1,\dots,m_j)$$

が得られる．これで(c)が証明された．

つぎに，(4)，(5)で $i=j, k=l=1$ とすれば，(4)，(5)はそれぞれ次のようになる：

(4)′ $$Z_{j1}^2=\varphi_{j1}(A)\varphi_{j1}(A)=\sum_{r=1}^{s}\left\{(\varphi_{j1}\varphi_{j1})(\lambda_r)Z_{r1}+(\varphi_{j1}\varphi_{j1})'(\lambda_r)Z_{j2}+\dots+(\varphi_{j1}\varphi_{j1})^{(m_r-1)}(\lambda_r)Z_{rm_r}\right\},$$

(5)′ $$(\varphi_{j1}\varphi_{j1})^{(h)}(\lambda_r)=\sum_{p=0}^{h}\binom{h}{p}\varphi_{j1}^{(p)}(\lambda_r)\varphi_{j1}^{(h-p)}(\lambda_r)\quad(h=0,1,2,\dots).$$

ゆえに，ふたたび(2)に注意すれば，$r\neq j$ である限り(5)′の右辺の各項は0に等しいから，

$$(\varphi_{j1}\varphi_{j1})^{(h)}(\lambda_r)=0\quad(h=0,1,\dots,m_j-1)$$

であることがわかる．したがって，(4)′は次のようになる：

(7) $$Z_{j1}^2=(\varphi_{j1}\varphi_{j1})(\lambda_j)Z_{j1}+(\varphi_{j1}\varphi_{j1})'(\lambda_j)Z_{j2}+\dots+(\varphi_{j1}\varphi_{j1})^{(m_j-1)}(\lambda_j)Z_{jm_j}.$$

ここでまたφ_{j1}の性質(2)に注意すれば，$\varphi_{j1}(\lambda_j)=1$, $\varphi_{j1}^{(k)}(\lambda_j)=0$ ($k\geqq 1$のとき)であるから，

$$(\varphi_{j1}\varphi_{j1})(\lambda_j)=\left\{\varphi_{j1}(\lambda_j)\right\}^2=1,\ (\varphi_{j1}\varphi_{j1})^{(l)}(\lambda_j)=0\quad(l\geqq 1)$$

となって，(7)の右辺では第1項しか残らず

$$Z_{j1}^2=Z_{j1}\quad(j=1,\dots,m_j)$$

が得られる．これで(b)が証明された．

(d)を証明しよう．φ_{jk} の性質(2)とLeibnizの公式によって，$r\neq i$ ならば，

$$(\varphi_{ij}\varphi_{il})^{(h)}(\lambda_r)=0\quad(h=0,1,\dots,m_i-1)$$

となるから，$Z_{ij}Z_{il}=\varphi_{ij}(A)\varphi_{il}(A)=(\varphi_{ij}\varphi_{il})(A)$ に対する基本公式は

(8) $$Z_{ij}Z_{il}=(\varphi_{ij}\varphi_{il})(\lambda_i)Z_{i1}+(\varphi_{ij}\varphi_{il})'(\lambda_i)Z_{i2}+\dots+(\varphi_{ij}\varphi_{il})^{(m_i-1)}(\lambda_i)Z_{im_i}$$

となる．ふたたび，Leibnizの公式により，

(9) $$(\varphi_{ij}\varphi_{il})^{(h)}(\lambda_i)=\sum_{p=0}^{h}\binom{h}{p}\varphi_{ij}^{(p)}(\lambda_i)\varphi_{il}^{(h-p)}(\lambda_i)\quad(h=0,1,\dots)$$

となるが，φ_{ij}の性質 $\varphi_{ij}^{(p-1)}(\lambda_i)=\delta_{jp}$ に注意すれば，(9)は $h=j+l-2$ のときにのみ

$$(\varphi_{ij}\varphi_{il})^{(h)}(\lambda_i)=\binom{j+l-2}{j-1}\varphi_{ij}^{(j-1)}(\lambda_i)\varphi_{il}^{(l-1)}(\lambda_i)$$
$$=\binom{j+l-2}{j-1}=\frac{(j+l-2)!}{(j-1)!(l-1)!}$$

となり，$h\neq j+l-2$ ならば $h-(j-1)\neq l-1$ であるから，$(\varphi_{ij}\varphi_{il})^{(h)}(\lambda_i)=0$ となることがわかる．したがって，けっきょく(9)は次のようになる：

$$(\varphi_{ij}\varphi_{il})^{(h)}(\lambda_i)=\begin{cases}\dfrac{(j+l-2)!}{(j-1)!(l-1)!} & (h=j+l-2 \text{ のとき}),\\ 0 & (h\neq j+l-2 \text{ のとき})\end{cases}$$

ゆえに，(8)から次の等式が得られる：

(10)
$$Z_{ij}Z_{il}=\begin{cases}\dfrac{(j+l-2)!}{(j-1)!(l-1)!}Z_{i,j+l-1} & (j+l-1\leqq m_i \text{ のとき}),\\ O & (j+l-1>m_i \text{ のとき}).\end{cases}$$

ここで，$k>m_i$ のとき $Z_{ik}=O$ と約束すれば，(10)は次のように書ける：

(11)
$$Z_{ij}Z_{il}=\frac{(j+l-2)!}{(j-1)!(l-1)!}Z_{i,j+l-1}\quad (j,l=1,2,\dots,m_i).$$

これで(d)が証明された．定理 1 からただちに，次の系が得られる$(1\leqq i\leqq s)$：

系 1．(e) $Z_{i2}^2=2Z_{i3}$,

(f) $Z_{i1}Z_{il}=Z_{il}Z_{i1}=Z_{il}\quad(1\leqq l\leqq m_i)$,

(g) $Z_{i2}Z_{il}=Z_{il}Z_{i2}=lZ_{i,l+1}$,

(h) $Z_{ij}=\dfrac{1}{(j-1)!}Z_{i2}^{j-1}$ （ただし，$Z_{i2}^0=Z_{i1}$ とする），

(i) $k\geqq m_i$ ならば，$Z_{i2}^k=O$.

証明．(e)～(g)は等式(11)から明らか．(e)は(g)の特別の場合である．(h)を証明しよう．はじめに(e)を使い，そのあと(g)を反復利用すれば，

$$Z_{i2}^{j-1}=Z_{i2}^2Z_{i2}^{j-3}=2Z_{i3}Z_{i2}^{j-3}=2(Z_{i3}Z_{i2})Z_{i2}^{j-4}=2(3Z_{i4})Z_{i2}^{j-4}=\dots$$
$$=2\cdot3\cdot\ \dots\ \cdot(k-1)Z_{ik}Z_{i2}^{j-k}=\dots=(j-1)!Z_{ij}$$

となるから，これより(h)が得られる．

最後に，$j=m_i+1$ のときには $Z_{ij}=O$ であるから，(h)において $j=m_i+1$ とおけば，$Z_{i2}^{m_i}=O$ でなければならない．これで(i)も証明された．

上の系 1 の(h)と§4 の定理 1 から，次の系が得られる：

系 2．m 個の行列 $\left\{Z_{j1},Z_{j2}^k\,\middle|\,k=1,\dots,m_j-1;j=1,\dots,s\right\}$ は 1 次独立である．

ここで，上で述べた基幹行列 Z_{jk} の性質を活用する例題をいくつかあげておく．

例 1．§3 の【注 4】において，検証を要する問題として残しておいたものをここでたしかめることにしよう．行列 A の最小多項式は，この§の最初にあげた $\Psi_A(z)$ であるとする．

正の整数 n に対して，$f(z)=z^n$ とすれば，$f^{(k)}(z)=\dfrac{n!}{(n-k)!}z^{n-k}\,(0\leqq k\leqq n)$ であるから，基本公式(3)から得られる行列 $f(A)=A^n$ は次式で与えられる：

(12)
$$A^n=\sum_{j=1}^{s}\sum_{k=0}^{n}\frac{n!}{(n-k)!}\lambda_j^{n-k}Z_{j,k+1}.$$
なお，$k>m_j$ ならば $Z_{jk}=O$ であるから，$n\geqq m_j$ のときには，等式(12)の第 2 の総和記号の上にある n は m_j-1 としてよい．

他方，$f(z)=z$ に対する基本公式と上の系 1 の(f)によって，

(13)
$$A=\sum_{j=1}^{s}(\lambda_jZ_{j1}+Z_{j2})=\sum_{j=1}^{s}Z_{j1}(\lambda_jI+Z_{j2})$$
と書き表わされる．ゆえにここで，定理 1 の(b)，(c)を利用すれば，A の n 個の積としての A^n は次式で与えられる：

(14)
$$A^n=\sum_{j=1}^{s}Z_{j1}(\lambda_jI+Z_{j2})^n=\sum_{j=1}^{s}Z_{j1}\left\{\sum_{k=0}^{n}\binom{n}{k}\lambda_j^{n-k}Z_{j2}^k\right\}$$
となる．ところが，系 1 の(h)によれば，$Z_{j2}^k=k!\,Z_{j,k+1}$ である．したがって，
$$\binom{n}{k}Z_{j2}^k=\frac{n!}{k!(n-k)!}(k!\,Z_{j,k+1})=\frac{n!}{(n-k)!}Z_{j,k+1}$$
となる．これを(14)の右辺に代入すれば，系 1 の(f)により(12)の右辺が得られる．ゆえに，基本公式によって求められた行列 A^n はたしかに行列 A の n 個の積に等しいことがわかる．

次の例 2 と例 3 で証明する周知の等式は，§ 7 で述べる一般論によれば明らかであるが(§ 7 の例 1，例 2 参照)，ここではあえて，基本公式(3)と基幹行列 Z_{jk} の性質を利用して，この 2 つの等式を直接に証明してみよう．

例 2．A を正則な行列とする．$f(z)=z^{-1}$ のとき $f^{(k)}(z)=(-1)^kk!\,z^{-k-1}$ $(k=0,1,2,\ldots)$ となるから，基本公式によって次の等式が得られる：
$$A^{-1}=f(A)=\sum_{j=1}^{s}\sum_{k=0}^{m_j-1}(-1)^kk!\lambda_j^{-k-1}Z_{j,k+1}.$$
この行列が実際に A の逆行列になることをたしかめてみよう．

(13)より $A=\sum_{j=1}^{s}(\lambda_jZ_{j1}+Z_{j2})$ であったから，定理 1 の(c)，系 1 の(g)および $k>m_j$ のとき $Z_{jk}=O$ であることに注意すれば，次のようになる：
$$\begin{aligned}AA^{-1}&=\left\{\sum_{j=1}^{s}(\lambda_jZ_{j1}+Z_{j2})\right\}\left\{\sum_{j=1}^{s}\sum_{k=0}^{m_j-1}(-1)^kk!\lambda_j^{-k-1}Z_{j,k+1}\right\}\\&=\sum_{j=1}^{s}\sum_{k=0}^{m_j-1}(\lambda_jZ_{j1}+Z_{j2})\left\{(-1)^kk!\lambda_j^{-k-1}Z_{j,k+1}\right\}\\&=\sum_{j=1}^{s}\sum_{k=0}^{m_j-1}\left\{(-1)^kk!\lambda_j^{-k}Z_{j1}Z_{j,k+1}+(-1)^kk!\lambda_j^{-k-1}Z_{j2}Z_{j,k+1}\right\}\\&=\sum_{j=1}^{s}\sum_{k=0}^{m_j-1}\left\{(-1)^kk!\lambda_j^{-k}Z_{j,k+1}+(-1)^kk!\lambda_j^{-k-1}(k+1)Z_{j,k+2}\right\}\\&=\sum_{j=1}^{s}\sum_{k=0}^{m_j-1}\left\{(-1)^kk!\,\lambda_j^{-k}Z_{j,k+1}+(-1)^k(k+1)!\,\lambda_j^{-k-1}Z_{j,k+2}\right\}=\sum_{j=1}^{s}Z_{j1}=I.\end{aligned}$$

例 3．$f(z)=e^{-z}$ に対する基本公式によって得られる行列 $e^{-A}=\sum_{j=1}^{s}\sum_{q=1}^{m_j}(-1)^{q-1}e^{-\lambda_j}Z_{jq}$ が，$f(z)=e^{z}$ に対する基本公式によって得られる行列 $e^{A}=\sum_{j=1}^{s}\sum_{p=1}^{m_j}e^{\lambda_j}Z_{jp}$ の逆行列であること，すなわち $e^{-A}=(e^{A})^{-1}$ となることをたしかめてみよう．

証明．まず 定理 1 の(c)，(d)に注意して，

$$e^{A}e^{-A}=\left\{\sum_{j=1}^{s}\sum_{p=1}^{m_j}e^{\lambda_j}Z_{jp}\right\}\left\{\sum_{j=1}^{s}\sum_{q=1}^{m_j}(-1)^{q-1}e^{-\lambda_j}Z_{jq}\right\}$$

$$=\sum_{j=1}^{s}e^{\lambda_j}e^{-\lambda_j}\left\{\sum_{p=1}^{m_j}Z_{jp}\right\}\left\{\sum_{q=1}^{m_j}(-1)^{q-1}Z_{jq}\right\}=\sum_{j=1}^{s}\sum_{p=1}^{m_j}\sum_{q=1}^{m_j}(-1)^{q-1}Z_{jp}Z_{jq}$$

$$=\sum_{j=1}^{s}\sum_{p=1}^{m_j}\sum_{q=1}^{m_j}(-1)^{q-1}\binom{p+q-2}{p-1}Z_{j,p+q-1}$$

となる．ここで，$k>m_j$ ならば $Z_{jk}=O$ であるから，上の最後の式の 3 重の総和記号の部分を計算すると，次のようになる：

$$\sum_{j=1}^{s}\sum_{p=1}^{m_j}\sum_{q=1}^{m_j-p+1}(-1)^{q-1}\binom{p+q-2}{p-1}Z_{j,p+q-1}=\sum_{j=1}^{s}\sum_{\substack{p+q=2\\ p\geq 1,\,q\geq 1}}^{m_j+1}(-1)^{q-1}\binom{p+q-2}{p-1}Z_{j,p+q-1}$$

$$=\sum_{j=1}^{s}\sum_{\substack{p+q-1=1\\ p\geq 1,\,q\geq 1}}^{m_j}(-1)^{q-1}\binom{p+q-2}{p-1}Z_{j,p+q-1}=\sum_{j=1}^{s}\sum_{\sigma=1}^{m_j}\sum_{p=1}^{\sigma}(-1)^{\sigma-p}\binom{\sigma-1}{p-1}Z_{j\sigma}$$

$$=\sum_{j=1}^{s}\sum_{\sigma=1}^{m_j}\left\{Z_{j\sigma}\sum_{p=0}^{\sigma-1}(-1)^{\sigma-p}\binom{\sigma-1}{p}\right\}\quad .$$

この最後の式の中の第 3 の総和部分は

$$\sum_{p=0}^{\sigma-1}(-1)^{\sigma-p}\binom{\sigma-1}{p}=\begin{cases}1 & (\sigma=1\text{ のとき})\\ 0 & (\sigma\geqq 2\text{ のとき})\end{cases}$$

となるから，結局，次の等式が得られる：

$$\sum_{j=1}^{s}\sum_{p=1}^{m_j}\sum_{q=1}^{m_j}(-1)^{q-1}\binom{p+q-2}{p-1}Z_{j,p+q-1}=\sum_{j=1}^{s}\sum_{\sigma=1}^{m_j}\left\{Z_{j\sigma}\sum_{p=0}^{\sigma-1}(-1)^{\sigma-p}\binom{\sigma-1}{p}\right\}=\sum_{j=1}^{s}Z_{j1}=I\,.$$

これで，$e^{A}e^{-A}=I$ が示されたから，たしかに $e^{-A}=(e^{A})^{-1}$ となることがわかった．

【注 1】 上で述べた例 2，例 3 ではことさらに Z_{jk} の性質を利用して，2 つの等式を証明したが，実はこれらの等式は任意の $f,g\in\mathscr{F}_\sigma[A]$ に対して成り立つ次の一般的な等式

$$(fg)(A)=f(A)g(A)$$

からも得られることは明らかである．念のためにこの等式を証明しておこう．

証明．f，g の L-S 多項式をそれぞれ $L_f(z)$，$L_g(z)$ とすれば，

$$f^{(k)}(\lambda_j)=L_f^{(k)}(\lambda_j),\ g^{(k)}(\lambda_j)=L_g^{(k)}(\lambda_j)\quad(1\leqq j\leqq s;1\leqq k\leqq m_j-1)$$

$$f(A)=L_f(A),\ g(A)=L_g(A)$$

である(§ 3)．また，関数としての多項式 $L_f(z)$，$L_g(z)$ の積 $(L_fL_g)(z)$ に対しては，明らかに等式 $(L_fL_g)(A)=L_f(A)L_g(A)$ が成り立つから，基本公式と Leibniz の公式から

$$(fg)(A)=\sum_{j=1}^{s}\sum_{k=1}^{m_j}(fg)^{(k-1)}(\lambda_j)Z_{jk}=\sum_{j=1}^{s}\sum_{k=1}^{m_j}\left\{\sum_{l=0}^{k-1}\binom{k-1}{l}f^{(l)}(\lambda_j)g^{(k-1-l)}(\lambda_j)\right\}Z_{jk}$$
$$=\sum_{j=1}^{s}\sum_{k=1}^{m_j}\left\{\sum_{l=0}^{k-1}\binom{k-1}{l}L_f^{(l)}(\lambda_j)L_g^{(k-1-l)}(\lambda_j)\right\}Z_{jk}=\sum_{j=1}^{s}\sum_{k=1}^{m_j}(L_fL_g)^{(k-1)}(\lambda_j)Z_{jk}$$
$$=(L_fL_g)(A)=L_f(A)L_g(A)=f(A)g(A)\ .$$
となる．これで，$(fg)(A)=f(A)g(A)$ がたしかめられた．

つぎに，§ 10 で必要になる等式を証明しておこう．

例 4．(13) によって A は次のように書き表わされる：
$$A=\sum_{j=1}^{s}Z_{j1}(\lambda_jI+Z_{j2})\ .$$
ところが，定理1の (b)，(c) によって，$i\neq j$ ならば $Z_{ik}Z_{jl}=O\,(1\leq k\leq m_i,\ 1\leq l\leq m_j)$，$Z_{j1}^2=Z_{j1}$ であるから，
$$A^2=\left\{\sum_{j=1}^{s}Z_{j1}(\lambda_jI+Z_{j2})\right\}^2=\sum_{j=1}^{s}\left\{Z_{j1}(\lambda_jI+Z_{j2})\right\}^2=\sum_{j=1}^{s}Z_{j1}(\lambda_jI+Z_{j2})^2$$
となる．これを繰り返せば，次の等式が得られる：

(15) $$A^k=\sum_{j=1}^{s}Z_{j1}(\lambda_jI+Z_{j2})^k\quad(k=3,4,\ldots)\ .$$

したがって，z の任意の多項式
$$q(z)=\beta_0z^r+\beta_1z^{r-1}+\ldots+\beta_{r-1}z+\beta_r=\sum_{k=0}^{r}\beta_kz^{r-k}$$
に対して，(15) によって次のようになることがわかる：
$$q(A)=\sum_{k=0}^{r}\beta_kA^{r-k}=\sum_{k=0}^{r}\beta_k\sum_{j=1}^{s}Z_{j1}(\lambda_jI+Z_{j2})^{r-k}=\sum_{j=1}^{s}Z_{j1}\sum_{k=0}^{r}\beta_k(\lambda_jI+Z_{j2})^{r-k}$$
$$=\sum_{j=1}^{s}Z_{j1}q(\lambda_jI+Z_{j2})\ .$$

【注 2】 n 次行列 A がとくに § 2 の例 2 で見た行列 J の場合を考えよう．

(16) $$A=J=\mu_0I+N$$

のとき，A の固有多項式と最小多項式とは一致し，$\Phi_A(z)=\Psi_A(z)=(z-\mu_0)^n$ であり，固有値は μ_0 ただ 1 個である．ゆえに (13) では $s=1$ となるから，A の基幹行列 $Z_{jk}\,(k=1,2,\ldots,n)$ の第 1 の添え字 j を省略し，A の 2 つの基幹行列を Z_1 (べキ等)，Z_2 (主べキ零) で表わすことにしよう．そうすれば，(13) より

(17) $$A=\mu_0Z_1+Z_2$$

と表わされる．ここで $f(z)=1+z$ に対する基本公式は $f(A)=f(\mu_0)Z_1+f'(\mu_0)Z_2$ であるから，$I+A=(1+\mu_0)Z_1+Z_2$ が得られる．この等式と (17) から，$Z_1=I$ となる．これより，(17) は $A=\mu_0I+Z_2$ と書けるから，この等式と (16) より $Z_2=N$ となる．ゆえに，(16) のような特別の形をした行列 $A=J$ に対しては，$Z_1=I$, $Z_2=N$ でなければならない．したがってこのとき，(定理 1 の系 1 の (h) によって) A の残りの $n-2$ 個の基幹行列はすべて N のべキで表わされる．

例 5．次の形の n 次の行列 J に対して e^{Jt} がどのような行列になるかを見てみよう．

$$J=\begin{pmatrix} \mu_0 & 1 & 0 & \cdots & 0 \\ 0 & \mu_0 & 1 & \ddots & \vdots \\ \vdots & 0 & \ddots & 1 & 0 \\ \vdots & \vdots & O & \mu_0 & 1 \\ 0 & 0 & \cdots & 0 & \mu_0 \end{pmatrix}=\mu_0 I+N．\quad ここで\ N=\begin{pmatrix} 0 & 1 & 0 & \cdots & 0 \\ 0 & 0 & 1 & \ddots & \vdots \\ \vdots & 0 & \ddots & 1 & 0 \\ \vdots & \vdots & O & 0 & 1 \\ 0 & 0 & \cdots & 0 & 0 \end{pmatrix}．$$

J はただ 1 個の固有値 μ_0 をもつ n 次行列であるから，J の基幹行列は μ_0 に属するものだけで $(s=1)$，それらは Z_1（ベキ等），Z_2（主ベキ零），Z_3，…，Z_n であり，上で述べた【注 2】によって，$Z_1=I$，$Z_2=N$ である．したがって，この § のはじめの定理 1 の系 1 の (h) により，$Z_k=\dfrac{1}{(k-1)!}Z_2^{k-1}=\dfrac{1}{(k-1)!}N^{k-1}\ (2\leqq k\leqq n)$ となる．これより，§ 4 の例 2 の等式 (9) からただちに次の等式が得られる：

$$(18)\quad e^{Jt}=\sum_{k=1}^{n}t^{k-1}e^{\mu_0 t}Z_k=e^{\mu_0 t}\sum_{k=1}^{n}\frac{t^{k-1}}{(k-1)!}N^{k-1}=e^{\mu_0 t}\begin{pmatrix} 1 & \frac{t}{1!} & \frac{t^2}{2!} & \cdots & \frac{t^{n-1}}{(n-1)!} \\ 0 & 1 & \frac{t}{1!} & \ddots & \vdots \\ \vdots & & 1 & \ddots & \frac{t^2}{2!} \\ 0 & & O & \ddots & \frac{t}{1!} \\ 0 & \cdots & \cdots & 0 & 1 \end{pmatrix}．$$

この等式は，§ 2 の例 2 で $f(z)=e^{zt}$ としたものに他ならない（$f^{(k)}(z)=\dfrac{\partial^k f}{\partial z^k}=t^k e^{zt}$ に注意しよう）．この結果を通常に行われている e^z のマクローリン（Maclaurin）展開式を利用する方法でみちびいてみよう．はじめに，二項定理によって次の等式が得られる：

$$(19)\qquad (Jt)^k=(\mu_0 I+N)^k t^k=t^k\sum_{i=0}^{k}\frac{k!}{i!(k-i)!}\mu_0^{k-i}N^i\quad (k=0,1,2,\dots;N^0=I)．$$

ゆえに，e^z の展開式 $\displaystyle\sum_{k=0}^{\infty}\frac{z^k}{k!}$ と (19) によって次のようになる：

$$e^{Jt}=\sum_{k=0}^{\infty}\frac{(Jt)^k}{k!}=\sum_{k=0}^{\infty}\frac{t^k}{k!}\sum_{i=0}^{k}\frac{k!}{i!(k-i)!}\mu_0^{k-i}N^i=\sum_{i=0}^{\infty}\sum_{k=i}^{\infty}\frac{t^k}{i!(k-i)!}\mu_0^{k-i}N^i$$
$$=\sum_{i=0}^{\infty}\sum_{\sigma=0}^{\infty}\frac{t^{\sigma+i}}{i!\sigma!}\mu_0^{\sigma}N^i=\sum_{i=0}^{\infty}\frac{N^i t^i}{i!}\sum_{\sigma=0}^{\infty}\frac{(\mu_0 t)^{\sigma}}{\sigma!}=e^{\mu_0 t}\sum_{i=0}^{n-1}\frac{t^i}{i!}N^i．$$

ここで最後の等式は言うまでもなく N のベキ零性（$i\geqq n$ ならば $N^i=O$）によって得られたものであり，(18) と同じものである．

【注 3】$f\in\mathscr{F}$ に対する § 4 の基本公式 (8) は § 5 の系 1 の (h) $\left(Z_{jk}=\dfrac{1}{(k-1)!}Z_{j2}^{k-1}\right)$ によって，次のように書き表すこともできる（ただし，$Z_{j2}^0=Z_{j1}$ とする）：

$$f(A)=\sum_{j=1}^{s}\sum_{k=0}^{m_j-1}f^{(k)}(\lambda_j)Z_{j,k+1}=\sum_{j=1}^{s}\sum_{k=0}^{m_j-1}\frac{f^{(k)}(\lambda_j)}{k!}Z_{j2}^k．$$

§6. 基幹行列 Z_{j1}, Z_{j2} の特徴づけと行列 $f(A)$ の一般形.

はじめに次の良く知られた定理を証明しよう. 記号はすべてまえの§5と同じものを用いる. $\boldsymbol{C}^n$ の自然座標系のもとでは, 行列 A とこれから生じる1次変換 $\boldsymbol{A}$ とを区別する必要はないから(§23, 【注1】), 1次変換に関するすべての命題はその1次変換の表現行列に関する命題として述べられるし, 行列に関する命題はすべてその行列から生じる1次変換に関する命題として述べられることに注意しよう.

定理 1. A の基幹行列 Z_{j1} $(j=1, \dots, s)$ は $\boldsymbol{C}^n$ から A の固有値 λ_j に対応する一般固有空間 $\widetilde{\mathcal{N}}(\lambda_j)$ への射影 P_j に等しい(射影については§26のA]を見られたい).

証明. まず, 任意のベクトル $\boldsymbol{h} \in \boldsymbol{C}^n$ に対して $Z_{j1}\boldsymbol{h} \in \widetilde{\mathcal{N}}(\lambda_j)$ となることを示そう. それには, $(A-\lambda_j I)^{m_j}(Z_{j1}\boldsymbol{h})=0$ (§26の定理4参照) すなわち $(A-\lambda_j I)^{m_j}Z_{j1}=O$ を示せばよい. $g_j(z)=(z-\lambda_j)^{m_j}$ とおけば, $g_j(A)=(A-\lambda_j I)^{m_j}$ であるから, §5の【注1】と基本公式により

(1) $$(A-\lambda_j I)^{m_j}Z_{j1}=g_j(A)\varphi_{j1}(A)=(g_j\varphi_{j1})(A)$$
$$=\sum_{k=1}^{s}\left\{(g_j\varphi_{j1})(\lambda_k)Z_{k1}+(g_j\varphi_{j1})'(\lambda_k)Z_{k2}+\dots+(g_j\varphi_{j1})^{(m_k-1)}(\lambda_k)Z_{km_k}\right\}$$

となる. まえの§で見た φ_{jk} の性質(2)によって, $j \neq k$ のときには $\varphi_{j1}^{(p)}(\lambda_k)=0$ $(p=0, 1, \dots, m_j-1)$ であるから, 2つの関数の積の高階導関数に関するLeibnizの公式により,

$$(g_j\varphi_{j1})^{(h)}(\lambda_k)=\sum_{p=0}^{h}\binom{h}{p}g_j^{(h-p)}(\lambda_k)\varphi_{j1}^{(p)}(\lambda_k)=0 \quad (\text{ただし}, k\neq j\,; h=0, 1, \dots)$$

となる, ゆえに, (1)は次のようになる:

(2) $$(A-\lambda_j I)^{m_j}Z_{j1}=(g_j\varphi_{j1})(\lambda_j)Z_{j1}+(g_j\varphi_{j1})'(\lambda_j)Z_{j2}+\dots+(g_j\varphi_{j1})^{(m_j-1)}(\lambda_j)Z_{jm_j}.$$

ここで, $0\leq l\leq m_j-1$ ならば明らかに $g_j^{(l)}(\lambda_j)=0$ となるから, 次の等式が得られる:

$$(g_j\varphi_{j1})^{(l)}(\lambda_j)=\sum_{p=0}^{l}\binom{l}{p}g_j^{(p)}(\lambda_j)\,\varphi_{j1}^{(l-p)}(\lambda_j)=0 \quad (0\leq l\leq m_j-1).$$

ゆえに(2)の右辺は零行列になり, $(A-\lambda_j I)^{m_j}Z_{j1}=O$ となる. これで, 任意の $\boldsymbol{h}\in\boldsymbol{C}^n$ に対して $Z_{j1}\boldsymbol{h}\in\widetilde{\mathcal{N}}(\lambda_j)$ となることが示された. このことと, まえの§5の定理1の(a)によって,

(3) $$\boldsymbol{h}=Z_{11}\boldsymbol{h}+\dots+Z_{j1}\boldsymbol{h}+\dots+Z_{s1}\boldsymbol{h}, \text{ ただし } Z_{j1}\boldsymbol{h}\in\widetilde{\mathcal{N}}(\lambda_j)\ (j=1, 2, \dots, s)$$

と書くことができる. 他方, §26の定理4, 系1によって

$$\boldsymbol{C}^n=\widetilde{\mathcal{N}}(\lambda_1)\oplus\widetilde{\mathcal{N}}(\lambda_2)\oplus\dots\oplus\widetilde{\mathcal{N}}(\lambda_s)$$

であるから, (3)の表わしかたは一意的である. ゆえに, $\boldsymbol{C}^n$ から $\widetilde{\mathcal{N}}(\lambda_j)$ への射影を P_j とすれば, $Z_{j1}\boldsymbol{h}=P_j\boldsymbol{h}$ でなければならない. すなわち, $Z_{j1}=P_j$ $(j=1, 2, \dots,)$ が得られた(§26の定理1の(3)と, §5の定理1の(a), (b)を参照されたい).

例 1. 行列 A の最小多項式が相異なる1次因子の積に分解される場合, すなわち $m_1=m_2=\dots=m_s=1$ の場合を考えよう. このとき, A の一般固有空間 $\widetilde{\mathcal{N}}(\lambda_j)$ は固有空間 $\mathcal{N}(\lambda_j)$ に一致し(§26の定理4), n 項の複素数ベクトル空間 $\boldsymbol{C}^n$ は s 個の固有空間 $\mathcal{N}(\lambda_j)$ $(j=$

$1, \dots, s$）の直和になる．固有値 λ_j の代数的重複度は n_j であるから，$\mathcal{N}(\lambda_j)=\widetilde{\mathcal{N}}(\lambda_j)$ の次元は n_j である（§ 26 の定理 3）．ゆえに，$\mathcal{N}(\lambda_j)$ の基底を $\boldsymbol{u}_{j1}, \boldsymbol{u}_{j2}, \dots, \boldsymbol{u}_{jn_j}$ とすれば，

$$\boldsymbol{u}_{11}, \dots, \boldsymbol{u}_{1n_1}, \boldsymbol{u}_{21}, \dots, \boldsymbol{u}_{2n_2}, \dots, \boldsymbol{u}_{s1}, \dots, \boldsymbol{u}_{sn_s}$$

は $\boldsymbol{C}^n$ の基底になる．したがって，これら $n=n_1+\dots+n_s$ 個の列ベクトル $\boldsymbol{u}_{jk}$ を上に書き表わした順序に並べてつくられる正則な行列

$$T=[\boldsymbol{u}_{11}, \dots, \boldsymbol{u}_{1n_1}, \dots, \boldsymbol{u}_{s1}, \dots, \boldsymbol{u}_{sn_s}]$$

を考えれば，

$$(4) \qquad \begin{aligned} AT &= [A\boldsymbol{u}_{11}, \dots, A\boldsymbol{u}_{1n_1}, \dots, A\boldsymbol{u}_{s1}, \dots, A\boldsymbol{u}_{sn_s}] \\ &= [\lambda_1\boldsymbol{u}_{11}, \dots, \lambda_1\boldsymbol{u}_{1n_1}, \dots, \lambda_s\boldsymbol{u}_{s1}, \dots, \lambda_s\boldsymbol{u}_{sn_s}] \end{aligned}$$

となるから，n_j 次の対角行列 $\lambda_j I_{n_j}$（I_{n_j} は n_j 次の単位行列である）の直和として得られる n $(=n_1+n_2+\dots+n_s)$ 次行列を

$$D=\lambda_1 I_{n_1}\oplus\lambda_2 I_{n_2}\oplus\dots\oplus\lambda_s I_{n_s}$$

とおけば，(4) から

$$AT=TD \quad \text{すなわち} \quad T^{-1}AT=D$$

となる．つまり，A は対角行列 D と相似になる．これは A が対角化可能であることを示している．ところで，$m_1=m_2=\dots=m_s=1$ の場合には，まえの § の基本公式 (3) において $Z_{j2}, Z_{j3}, \dots$ は現われないから，A のスペクトル上で定義された任意の関数 $f\in\mathcal{F}_\sigma[A]$ に対して，

$$f(A)=\sum_{j=1}^{s} f(\lambda_j)P_j \quad (\text{ただし，} P_j=Z_{j1})$$

となる．ここでとくに $f(z)=z$ とおけば，次のよく知られた A のスペクトル分解が得られる．

$$A=\sum_{j=1}^{s}\lambda_j P_j .$$

定理 1 で見たように，Z_{j1} は一般固有空間 $\widetilde{\mathcal{N}}(\lambda_j)$ への射影であることに注意すれば，任意の元 $\boldsymbol{h}\in\boldsymbol{C}^n$ に対して，まえの § の定理 1，系 1 の (f) より $Z_{jk}\boldsymbol{h}=Z_{jk}Z_{j1}\boldsymbol{h}=Z_{j1}(Z_{jk}\boldsymbol{h})\in\widetilde{\mathcal{N}}(\lambda_j)$ となるから，Z_{jk} $(k=1, 2, \dots, m_j)$ はいずれも $\boldsymbol{C}^n$ から $\widetilde{\mathcal{N}}(\lambda_j)$ への 1 次写像である．

こんどは，$\boldsymbol{u}$ を $\widetilde{\mathcal{N}}(\lambda_j)$ の任意の元とすれば，Z_{j1} は $\boldsymbol{C}^n$ から $\widetilde{\mathcal{N}}(\lambda_j)$ への射影であったから $\boldsymbol{u}=Z_{j1}\boldsymbol{u}$ であり，A と Z_{j1} とは可換であるから，$A\boldsymbol{u}=A(Z_{j1}\boldsymbol{u})=Z_{j1}(A\boldsymbol{u})\in\widetilde{\mathcal{N}}(\lambda_j)$ が得られる．したがって，A を $\widetilde{\mathcal{N}}(\lambda_j)$ 上に制限することができる．

定理 2．A を部分空間 $\widetilde{\mathcal{N}}(\lambda_j)$ $(j=1, 2, \dots, s)$ における 1 次変換と考えたとき，次の等式が成り立つ．

$$A=\lambda_j I+Z_{j2} \quad (\text{ただし，} I \text{ は } n \text{ 次の単位行列}).$$

証明．$f(z)\equiv z$ とおけば，まず，まえの §5 の基本公式 (3) から

$$(5) \qquad A=\sum_{k=1}^{s}(\lambda_k Z_{k1}+Z_{k2})$$

が得られる．上の等式の両辺に右から Z_{j1} をかければ，まえの § の定理 1 の (b)，(c) と系 1

の(f)とによって，

$$AZ_{j1}=\lambda_j Z_{j1}^2+Z_{j2}Z_{j1}=\lambda_j Z_{j1}+Z_{j2}$$

となる．とくに，$\boldsymbol{u}\in\widetilde{\mathcal{N}}(\lambda_j)$ ならば $\boldsymbol{u}=Z_{j1}\boldsymbol{u}$ であるから，次の等式が得られる：

$$A\boldsymbol{u}=AZ_{j1}\boldsymbol{u}=(\lambda_j Z_{j1}+Z_{j2})\boldsymbol{u}=\lambda_j Z_{j1}\boldsymbol{u}+Z_{j2}\boldsymbol{u}=\lambda_j\boldsymbol{u}+Z_{j2}\boldsymbol{u}.$$

ゆえに，A は $\widetilde{\mathcal{N}}(\lambda_j)$ 上では $\lambda_j I+Z_{j2}$ と一致する．

この命題からただちに次の系が得られる．

系 1．A の固有値 λ_j に属する主ベキ零行列 Z_{j2} は $\widetilde{\mathcal{N}}(\lambda_j)$ 上で $A-\lambda_j I$ と一致する．

系 2．次の等式が成り立つ．

$$Z_{jk}=\frac{1}{(k-1)!}(A-\lambda_j I)^{k-1}Z_{j1}\quad(1\leq k\leq m_j).$$

証明．任意の $\boldsymbol{u}\in\boldsymbol{C}^n$ に対して，まえの§の定理 1 の系 1 の(f)と(h)によって，

(6) $$Z_{jk}\boldsymbol{u}=Z_{jk}(Z_{j1}\boldsymbol{u})=\frac{1}{(k-1)!}Z_{j2}^{k-1}(Z_{j1}\boldsymbol{u})$$

となる． ところが，$Z_{j1}\boldsymbol{u}\in\widetilde{\mathcal{N}}(\lambda_j)$ であるから，上の系 1 によって

$$Z_{j2}^{k-1}(Z_{j1}\boldsymbol{u})=(A-\lambda_j I)^{k-1}(Z_{j1}\boldsymbol{u})$$

と書ける．したがって，この等式と(6)から次式が得られる：

$$Z_{jk}\boldsymbol{u}=\frac{1}{(k-1)!}(A-\lambda_j I)^{k-1}Z_{j1}\boldsymbol{u}.$$

一般に，ある正の整数 $l\,(\geq 2)$ に対して，$N^l=O$(零行列)となる行列 N をベキ零行列(nilpotent matrix)とよんでいる．このような l の最小の値をベキ零行列 N の指数(index, exponent)という．

定理 3．Z_{j2} は指数 m_j のベキ零行列である．

証明．§4 の定義 1 によって，$Z_{j2}=\varphi_{j2}(A)$ である．また，§5 の(2)によって，

(7) $$\varphi_{j2}^{(l-1)}(\lambda_k)=0\ (k\neq j\ のとき)\ かつ\ \varphi_{j2}^{(l-1)}(\lambda_j)=\delta_{2l}\quad(l=1,2,\dots,m_j)$$

である．関数 φ_{j2} の m_j 個の通常の積を $\varphi_{j2}^{m_j}$ で表わすことにしよう：$\varphi_{j2}^{m_j}(z)=\{\varphi_{j2}(z)\}^{m_j}$．
まえの§の基本公式(3)において，$f(z)=\varphi_{j2}^{m_j}(z)$ とおけば，φ_{j2} の性質(7)により

$$\begin{aligned}Z_{j2}^{m_j}&=(\varphi_{j2}(A))^{m_j}=\varphi_{j2}^{m_j}(A)\\&=\sum_{k=1}^{s}\left\{\varphi_{j2}^{m_j}(\lambda_k)Z_{k1}+(\varphi_{j2}^{m_j})'(\lambda_k)Z_{k2}+\dots+(\varphi_{j2}^{m_j})^{(m_k-1)}(\lambda_k)Z_{km_k}\right\}\\&=(\varphi_{j2}^{m_j})(\lambda_j)Z_{j1}+(\varphi_{j2}^{m_j})'(\lambda_j)Z_{j2}+\dots+(\varphi_{j2}^{m_j})^{(m_j-1)}(\lambda_j)Z_{jm_j}\end{aligned}$$

となる．ところが，$\varphi_{j2}(\lambda_j)=0$ に注意すれば，$k\leq m_j-1$ のとき $(\varphi_{j2}^{m_j})^{(k)}(\lambda_j)=0$ となることがわかるから(詳しくは合成関数 $f(z)=\{\varphi_{j2}(z)\}^{m_j}$ の高階導関数に関する公式による．§8 の(9)，(10)を参照)，上式より次の等式が得られる：

$$Z_{j2}^{m_j}=O.$$

これで Z_{j2} は指数が m_j を超えないベキ零行列であることがわかった．なお，この事実はすでにまえの§5の定理1の系1の(i)でも示されている．

つぎに，$Z_{j2}^{m_j-1}\neq O$ を示そう．いま仮に，$Z_{j2}^{m_j-1}=O$ であったとすると，定理2の系1により，Z_{j2} は一般固有空間 $\tilde{\mathfrak{N}}(\lambda_j)$ の上では $A-\lambda_jI$ と一致するのであるから，$\tilde{\mathfrak{N}}(\lambda_j)$ の上では $(A-\lambda_jI)^{m_j-1}=O$ となる．したがって，$\boldsymbol{C}^n$ の任意の元 $\boldsymbol{u}$ を $\boldsymbol{u}=\sum_{k=1}^{s}\boldsymbol{u}_k\ (\boldsymbol{u}_k\in\tilde{\mathfrak{N}}(\lambda_k))$ と表わしたとき(§26，定理4の系1)，$(A-\lambda_jI)^{m_j-1}\boldsymbol{u}_j=\boldsymbol{0}$ となる．一方，§26の定理4により，

$$\tilde{\mathfrak{N}}(\lambda_k)=\left\{\boldsymbol{x}\;\middle|\;(A-\lambda_kI)^{m_k}\boldsymbol{x}=\boldsymbol{0},\ \boldsymbol{x}\in\boldsymbol{C}^n\right\}\quad(k=1,2,\dots,s)$$

であるから，$(A-\lambda_kI)^{m_k}\boldsymbol{u}_k=\boldsymbol{0}\ (k=1,2,\dots,s)$ となる．ゆえに，$A-\lambda_kI\ (k=1,2,\dots,s)$ が互いに可換なことに注意すれば，次の等式が成り立つことになる：

$$\begin{aligned}
(A-\lambda_jI)^{m_j-1}\prod_{k\neq j}(A-\lambda_kI)^{m_k}\boldsymbol{u}&=\Big\{\prod_{k\neq j}(A-\lambda_kI)^{m_k}\Big\}\sum_{k=1}^{s}(A-\lambda_jI)^{m_j-1}\boldsymbol{u}_k\\
&=\Big\{\prod_{k\neq j}(A-\lambda_kI)^{m_k}\Big\}(A-\lambda_jI)^{m_j-1}\sum_{l\neq j}\boldsymbol{u}_l=\Big\{(A-\lambda_jI)^{m_j-1}\prod_{k\neq j}(A-\lambda_kI)^{m_k}\Big\}\sum_{l\neq j}\boldsymbol{u}_l\\
&=(A-\lambda_jI)^{m_j-1}\sum_{l\neq j}\Big\{\prod_{k\neq j,l}(A-\lambda_kI)^{m_k}\Big\}(A-\lambda_lI)^{m_l}\boldsymbol{u}_l\\
&=(A-\lambda_jI)^{m_j-1}\sum_{l\neq j}\Big\{\prod_{k\neq j,l}(A-\lambda_kI)^{m_k}\Big\}\boldsymbol{0}=\boldsymbol{0}.
\end{aligned}$$

これは，次数が $\sum_{j=1}^{s}m_j-1=m-1$ の多項式 $(z-\lambda_j)^{m_j-1}\prod_{k\neq j}(z-\lambda_k)^{m_k}$ が A の零化多項式であることを意味し，A の最小多項式の次数が m であることに矛盾する．ゆえに，$Z_{j2}^{m_j-1}\neq O$ でなければならない．これで定理3が証明された．

まえの§5の定理1，系1の(h)といま証明した定理3から明らかなように，基幹行列 $Z_{jk}\ (2\leqq k\leqq m_j)$ はいづれもベキ零である．ベキ零行列は N で表わされることが多いが，本書では特別の形のベキ零行列だけを N で表わすことにしている(たとえば，§2の例1の N など)．

さて，行列 $f(A)$ に対する基本公式(§4の(8))

$$f(A)=\sum_{j=1}^{s}\left\{f(\lambda_j)Z_{j1}+f'(\lambda_j)Z_{j2}+\dots+f^{(k-1)}(\lambda_j)Z_{jk}+\dots+f^{(m_j-1)}(\lambda_j)Z_{jm_j}\right\}$$

を定理2の系2によって書きなおせば，次の定理が得られる．これが行列 A の関数 $f(A)$ に対する別の形の基本公式(一般形)である．

定理4．n 次行列 A のスペクトル $\sigma(A)$ 上で定義された任意の関数 $f\in\mathcal{F}_\sigma[A]$ に対し，

$$f(A)=\sum_{j=1}^{s}\sum_{k=1}^{m_j}\frac{f^{(k-1)}(\lambda_j)}{(k-1)!}(A-\lambda_jI)^{k-1}P_j \tag{8}$$

が成り立つ．ここで $P_j\ (=Z_{j1})$ は $\boldsymbol{C}^n$ から A の一般固有空間 $\tilde{\mathfrak{N}}(\lambda_j)$ への射影である．

【注】[4]では上の公式(8)を行列の関数の複素解析的な扱いによって導いている．

例2．関数 $f(z)=\dfrac{1}{\mu-z}$ を考えよう．ここで μ は複素パラメータであって，A のスペクトル $\sigma(A)$ には属さないものとする．f に対する L-S 多項式を $L_f(z)$ とし，$h(z)$ を A のス

ペクトル上で定義された任意の関数とする：$h\in\mathcal{F}_\sigma[A]$．このとき，任意の $\lambda_j\in\sigma(A)$ に対し

$$(hf)^{(k)}(\lambda_j)=\sum_{p=0}^{k}\binom{k}{p}h^{(k-p)}(\lambda_j)f^{(p)}(\lambda_j)=\sum_{j=0}^{k}\binom{k}{p}h^{(k-p)}(\lambda_j)L_f^{(p)}(\lambda_j)=(hL_f)^{(k)}(\lambda_j)$$

となるから，とくに $h(z)=\mu-z$ と考えれば，関数 $(\mu-z)f(z)\equiv 1$ と関数 $(\mu-z)L_f(z)$ とは A のスペクトル上で等しい値を取る．ゆえに，§ 2の定理 3 によって $I=(\mu I-A)L_f(A)$ となるが，$L_f(A)=f(A)$ であるから，$I=(\mu I-A)f(A)$ が成り立ち，等式

$$f(A)=(\mu I-A)^{-1} \tag{9}$$

が得られる．一方，$f^{(k-1)}(z)=\dfrac{(k-1)!}{(\mu-z)^k}$ $(k=1,2,\dots)$ であるから，(9) を $f(z)=\dfrac{1}{\mu-z}$ に対する公式 (8) に代入すれば，(9) によって次の等式が成立する：

$$(\mu I-A)^{-1}=\sum_{j=1}^{s}\sum_{k=1}^{m_j}\frac{(A-\lambda_j I)^{k-1}}{(\mu-\lambda_j)^k}P_j \quad (\mu\notin\sigma(A)). \tag{10}$$

ここで $A_j^{[-k]}=(A-\lambda_j I)^{k-1}P_j$ とおいて，μ を z と書きなおせば，(10) は

$$(zI-A)^{-1}=\sum_{j=1}^{s}\left\{\frac{1}{z-\lambda_j}A_j^{[-1]}+\dots+\frac{1}{(z-\lambda_j)^{m_j}}A_j^{[-m_j]}\right\} \quad (z\notin\sigma(A)) \tag{11}$$

と書くことができる．複素関数論の言葉を借りるならば，この等式は z の関数 $(zI-A)^{-1}$ の <u>Laurent 展開</u>（§ 14 を参照されたい）に他ならない．定理 2の系 2から

$$(m_j-1)!\,Z_{jm_j}=(A-\lambda_j I)^{m_j-1}Z_{j1}=(A-\lambda_j I)^{m_j-1}P_j$$

であるから，$A_j^{[-k]}$ の定義と § 5の定理 1，系 1の (h) およびこの § の定理 3によって，

$$A_j^{[-m_j]}=(m_j-1)!\,Z_{jm_j}=Z_{j2}^{m_j-1}\neq O$$

となる．ゆえに，(11) は A の固有値 λ_j が関数 $(zI-A)^{-1}$ の <u>m_j 位の極</u>であり，$z=\lambda_j$ における $(zI-A)^{-1}$ の留数は $A_j^{[-1]}$ に等しいこと，またこの位数 m_j は A の最小多項式における λ_j の重複度によって特徴づけられることを示している（詳しくは § 14 を参照されたい）．

なお，$f(z)=(\mu-z)^{-1}$ $(\mu\notin\sigma(A))$ のとき，$f(A)$ に対する基本公式（§ 4の (8)）

$$(\mu I-A)^{-1}=\sum_{j=1}^{s}\left\{\frac{1}{\mu-\lambda_j}Z_{j1}+\frac{1!}{(\mu-\lambda_j)^2}Z_{j2}+\dots+\frac{(m_j-1)!}{(\mu-\lambda_j)^{m_j}}Z_{jm_j}\right\}.$$

において，μ を z と書きなおしたものは次のようになる：

$$(zI-A)^{-1}=\sum_{j=1}^{s}\left\{\frac{1}{z-\lambda_j}Z_{j1}+\frac{1!}{(z-\lambda_j)^2}Z_{j2}+\dots+\frac{(m_j-1)!}{(z-\lambda_j)^{m_j}}Z_{jm_j}\right\} \quad (z\notin\sigma(A)). \tag{12}$$

この等式は § 15 で利用する．

§ 7．行列の関数の列の収束と極限．

ここでは行列の関数の列の収束について考察する．とくに，ある自然な条件をみたすようなベキ級数で与えられる関数 $f(z)=\sum_{k=0}^{\infty}\alpha_k(z-z_0)^k$ に対して，行列 $\sum_{k=0}^{\infty}\alpha_k(A-z_0I)^k$ が収束し，その結果得られる極限行列が $f(z)$ に対してつくられる L-S 多項式 $L_f(z)$ から得られる行列 $f(A)=L_f(A)$ と一致することが示される（例 3）．こうして，§ 3 の【注 4】で提起した疑問に対しての解答が与えられる．

ここでも，使われる記号は § 3 から一貫して使ってきたものと同じである．すなわち，行列 A の最小多項式は次式で与えられているものとする：

$$\Psi_A(z)=\prod_{j=1}^{s}(z-\lambda_j)^{m_j}\quad(i\neq k\ ならば\ \lambda_i\neq\lambda_k).$$

また，$f\in\mathscr{F}_\sigma[A]$ に対して，A のスペクトル $\sigma(A)=\{\lambda_1,\lambda_2,\dots,\lambda_s\}$ 上での関数 f の値の集合を $f[\sigma(A)]$ で表わしたことも思い起そう（§ 2 の定義 1 参照）．

定義 1．n 次（複素）行列 A のスペクトル $\sigma(A)$ 上で定義された複素変数 z の関数の列 $f_p(\in\mathscr{F}_\sigma[A])$ $(p=1,2,\dots)$ が <u>A のスペクトル上で収束する</u>というのは，極限値

$$\lim_{p\to\infty}f_p^{(k)}(\lambda_j)\quad(k=0,1,\dots,m_j-1;\ j=1,\dots,s)$$

が存在することである．これを簡単に，<u>$\lim_{p\to\infty}f_p[\sigma(A)]$ が存在する</u>と言い表わすことにしよう．とくに，A のスペクトル上で定義された関数 $f(\in\mathscr{F}_\sigma[A])$ に対して，

$$\lim_{p\to\infty}f_p^{(k)}(\lambda_j)=f^{(k)}(\lambda_j)\quad(k=0,1,\dots,m_j-1;\ j=1,\dots,s)$$

となるとき，<u>関数列 $(f_p)_{p=1}^{\infty}$ は A のスペクトル上で関数 f に収束する</u>といい，

(1) $$\lim_{p\to\infty}f_p[\sigma(A)]=f[\sigma(A)]$$

と書くことにする．

【注 1】 $\lim_{p\to\infty}f_p[\sigma(A)]$ が存在する場合には，

$$\lim_{p\to\infty}f_p^{(k)}(\lambda_j)=\zeta_{jk}\quad(k=0,1,\dots,m_j-1;\ j=1,2,\dots,s)$$

とおけば，§ 3 の【注 1】で述べたように，$m(=m_1+m_2+\dots+m_s)$ 項の数ベクトル：

$$\zeta=(\zeta_{10},\dots,\zeta_{1,m_1-1},\zeta_{20},\dots,\zeta_{2,m_2-1},\dots\dots,\zeta_{s0},\dots,\zeta_{s,m_s-1})$$

に対して，条件：

$$L_\zeta^{(k)}(\lambda_j)=\zeta_{jk}\quad(k=0,1,\dots,m_j-1;\ j=1,2,\dots,s)$$

をみたす L-S 多項式 $L_\zeta(z)$ をつくることができるから，次のようになる：

$$\lim_{p\to\infty}f_p^{(k)}(\lambda_j)=L_\zeta^{(k)}(\lambda_j)\quad(k=0,1,\dots,m_j-1;\ j=1,2,\dots,s).$$

すなわち，関数列 $(f_p)_{p=1}^{\infty}$ は A のスペクトル上で多項式 L_ζ に収束することになる．それゆえ，$\lim_{p\to\infty}f_p[\sigma(A)]$ が存在するならば，等式(1)をみたす関数 $f(\in\mathscr{F}_\sigma[A])$ に相当するものが必ず

存在すると言うことができる．しかもこのとき，等式(1)をみたすどんな関数 $f\in\mathscr{F}_\sigma[A]$ に対しても，f は A のスペクトル上で L_ζ に一致するのであるから，行列 $f(A)$ は一意的に定まって，$f(A)=L_\zeta(A)$ となることに注意しよう．

つぎに，この§の目的とする定理を証明するのに必要な簡単な補題とその系を準備する．

補題．$\boldsymbol{u}_1,\boldsymbol{u}_2,\dots,\boldsymbol{u}_m$ を N 項の数ベクトル空間 $\boldsymbol{C}^N$ $(N\geqq m)$ の m 個の1次独立なベクトルとし，ベクトル $\boldsymbol{v}\in\boldsymbol{C}^N$ が

$$\boldsymbol{v}=\alpha_1\boldsymbol{u}_1+\alpha_2\boldsymbol{u}_2+\dots+\alpha_m\boldsymbol{u}_m \quad (\alpha_k\in\boldsymbol{C}) \tag{2}$$

と表わされているとする．このとき，$\boldsymbol{v}$ に無関係に m 個の番号 $1\leqq k_1<k_2<\dots<k_m\leqq N$ が定まって，係数 $\alpha_1,\alpha_2,\dots,\alpha_m$ はいづれもベクトル $\boldsymbol{v}$ の第 $k_1,k_2,\dots,k_m$ 成分 $v_{k_1},v_{k_2},\dots,v_{k_m}$ の同次1次式として表わされる．このとき，α_j における v_{k_i} の係数 $\beta_i^{(j)}$ $(j=1,2,\dots,m)$ はベクトル $\boldsymbol{u}_l$ $(l=1,2,\dots,m)$ の第 $k_1,k_2,\dots,k_m$ 成分の有理式である．

証明．$\boldsymbol{u}_j=(u_{j1},u_{j2},\dots,u_{jN})$ $(j=1,\dots,m)$ とすれば，仮定より行列

$$\begin{pmatrix} u_{11} & u_{12} & \cdots & u_{1N} \\ u_{21} & u_{22} & \cdots & u_{2N} \\ \vdots & \vdots & \cdots\cdots & \vdots \\ u_{m1} & u_{m2} & \cdots & u_{mN} \end{pmatrix}$$

の階数(rank)は m である．したがって，この行列のある m 個の列は1次独立である．これらの m 個の列の番号を小さいほうから $k_1,k_2,\dots,k_m$ とすれば，m 次行列

$$\begin{pmatrix} u_{1k_1} & u_{1k_2} & \cdots & u_{1k_m} \\ u_{2k_1} & u_{2k_2} & \cdots & u_{2k_m} \\ \vdots & \vdots & \cdots\cdots & \vdots \\ u_{mk_1} & u_{mk_2} & \cdots & u_{mk_m} \end{pmatrix} \tag{3}$$

の行列式は0ではないから，(3)の転置行列を U としたときも，$\det U\neq 0$ である．

また，$\boldsymbol{v}=(v_1,v_2,\dots,v_N)$ とすれば，(2)より

$$v_k=\alpha_1u_{1k}+\alpha_2u_{2k}+\dots+\alpha_mu_{mk} \quad (k=1,2,\dots,N)$$

であるから，とくに次の m 個の等式が成り立つ：

$$\begin{cases} v_{k_1}=\alpha_1u_{1k_1}+\alpha_2u_{2k_1}+\dots+\alpha_mu_{mk_1} \\ v_{k_2}=\alpha_1u_{1k_2}+\alpha_2u_{2k_2}+\dots+\alpha_mu_{mk_2} \\ \vdots \qquad \vdots \qquad \vdots \qquad \vdots \\ v_{k_m}=\alpha_1u_{1k_m}+\alpha_2u_{2k_m}+\dots+\alpha_mu_{mk_m}. \end{cases}$$

これを $\alpha_1,\alpha_2,\dots,\alpha_m$ を未知数とする連立1次方程式と考えれば，$\det U\neq 0$ であるから，

$$\begin{pmatrix} \alpha_1 \\ \alpha_2 \\ \vdots \\ \alpha_m \end{pmatrix} = \begin{pmatrix} u_{1k_1} & u_{2k_1} & \cdots & u_{mk_1} \\ u_{1k_2} & u_{2k_2} & \cdots & u_{mk_2} \\ \vdots & \vdots & \cdots\cdots & \vdots \\ u_{1k_m} & u_{2k_m} & \cdots & u_{mk_m} \end{pmatrix}^{-1} \begin{pmatrix} v_{k_1} \\ v_{k_2} \\ \vdots \\ v_{k_m} \end{pmatrix} \tag{4}$$

と解かれる．この等式の右辺の行列 U^{-1} の (j,i) 成分を $\beta_i^{(j)}$ で表わせば，等式(4)は α_j $(j=1,2,\dots,m)$ が $v_{k_1},v_{k_2},\dots,v_{k_m}$ の同次1次式として $\alpha_j=\beta_1^{(j)}v_{k_1}+\beta_2^{(j)}v_{k_2}+\dots+\beta_m^{(j)}v_{k_m}$ の

形に表わされることを示しているが，$U^{-1}=(\det U)^{-1}\mathrm{adj}\,U$ に注意すれば，v_{k_i} の係数 $\beta_i^{(j)}$ は U の (i,j) 成分 u_{jk_i} の余因子 U_{ij} を U の行列式 $\det U$ で割ったものであるから，けっきょく，$\beta_i^{(j)}$ はベクトル $\boldsymbol{u}_l$ ($l=1,2,\dots,m$) の第 $k_1,k_2,\dots,k_m$ 成分の有理式であることがわかる．

系．$\boldsymbol{u}_1,\boldsymbol{u}_2,\dots,\boldsymbol{u}_m$ は $\boldsymbol{C}^N$ ($N\geq m$) の m 個の 1 次独立なベクトルとする．また，無限個のベクトル $\boldsymbol{v}_p=(v_1^{(p)},v_2^{(p)},\dots,v_N^{(p)})$ ($p=1,2,\dots$) はいずれも $\boldsymbol{u}_1,\dots,\boldsymbol{u}_m$ によって生成される $\boldsymbol{C}^N$ の部分空間に属し，$\boldsymbol{v}_p=\alpha_1^{(p)}\boldsymbol{u}_1+\alpha_2^{(p)}\boldsymbol{u}_2+\dots+\alpha_m^{(p)}\boldsymbol{u}_m$ と表わされているとする．このとき，$\lim_{p\to\infty}\boldsymbol{v}_p$ が存在するならば，$\lim_{p\to\infty}\alpha_j^{(p)}$ ($j=1,2,\dots,m$) が存在する．

証明．補題から $\boldsymbol{v}_p$ の番号 $p=1,2,\dots$ に無関係な m 個の番号 $k_1,k_2,\dots,k_m$ と各ベクトル $\boldsymbol{u}_1,\boldsymbol{u}_2,\dots,\boldsymbol{u}_m$ の第 $k_1,k_2,\dots,k_m$ 成分の有理式である係数 $\beta_i^{(j)}$ ($i,j=1,\dots,m$) が $\boldsymbol{v}_p$ にも $\alpha_j^{(p)}$ にも無関係に決まって，

(5) $$\alpha_j^{(p)}=\sum_{i=1}^{m}\beta_i^{(j)}v_{k_i}^{(p)} \quad (j=1,\dots,m;p=1,2,\dots)$$

と表わされる．ところが，$\lim_{p\to\infty}\boldsymbol{v}_p$ が存在するという仮定は，$\lim_{p\to\infty}v_j^{(p)}$ ($j=1,\dots,N$) の存在を意味するから，(5) より明らかに $\lim_{p\to\infty}\alpha_j^{(p)}$ ($j=1,\dots,m$) も存在する．

定理 1．行列 A のスペクトル上で定義された関数の無限列 $f_p\in\mathscr{F}_\sigma[A]$ ($p=1,2,\dots$) に対して，$p\to\infty$ のとき $f_p(A)$ がある行列 B に収束するための必要十分条件は，ある $f\in\mathscr{F}_\sigma[A]$ に対して $\lim_{p\to\infty}f_p[\sigma(A)]=f[\sigma(A)]$ となることである．このとき，$B=f(A)$ となる．

証明．(必要性) $\lim_{p\to\infty}f_p(A)=B$ であったとする．§ 4 の基本公式 (8) によって，各 $f_p(A)$ ($p=1,2,\dots$) は A の基幹行列 $\{Z_{jk}\}$ ($1\leq j\leq s$；$1\leq k\leq m_j$) により，次のように表わされる：

(6) $$f_p(A)=\sum_{j=1}^{s}\left\{f_p(\lambda_j)Z_{j1}+f_p'(\lambda_j)Z_{j2}+\dots+f_p^{(m_j-1)}(\lambda_j)Z_{jm_j}\right\}.$$

ここで，$f_p(A)$ と Z_{jk} とを $N=n^2$ 項の数ベクトルと考えれば，$f_p(A)$ は数ベクトル空間 $\boldsymbol{C}^N$ の中の $m(=m_1+m_2+\dots+m_s)$ 個の1 次独立な“ベクトル“ Z_{jk} ($j=1,\dots,s$；$k=0,1,\dots,m_j$) の 1 次結合である (§ 4 の定理 1 を見られたい)．ゆえに，補題の系の $\boldsymbol{u}_1,\dots,\boldsymbol{u}_m$ として m 個の Z_{jk} を取り，$\boldsymbol{v}_p$ として $f_p(A)$ を取れば，仮定 $\lim_{p\to\infty}f_p(A)=B$ によって，(6) の “ベクトル“ Z_{jk} の係数 $f_p^{(k)}(\lambda_j)$ ($j=1,\dots,s$；$k=0,1,\dots,m_j-1$) は $p\to\infty$ のとき収束することがわかる．つまり $\lim_{p\to\infty}f_p[\sigma(A)]$ が存在する．したがって上で述べた【注 1】により，ある $f\in\mathscr{F}_\sigma[A]$ に対して $\lim_{p\to\infty}f_p[\sigma(A)]=f[\sigma(A)]$ となる．このとき，(6) の右辺は $p\to\infty$ としたとき

(7) $$\sum_{j=1}^{s}\left\{f(\lambda_j)Z_{j1}+f'(\lambda_j)Z_{j2}+\dots+f^{(m_j-1)}(\lambda_j)Z_{jm_j}\right\}=f(A) \quad \text{（基本公式）}$$

に収束し，他方，(6) の左辺は行列 B に収束する．ゆえに，$B=f(A)$ である．

（十分性）$\lim_{p\to\infty} f_p[\sigma(A)]=f[\sigma(A)]$ であったとしよう．これは，

$$\lim_{p\to\infty} f_p^{(k)}(\lambda_j)=f^{(k)}(\lambda_j)\ (k=0,1,\ldots,m_j-1\,;\,j=1,\ldots,s)$$

を意味する．したがって，$f_p(A)$ に対する基本公式(6)において $p\to\infty$ とすれば，(6)の右辺は(7)すなわち $f(A)$ に収束する．ゆえに，$B=f(A)$ とおけば，$\lim_{p\to\infty} f_p(A)=B$ である．

系 1．z の多項式の無限列 $h_p(z)$ $(p=1,2,\ldots)$ が行列 A のスペクトル上で関数 $f(z)$ に収束すれば，次式が成り立つ：

(8) $$\lim_{p\to\infty} h_p(A)=f(A)\,.$$

証明．定義 1 によれば，仮定は $\lim_{p\to\infty} h_p[\sigma(A)]=f[\sigma(A)]$ を意味する．ゆえに，定理 1 によって(8)が得られる．

例 1．指数関数 e^z のベキ級数展開 $\sum_{k=0}^{\infty}\frac{z^k}{k!}$ は z 平面上至るところ何回でも項別微分可能であるから，$h_p(z)=\sum_{k=0}^{p}\frac{z^k}{k!}$ $(p=1,2,\ldots)$ とおけば，明らかに多項式の列 $(h_p)_{p=1}^{\infty}$ は $p\to\infty$ のとき A のスペクトル上で関数 $f(z)=e^z$ に収束する．ゆえに，系 1 によって，行列 $h_p(A)$ は $p\to\infty$ のとき行列 $f(A)=e^A$ に収束し，$\sum_{p=0}^{\infty}\frac{A^p}{p!}=e^A$ となる．他方，関数 $f(z)=e^z$ に § 4 の基本公式(8)を適用すれば $e^A=\sum_{j=1}^{s}\sum_{k=1}^{m_j}e^{\lambda_j}Z_{jk}$ となる．これで，任意の正方行列 A に対して，行列 A のベキ級数として得られる行列 $\sum_{k=0}^{\infty}\frac{A^k}{k!}=e^A$ と，関数 $f(z)=e^z$ に § 4 の基本公式(8)を適用して求めた行列 e^A とが全く同じ行列になることをたしかめることができた．すなわち，§ 3 の【注 4】で述べた疑問は解明されたことになる．

例 2．多項式の列 $\sum_{k=1}^{p}(-1)^{k-1}\frac{z^{2k-1}}{(2k-1)!}$ $(p=1,2,\ldots)$ および $\sum_{k=0}^{p}(-1)^k\frac{z^{2k}}{(2k)!}$ $(p=1,2,\ldots)$ はそれぞれ A のスペクトル上で $\sin z$, $\cos z$ に収束するから，次式が成り立つ：

$$\sin A=\sum_{k=1}^{\infty}(-1)^{k-1}\frac{A^{2k-1}}{(2k-1)!}=\sum_{j=1}^{s}\sum_{k=1}^{m_j}\sin\left(\lambda_j+\frac{(k-1)\pi}{2}\right)Z_{jk},$$

$$\cos A=\sum_{k=0}^{\infty}(-1)^{k}\frac{A^{2k}}{(2k)!}=\sum_{j=1}^{s}\sum_{k=1}^{m_j}\cos\left(\lambda_j+\frac{(k-1)\pi}{2}\right)Z_{jk}.$$

この例もまた，三角関数 $\sin z$, $\cos z$ に対して，A のベキ級数として定義される行列が，それぞれ § 4 の基本公式(8)を適用して求めた行列 $\sin A$, $\cos A$ に一致することを示している．

系 1 は，行列 A のスペクトル上で多項式の列の極限となる関数 f に対して，行列 $f(A)$ が必ず定義できることを示しているだけでなく，§ 3 で述べた L-S 多項式 $L_f(z)$ にもとずいた定義式 $f(A)=L_f(A)$ がきわめて合理的なものであることを示していると言ってよいだろう．

さて，関数列に対する定義 1 は，次のように関数項の級数の場合に述べ換えられる．

定義 2. 関数項の無限級数 $\sum_{i=0}^{\infty} u_i(z)$ が A のスペクトル上で収束するというのは，$u_i(z)$ ($i=0,1,\dots$) が A のスペクトル上で定義された関数で，しかも，級数の部分和

(9) $$f_p(z)=\sum_{i=0}^{p} u_i(z) \quad (p=0,1,2,\dots)$$

が A のスペクトル上で収束することである．さらにまた，関数項の無限級数 $\sum_{i=0}^{\infty} u_i(z)$ が A のスペクトル上で関数 $f(z)$ に収束する というのは，$u_i(z)$ ($i=0,1,\dots$) および $f(z)$ が A のスペクトル上で定義された関数で，級数の部分和(9)が A のスペクトル上で $f(z)$ に収束すること，すなわち $\lambda_j \in \sigma(A)$ に対して，

$$\lim_{p\to\infty} f_p^{(k)}(\lambda_j)=f^{(k)}(\lambda_j) \quad (k=0,1,\dots,m_j-1;j=1,2,\dots,s)$$

となることである．このことを $\sum_{i=0}^{\infty} u_i[\sigma(A)]=f[\sigma(A)]$ と書くことにする．

【注 2】 まえの【注 1】で述べたように，$\sum_{i=0}^{\infty} u_i(z)$ が A のスペクトル上で収束するならば，必然的にある関数 $f\in\mathscr{F}_\sigma[A]$ が存在して，A のスペクトル上で $\sum_{i=0}^{\infty} u_i(z)=f(z)$ となる．またこのとき，A のスペクトル上で $\sum_{i=0}^{\infty} u_i(z)=g(z)$ となるようなどんな関数 $g(z)$ に対しても等式 $g(A)=f(A)$ が成り立つ．ゆえに，$\sum_{i=0}^{\infty} u_i(z)$ が A のスペクトル上で収束するということと，$\sum_{i=0}^{\infty} u_i(z)$ が A のスペクトル上で，ある関数 $f(z)$ に収束するということとは同じことである．

系 2. A のスペクトル上で定義された関数列 $u_i(z)$ ($i=0,1,\dots$) に対して，行列の無限級数 $\sum_{i=0}^{\infty} u_i(A)$ がある行列 B に収束するための必要十分条件は，関数項の級数 $\sum_{i=0}^{\infty} u_i(z)$ が A のスペクトル上で，ある関数 $f(z)$ に収束することである．すなわち，

(10) $$\sum_{i=0}^{\infty} u_i(A)=B$$

となることと，ある $f\in\mathscr{F}_\sigma[A]$ に対して，

(11) $$\sum_{i=0}^{\infty} u_i[\sigma(A)]=f[\sigma(A)]$$

となることとは同等であり，このとき，$B=f(A)$ である．

証明．(必要性) $f_p(z)=\sum_{i=0}^{p} u_i(z)$ とおいたとき，$\lim_{p\to\infty} f_p(A)=B$ となったとすれば，上で証明した定理 1 により，ある $f\in\mathscr{F}_\sigma[A]$ が存在して，

(12) $$\lim_{p\to\infty} f_p[\sigma(A)]=f[\sigma(A)]$$

となり，このとき $B=f(A)$ である．明らかに等式(12)は(11)に他ならない．

（十分性）等式(11)が成り立つならば，定理1によって，$(f_p)_{p=1}^{\infty}$ は A のスペクトル上で，ある $f\in\mathscr{F}_\sigma[A]$ に収束していることを意味し，$\lim_{p\to\infty} f_p(A)=\sum_{i=0}^{\infty}u_i(A)=f(A)$ となる．この行列 $f(A)$ を B として，等式(10)が成り立つ．

例 3．複素平面上の点 $z=z_0$ を中心とする収束半径 $r_0>0$ のベキ級数によって，

$$f(z)=\sum_{k=0}^{\infty}\alpha_k(z-z_0)^k \quad (|z-z_0|<r_0)$$

と定義された関数 f を考えよう．ベキ級数はその収束域内の各点で項別微分が可能であるから，$u_k(z)=\alpha_k(z-z_0)^k$ とおけば，次の等式がが成り立つ：

$$f^{(l)}(z)=\sum_{k=0}^{\infty}u_k^{(l)}(z) \quad (l=1,2,\dots).$$

ゆえに，行列 A のすべての固有値 $\lambda_1,\lambda_2,\dots,\lambda_s$ がこのベキ級数の収束域に含まれていれば，f は明らかに A のスペクトル上で定義された関数になるから，上の系2によって，

$$f(A)=\sum_{k=0}^{\infty}\alpha_k(A-z_0I)^k \tag{13}$$

となることがわかる．なお，この行列 $f(A)$ は $f(z)$ に対する L-S 多項式 $L_f(z)$ から得られる行列でもある：$f(A)=L_f(A)$．

【注 3】(13)の右辺が（固有値に関する同じ仮定のもとで）収束することは，§28 のC] において A の Jordan 標準形を利用してもっと直接的な証明が与えられる．

例 4．$|z|<1$ ならば，$(1-z)^{-1}=\sum_{k=0}^{\infty}z^k$ と z のベキ級数に展開されるから，上の例3によって，A のすべての固有値 $\lambda_j\ (j=1,2,\dots,s)$ に対して $|\lambda_j|<1$ となっていれば，等式

$$(I-A)^{-1}=\sum_{k=0}^{\infty}A^k=\sum_{j=1}^{s}\sum_{k=0}^{m_j-1}k!(1-\lambda_j)^{-k-1}Z_{j,k+1}$$

が成り立つ．右辺の二重の総和記号をもつ式は，$f(z)=(1-z)^{-1}$ に§4の基本公式(8)を適用して得た行列である．

例 5．無限多価関数 $\log z$ の無限個ある枝のうちでとくに $\log 1=0$ となる枝（主値）を $\mathrm{Log}\, z$ で表わすことにすれば，$|z-1|<1$ のとき $\mathrm{Log}\, z=\sum_{k=1}^{\infty}\frac{(-1)^{k-1}}{k}(z-1)^k$ と展開されるから，A のすべての固有値 $\lambda_j\ (j=1,2,\dots,s)$ について $|\lambda_j-1|<1$ であれば，

$$\mathrm{Log}\, A=\sum_{k=1}^{\infty}\frac{(-1)^{k-1}}{k}(A-I)^k=\sum_{j=1}^{s}\left\{(\mathrm{Log}\,\lambda_j)Z_{j1}+\sum_{k=1}^{m_j-1}(-1)^{k-1}(k-1)!\,\lambda_j^{-k}Z_{j,k+1}\right\}$$

が成り立つ．この右辺の2つの総和記号を含む式は，$f(z)=\mathrm{Log}\, z$ に§4の基本公式(8)を適用して得られたものである $\left(\frac{d^k}{dz^k}\mathrm{Log}\, z=(-1)^{k-1}(k-1)!\,z^{-k}\ (k=1,2,\dots) \text{に注意}\right)$．

§ 8．行列の関数の関数関係．

われわれはすでに，§ 4 の基本公式(8)によって，行列 A のスペクトル上で定義された任意の関数 $f(z)$ に対して，行列 $f(A)$ が定義できることを知った．したがって，この定義にもとずいて，とくになじみのふかい関数

(1) $$\sqrt[r]{z}\,,\ \sin z\,,\ \cos z\,,\ e^{z}\,,\ \log z$$

に対して，それぞれ行列

(2) $$\sqrt[r]{A}\,,\ \sin A,\ \cos A,\ e^{A},\ \log A$$

を定義することができるわけである．しかし，このようにいわゆる行列の関数を定義したところで，それはいまのところは基本公式を用いて単に行列 A に対して(2)の記号で表わされる行列を定義したというだけのことである．行列 A に対して関数記号 $\sqrt[r]{**}$，$\sin **$，$\cos **$，e^{**} あるいは $\log **$ を使うからには，これらの行列がそこで使われた関数記号に相応するスカラー関数の性質と同様の特徴を保ちつづけてくれることが望ましいことは言うまでもない．もっとくわしく言うと，たとえば，スカラー変数 z の関数 $\sqrt[r]{z}$ は等式 $(\sqrt[r]{z})^r=z$ をみたすし，(1)の 2 つの三角関数の間には $\sin^2 z+\cos^2 z=1$ という関係があり，さらに指数関数 e^z と対数関数 $\log z$ との間には $e^{\log z}=z$ といった関係がある．したがって，われわれの常識は当然ながら，§ 4 の基本公式(8)を用いて得られた行列(2)に対して，

(3) $$(\sqrt[r]{A}\,)^r=A,\ \sin^2 A+\cos^2 A=I\ (\text{単位行列}),\ e^{\log A}=A$$

等の等式が成り立つことを要求するであろう．以下では，このようなことがらをより一般な立場から考察し，スカラー変数 z のいくつかの関数の間で成り立つ関数関係が自然な条件のもとで，z を行列 A で置き代えても，たしかに成り立つことを示す．

この § でも，§ 5 と同じように，n 次行列 A の最小多項式は

(4) $$\Psi_A(z)=(z-\lambda_1)^{m_1}(z-\lambda_2)^{m_2}\cdots(z-\lambda_s)^{m_s}$$

であるとする（$i\neq j$ ならば $\lambda_i\neq\lambda_j$）．

いま，$F(z_1,z_2,\dots,z_p)$ を p 個の変数 $z_1,z_2,\dots,z_p$ の多項式（係数は一般に複素数）とする．このとき，もしも p 個の関数 $f_1(z),f_2(z),\dots,f_p(z)$ がいずれも z の多項式であれば，合成関数

$$\Phi(z)=F(f_1(z),f_2(z),\dots,f_p(z))$$

は z の多項式となる．したがって，Φ が A のスペクトル上で 0 になるならば，$\Phi(z)$ は行列 A の零化多項式になり（§ 2 の定理 2 の系 1），$\Phi(A)=O$（n 次の零行列）すなわち，

$$F(f_1(A),f_2(A),\dots,f_p(A))=O$$

が成り立つ．次の定理は，この事実が必ずしも z の多項式ではない $f_1(z),f_2(z),\dots,f_p(z)$ に対しても成立することを示すものである．

定理 1．$F(z_1,z_2,\dots,z_p)$ を p 個の変数 $z_1,z_2,\dots,z_p$ の（複素係数の）多項式とし，$f_1(z),f_2(z),\dots,f_p(z)$ はいづれも A のスペクトル上で定義された関数であるとする．

このとき，z の関数

$$\Phi(z)=F(f_1(z),f_2(z),\dots,f_p(z))$$

が A のスペクトル上で 0 となるならば，すなわち

(5) $$\Phi^{(l)}(\lambda_j)=0 \quad (l=0,1,\dots,m_j-1;j=1,\dots,s)$$

ならば，行列 $f_1(A),f_2(A),\dots,f_p(A)$ に対して，等式

$$F(f_1(A),f_2(A),\dots,f_p(A))=O$$

が成り立つ．

証明．$h_1(z),h_2(z),\dots,h_p(z)$ をそれぞれ $f_1(z),f_2(z),\dots,f_p(z)$ に対する L-S 多項式とすれば，

(6) $$h_k^{(l)}(\lambda_j)=f_k^{(l)}(\lambda_j) \ (l=0,1,\dots,m_j-1;j=1,2,\dots,s;k=1,2,\dots,p)$$

であり，しかも

(7) $$f_k(A)=h_k(A) \ (k=1,2,\dots,p)$$

である．ここで

$$H(z)=F(h_1(z),h_2(z),\dots,h_p(z))$$

とおけば，$H(z)$ は z の多項式である．定理を証明するために，はじめに仮定(5)と(6)から $H[\sigma(A)]=0$ すなわち

(8) $$H^{(l)}(\lambda_j)=0 \quad (l=0,1,\dots,m_j-1;j=1,\dots,s)$$

となることを示そう．実際，$l=0$ の場合には，(6)と仮定(5)から，

$$\begin{aligned}H(\lambda_j)&=F(h_1(\lambda_j),h_2(\lambda_j),\dots,h_p(\lambda_j))=F(f_1(\lambda_j),f_2(\lambda_j),\dots,f_p(\lambda_j))\\&=\Phi(\lambda_j)=0 \quad (j=1,2,\dots,s)\end{aligned}$$

となる．さらに，$H(z)$ の逐次導関数は

$$\begin{aligned}H'(z)&=\sum_{k=1}^{p}\frac{\partial F}{\partial z_k}(h_1(z),h_2(z),\dots,h_p(z))\,h_k'(z),\\H^{(2)}(z)&=\sum_{k=1}^{p}\Big\{\Big(\frac{d}{dz}\frac{\partial F}{\partial z_k}(h_1(z),h_2(z),\dots,h_p(z))\Big)h_k'(z)\\&\qquad+\frac{\partial F}{\partial z_k}(h_1(z),h_2(z),\dots,h_p(z))\,h_k''(z)\Big\}\\&=\sum_{k=1}^{p}\Big\{\sum_{r=1}^{p}\frac{\partial^2 F}{\partial z_r\partial z_k}(h_1(z),h_2(z),\dots,h_p(z))h_r'(z)\,h_k'(z)\\&\qquad+\frac{\partial F}{\partial z_k}(h_1(z),h_2(z),\dots,h_p(z))h_k''(z)\Big\},\\H^{(3)}(z)&=\cdots\cdots\cdots\cdots\cdots\cdots ,\\&\cdots\cdots\cdots\cdots\cdots\cdots\cdots\cdots\cdots\cdots\end{aligned}$$

で与えられるから，(6)によって $h_1(z),h_2(z),\dots,h_p(z)$ とそれらの逐次導関数の $z=\lambda_j$ における値をすべて，$f_1(z),f_2(z),\dots,f_p(z)$ とそれらの逐次導関数の $z=\lambda_j$ における値で置き換えれば，一般に次の等式が成り立つことがわかる：

$$H^{(l)}(\lambda_j)=\Phi^{(l)}(\lambda_j) \ (l=0,1,\dots,m_j-1;j=1,2,\dots,s).$$

このことと仮定(5)から，ただちに(8)が得られる．ゆえに，$H(z)$ は A の零化多項式である

(§2，定理 2 の系 1)．したがって，(7) に注意して，

$$F(f_1(A), f_2(A), \dots, f_p(A)) = F(h_1(A), h_2(A), \dots, h_p(A)) = H(A) = O$$

となる．これで定理が証明された．つぎに，いくつかの例を挙げておこう．

例 1．$F(z_1, z_2) = z_1 z_2 - 1$，$f_1(z) = z$，$f_2(z) = \frac{1}{z}$ とおく．明らかに，$f_2(z)$ は任意の正則行列 A のスペクトル上で定義された関数である．このとき，すべての $z \neq 0$ に対して

$$\Phi(z) = F(f_1(z), f_2(z)) = f_1(z) f_2(z) - 1 = z \frac{1}{z} - 1 \equiv 0$$

となるから，もちろん $\Phi(z)$ は A のスペクトル上で 0 になる．したがって，定理 1 より

$$F(f_1(A), f_2(A)) = A f_2(A) - I = O \text{ すなわち，} A f_2(A) = I$$

が得られる．ゆえに，$f_2(A) = A^{-1}$ となることがわかる(§2 の例3，§5 の例2も参照)．

例 2．上と同様に $F(z_1, z_2) = z_1 z_2 - 1$ とし，$f_1(z) = e^z$，$f_2(z) = e^{-z}$ とおけば，すべての z に対して，

$$\Phi(z) = F(f_1(z), f_2(z)) = e^z e^{-z} - 1 \equiv 0$$

となるから，当然，$\Phi(z)$ は任意の正方行列 A のスペクトル上で 0 になる．ゆえに，定理 1 によって，$\Phi(A) = O$ すなわち

$$F(f_1(A), f_2(A)) = e^A e^{-A} - I = O \text{，あるいは } e^A e^{-A} = I$$

となる．これより，$(e^A)^{-1} = e^{-A}$ が得られる(§5 の例3参照)．

例 3．$F(z_1, z_2) = z_1^2 + z_2^2 - 1$，$f_1(z) = \cos z$，$f_2(z) = \sin z$ とおけば，恒等的に

$$\Phi(z) = F(f_1(z), f_2(z)) = \cos^2 z + \sin^2 z - 1 \equiv 0$$

となるから，明らかに関数 $\Phi(z)$ は任意の正方行列 A のスペクトルの上で 0 になる：$\Phi(A) = O$．したがって，定理1により次の等式が得られる：

$$\cos^2 A + \sin^2 A = I .$$

例 4．$F(z_1, z_2, z_3) = z_1 - z_2 - i z_3$ (ただし，$i = \sqrt{-1}$)，$f_1(z) = e^{iz}$，$f_2(z) = \cos z$，$f_3(z) = \sin z$ とすれば，この場合も，任意の z に対して，恒等式

$$\Phi(z) = F(f_1(z), f_2(z), f_3(z)) = e^{iz} - \cos z - i \sin z \equiv 0$$

が成り立つから，$\Phi(z)$ は当然任意の正方行列 A のスペクトル上で 0 になる：$\Phi(A) = O$．ゆえに，定理 1 によって次の等式が成り立つ：

$$e^{iA} = \cos A + i \sin A .$$

つぎに，定理 1 の応用として，合成関数に対する定理を証明しよう．

定理 2．$f(z)$ は A のスペクトル $\sigma(A) = \{\lambda_1, \lambda_2, \dots, \lambda_s\}$ 上で定義された関数とする．また，関数 $g(z)$ は各点 $z = \mu_k = f(\lambda_k)$ $(k = 1, 2, \dots, s)$ の近傍で定義され，かつ $z = \mu_k$ において $m_k - 1$ 回微分可能(m_k は A の最小多項式の零点としての固有値 λ_k の重複度)であるとする．このとき，合成関数

$$h(z) \equiv g(f(z))$$

は A のスペクトル上で定義された関数であり，$B=f(A)$ とおくとき，等式

$$h(A)=g(B)=g(f(A))$$

が成り立つ．

証明 合成関数 $h(z)\equiv g(f(z))$ の p 次導関数は，$f(z)$ の逐次導関数 $f^{(1)}(z), f^{(2)}(z), \ldots, f^{(p)}(z)$ のある多項式 $F_{p,k}(f^{(1)}(z), f^{(2)}(z), \ldots, f^{(p)}(z))$ と $g^{(k)}(f(z))$（点 $f(z)$ における関数 g の第 k 次微分係数）との積和として，

(9)
$$h^{(p)}(z)=\sum_{k=1}^{p}F_{p,k}(f^{(1)}(z), \ldots, f^{(p)}(z))\,g^{(k)}(f(z)) \quad (p\geqq 1)$$

の形に書き表わされることが知られている．ただしここで，$F_{p,k}(z_1, \ldots, z_p)$ は関数 $f(z)$ にも関数 $g(z)$ にも全く無関係な多項式である（[7]，33ページ）．ゆえに，定理の仮定と(9)より

(10)
$$h^{(p)}(\lambda_j)=\sum_{k=1}^{p}F_{p,k}(f^{(1)}(\lambda_j), f^{(2)}(\lambda_j), \ldots, f^{(p)}(\lambda_j))g^{(k)}(f(\lambda_j))$$
$$(p=1, \ldots, m_j-1;\ j=1, \ldots, s)$$

が得られ，$h(z)$ は明らかに A のスペクトル上で定義された関数であることがわかる．つぎに，

$$M(z)=(z-\mu_1)^{m_1}(z-\mu_2)^{m_2}\ldots(z-\mu_s)^{m_s} \quad (\mu_k=f(\lambda_k))$$

と定義された $M(z)$ が行列 $B(=f(A))$ の零化多項式になることを示そう．

いま，$\Phi(z)=M(f(z))$ とおけば，$\mu_j=f(\lambda_j)$ $(j=1, \ldots, s)$ であるから，

$$\Phi(z)=\prod_{j=1}^{s}(f(z)-f(\lambda_j))^{m_j}$$

となる．ここで，任意に固有値 λ_k $(1\leqq k\leqq s)$ をきめて，

$$\Phi(z)=(f(z)-f(\lambda_k))^{m_k}\prod_{j\neq k}(f(z)-f(\lambda_j))^{m_j}$$

と書き表わせば，2つの関数の積の導関数に関する Leibniz の公式によって，

$$\Phi^{(p)}(z)=\sum_{l=0}^{p}\binom{p}{l}\left\{\frac{d^l}{dz^l}(f(z)-f(\lambda_k))^{m_k}\right\}\cdot\left\{\frac{d^{p-l}}{dz^{p-l}}\prod_{j\neq k}(f(z)-f(\lambda_j))^{m_j}\right\}$$

となるから，$0\leqq p\leqq m_k-1$ ならば，明らかに次の等式が得られる：

$$\Phi^{(p)}(\lambda_k)=0 \quad (p=0, 1, \ldots, m_k-1),$$

すなわち，関数 $\Phi(z)$ は A のスペクトル上で 0 になる．したがって，定理 1 によって，

$$M(B)=M(f(A))=\Phi(A)=O$$

でなければならない．この等式は $M(z)$ が B の零化多項式であることを示している．ゆえに，$M(z)$ は B の最小多項式によって割り切れる（§2，定理 1 の系 1）．このことから，$\mu_1, \mu_2, \ldots, \mu_s$ の中に B のすべての固有値が含まれていること，また，μ_k が B の最小多項式の零点ならば，その重複度は m_k を越えないことがわかる．ゆえに，数値の集合

(11)
$$\zeta_{jk}=g^{(k)}(\mu_j) \quad (k=0, 1, \ldots, m_j-1;\ j=1, \ldots, s)$$

の中に B のスペクトル上での関数 $g(z)$ のすべての値が含まれていることになる．ゆえに，ここで数列(11)に対して L-S 多項式 $L_\zeta(z)$ をつくれば（§3 の【注 1】），B のスペクトル上

での関数 $g(z)$ の値からつくられる L-S 多項式 $L_g(z)$ と $L_\zeta(z)$ とは当然 B のスペクトル上で一致して，

$$(12) \qquad g(B)=L_g(B)=L_\zeta(B)$$

となる(§ 2，定理 3)．他方，$H(z)=L_g(f(z))$ とおけば，(9) と同様に，

$$(13) \qquad H^{(p)}(z)=\sum_{k=1}^{p} F_{p,k}(f^{(1)}(z), \dots, f^{(p)}(z))L_g^{(k)}(f(z)) \quad (p \geqq 1)$$

と書き表わされる．ところが，$\mu_j=f(\lambda_j)$ であったから，(11) より

$$g^{(k)}(f(\lambda_j))=g^{(k)}(\mu_j)=L_\zeta^{(k)}(\mu_j)=L_g^{(k)}(\mu_j)=L_g^{(k)}(f(\lambda_j)) \ (k=0,1,\dots,m_j-1)$$

となる．ゆえに，この等式と (10) と (13) とから明らかに次の等式が得られる：

$$(14) \qquad h^{(p)}(\lambda_j)=H^{(p)}(\lambda_j) \ (j=1,2,\dots,s).$$

すなわち，$h(z)$ と $H(z)=L_g(f(z))$ は A のスペクトル上で等しい値をとる．ゆえに，

$$h(A)=L_g(f(A))=L_g(B)=g(B)(=g(f(A)))$$

が成り立つ．これで定理が証明された．

例 5．A は正則行列，$f(z)=\sqrt[r]{z}$ は r 価関数 $\sqrt[r]{z}$ の 1 つの枝(1 価関数)で，A のすべての固有値を含み点 $z=0$ を含まない領域で定義されているものとする．このとき，明らかに $f(z)$ は A のスペクトル上で定義された関数である．$g(z)=z^r$ とおけば，$h(z)=g(f(z))=(\sqrt[r]{z})^r=z$ となるから，$h(A)=A$ である．他方，$B=f(A)$ とおけば，定理 2 により $h(A)=g(B)$ であるから，$A=B^r$ となる．したがって，このとき $B=\sqrt[r]{A}$ と書くのはたしかに妥当であることがわかる．言い換えるならば，正則行列 A と関数 $f(z)=\sqrt[r]{z}$ に対して § 4 の基本公式 (8) によって求められる行列 $f(A)=\sqrt[r]{A}$ は，実際に r 乗して A になる行列として A の r 乗根としての意味をもつ．

【注 1】 関数 $g(z)$ に対して，基本公式を適用して求めた行列 $g(B)=B^r$ が実際に行列 B の r 個の積になっていることはすでに § 5 の例 1 で確かめられている．

定理 2 によって，行列の対数が定義できる．

例 6．無限多価関数である対数関数 $\log z$ の場合には，その任意の 1 つの枝 $f(z)$ に対して行列 $f(A)$ が定義される．たとえば，$\log z$ の主値($\log 1=0$ となる枝)を $\mathrm{Log}\, z$ で表わすことにして，$f(z)=\mathrm{Log}\, z$ としよう．このとき，複素数 $z=re^{i\theta}\,(r \geqq 0, 0 \leqq \theta < 2\pi)$ に対して $\mathrm{Log}\, z=\log r+i\theta$ ($\log r$ は実対数関数)である．A が正則行列であれば，$\mathrm{Log}\, z$ は A のスペクトル上で定義された関数である．$\dfrac{d^k}{dz^k}\mathrm{Log}\, z=(-1)^{k-1}(k-1)!z^{-k}\ (k=1,2,\dots)$ であるから，A の最小多項式を (4)，基幹行列を $Z_{jk}\ (k=1,\dots,m_j; j=1,\dots,s)$ とすれば，§ 4 で見た基本公式 (8) によって $f(A)=\mathrm{Log}\, A$ は次の等式で与えられる：

$$(15) \qquad \mathrm{Log}\, A=\sum_{k=1}^{s}\left\{(\mathrm{Log}\,\lambda_k)Z_{k1}+\lambda_k^{-1}Z_{k2}+\dots+(-1)^{m_k-2}(m_k-2)!\lambda_k^{-m_k+1}Z_{km_k}\right\}.$$

$g(z)=e^z$ とおけば，$h(z)=g(f(z))=e^{\mathrm{Log}\, z}=z$ となるから $h(A)=A$ である．したがって，

$B=f(A)=\mathrm{Log}\,A$ とすれば，$g(B)=e^B=e^{\mathrm{Log}\,A}$ であるから，定理 2 によって $h(A)=g(B)$，すなわち $A=e^{\mathrm{Log}\,A}$ となる．このことから明らかなように，$B=\mathrm{Log}\,A$ は行列方程式 $e^X=A$ の 1 つの解である．§ 1 の(3)からもわかるように，単位行列 I に対しては $e^{2k\pi i I}=e^{2k\pi i}I=I$（ただし，$i=\sqrt{-1}$；$k=0,\pm1,\pm2,\dots$）となるから，§ 1 の例 2 で述べた指数法則（その証明は § 12 の定理 2）によって，等式

$$e^{\mathrm{Log}A+2k\pi iI}=e^{\mathrm{Log}A}e^{2k\pi iI}=A \quad (k=0,\pm1,\pm2,\dots)$$

が成り立つ．ゆえに，行列方程式 $e^X=A$ の解 X は無数に存在することに注意しよう．一般に，正則行列 A に対して，$e^X=A$ のすべての解を求める問題は § 20 において考察する．

例 7．行列 $A=\begin{pmatrix}6 & -3 & -2\\ 4 & -1 & -2\\ 3 & -2 & 0\end{pmatrix}$ に対して，$\mathrm{Log}\,A$ を求めて，実際に $e^{\mathrm{Log}\,A}=A$ となることを確かめてみよう．A の最小多項式は $\Psi_A(z)=(z-1)(z-2)^2$ であり，$\lambda_1=1\,(m_1=1)$，$\lambda_2=2\,(m_2=2)$ と考えれば，固有値 1 に属する基幹行列は Z_{11} ただ 1 個であり，固有値 2 に属する基幹行列は Z_{21}（ベキ等），Z_{22}（主ベキ零）の 2 個で，それらは次のようになる（§ 4 の例 6 を見られたい）：

$$Z_{11}=\begin{pmatrix}-2 & 1 & 2\\ -2 & 1 & 2\\ -2 & 1 & 2\end{pmatrix},\ Z_{21}=\begin{pmatrix}3 & -1 & -2\\ 2 & 0 & -2\\ 2 & -1 & -1\end{pmatrix},\ Z_{22}=\begin{pmatrix}2 & -2 & 0\\ 2 & -2 & 0\\ 1 & -1 & 0\end{pmatrix}$$

したがって，(15) より

$$\begin{aligned}(16)\qquad \mathrm{Log}A&=(\mathrm{Log}\,1)Z_{11}+(\mathrm{Log}\,2)Z_{21}+\frac{1}{2}Z_{22}\\ &=(\mathrm{Log}\,2)\begin{pmatrix}3 & -1 & -2\\ 2 & 0 & -2\\ 2 & -1 & -1\end{pmatrix}+\frac{1}{2}\begin{pmatrix}2 & -2 & 0\\ 2 & -2 & 0\\ 1 & -1 & 0\end{pmatrix}\\ &=\begin{pmatrix}1+3\,\mathrm{Log}\,2 & -1-\mathrm{Log}\,2 & -2\,\mathrm{Log}\,2\\ 1+2\,\mathrm{Log}\,2 & -1 & -2\,\mathrm{Log}\,2\\ \frac{1}{2}+2\,\mathrm{Log}\,2 & -\frac{1}{2}-\mathrm{Log}\,2 & -\mathrm{Log}\,2\end{pmatrix}\end{aligned}$$

が得られる．ここで念のために，実際に次の等式が成り立つことを確かめてみよう．

$$e^{\mathrm{Log}\,A}=A.$$

Z_{21} と Z_{22} とは可換であるから（どれも A の多項式である），(16) より

$$e^{\mathrm{Log}\,A}=e^{(\mathrm{Log}\,2)Z_{21}+\frac{1}{2}Z_{22}}=e^{(\mathrm{Log}\,2)Z_{21}}\cdot e^{\frac{1}{2}Z_{22}}=e^{(\mathrm{Log}\,2)\begin{pmatrix}3 & -1 & -2\\ 2 & 0 & -2\\ 2 & -1 & -1\end{pmatrix}}\cdot e^{\frac{1}{2}\begin{pmatrix}2 & -2 & 0\\ 2 & -2 & 0\\ 1 & -1 & 0\end{pmatrix}}$$

となる（§ 12 の定理 2）．ここで，この右辺の 2 つの行列を計算してみよう．それにはまず，Z_{21}，Z_{22} の最小多項式を求めねばならない．はじめに，Z_{21} の最小多項式を求めることにする．$zI-Z_{21}$ に基本変形（§ 25，A]，B] 参照）をほどこせば次のようになる：

$$zI-Z_{21}=\begin{pmatrix}z-3 & 1 & 2\\ -2 & z & 2\\ -2 & 1 & z+1\end{pmatrix}\longrightarrow\begin{pmatrix}z-3 & 1 & 2\\ -z^2+3z-2 & 0 & 2(1-z)\\ -z+1 & 0 & z-1\end{pmatrix}$$

$$\longrightarrow\begin{pmatrix}0 & 1 & 0\\ z(1-z) & 0 & 0\\ 1-z & 0 & z-1\end{pmatrix}\longrightarrow\begin{pmatrix}1 & 0 & 0\\ 0 & z-1 & 0\\ 0 & 0 & z(z-1)\end{pmatrix}.$$

これより Z_{21} の最小多項式は $\Psi_{Z_{21}}(z)=z(z-1)$ であり，固有値は 0 と 1（重複度はともに 1）であることがわかる．ゆえに，Z_{21} の基幹行列を U_{11}, U_{21} とすれば，Z_{21} のスペクトル$\{0,1\}$上で定義された任意の関数 $g(z)$ に対する基本公式は，

(17) $$g(Z_{21})=g(0)U_{11}+g(1)U_{21}$$

となる．ここでとくに，$g_1(z)\equiv 1$，$g_2(z)=z-1$ とすれば $g_1(Z_{21})=I$，$g_2(Z_{21})=Z_{21}-I$ であるから $g_1(Z_{21})$，$g_2(Z_{21})$ に対する基本公式は，

$$\begin{cases} I=g_1(0)U_{11}+g_1(1)U_{21}=U_{11}+U_{21},\\ Z_{21}-I=g_2(0)U_{11}+g_2(1)U_{21}=-U_{11}\end{cases}$$

となる．すなわち，$I=U_{11}+U_{21}$，$Z_{21}-I=-U_{11}$ より，

$$U_{11}=\begin{pmatrix}-2 & 1 & 2\\ -2 & 1 & 2\\ -2 & 1 & 2\end{pmatrix}(=Z_{11}),\quad U_{21}=\begin{pmatrix}3 & -1 & -2\\ 2 & 0 & -2\\ 2 & -1 & -1\end{pmatrix}(=Z_{21})$$

が得られる．また，関数 $g(z)=e^{(\mathrm{Log}\,2)z}=e^{\mathrm{Log}\,2^z}=2^z$ を考えれば，基本公式（17）によって，

$$\begin{aligned}g(Z_{21})=e^{(\mathrm{Log}\,2)Z_{21}}&=g(0)U_{11}+g(1)U_{21}=U_{11}+2U_{21}\\ &=\begin{pmatrix}-2 & 1 & 2\\ -2 & 1 & 2\\ -2 & 1 & 2\end{pmatrix}+2\begin{pmatrix}3 & -1 & -2\\ 2 & 0 & -2\\ 2 & -1 & -1\end{pmatrix}=\begin{pmatrix}4 & -1 & -2\\ 2 & 1 & -2\\ 2 & -1 & 0\end{pmatrix}\end{aligned}$$

となる．以上より，

(18) $$e^{(\mathrm{Log}\,2)Z_{21}}=e^{(\mathrm{Log}\,2)\begin{pmatrix}3 & -1 & -2\\ 2 & 0 & -2\\ 2 & -1 & -1\end{pmatrix}}=\begin{pmatrix}4 & -1 & -2\\ 2 & 1 & -2\\ 2 & -1 & 0\end{pmatrix}$$

となることがわかった．つぎに，行列 $e^{\frac{1}{2}Z_{22}}$ を計算するために Z_{22} の最小多項式を求めよう．$zI-Z_{22}$ に基本変形をほどこせば，次のようになる：

$$zI-Z_{22}=\begin{pmatrix}z-2 & 2 & 0\\ -2 & z+2 & 0\\ -1 & 1 & z\end{pmatrix}\longrightarrow\begin{pmatrix}z & 2 & -2z\\ z & z+2 & -z(z+2)\\ 0 & 1 & 0\end{pmatrix}$$
$$\longrightarrow\begin{pmatrix}z & 0 & -2z\\ z & 0 & -z(z+2)\\ 0 & 1 & 0\end{pmatrix}\longrightarrow\begin{pmatrix}z & 0 & -2z\\ 0 & 0 & -z^2\\ 0 & 1 & 0\end{pmatrix}\longrightarrow\begin{pmatrix}1 & 0 & 0\\ 0 & z & 0\\ 0 & 0 & z^2\end{pmatrix}.$$

ゆえに Z_{22} の最小多項式は $\Psi_{Z_{22}}(z)=z^2$ であり，固有値 $\lambda=0$ の（最小多項式の零点としての）重複度は 2 である．したがって，Z_{22} の基幹行列を V_{11}，V_{12} とすれば，基本公式によって，Z_{22} のスペクトル上で定義された任意の関数 $g(z)$ に対して，次式が成り立つ：

(19) $$g(Z_{22})=g(0)V_{11}+g'(0)V_{12}.$$

ここでとくに $g_1(z)\equiv 1$，$g_2(z)=z$ とすれば $g_1(Z_{22})=I$，$g_2(Z_{22})=Z_{22}$ であるから，$g_1(Z_{22})$，$g_2(Z_{22})$ に対する基本公式は，

$$\begin{cases} I = g_1(0)V_{11} + g_1'(0)V_{12} = V_{11}, \\ Z_{22} = g_2(0)V_{11} + g_2'(0)V_{12} = V_{12} \end{cases}$$

となるから，これよりただちに

$$V_{11} = \begin{pmatrix} 1 & 0 & 0 \\ 0 & 1 & 0 \\ 0 & 0 & 1 \end{pmatrix}, \quad V_{12} = \begin{pmatrix} 2 & -2 & 0 \\ 2 & -2 & 0 \\ 1 & -1 & 0 \end{pmatrix}$$

を得る．ここでこんどは，関数 $g(z) = e^{\frac{1}{2}z}$ に対して基本公式(19)を適用すれば，

$$e^{\frac{1}{2}Z_{22}} = g(Z_{22}) = g(0)V_{11} + g'(0)V_{12} = V_{11} + \frac{1}{2}V_{12}$$

$$= \begin{pmatrix} 1 & 0 & 0 \\ 0 & 1 & 0 \\ 0 & 0 & 1 \end{pmatrix} + \frac{1}{2}\begin{pmatrix} 2 & -2 & 0 \\ 2 & -2 & 0 \\ 1 & -1 & 0 \end{pmatrix} = \begin{pmatrix} 2 & -1 & 0 \\ 1 & 0 & 0 \\ \frac{1}{2} & -\frac{1}{2} & 1 \end{pmatrix}$$

となる．これと(18)とから，次の等式が得られる：

$$e^{(\mathrm{Log}\,2)Z_{21}} \cdot e^{\frac{1}{2}Z_{22}} = \begin{pmatrix} 4 & -1 & -2 \\ 2 & 1 & -2 \\ 2 & -1 & 0 \end{pmatrix}\begin{pmatrix} 2 & -1 & 0 \\ 1 & 0 & 0 \\ \frac{1}{2} & -\frac{1}{2} & 1 \end{pmatrix} = \begin{pmatrix} 6 & -3 & -2 \\ 4 & -1 & -2 \\ 3 & -2 & 0 \end{pmatrix}.$$

これで，実際に等式 $e^{\mathrm{Log}\,A} = A$ が成り立つことが確かめられた．

【注 2】 §3 の終わりで考察したことがらを思い起こそう．A が正則な実行列の場合，そのスペクトル $\sigma(A)$ は 0 を含まず，実数または互いに共役な複素数のいくつかの組（対）からなる．ここで $\sigma(A)$ は負の実数を含まないものと仮定する．このとき，複素数 $z = re^{i\theta}$ $(r > 0)$ に対して，$f(z) = \mathrm{Log}\,z = \log r + i\theta$ $(-\pi < \theta \leqq \pi)$ とおけば，$f(z)$ は A のスペクトル上で実である．すなわち，実固有値 λ_j に対しては $f^{(k)}(\lambda_j)$ $(0 \leqq k \leqq m_j - 1)$ は実数値を取り，互いに複素共役な固有値 λ_g と λ_h $(= \bar{\lambda}_g)$ に対しては，

$$f^{(k)}(\lambda_g) = \overline{f^{(k)}(\lambda_h)} \quad (0 \leqq k \leqq m_g - 1 = m_h - 1)$$

となる．したがって，A が負の数を固有値に持たない正則な実行列ならば，§4 の基本公式(8)で $f(z) = \mathrm{Log}\,z$ とおいて求められる $f(A) = \mathrm{Log}\,A$ は実行列になる．

第2章　行列の関数の応用 I

§9．行列の平方根と立方根．

A の最小多項式，固有値とその代数的重複度，… 等を表わす記号はすべてまえの§で用いたものと全く同じものとする：$\Psi_A(z)$，λ_j，n_j，…

A が正則な行列であればそのスペクトル $\sigma(A)$ は 0 を含まないから，任意の整数 $r \geqq 2$ に対して関数 $f(z)=\sqrt[r]{z}$ は $\sigma(A)$ の各点において何回でも微分可能である．したがって当然，関数 $f(z)$ は A のスペクトル上で定義された関数であり，

$$f^{(k)}(z)=\frac{1}{r}\left(\frac{1}{r}-1\right)\cdots\left(\frac{1}{r}-k+1\right)z^{\frac{1}{r}-k}\quad (k=1,2,\ldots;f^{(0)}(z)=f(z))$$

であるから，§4 の基本公式(8)によって，A の r 乗根は次式で与えられる：

$$(1)\qquad \sqrt[r]{A}=\sum_{j=1}^{s}\left\{\lambda_j^{\frac{1}{r}}Z_{j1}+\frac{1}{r}\lambda_j^{\frac{1}{r}-1}Z_{j2}+\frac{1}{r}\left(\frac{1}{r}-1\right)\lambda_j^{\frac{1}{r}-2}Z_{j3}\right.$$
$$\left.+\cdots\cdots+\frac{1}{r}\left(\frac{1}{r}-1\right)\cdots\left(\frac{1}{r}-m_j+2\right)\lambda_j^{\frac{1}{r}-m_j+1}Z_{jm_j}\right\}$$
$$=\sum_{j=1}^{s}\lambda_j^{\frac{1}{r}}\left\{Z_{j1}+\frac{1}{r}\lambda_j^{-1}Z_{j2}+\frac{1}{r}\left(\frac{1}{r}-1\right)\lambda_j^{-2}Z_{j3}\right.$$
$$\left.+\cdots\cdots+\frac{1}{r}\left(\frac{1}{r}-1\right)\cdots\left(\frac{1}{r}-m_j+2\right)\lambda_j^{-(m_j-1)}Z_{jm_j}\right\}.$$

ただし，ここで $\lambda_j^{\frac{1}{r}}\left(=\sqrt[r]{\lambda_j}\right)$ としては z の r 乗根の任意の 1 つの(A のすべての固有値を含み点 $z=0$ を含まない領域で定義された)枝を取っている．また，(1)で与えられる $\sqrt[r]{A}$ は A の多項式である．このことは，§4 の定義 1 からも，あるいは，基幹行列 Z_{jk} がすべて A の多項式であることからも明らかである．各固有値 λ_j に対してその r 乗根の枝 $\sqrt[r]{\lambda_j}$ は全く独立に取り得るから，A の多項式として表わされる A のベキ根 $\sqrt[r]{A}$ は等式(1)から全部で r^s 個求められる．しかし，正則な行列 A のベキ根がすべて(1)によって求められるわけではない．(1)が A のすべての r 乗根を与えてくれるような特別の場合を除き，ベキ根は一般に(任意定数を含むために)連続無限個存在するのである(§20 の定理 1 参照)．このような事情によって，ベキ根 $\sqrt[r]{A}$ は，一般には A の多項式としては表わされないものになる．

A が正則でないときには，(1)に現われる A の固有値 λ_j $(1,2,\ldots,s)$ の 1 つが 0 になるから，たとえば $\lambda_s=0$ とするとき，A の最小多項式の零点としての $\lambda_s=0$ の重複度が 1，すなわち $m_s=1$ の場合を除き，関数 $\sqrt[r]{z}$ は A のスペクトル上で定義された関数とはならない．ゆえに，正則でない行列に対しては，このような特別の場合を除き(このあとの 例 2 参照)，(1)によってそのベキ根を求めることはできない．正則でない行列のベキ根は存在するとは限らないが，存在する場合には一般に連続無限個存在する(詳しくは§21 を参照されたい)．

与えられた行列のベキ根をすべて求める問題を解くためには，Jordan 標準形についての知識が必要になる．この問題は第 3 章の § 20 ~ § 21 で詳しく考察する．

この § 9 ではとくに，§ 5 で述べた基幹行列 Z_{jk} が行列のベキ根を求める問題において果たす役割を見るために，最も簡単な場合として，行列の平方根と立方根を求める問題を考えることにしよう．

（イ） 行列 A が正則な場合：まず，§ 5 の定理 1 の(b)および系 1 の(f)によって，(1)は次のように書き直せる：

(2)
$$\sqrt[r]{A}=\sum_{j=1}^{s}\lambda_j^{\frac{1}{r}}Z_{j1}\Big\{I+\frac{1}{r}\lambda_j^{-1}Z_{j2}+\frac{1}{r}\Big(\frac{1}{r}-1\Big)\lambda_j^{-2}Z_{j3}+\dots+\dots\dots+\frac{1}{r}\Big(\frac{1}{r}-1\Big)\dots\Big(\frac{1}{r}-m_j+2\Big)\lambda_j^{-(m_j-1)}Z_{jm_j}\Big\}.$$

さらに，系 1 の(h)によれば，$Z_{jk}=\dfrac{1}{(k-1)!}Z_{j2}^{k-1}$ であるから，(2)は次のようになる：

(3)
$$\sqrt[r]{A}=\sum_{j=1}^{s}\lambda_j^{\frac{1}{r}}Z_{j1}\Big\{I+\frac{1}{1!}\frac{1}{r}\lambda_j^{-1}Z_{j2}+\frac{1}{2!}\frac{1}{r}\Big(\frac{1}{r}-1\Big)\lambda_j^{-2}Z_{j2}^2+\dots+\frac{1}{(m_j-1)!}\frac{1}{r}\Big(\frac{1}{r}-1\Big)\dots\Big(\frac{1}{r}-m_j+2\Big)\lambda_j^{-(m_j-1)}Z_{j2}^{m_j-1}\Big\}.$$

さて，微分学で良く知られているように，関数 $g(z)=(1+z)^{\frac{1}{r}}$ を z のベキ級数に展開(Maclaurin 展開)すれば次のようになる：

(4)
$$g(z)=(1+z)^{\frac{1}{r}}=\sum_{k=0}^{\infty}\frac{1}{k!}\frac{1}{r}\Big(\frac{1}{r}-1\Big)\dots\Big(\frac{1}{r}-k+1\Big)z^k \quad (|z|<1).$$

このベキ級数はその収束域において絶対収束している．ここで簡単のため，

$$c_k=\frac{1}{k!}\frac{1}{r}\Big(\frac{1}{r}-1\Big)\dots\Big(\frac{1}{r}-k+1\Big)$$

とおいて，(4)を書き直せば

(5)
$$(1+z)^{\frac{1}{r}}=1+c_1z+c_2z^2+\dots+c_kz^k+\dots \qquad (|z|<1)$$

となり，$|z|<1$ をみたすすべての z に対して次の恒等式が成り立つ：

(6)
$$\Big\{(1+z)^{\frac{1}{r}}\Big\}^r=1+z.$$

絶対収束する級数の積には分配法則を適用して同類項を整理することができるから，等式(6)は，実際に $(1+z)^{\frac{1}{r}}$ の r 個の積の計算において(5)の係数 $c_1, c_2, \dots$ どうしの積や和となる z の 2 次以上の項の係数はすべて 0 に等しくなることを示している．したがって，1，z が通常の数ではなくても，$1\times z=z$ が成り立ち，分配法則の適用を許すような何等かの加法《+》と交換法則にしたがう乗法《×》の定義された(通常の数に近い性質をもつような)数学的な対象 1，z からなる級数(5)に対しても恒等式(6)が成り立つことは明らかであろう．ゆえに，(6)において 1 を単位行列 I で，z を A の主ベキ零行列 Z_{j2} で置き代えても(6)は成り立つ．このとき，Z_{j2} は指数 m_j のベキ零行列であること(§ 6，定理 3)に注意すれば，(5)は有限級数であり，行列 $I+Z_{j2}$ の r 乗根は次式によって与えられることがわかる．

(7) $$(I+Z_{j2})^{\frac{1}{r}}=I+c_1Z_{j2}+c_2Z_{j2}^2+\dots+c_{m_j-1}Z_{j2}^{m_j-1}.$$

§5の(13)で示した基幹行列 Z_{j1}, Z_{j2} ($j=1,2,\dots,s$) による A の表示式は,

(8) $$A=\sum_{j=1}^{s}(\lambda_jZ_{j1}+Z_{j2})=\sum_{j=1}^{s}Z_{j1}(\lambda_jI+Z_{j2})=\sum_{j=1}^{s}\lambda_jZ_{j1}\left(I+\frac{1}{\lambda_j}Z_{j2}\right)$$

と書き直すことができるが，ここでとくに $Z_{j1}^2=Z_{j1}$ および $i\neq j$ のとき $Z_{i1}Z_{j1}=O$ となること(§5，定理1の(c))に注意すれば，$\sqrt[r]{A}=A^{\frac{1}{r}}$ を求めるには，(8)からわかるように，各 j ($=1,2,\dots,s$) について $\left(I+\frac{1}{\lambda_j}Z_{j2}\right)^{\frac{1}{r}}$ が求められればよいことになる．ゆえに，(7)の Z_{j2}を $\frac{1}{\lambda_j}Z_{j2}$ で置き代えて

(9) $$X_j=\left(I+\frac{1}{\lambda_j}Z_{j2}\right)^{\frac{1}{r}}=I+c_1\frac{1}{\lambda_j}Z_{j2}+c_2\frac{1}{\lambda_j^2}Z_{j2}^2+\dots+c_{m_j-1}\frac{1}{\lambda_j^{m_j-1}}Z_{j2}^{m_j-1}$$

とおけば，A の表示式(8)の各項 $\lambda_jZ_{j1}+Z_{j2}=\lambda_jZ_{j1}\left(I+\frac{Z_{j2}}{\lambda_j}\right)$ ($1\leqq j\leqq s$) の r 乗根は次式によって与えられることになる(§5の定理1の(b)より $Z_{j1}^r=Z_{j1}$ に注意)：

$$(\lambda_jZ_{j1}+Z_{j2})^{\frac{1}{r}}=\left\{\lambda_jZ_{j1}\left(I+\frac{1}{\lambda_j}Z_{j2}\right)\right\}^{\frac{1}{r}}=\lambda_j^{\frac{1}{r}}Z_{j1}X_j.$$

したがって，A の r 乗根は次式で与えられることがわかる：

$$\sqrt[r]{A}=\sum_{j=1}^{s}\sqrt[r]{\lambda_j}\,Z_{j1}X_j.$$

この等式は(3)に他ならない．ここで $\sqrt[r]{\lambda_j}$ の取り方は各 j ($=1,2,\dots,s$) に対して r 通りあるから，この等式から得られる A の r 乗根は全部で r^s 個あることになる．とくに，A の 2^s 個の平方根は((9)で $r=2$ としたときの X_j によって)次式で与えられる：

(10) $$\sqrt{A}=\sum_{j=1}^{s}\varepsilon_j\sqrt{\lambda_j}\,Z_{j1}X_j \quad (\varepsilon_j=\pm1\,;j=1,2,\dots,s).$$

さらにまた，

(11) $$Y_j=\left(I+\frac{1}{\lambda_j}Z_{j2}\right)^{\frac{1}{3}}=I+d_1\frac{1}{\lambda_j}Z_{j2}+d_2\frac{1}{\lambda_j^2}Z_{j2}^2+\dots+d_{m_j-1}\frac{1}{\lambda_j^{m_j-1}}Z_{j2}^{m_j-1},$$

$$\text{ただし，}\ d_k=\frac{1}{k!}\frac{1}{3}\left(\frac{1}{3}-1\right)\cdots\left(\frac{1}{3}-k+1\right)$$

とおけば，A の 3^s 個の3乗根が次式によって得られる：

(12) $$\sqrt[3]{A}=\sum_{j=1}^{s}\omega^{k_j}\sqrt[3]{\lambda_j}\,Z_{j1}Y_j \quad (0\leqq k_j\leqq 2\,;j=1,2,\dots,s).$$

ただし，$\sqrt[3]{\lambda_j}$ は λ_j の3乗根の任意の1つとし，ω は1の原始3乗根を表わすものとする．

例1．§4の例6の行列 $A=\begin{pmatrix}6&-3&-2\\4&-1&-2\\3&-2&0\end{pmatrix}$ の平方根 $\sqrt{A}$ と立方根 $\sqrt[3]{A}$ を求めよう．

A の最小多項式は $\Psi_A(z)=(z-1)(z-2)^2$ であるから，いま，$\lambda_1=1$ ($m_1=1$), $\lambda_2=2$ ($m_2=2$) と考えれば，固有値1に属する基幹行列は Z_{11} のみであり，固有値2に属する基幹行列は Z_{21} (ベキ等), Z_{22} (主ベキ零)の2個で，それらは(すでに§4の例6で求めたように)，

$$Z_{11}=\begin{pmatrix}-2&1&2\\-2&1&2\\-2&1&2\end{pmatrix},\quad Z_{21}=\begin{pmatrix}3&-1&-2\\2&0&-2\\2&-1&-1\end{pmatrix},\quad Z_{22}=\begin{pmatrix}2&-2&0\\2&-2&0\\1&-1&0\end{pmatrix}$$

である．したがって，(8)に相当する A の表示式は次のようになる：

$$A=Z_{11}+(2Z_{21}+Z_{22})=Z_{11}+2Z_{21}\left(I+\frac{Z_{22}}{2}\right).$$

ここで $Z_{22}^k=O\,(k\geqq 2)$ に注意すれば，(9)（$j=r=2$）では $c_1(=1/2)$ 以外の係数は現れず，

$$\left(I+\frac{Z_{22}}{2}\right)^{\frac{1}{2}}=I+\frac{1}{2}\frac{Z_{22}}{2}$$

となる．ゆえに(10)より，$\varepsilon,\eta=\pm1$ として，A の 4 個の平方根が次式によって得られる：

$$\begin{aligned}\sqrt{A}&=\varepsilon Z_{11}+\eta\sqrt{2}\,Z_{21}\left(I+\frac{Z_{22}}{2}\right)^{\frac{1}{2}}=\varepsilon Z_{11}+\eta\sqrt{2}\,Z_{21}\left(I+\frac{1}{2}\frac{Z_{22}}{2}\right)\\&=\varepsilon Z_{11}+\eta\sqrt{2}\,Z_{21}+\frac{\eta}{2\sqrt{2}}Z_{22}\\&=\varepsilon\begin{pmatrix}-2&1&2\\-2&1&2\\-2&1&2\end{pmatrix}+\eta\sqrt{2}\begin{pmatrix}3&-1&-2\\2&0&-2\\2&-1&-1\end{pmatrix}+\frac{\eta}{2\sqrt{2}}\begin{pmatrix}2&-2&0\\2&-2&0\\1&-1&0\end{pmatrix}\\&=\frac{1}{4}\begin{pmatrix}2(-4\varepsilon+7\sqrt{2}\,\eta)&2(2\varepsilon-3\sqrt{2}\,\eta)&8(\varepsilon-\sqrt{2}\,\eta)\\2(-4\varepsilon+5\sqrt{2}\,\eta)&2(2\varepsilon-\sqrt{2}\,\eta)&8(\varepsilon-\sqrt{2}\,\eta)\\-8\varepsilon+9\sqrt{2}\,\eta&4\varepsilon-5\sqrt{2}\,\eta&4(2\varepsilon-\sqrt{2}\,\eta)\end{pmatrix}.\end{aligned}$$

また，上と同様の理由で $r=3$ の場合にも，(11)には $d_1(=1/3)$ 以外の係数は現れず，

$$\left(I+\frac{Z_{22}}{2}\right)^{\frac{1}{3}}=I+\frac{1}{3}\frac{Z_{22}}{2}$$

となるから，(12)により，A の 9 個の立方根が次式で与えられる．ただし，ω は 1 の原始 3 乗根である：

$$\begin{aligned}\sqrt[3]{A}&=\omega^jZ_{11}+\omega^k\sqrt[3]{2}\,Z_{21}\left(I+\frac{Z_{22}}{6}\right)=\omega^jZ_{11}+\omega^k\sqrt[3]{2}\left(Z_{21}+\frac{Z_{22}}{6}\right)\\&=\begin{pmatrix}-2\omega^j+\frac{10\sqrt[3]{2}}{3}\omega^k&\omega^j-\frac{4\sqrt[3]{2}}{3}\omega^k&2\omega^j-2\sqrt[3]{2}\,\omega^k\\-2\omega^j+\frac{7\sqrt[3]{2}}{3}\omega^k&\omega^j-\frac{\sqrt[3]{2}}{3}\omega^k&2\omega^j-2\sqrt[3]{2}\,\omega^k\\-2\omega^j+\frac{13\sqrt[3]{2}}{6}\omega^k&\omega^j-\frac{7\sqrt[3]{2}}{6}\omega^k&2\omega^j-\sqrt[3]{2}\,\omega^k\end{pmatrix}\quad(j,k=0,1,2).\end{aligned}$$

実際に，$(\sqrt{A})^2=A$，$(\sqrt[3]{A})^3=A$ となることの検証は読者にまかせよう．

（ロ）行列 A が正則でない場合：このときには，固有値の中に 0 に等しいものがある．たとえば，$\lambda_s=0$ としよう（$1\leqq k\leqq s-1$ のとき $\lambda_k\neq0$）．もしも $\lambda_s=0$ の重複度が 1 すなわち $m_s=1$ ならば，A の表示式(8)において Z_{s2} は現われない．したがって，$m_s=1$ であるような特別の場合には(8)は 0 以外の固有値 $\lambda_1,\lambda_2,\ldots,\lambda_{s-1}$ に対応する $s-1$ 項の和となり，

$$A=\sum_{j=1}^{s-1}(\lambda_jZ_{j1}+Z_{j2})=\sum_{j=1}^{s-1}\lambda_jZ_{j1}\left(I+\frac{1}{\lambda_j}Z_{j2}\right)$$

と書き表わされる．ゆえに，(9)で $r=2$ としたときの X_j によって，A の 2^{s-1} 個の平方根は次式で与えられる：

$$\sqrt{A}=\sum_{j=1}^{s-1}\varepsilon_j\sqrt{\lambda_j}\,Z_{j1}X_j \quad (\varepsilon_j=\pm 1).$$

しかし，$m_s\geqq 2$ の場合には，A の表示式(8)において固有値 $\lambda_s=0$ に対応する項は，基幹行列 Z_{s2} だけからなり，$\sqrt[r]{A}$ が存在するかどうかは，$\sqrt[r]{Z_{s2}}$ が存在するかどうかにかかわってくる．それには固有値 $\lambda_s=0$ に対応する Jordan 区画の状態にまで立ち入った考察が必要になるのである(§ 21 を参照されたい)．

例 2．正則でない行列 $A=\begin{pmatrix}1&5&-6\\0&8&-8\\-2&5&-3\end{pmatrix}$ の平方根 $\sqrt{A}$ と立方根 $\sqrt[3]{A}$ を求めよう．

Aの最小多項式は$\Psi_A(z)=z(z-3)^2$であるから，$\lambda_1=3\,(m_1=2)$，$\lambda_2=0\,(m_2=1)$と考えれば，固有値3に属する基幹行列はZ_{11}(ベキ等)，Z_{12}(主ベキ零)であり，固有値 0 に属する基幹行列はZ_{21}ただ1個である．これら3個の基幹行列を求めるには，§4の例7で述べた方法によろう．たとえば，z の 3 個の多項式 $g_1(z)=1$，$g_2(z)=z$，$g_3(z)=(z-3)^2$ に基本公式(§ 4 の(8))を適用すれば，それぞれ等式 $I=Z_{11}+Z_{21}$，$A=3Z_{11}+Z_{12}$，$(A-3I)^2=9Z_{21}$が得られるから，この連立方程式を解けば，順次に

$$Z_{21}=\frac{1}{9}\begin{pmatrix}16&-15&8\\16&-15&8\\16&-15&8\end{pmatrix},\quad Z_{11}=\frac{1}{9}\begin{pmatrix}-7&15&-8\\-16&24&-8\\-16&15&1\end{pmatrix},\quad Z_{12}=\frac{1}{3}\begin{pmatrix}10&0&-10\\16&0&-16\\10&0&-10\end{pmatrix}$$

が求まる．$\lambda_2=0$，$m_2=1$ であるために，A の表示式(8)にZ_{21} は現れず，そこに現れるのは，Z_{11} と Z_{12} だけであり，$\lambda_1=3$ だから A は次のようになる:

$$A=3Z_{11}+Z_{12}=3Z_{11}\left(I+\frac{Z_{12}}{3}\right).$$

ゆえに，(9)で $j=1$ として(10)から($\varepsilon_1=\pm 1$)，A の 2 個の平方根が次式で与えられる:

$$\begin{aligned}\sqrt{A}&=\sqrt{3}\,\varepsilon Z_{11}\left(I+\frac{Z_{12}}{3}\right)^{\frac{1}{2}}=\sqrt{3}\,\varepsilon Z_{11}\left(I+\frac{1}{2}\frac{Z_{12}}{3}\right)=\sqrt{3}\,\varepsilon Z_{11}+\frac{\varepsilon}{2\sqrt{3}}Z_{12}\\&=\frac{\sqrt{3}\,\varepsilon}{9}\begin{pmatrix}-7&15&-8\\-16&24&-8\\-16&15&1\end{pmatrix}+\frac{\varepsilon}{2\sqrt{3}}\frac{1}{3}\begin{pmatrix}10&0&-10\\16&0&-16\\10&0&-10\end{pmatrix}\\&=\frac{\sqrt{3}\,\varepsilon}{9}\begin{pmatrix}-2&15&-13\\-8&24&-16\\-11&15&-4\end{pmatrix}\quad(\varepsilon=\pm 1).\end{aligned}$$

また，(12)と(11)によって，A の 3 個の立方根が次式によって得られる($j=0,1,2$):

$$\begin{aligned}\sqrt[3]{A}&=\sqrt[3]{3}\,\omega^j Z_{11}\left(I+\frac{Z_{12}}{3}\right)^{\frac{1}{3}}=\sqrt[3]{3}\,\omega^j Z_{11}\left(I+\frac{Z_{12}}{9}\right)=\sqrt[3]{3}\,\omega^j\frac{1}{9}(9Z_{11}+Z_{12})\\&=\frac{\sqrt[3]{3}}{9}\omega^j\left\{\begin{pmatrix}-7&15&-8\\-16&24&-8\\-16&15&1\end{pmatrix}+\frac{1}{3}\begin{pmatrix}10&0&-10\\16&0&-16\\10&0&-10\end{pmatrix}\right\}\\&=\frac{\sqrt[3]{3}}{9}\omega^j\frac{1}{3}\left\{\begin{pmatrix}-21&45&-24\\-48&72&-24\\-48&45&3\end{pmatrix}+\begin{pmatrix}10&0&-10\\16&0&-16\\10&0&-10\end{pmatrix}\right\}=\frac{\sqrt[3]{3}}{27}\omega^j\begin{pmatrix}-11&45&-34\\-32&72&-40\\-38&45&-7\end{pmatrix}.\end{aligned}$$

ここで ω は 1 の原始 3 乗根である．$(\sqrt[3]{A})^3=A$ となることの検証は読者にまかせよう．

§ 10. 行列の代数方程式の解.

n 次(複素)行列 A の最小多項式が $\Psi_A(z)=\prod_{j=1}^{s}(z-\lambda_j)^{m_j}$ であるとき，A のスペクトル $\sigma(A)=\{\lambda_1, \lambda_2, \dots, \lambda_s\}$ 上で定義された任意の関数 $f(z)$ に対して，行列 $f(A)$ は A の基幹行列 $\{Z_{jk}\}$ によって次のように表わされるものであった(§ 4 の公式(8)).

(1)
$$f(A)=\sum_{j=1}^{s}\left\{f(\lambda_j)Z_{j1}+f'(\lambda_j)Z_{j2}+\dots+f^{(m_j-1)}(\lambda_j)Z_{jm_j}\right\}.$$

とくに，A が正則な行列であれば，この公式によって A のベキ根 $\sqrt[r]{A}$ のいくつかを求めることができる. 実際，この場合には A のすべての固有値が 0 と異なるから，関数 $f(z)=\sqrt[r]{z}$ は A のスペクトル上で何回も微分可能であり，基本公式(1)によって，

(2)
$$\sqrt[r]{A}=\sum_{j=1}^{s}\left\{\lambda_j^{\frac{1}{r}}Z_{j1}+\frac{1}{r}\lambda_j^{\frac{1}{r}-1}Z_{j2}+\dots\right.$$
$$\left.\dots+\frac{1}{r}\left(\frac{1}{r}-1\right)\dots\left(\frac{1}{r}-m_j+1\right)\lambda_j^{\frac{1}{r}-m_j+1}Z_{jm_j}\right\}$$

となることがわかる. しかも，これは A の多項式であった.

A のベキ根を求める問題はもっと別の立場から，すなわち行列の方程式 $X^r=A$ を解くという観点からも考えることができる. そこで，この § 10 ではもっと一般的な立場から，任意に与えられた複素係数の z の r 次の多項式

$$p(z)=\alpha_0z^r+\alpha_1z^{r-1}+\dots+\alpha_{r-1}z+\alpha_r$$

と A のスペクトル上で定義された任意の関数 f に対して，行列の代数方程式

(3)
$$p(X)=\alpha_0X^r+\alpha_1X^{r-1}+\dots+\alpha_{r-1}X+\alpha_rI=f(A)$$

をみたす n 次行列 X を求める問題を考えることにする(I は n 次単位行列).

この問題は次の例からもわかるように，解を全くもたないこともあり，また解が存在しても，それが必ずしも A の多項式として表わせるとは限らない場合がある. 簡単な例をあげよう.

例 1. $A=\begin{pmatrix}0&1\\0&0\end{pmatrix}$ のとき，方程式 $X^2=A$ は解をもたない.

仮に，$X=\begin{pmatrix}a&c\\b&d\end{pmatrix}$ が解であったとすると，$X^2=\begin{pmatrix}a^2+bc&c(a+d)\\b(a+d)&bc+d^2\end{pmatrix}=A$ であるから，

$$a^2+bc=0,\ b(a+d)=0,\ c(a+d)=1,\ bc+d^2=0$$

でなければならない. この第 3 式と第 2 式から $b=0$ となることがわかる. ゆえに，第 1 式と第 4 式から $a=d=0$ が得られるが，これは第 3 式に矛盾する.

例 2. $A=\begin{pmatrix}0&0&1\\0&0&0\\0&0&0\end{pmatrix}$ のとき，$X^2=A$ は解をもつが，そのいかなる解も A の多項式として表わすことはできない(あとの定理 2 も参照のこと).

解があることは，たとえば $X=\begin{pmatrix}0&1&0\\0&0&1\\0&0&0\end{pmatrix}$ とすればわかる. つぎに，$A^2=O$ であるから，

ある解 X が A の多項式として表わされたとすれば，$X=\alpha A+\beta I$（I は3次の単位行列）の形でなければならない．ゆえに，$X^2=\alpha^2A^2+2\alpha\beta A+\beta^2 I=2\alpha\beta A+\beta^2 I$ となる．これが A に等しいというのであるから，

$$\begin{pmatrix}\beta^2 & 0 & 2\alpha\beta\\ 0 & \beta^2 & 0\\ 0 & 0 & \beta^2\end{pmatrix}=\begin{pmatrix}0 & 0 & 1\\ 0 & 0 & 0\\ 0 & 0 & 0\end{pmatrix}$$

より，$\beta=0$，$2\alpha\beta=1$ となる．これは不合理である．

この§の目的は，行列方程式

(3) $$p(X)=f(A)$$

の解 X で，とくに A の多項式として表わされるものを求めることである．

いま(3)の解 X が存在して，それが A の多項式として

$$X=\beta_0A^l+\beta_1A^{l-1}+\dots+\beta_{l-1}A+\beta_l I$$

と表わされたとしよう．ここで，$q(z)=\sum_{k=0}^{l}\beta_k z^{l-k}$ とおけば，$X=q(A)$ と書ける．ここで，A がその固有値 λ_j に属するベキ等行列 Z_{j1} と主ベキ零行列 Z_{j2} $(j=1,2,\dots,s)$ によって，

$$A=\sum_{j=1}^{s}Z_{j1}(\lambda_j I+Z_{j2})$$

と書けることに注意すれば（§5の(13)），

(4) $$X=q(A)=\sum_{j=1}^{s}Z_{j1}q(\lambda_j I+Z_{j2})$$

と書き表わされることがわかる（§5の例4）．ただし，λ_j の幾何的重複度 $m_j=1$ の場合には主ベキ零行列 Z_{j2} は現われない（§4の定義1，§5の(3)のあとの注意）．

l 次の多項式 $q(z)$ は次のようにTaylor展開することができる：

(5) $$q(z+h)=q(z)+q'(z)h+\frac{1}{2!}q''(z)h^2+\dots+\frac{1}{l!}q^{(l)}(z)h^l.$$

この等式は2つの数 z，h についての恒等式であるが，ここで z，h は必ずしも数である必要はなく，両者の間に加法と乗法が定義されていて，それらの間で交換法則，分配法則が成り立っているような数学的対象でありさえすれば(5)はやはり成り立つはずである．したがって，(5)は $z=\lambda_j I$，$h=Z_{j2}$ としても成り立ち，次式が得られる（(4)のすぐあとのただし書きで述べたように，$m_j=1$ の場合には，$Z_{j2}=O$ と考えることにする）：

(6) $$q(\lambda_j I+Z_{j2})=q(\lambda_j)I+q'(\lambda_j)Z_{j2}+\frac{1}{2!}q''(\lambda_j)Z_{j2}^2+\dots+\frac{1}{l!}q^{(l)}(\lambda_j)Z_{j2}^l.$$

ところが，$Z_{j2}^{m_j}=O$ であるから，$l\geqq m_j-1$ ならば(6)は $Z_{j2}^{m_j-1}$ の項で終わる．また，$q(z)$ は l 次の多項式であるから，当然 $k>l$ のとき $q^{(k)}(z)\equiv 0$ となることに注意すれば，(6)は多項式 $q(z)$ の次数のいかんにかかわらず，次のように書き表わすことができる：

(7) $$q(\lambda_j I+Z_{j2})=q(\lambda_j)I+q'(\lambda_j)Z_{j2}+\frac{1}{2!}q''(\lambda_j)Z_{j2}^2+\dots\dots+\frac{1}{(m_j-1)!}q^{(m_j-1)}(\lambda_j)Z_{j2}^{m_j-1}.$$

いま，この等式の右辺を $q_j(Z_{j2})$ と書くことにしよう．すなわち，

$$q_j(Z_{j2})=q(\lambda_j)I+q'(\lambda_j)Z_{j2}+\frac{1}{2!}q''(\lambda_j)Z_{j2}^2+\dots+\frac{1}{(m_j-1)!}q^{(m_j-1)}(\lambda_j)Z_{j2}^{m_j-1} .$$

そうすれば，(4) は次の形に書ける：

(8) $$X=q(A)=\sum_{j=1}^{s}Z_{j1}q_j(Z_{j2}) .$$

このことからわかるように，(3) の解 X が A の多項式として表わされるならば，X は z のたかだか m_j-1 次のある多項式 $q_j(z)$ $(j=1,2,\dots,s)$ によって (8) の形に書き表わされなければならない．また，Z_{j1}, Z_{j2} $(j=1,\dots,s)$ は A の多項式であるから，もちろん $q_j(z)$ を z の任意の多項式としたときにも，(8) で与えられる X は明らかに A の多項式となる．さて，ここで

(9) $$q_j(z)=x_0^{(j)}+x_1^{(j)}z+\dots+x_{m_j-1}^{(j)}z^{m_j-1} \quad (j=1,2,\dots,s)$$

とおいて，(8) が方程式 (3) の解となるためには (9) の s 個の多項式の係数 $x_k^{(j)}$ $(k=0, 1,\dots,m_j-1; j=1,2,\dots,s)$ がどのような条件をみたさねばならないかをしらべてみよう．

まず，(8) から (§5 の例 4 と同様にして)，等式

$$X^{r-i}=\sum_{j=1}^{s}Z_{j1}\{q_j(Z_{j2})\}^{r-i}$$

が得られるから，$p(z)=\sum_{i=0}^{r}\alpha_i z^{r-i}$ に注意して，

(10) $$p(X)=\sum_{i=0}^{r}\alpha_i X^{r-i}=\sum_{i=0}^{r}\alpha_i\sum_{j=1}^{s}Z_{j1}\{q_j(Z_{j2})\}^{r-i}=\sum_{j=1}^{s}Z_{j1}\sum_{i=0}^{r}\alpha_i\{q_j(Z_{j2})\}^{r-i}$$
$$=\sum_{j=1}^{s}Z_{j1}p(q_j(Z_{j2}))$$

となる．一方，基幹行列 Z_{jk} の性質 (§5 の定理 1 の系 1，(h))

$$Z_{jk}=\frac{1}{(k-1)!}Z_{j2}^{k-1} \quad (k=2,\dots,m_j; j=1,2,\dots,s)$$

に注意すれば，行列 $f(A)$ に対する基本公式 (1) は次のように書き直せる (ただし，Z_{j2}^0 は Z_{j1} を意味するものとする)：

(11) $$f(A)=\sum_{j=1}^{s}\sum_{k=0}^{m_j-1}\frac{f^{(k)}(\lambda_j)}{k!}Z_{j2}^k .$$

したがって，(10) と (11) によって，方程式 (3) は次の形になる：

$$\sum_{j=1}^{s}Z_{j1}p(q_j(Z_{j2}))=\sum_{j=1}^{s}\sum_{k=0}^{m_j-1}\frac{f^{(k)}(\lambda_j)}{k!}Z_{j2}^k .$$

この等式の両辺に Z_{i1} $(i=1,2,\dots,s)$ を掛けて，$Z_{i1}Z_{j2}=\delta_{ij}Z_{i2}$ (§5 の定理 1 の (c) および系 1 の (f)) に注意すれば，s 個の等式

$$Z_{i1}p(q_i(Z_{i2}))=\sum_{k=0}^{m_i-1}\frac{f^{(k)}(\lambda_i)}{k!}Z_{i2}^k \quad (i=1,2,\dots,s)$$

が得られるが，この等式を (9) に注意して書きなおせば，

(12) $$Z_{i1}p(x_0^{(i)}I+x_1^{(i)}Z_{i2}+\dots+x_{m_i-1}^{(i)}Z_{i2}^{m_i-1})=\sum_{k=0}^{m_i-1}\frac{f^{(k)}(\lambda_i)}{k!}Z_{i2}^k$$
$$(i=1,2,\dots,s)$$

となる. これらの s 個の等式において，未定の係数 $x_0^{(i)}, x_1^{(i)}, \dots, x_{m_i-1}^{(i)}$ ($i=1,2,\dots,s$) を決定することができれば，(3) の解 X が (8) の形で求まったことになる. ところが，これらの s 個の等式はみな同じ形をしているから，以下では添え字の i を省いて，これらの等式の 1 つを代表的に (Z_1, Z_2 はそれぞれ固有値 λ に属するベキ等，指数 m の主ベキ零行列として)

(13) $$Z_1p(x_0I+x_1Z_2+\dots+x_{m-1}Z_2^{m-1})=\sum_{k=0}^{m-1}\frac{f^{(k)}(\lambda)}{k!}Z_2^k$$

と書き表わし，この等式をみたすような $x_0, x_1, \dots, x_{m-1}$ を求める問題を考えることにする.

(14) $$q_0(z)=x_0+x_1z+\dots+x_{m-1}z^{m-1}$$

とおけば，$p(w)=\sum_{i=0}^{r}\alpha_iw^{r-i}$ と $w=q_0(z)$ の合成関数である z の $r(m-1)$ 次の多項式:

(15) $$p(q_0(z))=y_0+y_1z+y_2z^2+\dots+y_jz^j+\dots$$

の係数 $y_0, y_1, y_2, \dots, y_j, \dots$ は次式によって与えられる:

(16) $$\begin{cases} y_0=p(q_0(z))\big|_{z=0}=p(x_0), \\ y_1=\dfrac{d}{dz}p(q_0(z))\Big|_{z=0}=\dfrac{dp}{dw}\dfrac{dq_0}{dz}\Big|_{z=0}=p'(x_0)x_1, \\ y_2=\dfrac{1}{2!}\dfrac{d^2}{dz^2}p(q_0(z))\Big|_{z=0}=\dfrac{1}{2!}\Big[\dfrac{d^2p}{dw^2}\Big\{\dfrac{dq_0}{dz}\Big\}^2+\dfrac{dp}{dw}\dfrac{d^2q_0}{dz^2}\Big]\Big|_{z=0} \\ \quad=\dfrac{1}{2!}\Big\{p^{(2)}(x_0)x_1^2+2p'(x_0)x_2\Big\}, \\ y_3=\dfrac{1}{3!}\dfrac{d^3}{dz^3}p(q_0(z))\Big|_{z=0}=\dfrac{1}{3!}\Big[\dfrac{d^3p}{dw^3}\Big\{\dfrac{dq_0}{dz}\Big\}^3+\dots+\dfrac{dp}{dw}\dfrac{d^3q_0}{dz^3}\Big]\Big|_{z=0} \\ \quad=\dfrac{1}{3!}\Big\{p^{(3)}(x_0)x_1^3+\dots+p'(x_0)3!x_3\Big\}, \\ \quad\cdots\cdots\cdots\cdots\cdots\cdots \end{cases}$$

このようにして，一般に次のようになることがわかる:

$$\begin{aligned} y_k&=\frac{1}{k!}\frac{d^k}{dz^k}p(q_0(z))\Big|_{z=0}=\frac{1}{k!}\Big[\frac{d^kp}{dw^k}\Big\{\frac{dq_0}{dz}\Big\}^k+\dots+\frac{dp}{dw}\frac{d^kq_0}{dz^k}\Big]\Big|_{z=0} \\ &=\frac{1}{k!}\Big\{p^{(k)}(x_0)x_1^k+\dots+p'(x_0)k!x_k\Big\}. \end{aligned}$$

(5) のあとに述べたものと同じ理由で，ベキ零行列 Z_2 は $Z_2^k=O$ ($k\geq m$) という性質を除けば，通常の数と同様に扱うことができるから，恒等式 (15) で z を Z_2 で置きかえ，$Z_1Z_2=Z_2$ (§5 の系 1 の (f)) から $Z_1Z_2^k=Z_2^k$ となることに注意すれば，(15) は次のように書くことができる:

$$Z_1p(q_0(Z_2))=y_0Z_1+y_1Z_2+\dots+y_{m-1}Z_2^{m-1}$$

そうすれば，(13) は次のようになる:

(17) $$y_0Z_1+y_1Z_2+y_2Z_2^2+\dots+y_{m-1}Z_2^{m-1}=\sum_{k=0}^{m-1}\frac{f^{(k)}(\lambda)}{k!}Z_2^k.$$

ところが，$Z_1, Z_2, Z_2^2, \dots, Z_2^{m-1}$ は1次独立であるから（§5の定理1の系2），等式(17)（ここで $Z_2^0 = Z_1$ に注意）と(16)とから，ただちに次の等式が得られる：

$$(18)\qquad \begin{cases} p(x_0) = f(\lambda), \\ p'(x_0)x_1 = f'(\lambda), \\ p^{(2)}(x_0)x_1^2 + 2p'(x_0)x_2 = f^{(2)}(\lambda), \\ \quad\vdots \qquad\qquad \vdots \\ p^{(m-1)}(x_0)x_1^{m-1} + \dots + (m-1)!p'(x_0)x_{m-1} = f^{(m-1)}(\lambda). \end{cases}$$

これで，等式(13)を成り立たせるような係数 $x_0, x_1, \dots, x_{m-1}$ のみたすべき条件が求まった．(18)からわかるように代数方程式 $p(z) = f(\lambda)$ の解 x_0 で $p'(x_0) \neq 0$ となるものが取れれば，(18)の第2式以下から，この x_0 に応じて1組の $x_1, x_2, \dots, x_{m-1}$ を求めることができて，(14)の多項式 $q_0(z)$ が確定する．

【注1】 λ が A の最小方程式 $\Psi_A(z) = 0$ の単根であれば $m=1$ であるから，λ に属する基幹行列はベキ等行列 Z_1 だけであり，(14)の $q_0(z)$ はただ1つの項 x_0 だけからなる．この x_0 は(18)の第1の代数方程式から求められ，多項式 $q_0(z)$（=定数）は確定する．しかし，$m>1$ の場合には λ に属する基幹行列の中に主ベキ零行列 Z_2 とそのベキが現われるので(14)の $q_0(z)$ に z とそのベキが現われ，それらの係数 $x_1, x_2, \dots$ をきめるためには，(18)の第2式以下が必要になる．このとき，$p'(x_0) \neq 0$ が本質的な役割を果たすことに注意しよう．

こうして，方程式系(12)の各方程式から多項式 $q_i(z)$ $(i = 1, 2, \dots, s)$ のすべての係数 $x_0^{(i)}, x_1^{(i)}, \dots, x_{m_i-1}^{(i)}$ が決定できるかどうかは，$m_i \geqq 2$ であるような固有値 λ_i のおのおのに対して，代数方程式 $p(z) = f(\lambda_i)$ が少なくとも1つの単純解（すなわち，$p'(x_0^{(i)}) \neq 0$ となるような解 $x_0^{(i)}$）をもつかどうかに関係することがわかった．以上を定理としてまとめておこう．

定理1．与えられた n 次行列 A に対して，行列方程式

$$p(X) = \alpha_0 X^r + \alpha_1 X^{r-1} + \dots + \alpha_{r-1} X + \alpha_r I = f(A)$$

が A の多項式として表わされる解 X をもつための必要十分条件は，A の最小方程式の解としての重複度が1よりも大きいすべての固有値 λ_i に対して，方程式 $p(z) = f(\lambda_i)$ が少なくとも1つの単純解（重複度が1の解）をもつことである．

この定理の1つの応用として行列 A のベキ根が A の多項式として表わされるための条件について考えてみよう．$r\,(\geqq 2)$ は与えられた正の整数とし，方程式

$$(19)\qquad X^r = A$$

を考える．定理1での記号を用いれば $p(z) = z^r$, $f(z) = z$ である．A の相異なる固有値 $\lambda_1, \lambda_2, \dots, \lambda_s$ がいづれも0でない場合には，方程式 $p(z) = z^r = \lambda_i$ $(i = 1, 2, \dots, s)$ は単純解しかもたないから，(19)は A の多項式として表わされるような解 X をもつ．すなわち，A が正則な行列であれば，(19)は A の多項式として表わされる解 X をもつ．しかし，A が正則でない場合には，A の固有値 $\lambda = 0$ に対して方程式 $p(z) = f(\lambda)$ すなわち $z^r = 0$ は明らかに単純解を1つももたないから，0が $\Psi_A(z) = 0$ の単根となる場合（このとき，上の【注1】で述べたように，

(14)の $q_0(z)$ は定数として確定する)を除いて，(19)は A の多項式として表わされるような解をもたない．こうして，次の定理が得られる．

定理 2．A は n 次行列，r は 2 以上の正の整数とする．このとき，A が正則行列ならば，方程式(19)は A の多項式として表わされるような解 $X=\sqrt[r]{A}$ をもつ．また，A が正則でない場合には，A の固有値 0 が最小方程式 $\Psi_A(z)=0$ の単純解であるとき，かつそのときに限って，(19) は A の多項式として表わされるような解 $X=\sqrt[r]{A}$ をもつ(まえの§9の例2参照)．

例 3．はじめの例 1，例 2 の行列 A の固有値 0 は，いずれの場合においても最小方程式 $\Psi_A(z)=0$ の重解であるから，$X^r=A\ (r\geqq 2)$ は A の多項式として表わされるような解(A の r 乗根)をもたないことがわかる．

【注 2】 方程式(19)のすべての解を求めるという立場から見ると，正則な行列 A に対してすら，その r 乗根 $\sqrt[r]{A}\ (r\geqq 2)$ は一般には A の多項式にはならない(§20の【注2】を見られたい)．要するに，基本公式(2)によって得られるものは A の r 乗根の中でもごく特別のもの―― A の多項式として表わされるもの――である．与えられた行列のベキ根をすべて求める問題については，Jordan 標準形の応用として，第3章で詳しく述べることにする．

例 4．$A=\begin{pmatrix} 2 & -1 & -2 \\ 4 & -2 & -3 \\ 3 & -1 & -3 \end{pmatrix}$ のとき，行列方程式

(20)
$$3X^2+2X-I=A^3-e^{A^2}$$

の 1 つの解 X を求めてみよう．行列 A の最小多項式は $\Psi_A(z)=(z+1)^3$ であることがわかる．いままでは一般に，基幹行列 Z_{jk} の右下の 2 つの添え字のうちの第 1 のものによってその基幹行列がどの固有値に属するものであるかを明示してきたが，この例では A の固有値は $\lambda=-1$ ただ 1 個であり，その重複度は $m=3$ である．したがって第 1 の添え字を省略し，A の固有値 -1 に属する 3 個の基幹行列を単に Z_1(ベキ等)，Z_2(主ベキ零)，Z_3 で表わすことにする．そうすれば，A のスペクトル上で定義された任意の関数 $g(z)$ に対する基本公式は

(21)
$$g(A)=g(-1)Z_1+g'(-1)Z_2+g''(-1)Z_3$$

となる．ここで，いままで繰り返し用いてきた方法(§4の例6，例7など)により，$g(z)$ を順次に $1, z, z^2$ とおくことによって，次の 3 つの等式が得られる：

$$I=Z_1,\ A=-Z_1+Z_2,\ A^2=Z_1-2Z_2+2Z_3.$$

これより，

$$Z_1=\begin{pmatrix} 1 & 0 & 0 \\ 0 & 1 & 0 \\ 0 & 0 & 1 \end{pmatrix},\ Z_2=\begin{pmatrix} 3 & -1 & -2 \\ 4 & -1 & -3 \\ 3 & -1 & -2 \end{pmatrix},\ Z_3=\frac{1}{2}\begin{pmatrix} -1 & 0 & 1 \\ -1 & 0 & 1 \\ -1 & 0 & 1 \end{pmatrix}$$

となることがわかる．本文での記号をそのまま用いることにすれば，この例では $p(z)=3z^2+2z-1$，$f(z)=z^3-e^{z^2}$ である．また，A の多項式として表わされる方程式(20)の解 X は((8)，(9) に注意して)，次の形で求められる：

(22)
$$X=x_0Z_1+x_1Z_2+x_2Z_2^2.$$

ただし，係数 x_0, x_1, x_2 は(18)から得られる値である．この例では，(18)の第 1 式に相当するのは 2 次方程式 $p(x_0)=f(-1)$ すなわち $3x_0^2+2x_0-1=-1-e$ であり，これは重解をもたないから，x_0 としてはこの 2 次方程式の任意の解を取ることができる．したがって，たとえば $x_0 = \dfrac{-1+\sqrt{3e-1}\,i}{3}$ と取ることにしよう($i=\sqrt{-1}$)．つぎに，x_1 は方程式 $x_1 p'(x_0)=f'(-1)$ すなわち $(2\sqrt{3e-1}\,i)x_1=3+2e$ から，$x_1=\dfrac{3+2e}{2\sqrt{3e-1}\,i}=-\dfrac{(3+2e)\sqrt{3e-1}\,i}{2(3e-1)}$ として得られる．最後に，x_2 は方程式 $p''(x_0)x_1^2+2p'(x_0)x_2=f''(-1)$ から求まる．$f''(-1)=-6(e+1)$ であるから，$x_2=\dfrac{(24e^2-12e-39)\sqrt{3e-1}\,i}{8(3e-1)^2}$ となることがわかる．なお，$Z_2^2=2Z_3$ であるから(§5 の定理 1, 系 1 の(e))，方程式(20)の 1 つの解 X として次の形のものが得られる：

$$X=\frac{-1+\sqrt{3e-1}\,i}{3}Z_1-\frac{(3+2e)\sqrt{3e-1}\,i}{2(3e-1)}Z_2+\frac{(24e^2-12e-39)\sqrt{3e-1}\,i}{4(3e-1)^2}Z_3. \tag{23}$$

この解のほかに，x_0 として $\dfrac{-1-\sqrt{3e-1}\,i}{3}$ を取れば，(20)のもう 1 つの解 X が得られる．その検証は読者に任せよう．それには，$f(z)=z^3-e^{z^2}$ に対する基本公式によって，

$$\begin{aligned} A^3-e^{A^2}=f(A)&=f(-1)Z_1+f'(-1)Z_2+f''(-1)Z_3 \\ &=-(1+e)Z_1+(3+2e)Z_2-6(1+e)Z_3 \end{aligned} \tag{24}$$

となることがわかるから，(23)を(20)の左辺に代入して計算した結果得られる Z_1, Z_2, Z_3 の 1 次結合が(24)に等しくなることをたしかめればよい．このあとの例題の解の検証は，すべてこの方法で実行できる．

例 5．$A=\begin{pmatrix} 6 & -4 & 8 \\ 1 & 4 & 1 \\ 0 & 3 & -2 \end{pmatrix}$ のとき，方程式

$$X^2-2X+4I=\sqrt[3]{A} \tag{25}$$

の 1 つの解 X を求めてみよう．行列 A の最小多項式は $\Psi_A(z)=(z+2)(z-5)^2$ であることがわかるから，$\lambda_1=-2, \lambda_2=5$ と考えれば，$m_1=1, m_2=2$ である．したがって，A の基幹行列は固有値 -2 に属する Z_{11}(ベキ等)と固有値 5 に属する Z_{21}(ベキ等)，Z_{22}(主ベキ零)の 3 個であり，A のスペクトル上で定義された関数 $g(z)$ に対する基本公式は

$$g(A)=g(-2)Z_{11}+g(5)Z_{21}+g'(5)Z_{22}$$

となる．例 4 と同様の方法で Z_{11}, Z_{21}, Z_{22} を求めれば，これらは次のようになる：

$$Z_{11}=\frac{1}{49}\begin{pmatrix} -3 & 24 & -52 \\ 0 & 0 & 0 \\ 3 & -24 & 52 \end{pmatrix},\ Z_{21}=\frac{1}{49}\begin{pmatrix} 52 & -24 & 52 \\ 0 & 49 & 0 \\ -3 & 24 & -3 \end{pmatrix},\ Z_{22}=\frac{1}{7}\begin{pmatrix} 4 & -4 & 4 \\ 7 & -7 & 7 \\ 3 & -3 & 3 \end{pmatrix}.$$

なお，(25)の右辺の $\sqrt[3]{A}$ は基本公式(2)によって得られる A の 3 乗根の 1 つで，次式で与えられているものとしよう：

$$\sqrt[3]{A}=\sqrt[3]{-2}\,Z_{11}+\sqrt[3]{5}\,Z_{21}+\frac{1}{3\sqrt[3]{5^2}}Z_{22}=\sqrt[3]{-2}\,Z_{11}+\sqrt[3]{5}\,Z_{21}+\frac{\sqrt[3]{5}}{15}Z_{22}.$$

本文での記号をそのまま使えば，この例では $p(z)=z^2-2z+4$，$f(z)=z^{\frac{1}{3}}$ であり，A の多項式として表わされる方程式(25)の解 X は((8)，(9)に注意して)，次の形で求められる：

$$X=x_0^{(1)}Z_{11}+Z_{21}(x_0^{(2)}I+x_1^{(2)}Z_{22})=x_0^{(1)}Z_{11}+x_0^{(2)}Z_{21}+x_1^{(2)}Z_{22}.$$

このとき，$x_0^{(1)}$ としては 2 次方程式 $p(z)=f(-2)$ すなわち $z^2-2z+4=\sqrt[3]{-2}$ の任意の解を取ることができるから，たとえば $x_0^{(1)}=1+\sqrt{-3+\sqrt[3]{-2}}$ と取ろう．つぎに $x_0^{(2)}$ としては，$p(z)=f(5)$ すなわち $z^2-2z+4=\sqrt[3]{5}$ の任意の解が取れるから，$x_0^{(2)}=1+\sqrt{-3+\sqrt[3]{5}}$ としよう．このとき，$x_1^{(2)}$ は $x_1^{(2)}p'(x_0^{(2)})=f'(5)$ から求められ，

$$x_1^{(2)}=\frac{1}{6\sqrt[3]{5^2}\sqrt[3]{-3+\sqrt[3]{5}}}=\frac{\sqrt{\sqrt[3]{5}-3}}{6\sqrt[3]{5^2}(\sqrt[3]{5}-3)}=\frac{\sqrt{\sqrt[3]{5}-3}}{6(5-3\sqrt[3]{5^2})}=\frac{\sqrt[3]{5}}{15}$$

となる．ゆえに，方程式(25)の 1 つの解として次のものが得られる($i=\sqrt{-1}$)：

$$X=\left(1+\sqrt{3-\sqrt[3]{-2}}\,i\right)Z_{11}+\left(1+\sqrt{3-\sqrt[3]{5}}\,i\right)Z_{21}+\frac{\sqrt[3]{5}}{15}Z_{22}.$$

ここで，2 次方程式の解としての $x_0^{(1)}$, $x_0^{(2)}$ の複号の取りかたと 2，5，5^2 の 3 乗根の取りかたによって，方程式(25)の $2^2 3^3=108$ 個の解が求められる．検算は読者に任せよう．

例 6．$A=\begin{pmatrix}9 & -5 & -1\\ 12 & -6 & -3\\ 10 & -5 & -2\end{pmatrix}$ のとき，方程式

(26) $$X^2+2X-I=A^n \quad (n=0,\pm1,\pm2,\dots)$$

の 1 つの解 X を求めてみよう．ここでは，$p(z)=z^2+2z-1$，$f(z)=z^n$ である．A の最小多項式は $\Psi_A(z)=(z-3)(z+1)^2$ であるから，$\lambda_1=3$, $\lambda_2=-1$ と考えれば，$m_1=1$, $m_2=2$ である．したがって，A のスペクトル上で定義された任意の関数 g に対する基本公式は

(27) $$g(A)=g(3)Z_{11}+g(-1)Z_{21}+g'(-1)Z_{22}$$

である．3 つの基幹行列 Z_{11}，Z_{21}，Z_{22} は例 4 と同様にして求められ，次のようになる：

$$Z_{11}=\frac{1}{8}\begin{pmatrix}15 & -10 & 3\\ 15 & -10 & 3\\ 15 & -10 & 3\end{pmatrix},\ Z_{21}=\frac{1}{8}\begin{pmatrix}-7 & 10 & -3\\ -15 & 18 & -3\\ -15 & 10 & 5\end{pmatrix},\ Z_{22}=\frac{1}{2}\begin{pmatrix}5 & 0 & -5\\ 9 & 0 & -9\\ 5 & 0 & -5\end{pmatrix}.$$

このとき，(26)の解 X は次の形で与えられる：

$$X=x_0^{(1)}Z_{11}+Z_{21}(x_0^{(2)}I+x_1^{(2)}Z_{22}).$$

$x_0^{(1)}$ としては，2 次方程式 $p(z)=f(3)$ すなわち $z^2+2z-1=3^n$ の任意の解を取ることができる．たとえば $x_0^{(1)}=-1+\sqrt{2+3^n}$ と取ろう．つぎに，$p(z)=f(-1)$ すなわち $z^2+2z-1=(-1)^n$ は重解をもたないから，$x_0^{(2)}$ としてこの方程式の任意の解が取れる．たとえば，$x_0^{(2)}=-1+\sqrt{2+(-1)^n}$ としよう．最後に，$x_1^{(2)}$ は等式 $x_1^{(2)}p'(x_0^{(2)})=f'(-1)$ から $x_1^{(2)}=\dfrac{n(-1)^{n-1}}{2\sqrt{2+(-1)^n}}$ として求められる．したがって，(26)の 1 つの解として，次の形のものが得られる：

$$X=(-1+\sqrt{2+3^n})Z_{11}+(-1+\sqrt{2+(-1)^n})Z_{21}+\frac{n(-1)^{n-1}\sqrt{2+(-1)^n}}{2(2+(-1)^n)}Z_{22}.$$

この他にも，2 次方程式の解としての $x_0^{(1)}, x_0^{(2)}$ の複号の取りかたによって，（n の 1 つの値に対して）方程式(26)の 3 個の解が得られる．

例 7．$A=\begin{pmatrix}-3&4&-3\\-8&7&-1\\-6&4&0\end{pmatrix}$ のとき，行列方程式

(28) $$X^2+X+I=\log A$$

の 1 つの解 X を求めてみよう．A の最小多項式は $\Psi_A(z)=(z+2)(z-3)^2$ となることがわかるから，ここで $\lambda_1=-2, \lambda_2=3$ と考えれば，$m_1=1, m_2=2$ である．ゆえに，A の基幹行列は 3 個あって，Z_{11}を固有値 1 に属するベキ等行列，Z_{21}，Z_{22} をそれぞれ固有値 2 に属するベキ等行列と主ベキ零行列とするとき，これらを求めると次のようになる：

$$Z_{11}=\frac{1}{25}\begin{pmatrix}22&-20&23\\22&-20&23\\22&-20&23\end{pmatrix},\ Z_{21}=\frac{1}{25}\begin{pmatrix}3&20&-23\\-22&45&-23\\-22&20&2\end{pmatrix},\ Z_{22}=\frac{1}{5}\begin{pmatrix}-8&0&8\\-18&0&18\\-8&0&8\end{pmatrix}.$$

このとき，方程式(28)の解 X で A の多項式として表わされるものは，

(29) $$X=x_0^{(1)}Z_{11}+Z_{21}(x_0^{(2)}I+x_1^{(2)}Z_{22})=x_0^{(1)}Z_{11}+x_0^{(2)}Z_{21}+x_1^{(2)}Z_{22}$$

という形を取る．この例では $p(z)=z^2+z+1$, $f(z)=\log z$ である．まず，$x_0^{(1)}$ として，2 次方程式 $z^2+z+1=\log(-2)$ の任意の解を取ることができる．2 つの解のうち，たとえば，$x_0^{(1)}=\dfrac{-1+\sqrt{4\log(-2)-3}}{2}$ を取ろう．つぎに，$x_0^{(2)}$ として，$p(z)=\log 3$ すなわち 2 次方程式 $z^2+z+1=\log 3$ の任意の解を取ることができるから，$x_0^{(2)}=\dfrac{-1+\sqrt{4\log 3-3}}{2}$ としよう．

最後に，$x_1^{(2)}$ は $x_1^{(2)}p'(x_0^{(2)})=f'(3)$ すなわち $x_1^{(2)}\sqrt{4\log 3-3}=\dfrac{1}{3}$ から求められる．したがって，$x_1^{(2)}=\dfrac{1}{3\sqrt{4\log 3-3}}=\dfrac{\sqrt{4\log 3-3}}{3(4\log 3-3)}$ が得られる．ゆえに，(29) によって，方程式(28)の 1 つの解として，

$$X=\frac{-1+\sqrt{4\log(-2)-3}}{2}Z_{11}+\frac{-1+\sqrt{4\log 3-3}}{2}Z_{21}+\frac{\sqrt{4\log 3-3}}{3(4\log 3-3)}Z_{22}$$

が得られる．ここでは $\log(-2)$，$\log 3$ の一組の値に対して 2 次方程式の解としての $x_0^{(1)}, x_0^{(2)}$ の複号の取りかたによって(28)の 4 個の解が求められるが，log の無限多価性を考慮すれば，方程式(28)は無限個の解をもつことがわかる．

例 8．$A=\begin{pmatrix}5&-1&1\\8&-1&2\\-6&1&-1\end{pmatrix}$ のとき，次の方程式の 1 つの解を求めてみよう．

(30) $$X^2-3X+4I=A^n\ \ (n=0,\pm1,\pm2,\dots).$$

この行列 A の最小多項式は $\Psi_A(z)=(z-1)^3$ である（§ 3 の例 6 参照）．この例も例 4 と同様に A の固有値は $\lambda=1$ ただ 1 個であるから，A の 3 個の基幹行列を Z_1（ベキ等），Z_2（主

べキ零)，Z_3 で表わそう．A のスペクトル上で定義された関数 $g(z)$ に対する基本公式は

$$g(A)=g(1)Z_1+g'(1)Z_2+g''(1)Z_3$$

となるから，例 4 と同様に基幹行列 Z_1, Z_2, Z_3 を求めれば，それらは次のようになる：

$$Z_1=\begin{pmatrix}1&0&0\\0&1&0\\0&0&1\end{pmatrix},\ Z_2=\begin{pmatrix}4&-1&1\\8&-2&2\\-6&1&-2\end{pmatrix},\ Z_3=\begin{pmatrix}1&-\frac{1}{2}&0\\2&-1&0\\-2&1&0\end{pmatrix}.$$

このとき，方程式(30)の解 X は次の形で求められる：

$$X=Z_1(x_0I+x_1Z_2+x_2Z_2^2)=x_0Z_1+x_1Z_2+x_2Z_2^2\ .$$

ここでは $p(z)=z^2-3z+4$，$f(z)=z^n$ であるから，x_0, x_1, x_2 は次式から求まる((18)参照)：

$$\begin{cases}x_0^2-3x_0+4=1,\\ x_1(2x_0-3)=n,\\ 2x_1^2+2(2x_0-3)x_2=n(n-1).\end{cases}$$

これより，たとえば，第 1 の方程式の解として，$x_0=\dfrac{3+\sqrt{3}\,i}{2}$ を取れば，

$$x_1=-\frac{n\sqrt{3}\,i}{3},\ x_2=-\frac{n(5n-3)\sqrt{3}\,i}{18}$$

が得られる．ゆえに，(30)の 1 つの解は次式で与えられる($Z_2^2=2Z_3$ に注意)：

$$X=\frac{3+\sqrt{3}\,i}{2}Z_1-\frac{n\sqrt{3}\,i}{3}Z_2-\frac{n(5n-3)\sqrt{3}\,i}{9}Z_3.$$

もちろん，この他に 2 次方程式の解としての x_0 の複号の取りかたによって，もう 1 つの解を求めることもできる．

【注 3】 方程式(3)の解 X で A の多項式として表わされるものを求める問題は，当然，$f(A)=A_0$ とおいて方程式 $p(X)=A_0$ の解 X_0 で A_0 の多項式として表わされるものを求める問題と考えることもできる．このように考えた場合には，(3)の右辺の関数は $f(z)=z$ であり，(18)に対応する等式は次のようになる：

$$(18)'\qquad\begin{cases}p(x_0)=\lambda,\\ p'(x_0)x_1=1,\\ p^{(2)}(x_0)x_1^2+2p'(x_0)x_2=0,\\ \quad\vdots\\ p^{(m-1)}(x_0)x_1^{m-1}+\ldots+(m-1)!p'(x_0)x_{m-1}=0.\end{cases}$$

ただし，ここで λ は行列 A_0 の固有値の 1 つであり，(18)′ の第 3 式以下の右辺はすべて 0 である．しかし，行列 A を固定していろいろな関数 f に対して行列方程式(3)の解を求めたい場合には，f が変わるたびごとに行列 $A_0=f(A)$ を具体的に計算し，さらにその基幹行列等を求めねばならず，これらの一連の作業は一般には非常に煩雑なものになる．はじめに述べた方法では，A が固定されている限り $f(A)$ を具体的に求める必要はなく，必要なのは f に無関係な A の基幹行列(正しくは各固有値に属するべキ等行列と主べキ零行列)だけであり，f に応じて変わるのは(18)によって代表される方程式系とこれにともなうスカラー計算だけであることに注意されたい．

§11. 定数係数の線形同次差分方程式への応用.

この§(と§13)で利用する複素線形空間 $\boldsymbol{C}^m$ ($\boldsymbol{C}^n$) とそこでの基本的な諸概念に馴じみのうすい読者は, §23のA]を適宜に参照されたい.

α, β を与えられた複素定数とするとき, 等式

(1) $$a_{n+2}=\alpha a_{n+1}+\beta a_n,\quad a_0=1,\ a_1=-1$$

によって与えられる無限数列 a_n ($n=0, 1, \ldots$) の一般項 a_n は n によってどのように表わされるであろうか? さらにまた, $\alpha_{11}, \alpha_{12}, \alpha_{21}, \alpha_{22}$ が与えられた複素定数であるとき, 等式

(2) $$\begin{cases} a_{n+1}=\alpha_{11}a_n+\alpha_{12}b_n \\ b_{n+1}=\alpha_{21}a_n+\alpha_{22}b_n \end{cases},\quad (a_0=1,\ b_0=1)$$

によって定義される数列 a_n, b_n はそれぞれ n によってどのように表わされるだろうか? このような問題を系統的に取り扱うことから生れたものが<u>線形差分方程式</u>の理論である. この§では, 行列の関数の簡単な1つの応用として線形同次差分方程式を取りあげ, その解を一般的に表わすには1つの正方行列のすべてのベキの具体的な形が必要になることを示して2,3の基本的な命題を導き, 差分方程式の解法を簡単な例題で示すことにする.

<u>数列</u>とは自然数全体の集合 $\boldsymbol{N}$ を定義域とし, 複素数をその値とする関数のことであるから, 上の(1)あるいは(2)が定める未知の数列 a_n, b_n をそれぞれ $n (\in \boldsymbol{N})$ を変数とする(複素数値)関数と考えて $x(n), y(n)$ で表わすことにすれば, (1)は

(3) $$x(n+2)=\alpha x(n+1)+\beta x(n),\ x(0)=1,\ x(1)=-1$$

と表わされ, また, (2)は次のように表わされる:

(4) $$\begin{cases} x(n+1)=\alpha_{11}x(n)+\alpha_{12}y(n) \\ y(n+1)=\alpha_{21}x(n)+\alpha_{22}y(n) \end{cases},\ x(0)=1,\ y(0)=1.$$

x, y はそれぞれ関数 $x: n \longmapsto x(n)$ $(n \in \boldsymbol{N})$, $y: n \longmapsto y(n)$ $(n \in \boldsymbol{N})$ そのもの, すなわち数列 $(x(n))_{n\in \boldsymbol{N}}$, $(y(n))_{n\in \boldsymbol{N}}$ を表わしていると考える. したがって,

$$x=(x(n))_{n\in \boldsymbol{N}},\ y=(y(n))_{n\in \boldsymbol{N}}$$

と書くこともある. もちろん, ここでは $x(n), y(n) \in \boldsymbol{C}$ である.

定数係数の差分方程式には(3)のように, $x(n+2)$, $x(n+1)$, $x(n)$ の間の関係を与えるものだけでなく, もっと一般に, 次の形のものもある(m は正の整数).

(5) $$x(n+m)+\alpha_1 x(n+m-1)+\alpha_2 x(n+m-2)+\ldots+\alpha_{m-1}x(n+1)+\alpha_m x(n)=0,$$

(5)′ $$x(0)=c_0,\ x(1)=c_1,\ \ldots,\ x(m-1)=c_{m-1}\quad (c_k \in \boldsymbol{C}).$$

この形のものは<u>m 階の線形同次差分方程式</u>とよばれている. (5)′は<u>初期条件</u>である. さらにまた, 連立系(4)をもっと一般にしたものとして, 当然, 次のような連立系が考えられる:

(6) $$\begin{cases} x_1(n+1)=\alpha_{11}x_1(n)+\alpha_{12}x_2(n)+\ldots+\alpha_{1m}x_m(n) \\ x_2(n+1)=\alpha_{21}x_1(n)+\alpha_{22}x_2(n)+\ldots+\alpha_{2m}x_m(n) \\ \quad\vdots \qquad\qquad \vdots \qquad\qquad \vdots \qquad\qquad \vdots \\ x_m(n+1)=\alpha_{m1}x_1(n)+\alpha_{m2}x_2(n)+\ldots+\alpha_{mm}x_m(n), \end{cases}$$

(6)′ $$x_1(0)=c_1,\ x_2(0)=c_2,\ \ldots,\ x_m(0)=c_m\quad (c_k \in \boldsymbol{C}).$$

ここで $\alpha_{jk}(j,k=1,2,\dots,m)$ は n に関係しない与えられた（複素）定数である．(6)は1階の m-連立線形同次差分方程式とよばれている．(6)′ は初期条件である．この連立差分方程式(6)と初期条件(6)′ は，

$$A=\begin{pmatrix}\alpha_{11} & \alpha_{12} & \dots & \alpha_{1m}\\ \alpha_{21} & \alpha_{22} & \dots & \alpha_{2m}\\ \vdots & \vdots & \dots\dots & \vdots\\ \alpha_{m1} & \alpha_{m2} & \dots & \alpha_{mm}\end{pmatrix},\quad \boldsymbol{x}(n)=\begin{pmatrix}x_1(n)\\ x_2(n)\\ \vdots\\ x_m(n)\end{pmatrix},\quad \boldsymbol{c}=\begin{pmatrix}c_1\\ c_2\\ \vdots\\ c_m\end{pmatrix}$$

とおくことによって，行列の記法を用いて次のように書き表わされる：

(7) $$\boldsymbol{x}(n+1)=A\boldsymbol{x}(n),\quad \boldsymbol{x}(0)=\boldsymbol{c}\quad(n\in\boldsymbol{N}).$$

また，m 階の線形同次差分方程式(5)は次のように，1階の m-連立線形同次差分方程式に書き直すことができる．すなわち，(5)の $x(n)$ に対して，

(8) $$x_k(n)=x(n+k)\ (n\in\boldsymbol{N};k=0,1,\dots,m-1)$$

とおいて，m 個の数列 $x_0,x_1,\dots,x_{m-1}$ を考えれば，(5)は

(9) $$x_{m-1}(n+1)=x(n+m)=-\alpha_m x_0(n)-\alpha_{m-1}x_1(n)-\dots-\alpha_2 x_{m-2}(n)-\alpha_1 x_{m-1}(n)$$

となるから，(8)，(9)は次のように書き表わされる：

(10) $$\begin{cases} x_0(n+1)= & x_1(n)\\ x_1(n+1)= & \quad x_2(n)\\ \quad\vdots & \qquad\ddots\\ x_{m-2}(n+1)= & \qquad\qquad x_{m-1}(n)\\ x_{m-1}(n+1)= & -\alpha_m x_0(n)-\alpha_{m-1}x_1(n)-\dots\dots\dots-\alpha_1 x_{m-1}(n).\end{cases}$$

このとき，初期条件(5)′は $x_0(0)=c_0$，$x_1(0)=c_1$，…，$x_{m-1}(0)=c_{m-1}$ と書かれる．ここで

$$B=\begin{pmatrix}0 & 1 & 0 & \cdots & 0 & 0\\ 0 & 0 & 1 & & 0 & 0\\ \vdots & \vdots & \ddots & \ddots & \vdots & \vdots\\ & & & \ddots & 1 & \\ 0 & 0 & & & 0 & 1\\ -\alpha_m & -\alpha_{m-1} & \cdots & \cdots & -\alpha_2 & -\alpha_1\end{pmatrix},\quad \tilde{\boldsymbol{x}}(n)=\begin{pmatrix}x_0(n)\\ x_1(n)\\ \vdots\\ x_{m-2}(n)\\ x_{m-1}(n)\end{pmatrix},\quad \boldsymbol{c}=\begin{pmatrix}c_0\\ c_1\\ \vdots\\ c_{m-2}\\ c_{m-1}\end{pmatrix}$$

とおけば，(10)より

$$\tilde{\boldsymbol{x}}(n+1)=\begin{pmatrix}x_0(n+1)\\ x_1(n+1)\\ \vdots\\ x_{m-2}(n+1)\\ x_{m-1}(n+1)\end{pmatrix}=\begin{pmatrix}x_1(n)\\ x_2(n)\\ \vdots\\ x_{m-1}(n)\\ -\alpha_m x_0(n)-\alpha_{m-1}x_1(n)-\dots\dots\dots-\alpha_1 x_{m-1}(n)\end{pmatrix}$$

となるから，方程式(10)と初期条件は次のように書き表わされる：

(11) $$\tilde{\boldsymbol{x}}(n+1)=B\tilde{\boldsymbol{x}}(n)\ (n\in\boldsymbol{N}),\quad \tilde{\boldsymbol{x}}(0)=\boldsymbol{c}.$$

このように，単独の m 階の線形同次差分方程式 (5)の解 $x(n)$ は1階の m-連立線形同次差分方程式(11)の解 $\tilde{\boldsymbol{x}}(n)$ の第1成分 $x_0(n)$ として得られることがわかる($x(n)=x_0(n)$)．

以下では，(6)～(6)′ すなわち差分方程式(7)を解くこと（初期値問題）を考える．

(7)の差分方程式を反復利用すれば，任意の $n\in\boldsymbol{N}$ に対して，

$$\boldsymbol{x}(n)=A\boldsymbol{x}(n-1)=A(A\boldsymbol{x}(n-2))=\dots=A^n\boldsymbol{x}(0)$$

となるから，次の等式が得られる：

(12) $$\boldsymbol{x}(n)=A^n\boldsymbol{x}(0)\quad(n\in\boldsymbol{N}).$$

このことからわかるように，連立線形同次差分方程式(6)の解 $\boldsymbol{x}$ は，(6)の係数行列 A のすべてのベキ A^n $(n\in\boldsymbol{N})$ と初期値 $\boldsymbol{x}(0)$ によって一意的に定められる．

ここで，(7)から初期条件 $\boldsymbol{x}(0)=\boldsymbol{c}$ をはずして，同次差分方程式

(7)′ $$\boldsymbol{x}(n+1)=A\boldsymbol{x}(n)\quad(n\in\boldsymbol{N})$$

だけを考えよう．$n=0,1,2,\dots$ に対して $\boldsymbol{x}(n)$ は m 項の(複素)数ベクトル(タテベクトル)であるから，(12)より(7)′の解

$$\boldsymbol{x}:n\longmapsto\boldsymbol{x}(n)=A^n\boldsymbol{x}(0)\in\boldsymbol{C}^m\quad(n\in\boldsymbol{N})$$

は $\boldsymbol{N}$ から $\boldsymbol{C}^m$ の中への1つの写像である．いま，(7)′の任意の2つの解 $\boldsymbol{x}$ と $\boldsymbol{y}$ との和 $\boldsymbol{x}+\boldsymbol{y}$ と $\boldsymbol{x}$ のスカラー倍(α 倍) $\alpha\boldsymbol{x}$ を

$$\boldsymbol{x}+\boldsymbol{y}:n\longmapsto\boldsymbol{x}(n)+\boldsymbol{y}(n),\ \alpha\boldsymbol{x}:n\longmapsto\alpha\boldsymbol{x}(n)\quad(n\in\boldsymbol{N},\ \alpha\in\boldsymbol{C})$$

によって定義すれば――これは $\boldsymbol{N}$ 上の関数としての通常の和とスカラー倍に他ならない――，この定義と(7)′により，

$$(\boldsymbol{x}+\boldsymbol{y})(n+1)=\boldsymbol{x}(n+1)+\boldsymbol{y}(n+1)=A\boldsymbol{x}(n)+A\boldsymbol{y}(n)$$
$$=A(\boldsymbol{x}(n)+\boldsymbol{y}(n))=A((\boldsymbol{x}+\boldsymbol{y})(n)),$$
$$(\alpha\boldsymbol{x})(n+1)=\alpha(\boldsymbol{x}(n+1))=\alpha(A\boldsymbol{x}(n))=A(\alpha\boldsymbol{x}(n))=A(\alpha\boldsymbol{x})(n)\ (\alpha\in\boldsymbol{C})$$

となるから，$\boldsymbol{x}+\boldsymbol{y}$, $\alpha\boldsymbol{x}$ はまた(7)′の解になることがわかる．ゆえに，(7)′の解全体の集合を $\mathscr{S}_A$ で表わすことにすれば，$\boldsymbol{x}$, $\boldsymbol{y}\in\mathscr{S}_A$ のとき，$\boldsymbol{x}+\boldsymbol{y}\in\mathscr{S}_A$, $\alpha\boldsymbol{x}\in\mathscr{S}_A$ となる．さらに，(7)′の自明な解を $\boldsymbol{x}_0:n\longmapsto\boldsymbol{x}_0(n)=\boldsymbol{0}={}^t(0,0,\dots0)$ ($\boldsymbol{C}^m$ の m 項のタテベクトル) $(n\in\boldsymbol{N})$ とすれば，任意の $\boldsymbol{x}\in\mathscr{S}_A$ に対して，$\boldsymbol{x}+\boldsymbol{x}_0=\boldsymbol{x}_0+\boldsymbol{x}=\boldsymbol{x}$，$(-\boldsymbol{x})+\boldsymbol{x}=\boldsymbol{x}+(-\boldsymbol{x})=\boldsymbol{x}_0$ となり，$\boldsymbol{x}_0$ は $\mathscr{S}_A$ の零元としての，$-\boldsymbol{x}$ は $\boldsymbol{x}$ の逆元としての役割を果たすから，$\mathscr{S}_A$ は複素線形空間になる．この $\mathscr{S}_A$ を差分方程式(7)′((6))の解空間という．零元 $\boldsymbol{x}_0$ は $\boldsymbol{C}^m$ の零元 $\boldsymbol{0}$ と混同のおそれはないので，やはり $\boldsymbol{0}$ で表わす．いま，(7′)の1つ1つの解 $\boldsymbol{x}\in\mathscr{S}_A$ にその初期値 $\boldsymbol{x}(0)\in\boldsymbol{C}^m$ を対応させる写像 $\omega(\boldsymbol{x})=\boldsymbol{x}(0)$ $(\boldsymbol{x}\in\mathscr{S}_A)$ を考えよう．このとき，任意の $\boldsymbol{x}$, $\boldsymbol{y}\in\mathscr{S}_A$ と α, $\beta\in\boldsymbol{C}$ に対して，

$$\omega(\alpha\boldsymbol{x}+\beta\boldsymbol{y})=(\alpha\boldsymbol{x}+\beta\boldsymbol{y})(0)=\alpha\boldsymbol{x}(0)+\beta\boldsymbol{y}(0)=\alpha\omega(\boldsymbol{x})+\beta\omega(\boldsymbol{y})$$

となるから，ω は $\mathscr{S}_A$ から $\boldsymbol{C}^m$ への線形写像である．また，(12)から明らかなように，同じ初期値をもつ(7)′の2つの解は完全に一致するから，$\boldsymbol{x}\neq\boldsymbol{y}$ ならば(すなわち，ある $n\in\boldsymbol{N}$ に対して $\boldsymbol{x}(n)\neq\boldsymbol{y}(n)$ となるならば)，$\omega(\boldsymbol{x})\neq\omega(\boldsymbol{y})$ でなければならない．ゆえに，ω は単射(1対1の写像)である．さらに，$\boldsymbol{C}^m$ の任意の元 $\boldsymbol{c}$ に対して，$\boldsymbol{c}$ を初期値とする(7)′の解を $\boldsymbol{x}_{\boldsymbol{c}}$ で表わせば，(12)から明らかなように，

$$\boldsymbol{x}_{\boldsymbol{c}}(n)=A^n\boldsymbol{c}\quad(n\in\boldsymbol{N})$$

であるから，写像 ω の定義により $\omega(\boldsymbol{x_c})=\boldsymbol{x_c}(0)=\boldsymbol{c}$ となる．これは，ω が $\mathscr{S}_A$ から $\boldsymbol{C}^m$ への全射（$\boldsymbol{C}^m$全体への写像）であることを示している．以上述べたことから，ω は $\mathscr{S}_A$ から $\boldsymbol{C}^m$ への同型写像であることがわる．このことから容易にわかるように，解空間 $\mathscr{S}_A$ の次元は m である：$\dim \mathscr{S}_A=m$．ゆえに，$\{\boldsymbol{u}_1, \boldsymbol{u}_2, \dots, \boldsymbol{u}_m\}$ を $\mathscr{S}_A$ の 1 組の基底とすれば，(7)′ の任意の解 $\boldsymbol{x}$ ($\in \mathscr{S}_A$) は $\boldsymbol{u}_1, \boldsymbol{u}_2, \dots, \boldsymbol{u}_m$ の 1 次結合として一意的に表される．この意味で，$\mathscr{S}_A$ の基底 $\{\boldsymbol{u}_1, \boldsymbol{u}_2, \dots, \boldsymbol{u}_m\}$ を同次差分方程式 (7)′の基本解系という．解空間 $\mathscr{S}_A$ の基底は同型写像 ω によって $\boldsymbol{C}^m$ の基底に写され，逆に，$\boldsymbol{C}^m$ の基底は逆写像 ω^{-1}（これは $\boldsymbol{C}^m$から $\mathscr{S}_A$の上への同型写像）によって $\mathscr{S}_A$ の基底に写される．ゆえに，$\{\boldsymbol{c}_1, \boldsymbol{c}_2, \dots, \boldsymbol{c}_m\}$ を $\boldsymbol{C}^m$の任意の 1 組の基底とし，初期値 $\boldsymbol{c}_k$ をもつ (7)′ の解を $\boldsymbol{u}_k$ ($=\boldsymbol{x}_{\boldsymbol{c}_k}$) で表わすことにすれば（これは ω^{-1} による $\boldsymbol{c}_k$ の原像），(12) によって

(13) $$\boldsymbol{u}_k(n)=A^n\boldsymbol{c}_k \quad (n\in \boldsymbol{N}\,;\, k=1, 2, \dots, m)$$

として得られるベクトル系 $\{\boldsymbol{u}_1, \boldsymbol{u}_2, \dots, \boldsymbol{u}_m\}$ は $\mathscr{S}_A$ の基底すなわち (7)′ の基本解系になる．これをとくに，$\boldsymbol{C}^m$ の基底 $\boldsymbol{c}_1, \boldsymbol{c}_2, \dots, \boldsymbol{c}_m$ から生じる (7)′ の基本解系という．この基本解系に属する m 項の列ベクトル $\boldsymbol{u}_k(n)\in \boldsymbol{C}^m$ ($n\in \boldsymbol{N}$) を第 k 列とする m 次行列：

$$U(n)=[\boldsymbol{u}_1(n)\ \boldsymbol{u}_2(n)\ \dots\ \boldsymbol{u}_m(n)] \quad (n\in \boldsymbol{N})$$

が定める $\boldsymbol{N}$ 上の行列値関数 $U:n\longmapsto U(n)$ を同次差分方程式 (7)′の基本行列とよぶ（便宜上，関数そのもの U と，U が n において取る値 $U(n)$ とを区別しないで，$U(n)$ を基本行列とよぶこともある）．このとき，(7)′ の任意の解 $\boldsymbol{x}$ は適当に $q_1, q_2, \dots, q_m$ ($\in \boldsymbol{C}$) を取ることによって，$\boldsymbol{x}=\sum_{k=1}^{m} q_k \boldsymbol{u}_k$ と一意的に表わされるから，これらの係数 $q_1, q_2, \dots, q_m$ を成分とするタテベクトルを $\boldsymbol{q}={}^t(q_1, q_2, \dots, q_m)$ とすれば，

$$\boldsymbol{x}(n)=U(n)\boldsymbol{q} \quad (n\in \boldsymbol{N})$$

と書くことができる．ここで $\boldsymbol{C}^m$ の基底 $\boldsymbol{c}_1, \boldsymbol{c}_2, \dots, \boldsymbol{c}_m$ として，とくに $\boldsymbol{C}^m$ の自然基底：

$$\boldsymbol{c}_1=\boldsymbol{e}_1=\begin{pmatrix}1\\0\\\vdots\\0\end{pmatrix},\quad \boldsymbol{c}_2=\boldsymbol{e}_2=\begin{pmatrix}0\\1\\\vdots\\0\end{pmatrix},\quad \dots,\quad \boldsymbol{c}_m=\boldsymbol{e}_m=\begin{pmatrix}0\\0\\\vdots\\1\end{pmatrix}$$

を取り，これから生じる (7)′ の基本解系を $\{\boldsymbol{a}_1, \boldsymbol{a}_2, \dots, \boldsymbol{a}_m\}$ とすれば，(13) より

$$\boldsymbol{a}_k(n)=A^n\boldsymbol{e}_k \quad (n\in \boldsymbol{N})$$

となるから，$\boldsymbol{a}_k(n)$ は行列 A^n の第 k 列に他ならない．すなわち，次のように書ける．

$$A^n=[\boldsymbol{a}_1(n)\ \boldsymbol{a}_2(n)\ \dots\ \boldsymbol{a}_m(n)] \quad (n\in \boldsymbol{N})$$

要するに，$\boldsymbol{C}^m$ の自然基底 $\{\boldsymbol{e}_1, \boldsymbol{e}_2, \dots, \boldsymbol{e}_m\}$ から生じる (7)′ の基本解系から作られる基本行列は A^n であることがわかる．

以上の結果を定理としてまとめておこう.

定理 1. (i) 1 階の m-連立線形同次差分方程式の初期値問題 (7) ((6)~(6)′) の解 $\boldsymbol{x}: n \longmapsto \boldsymbol{x}(n)$ ($n \in \boldsymbol{N}$) は, 初期条件 (6)′ すなわち $\boldsymbol{c}=(c_1, c_2, \dots, c_m)$ によって, 一意的に

(14)
$$\boldsymbol{x}(n)=\boldsymbol{x}_c(n)=A^n\boldsymbol{c} \quad (n \in \boldsymbol{N})$$

の形で与えられる. (ii) 任意の $\boldsymbol{c} \in \boldsymbol{C}^m$ に対して, (14) によって求められた解 $\boldsymbol{x}$ ($\boldsymbol{N}$ 上のベクトル値関数) を $\boldsymbol{x}_c$ で表わせば, $\omega(\boldsymbol{x}_c)=\boldsymbol{c}$ によって定義される写像 ω は解空間 $\mathcal{S}_A$ から $\boldsymbol{C}^m$ への同型写像であり, $\mathcal{S}_A$ の次元は m である: $\dim \mathcal{S}_A = m$. (iii) $U(n)$ を (7)′ の 1 つの基本行列とすれば, (7)′ の任意の解 $\boldsymbol{x}(n)$ は適当に $\boldsymbol{q} \in \boldsymbol{C}^m$ を取ることによって, $\boldsymbol{x}(n)=U(n)\boldsymbol{q}$ ($n \in \boldsymbol{N}$) と書くことができる. (iv) 行列 A^n の第 k 列を $\boldsymbol{a}_k(n)$ で表わせば, m 個のベクトル値関数 $\boldsymbol{a}_k$: $n \longmapsto \boldsymbol{a}_k(n)$ ($n \in \boldsymbol{N}, k=1, 2, \dots, m$) は (7)′ の基本解系で, A^n は (7)′ の基本行列である.

例 1. 1 階の 3-連立線形同次差分方程式

(15)
$$\begin{cases} x_1(n+1)= 9x_1(n)-5x_2(n)-x_3(n) \\ x_2(n+1)=12x_1(n)-6x_2(n)-3x_3(n) \\ x_3(n+1)=10x_1(n)-5x_2(n)-2x_3(n) \end{cases}$$

を初期条件 $x_1(0)=-1$, $x_2(0)=1$, $x_3(0)=-1$ のもとで解いてみよう. このため,

$$A=\begin{pmatrix} 9 & -5 & -1 \\ 12 & -6 & -3 \\ 10 & -5 & -2 \end{pmatrix}, \quad \boldsymbol{x}(n)=\begin{pmatrix} x_1(n) \\ x_2(n) \\ x_3(n) \end{pmatrix}, \quad \boldsymbol{c}=\begin{pmatrix} -1 \\ 1 \\ -1 \end{pmatrix}$$

とおけば, われわれの初期値問題は次のように書き表わされる:

(15)′
$$\boldsymbol{x}(n+1)=A\boldsymbol{x}(n), \quad \boldsymbol{x}(0)=\boldsymbol{c}.$$

(15)′ の解は $\boldsymbol{x}(n)=\boldsymbol{x}_c(n)=A^n\boldsymbol{c}$ ($n \in \boldsymbol{N}$) の形で求められる. このため, A^n ($n \in \boldsymbol{N}$) を計算してみよう. §10の例 6 で見たように, A の最小多項式は $\Psi_A(z)=(z+1)^2(z-3)$ である. 今までに一貫して用いてきた記法によって, $\lambda_1=-1$, $\lambda_2=3$ と考えれば, $m_1=2$, $m_2=1$ であり, A の基幹行列のうちで固有値 -1 に属するものは Z_{11} (ベキ等行列), Z_{12} (主ベキ零行列) の 2 個であり, 固有値 3 に属するものは Z_{21} (ベキ等行列) の 1 個であるから, A のスペクトル上で定義された関数 $f(z)$ に対して, $f(A)$ に対する基本公式 (§ 4 の (8)) は次のようになる:

(16)
$$f(A)=f(-1)Z_{11}+f'(-1)Z_{12}+f(3)Z_{21}.$$

上式で順次に $f(z)=1, z, z^2$ とおくことによって, 次の 3 つの等式が得られる:

$$\begin{cases} I= Z_{11} + Z_{21} \\ A=-Z_{11}+Z_{12}+3Z_{21} \\ A^2= Z_{11}-2Z_{12}+9Z_{21} \end{cases}.$$

これより 3 個の基幹行列を求めると, 次のようになる:

$$Z_{11}=\frac{1}{8}\begin{pmatrix} -7 & 10 & -3 \\ -15 & 18 & -3 \\ -15 & 10 & 5 \end{pmatrix}, \quad Z_{12}=\frac{1}{2}\begin{pmatrix} 5 & 0 & -5 \\ 9 & 0 & -9 \\ 5 & 0 & -5 \end{pmatrix}, \quad Z_{21}=\frac{1}{8}\begin{pmatrix} 15 & -10 & 3 \\ 15 & -10 & 3 \\ 15 & -10 & 3 \end{pmatrix}.$$

ここでとくに, $f(z)=z^n$ とすれば, (16) によって次式が得られる:

$$A^n = \frac{(-1)^n}{8}\begin{pmatrix} -7 & 10 & -3 \\ -15 & 18 & -3 \\ -15 & 10 & 5 \end{pmatrix} + \frac{n(-1)^{n-1}}{2}\begin{pmatrix} 5 & 0 & -5 \\ 9 & 0 & -9 \\ 5 & 0 & -5 \end{pmatrix} + \frac{3^n}{8}\begin{pmatrix} 15 & -10 & 3 \\ 15 & -10 & 3 \\ 15 & -10 & 3 \end{pmatrix}$$

$$= \begin{pmatrix} -\frac{7}{8}(-1)^n + \frac{5}{2}n(-1)^{n-1} + \frac{15}{8}3^n & \frac{5}{4}(-1)^n - \frac{5}{4}3^n & -\frac{3}{8}(-1)^n - \frac{5}{2}n(-1)^{n-1} + \frac{3^{n+1}}{8} \\ -\frac{15}{8}(-1)^n + \frac{9}{2}n(-1)^{n-1} + \frac{15}{8}3^n & \frac{9}{4}(-1)^n - \frac{5}{4}3^n & -\frac{3}{8}(-1)^n - \frac{9}{2}n(-1)^{n-1} + \frac{3^{n+1}}{8} \\ -\frac{15}{8}(-1)^n + \frac{5}{2}n(-1)^{n-1} + \frac{15}{8}3^n & \frac{5}{4}(-1)^n - \frac{5}{4}3^n & \frac{5}{8}(-1)^n - \frac{5}{2}n(-1)^{n-1} + \frac{3^{n+1}}{8} \end{pmatrix}$$

$$= \frac{1}{8}\begin{pmatrix} (-1)^n(-7-20n) + 3^{n+1}5 & 10\{(-1)^n - 3^n\} & (-1)^n(-3+20n) + 3^{n+1} \\ (-1)^n(-15-36n) + 3^{n+1}5 & 2\{(-1)^n 9 - 3^n 5\} & (-1)^n(-3+36n) + 3^{n+1} \\ (-1)^n(-15-20n) + 3^{n+1}5 & 10\{(-1)^n - 3^n\} & (-1)^n(5+20n) + 3^{n+1} \end{pmatrix}$$

これより，初期値問題(15)の解 $\boldsymbol{x}(n) = A^n\boldsymbol{c}$ ($n \in \boldsymbol{N}$) の各成分は次のようになる：

$$\begin{cases} x_1(n) = -\frac{7}{2}3^n + \frac{5}{2}(-1)^n \\ x_2(n) = -\frac{7}{2}3^n + \frac{9}{2}(-1)^n \\ x_3(n) = -\frac{7}{2}3^n + \frac{5}{2}(-1)^n . \end{cases}$$

これが(15)~(15)′ の求める解である.

例 2. 単独の 4 階の線形同次差分方程式の初期値問題：

$$(17) \qquad \begin{cases} x(n+4) + 2x(n+3) - 3x(n+2) - 4x(n+1) + 4x(n) = 0 \\ x(0) = 1,\ x(1) = -1,\ x(2) = 1,\ x(3) = -1 \end{cases}$$

を解いてみよう．このため，

$$x_0(n) = x(n),\ x_1(n) = x(n+1),\ x_2(n) = x(n+2),\ x_3(n) = x(n+3),$$

$$A = \begin{pmatrix} 0 & 1 & 0 & 0 \\ 0 & 0 & 1 & 0 \\ 0 & 0 & 0 & 1 \\ -4 & 4 & 3 & -2 \end{pmatrix},\quad \tilde{\boldsymbol{x}}(n) = \begin{pmatrix} x_0(n) \\ x_1(n) \\ x_2(n) \\ x_3(n) \end{pmatrix},\quad \boldsymbol{c} = \begin{pmatrix} 1 \\ -1 \\ 1 \\ -1 \end{pmatrix}$$

とおけば，(17)は次のように書き表わされる：

$$(17)' \qquad \tilde{\boldsymbol{x}}(n+1) = A\tilde{\boldsymbol{x}}(n),\quad \tilde{\boldsymbol{x}}(0) = \boldsymbol{c}.$$

この初期値問題の解は

$$(18) \qquad \tilde{\boldsymbol{x}}(n) = A^n\boldsymbol{c} \quad (n \in \boldsymbol{N})$$

の形で求められ，$\tilde{\boldsymbol{x}}(n)$ の第 1 成分 $x_0(n)$ が初期値問題(17)の解 $x(n)$ を与える．ゆえに，A^n を求めよう．特別の形をしたこの行列 A の最小多項式は，§ 25，例 5 からもわかるように，$\Psi_A(z) = z^4 + 2z^3 - 3z^2 - 4z + 4 = (z+2)^2(z-1)^2$ である．ゆえに，A の固有値 -2 に属する基幹行列を Z_{11}(ベキ等)，Z_{12}(主ベキ零)，固有値 1 に属するものを Z_{21}(ベキ等)，Z_{22}(主ベキ零)とすれば，A のスペクトル上で定義された関数 $f(z)$ に対する基本公式は次のようになる：

$$(19) \qquad f(A) = f(-2)Z_{11} + f'(-2)Z_{12} + f(1)Z_{21} + f'(1)Z_{22}.$$

ここで順次に，$f(z) = 1,\ z,\ z^2,\ z^3$ とおけば，次の 4 つの等式が得られる：

$$\begin{cases} I = Z_{11} + Z_{21} \\ A = -2Z_{11} + Z_{12} + Z_{21} + Z_{22} \\ A^2 = 4Z_{11} - 4Z_{12} + Z_{21} + 2Z_{22} \\ A^3 = -8Z_{11} + 12Z_{12} + Z_{21} + 3Z_{22}. \end{cases}$$

これより，$Z_{11}, Z_{12}, Z_{21}, Z_{22}$ を求めると，次のようになる：

$$Z_{11} = \frac{1}{27}\begin{pmatrix} 7 & -12 & 3 & 2 \\ -8 & 15 & -6 & -1 \\ 4 & -12 & 12 & -4 \\ 16 & -12 & -24 & 20 \end{pmatrix}, \quad Z_{12} = \frac{1}{9}\begin{pmatrix} 2 & -3 & 0 & 1 \\ -4 & 6 & 0 & -2 \\ 8 & -12 & 0 & 4 \\ -16 & 24 & 0 & -8 \end{pmatrix},$$

$$Z_{21} = \frac{1}{27}\begin{pmatrix} 20 & 12 & -3 & -2 \\ 8 & 12 & 6 & 1 \\ -4 & 12 & 15 & 4 \\ -16 & 12 & 24 & 7 \end{pmatrix}, \quad Z_{22} = \frac{1}{9}\begin{pmatrix} -4 & 0 & 3 & 1 \\ -4 & 0 & 3 & 1 \\ -4 & 0 & 3 & 1 \\ -4 & 0 & 3 & 1 \end{pmatrix}.$$

また，(19) において $f(z) = z^n$ とすることによって，次式が得られる：

$$\begin{aligned} A^n &= (-2)^n Z_{11} + n(-2)^{n-1} Z_{12} + Z_{21} + nZ_{22} \quad (n \in \boldsymbol{N}) \\ &= \frac{(-2)^n}{27}\begin{pmatrix} 7 & -12 & 3 & 2 \\ -8 & 15 & -6 & -1 \\ 4 & -12 & 12 & -4 \\ 16 & -12 & -24 & 20 \end{pmatrix} + \frac{n(-2)^{n-1}}{27}\begin{pmatrix} 6 & -9 & 0 & 3 \\ -12 & 18 & 0 & -6 \\ 24 & -36 & 0 & 12 \\ -48 & 72 & 0 & -24 \end{pmatrix} \\ &\quad + \frac{1}{27}\begin{pmatrix} 20 & 12 & -3 & -2 \\ 8 & 12 & 6 & 1 \\ -4 & 12 & 15 & 4 \\ -16 & 12 & 24 & 7 \end{pmatrix} + \frac{n}{27}\begin{pmatrix} -12 & 0 & 9 & 3 \\ -12 & 0 & 9 & 3 \\ -12 & 0 & 9 & 3 \\ -12 & 0 & 9 & 3 \end{pmatrix} \end{aligned}$$

これより，行列 $27A^n$ の第 1 行の成分は左から，

$$(-2)^n(7-3n) + 20 - 12n, \ (-2)^{n-1}(24-9n) + 12,$$
$$(-2)^n 3 - 3 + 9n, \quad (-2)^{n-1}(-4+3n) - 2 + 3n$$

となる．初期値問題 (17) の解 $x(n)$ は (18) の解 $\tilde{\boldsymbol{x}}(n) = A^n\boldsymbol{c}$ の第 1 成分 $x_0(n)$ して得られるから，これを計算すると次のようになることがわかる：

$$x(n) = \frac{1}{27}\left\{(-2)^{n+1}(3n-10) + 7 - 6n\right\} \quad (n \in \boldsymbol{N}).$$

これが，4 階の線形同次差分方程式の初期値問題 (17) の求める解である．

検算は読者にまかせよう．

§ 12. 実変数の行列値関数の微分と積分.

行列値関数の定義，収束の概念と連続性についてはすでに§1で述べたので，ここでは行列値関数の微分・積分の定義とそれから導かれる基本的なことがらを簡略に述べておこう.

区間$[a,b]$で定義された実変数 t の mn 個の(複素数値)関数 $f_{ij}(t)$ $(t\in[a,b];i=1,2,\dots,m;j=1,2,\dots,n)$を成分とする$(m,n)$型の行列

(1) $$F(t)=\begin{pmatrix} f_{11}(t) & f_{12}(t) & \cdots & f_{1n}(t) \\ f_{21}(t) & f_{22}(t) & \cdots & f_{2n}(t) \\ \vdots & \vdots & \cdots\cdots & \vdots \\ f_{m1}(t) & f_{m2}(t) & \cdots & f_{mn}(t) \end{pmatrix}$$

があるとき，各 $t\in[a,b]$ に対して $F(t)\in\mathfrak{M}(m,n;C)$ ((m,n)型行列の全体がつくる複素線形空間)が定まるから，F は$[a,b]$上で定義された行列値関数 $F:[a,b]\longrightarrow\mathfrak{M}(m,n;C)$である.

とくに，(1)のすべての成分 $f_{ij}(t)$が区間$[a,b]$において t について微分可能のとき，行列値関数 $F(t)$は区間$[a,b]$で t について微分可能であるといい，$F(t)$の導関数を次のように定義する:

$$\frac{dF(t)}{dt}=F'(t)=\begin{pmatrix} f'_{11}(t) & f'_{12}(t) & \cdots & f'_{1n}(t) \\ f'_{21}(t) & f'_{22}(t) & \cdots & f'_{2n}(t) \\ \vdots & \vdots & \cdots\cdots & \vdots \\ f'_{m1}(t) & f'_{m2}(t) & \cdots & f'_{mn}(t) \end{pmatrix} \quad \left(f'_{ij}(t)=\frac{df_{ij}(t)}{dt}\right).$$

すなわち，区間$[a,b]$で定義された行列値関数 $F(t)$の導関数は $F(t)$の各成分の導関数を成分とする行列のことである. 明らかに，定数行列の導関数は零行列である.

また，微分可能な m 個の関数 $f_1(t),f_2(t),\dots,f_m(t)$を成分とする(列)ベクトル値関数は$(m,1)$型の行列値関数であるから，その導関数は次式で与えられる:

$$\frac{d}{dt}\begin{pmatrix} f_1(t) \\ f_2(t) \\ \vdots \\ f_m(t) \end{pmatrix}=\begin{pmatrix} f'_1(t) \\ f'_2(t) \\ \vdots \\ f'_m(t) \end{pmatrix}.$$

行列値関数 $F(t)$がある行列値関数 $\Gamma(t)$の導関数であるとき，すなわち$\Gamma'(t)=F(t)$となるとき，$\Gamma(t)$を $F(t)$の不定積分(または原始関数)という. $\Gamma(t)$と同じ型の任意の定数行列を C とすれば，明らかに$(\Gamma(t)+C)'=F(t)$となるから，$\Gamma(t)+C$ も $F(t)$の不定積分である. また，$F(t)$の2つの不定積分 $\Gamma_1(t)$，$\Gamma_2(t)$の差 $\Gamma_1(t)-\Gamma_2(t)$が定数行列に等しいことは，$\Gamma_1(t)-\Gamma_2(t)$の各行列成分の導関数が O になることからただちに導かれる.

行列値関数 $F(t)$の定積分は，次のように定義する$(a\leqq t_0<t\leqq b)$:

$$\int_{t_0}^{t}F(\tau)d\tau=\begin{pmatrix} \int_{t_0}^{t}f_{11}(\tau)d\tau & \int_{t_0}^{t}f_{12}(\tau)d\tau & \cdots & \int_{t_0}^{t}f_{1n}(\tau)d\tau \\ \int_{t_0}^{t}f_{21}(\tau)d\tau & \int_{t_0}^{t}f_{22}(\tau)d\tau & \cdots & \int_{t_0}^{t}f_{2n}(\tau)d\tau \\ \vdots & \vdots & \cdots\cdots & \vdots \\ \int_{t_0}^{t}f_{m1}(\tau)d\tau & \int_{t_0}^{t}f_{m2}(\tau)d\tau & \cdots & \int_{t_0}^{t}f_{mn}(\tau)d\tau \end{pmatrix}.$$

スカラー関数の場合と全く同様に，$F(t)$ が $[a,b]$ で連続な行列値関数ならば上の積分は t の関数として存在し，その導関数が $F(t)$ になることは $F(t)$ の各成分が連続なことから明らかであろう．とくに，$F(t)$ が連続微分可能すなわち $F(t)$ の各成分 $f_{jk}(t)$ が微分可能であって，その導関数 $f'_{jk}(t)$ が連続（つまり $F'(t)$ が連続）ならば，次の微分積分法の基本定理が成り立つ：

(2) $$\int_{t_0}^{t} F'(t)\,d\tau = F(t) - F(t_0).$$

例 1．行列値関数の微分と積分の定義から，次式が得られる（C は定数行列）：

$$\frac{d}{dt}\begin{pmatrix} t^2-1 & e^{-t^2} \\ \cos t^3 & \log(t^3+5) \end{pmatrix} = \begin{pmatrix} 2t & -2te^{-t^2} \\ -3t^2\sin t^3 & \dfrac{3t^2}{t^3+5} \end{pmatrix},$$

$$\int_0^t \begin{pmatrix} \cos 2t & t^3-2t \\ \dfrac{1}{t^2+1} & e^{3t} \end{pmatrix} dt = \begin{pmatrix} \dfrac{\sin 2t}{2} & \dfrac{t^4}{4}-t^2 \\ \tan^{-1} t & \dfrac{e^{3t}}{3} \end{pmatrix} + C.$$

同じ型の 2 つの微分可能な行列値関数 $F(t)$，$G(t)$ と任意の定数 α，β に対して，次の等式が成り立つことも明らかであろう：

$$\frac{d}{dt}\{\alpha F(t) + \beta G(t)\} = \alpha\frac{dF(t)}{dt} + \beta\frac{dG(t)}{dt},$$

$$\int_{t_0}^{t}\{\alpha F(\tau) + \beta G(\tau)\}\,d\tau = \alpha\int_{t_0}^{t} F(\tau)\,d\tau + \beta\int_{t_0}^{t} G(\tau)\,d\tau.$$

さらに，通常の 2 つのスカラー関数の積の導関数を与える公式が行列値関数に対してもそのまま成り立つ．一般に (m,n) 型の行列値関数 $F(t)$ と (n,l) 型の行列値関数 $G(t)$ がともに微分可能であれば，(m,l) 型の行列値関数 $F(t)G(t)$ に対して次の等式が成り立つ：

(3) $$\frac{d}{dt}\{F(t)G(t)\} = \left\{\frac{d}{dt}F(t)\right\}G(t) + F(t)\left\{\frac{d}{dt}G(t)\right\}.$$

証明．$F(t) = [f_{ij}(t)]$，$G(t) = [g_{ij}(t)]$ とすれば $H(t) = F(t)G(t)$ は (m,l) 型になる．その (i,j) 成分 $h_{ij}(t)$ は，$h_{ij}(t) = \sum_{k=1}^{n} f_{ik}(t)g_{kj}(t)$ $(1 \leqq i \leqq m,\ 1 \leqq j \leqq l)$ であり，

(4) $$\begin{aligned} h'_{ij}(t) &= \frac{d}{dt}\left\{\sum_{k=1}^{n} f_{ik}(t)g_{kj}(t)\right\} = \sum_{k=1}^{n}\frac{d}{dt}\{f_{ik}(t)g_{kj}(t)\} \\ &= \sum_{k=1}^{n}\{f'_{ik}(t)g_{kj}(t) + f_{ik}(t)g'_{kj}(t)\} = \sum_{k=1}^{n} f'_{ik}(t)g_{kj}(t) + \sum_{k=1}^{n} f_{ik}(t)g'_{kj}(t) \end{aligned}$$

となる．この最後の式において第 1 の総和記号は行列 $\dfrac{dF(t)}{dt}G(t)$ の (i,j) 成分を，第 2 の総和記号は行列 $F(t)\dfrac{dG(t)}{dt}$ の (i,j) 成分を表わしている．したがって，等式 (4) はまさに行列 $\dfrac{d}{dt}\{F(t)G(t)\}$ の (i,j) 成分 $h'_{ij}(t)$ が，$\dfrac{dF(t)}{dt}G(t)$ の (i,j) 成分と $F(t)\dfrac{dG(t)}{dt}$ の (i,j) 成分との和に他ならないことを示している．

(m,n) 型の微分可能な行列値関数 $F(t)$ と (p,m) 型の定数行列 $C = [c_{ij}]$，(n,l) 型の定数行列 $D = [d_{ij}]$ に対して，$CF(t)$，$F(t)D$ はそれぞれ (p,n) 型，(m,l) 型の行列であるが，

定数行列の導関数は零行列 O であるから，(3) からただちに次の等式が成り立つことがわかる：

(5) $$\frac{d}{dt}\{CF(t)\}=C\frac{dF(t)}{dt},\quad \frac{d}{dt}\{F(t)D\}=\frac{dF(t)}{dt}D.$$

つぎに，行列値関数 $F(t)$ が正方行列であるとしよう ($m=n$)．2 つの行列の積の定義と行列値関数の積分の定義から任意の n 次定数行列 C に対して，明らかに次の等式が成り立つ：

$$\int_{t_0}^{t}CF(\tau)\,d\tau=C\int_{t_0}^{t}F(\tau)\,d\tau,\quad \int_{t_0}^{t}F(\tau)C\,d\tau=\int_{t_0}^{t}F(\tau)d\tau C.$$

また，$\det F(t)\neq 0$ ならば，(3) により $F^{-1}(t)F(t)=I$ の両辺を微分して次式が得られる：

(6) $$\frac{dF^{-1}(t)}{dt}=-F^{-1}(t)\frac{dF(t)}{dt}F^{-1}(t).$$

さて，すでに § 1 で見たように，任意の n 次正方行列 A に対して指数関数 e^{tA} は次式によって定義されていた：

(7) $$e^{tA}=\sum_{k=0}^{\infty}\frac{t^k}{k!}A^k.$$

この等式の右辺の無限級数はすべての t に対して行列 A のベキ級数として絶対収束するものであった (§ 1)．次の定理はスカラー関数 e^{ta} (a は定数) に対する周知の公式 $\dfrac{de^{ta}}{dt}=ae^{ta}$ あるいは $\dfrac{d}{dt}\sin(ta)=a\cos(ta)$，$\dfrac{d}{dt}\cos(ta)=-a\sin(ta)$ が，a を正方行列 A で置き換えたときにもそのまま成り立つことを示している．これらの公式は次の § で述べる線形常微分方程式系の解法において重要な役割を果たす．

定理 1．実変数 t の行列値関数 e^{tA}, $\sin(tA)$，$\cos(tA)$ に対して，次式が成り立つ：

(8) $$\frac{d^r}{dt^r}e^{tA}=A^re^{tA}\quad (r=1,2,\dots).$$

(9) $$\frac{d}{dt}\sin(tA)=A\cos(tA),\quad \frac{d}{dt}\cos(tA)=-A\sin(tA).$$

証明．すでに § 2 の例 1 のおわりで述べたように，(7) の右辺の行列 A^k の (i,j) 成分を $a_{ij}^{(k)}$ とすれば，e^{tA} の (i,j) 成分は $\sum_{k=0}^{\infty}\frac{t^k}{k!}a_{ij}^{(k)}$ であり，この級数はすべての t に対して収束する t のベキ級数であるから，t について何回でも項別微分可能である．ゆえに，行列値関数の微分の定義と (7) からただちに次式が得られる：

$$\frac{d}{dt}e^{tA}=\sum_{k=0}^{\infty}\frac{kt^{k-1}}{k!}A^k=\sum_{k=1}^{\infty}\frac{t^{k-1}}{(k-1)!}A^k=A\sum_{k=1}^{\infty}\frac{t^{k-1}}{(k-1)!}A^{k-1}$$
$$=A\sum_{k=0}^{\infty}\frac{t^k}{k!}A^k=Ae^{tA}.$$

すなわち，次の等式が成り立つ：

(10) $$\frac{d}{dt}e^{tA}=Ae^{tA}$$

この公式を反復利用して (8) が得られる．つぎに，§ 1 の定義式 (5) によって，

$$\sin(tA)=tA-\frac{(tA)^3}{3!}+\frac{(tA)^5}{5!}-\dots=\sum_{k=0}^{\infty}(-1)^k\frac{t^{2k+1}}{(2k+1)!}A^{2k+1}$$

であるが，この場合も，この行列の各成分は t のすべての値に対して収束するから，t について項別微分が許されて，

$$\frac{d}{dt}\sin(tA) = A - \frac{t^2}{2!}A^3 + \frac{t^4}{4!}A^5 + \dots = \sum_{k=0}^{\infty}(-1)^k\frac{t^{2k}}{(2k)!}A^{2k+1}$$

$$= A\sum_{k=0}^{\infty}(-1)^k\frac{t^{2k}}{(2k)!}A^{2k} = A\cos(tA)$$

となる．これで(9)の第 1 の等式が証明された．(9)の第 2 の等式についても同様である．
なお，行列 A に対する§4の例 1 の等式と例 2 の等式(9)を使って上の等式(10)を導くこともできる．これは基幹行列の性質(§5，定理 1)を利用する演習問題としておこう．

【注】 公式(8)，(9)は t を $t-t_0$ で置き換えても成り立つことは明らかであるから，次の等式が成り立つ：

$$\frac{d^r}{dt^r}e^{(t-t_0)A} = A^r e^{(t-t_0)A} \quad (r=1,2,\dots),$$

$$\frac{d}{dt}\sin((t-t_0)A) = A\cos((t-t_0)A), \quad \frac{d}{dt}\cos((t-t_0)A) = -A\sin((t-t_0)A).$$

おわりに，§1の例 2 で注意した事実を証明しておこう．

定理 2．2つの n 次行列 A と B とが可換($AB=BA$)ならば，次の等式が成り立つ：

(11) $$e^{A+B} = e^A e^B.$$

証明．3 個の行列値関数 $e^{t(A+B)}$，e^{-tB}，e^{-tA} の積を

$$F(t) = e^{t(A+B)}e^{-tB}e^{-tA}$$

とおいて，これに 2 つの行列値関数の積の導関数を求める公式(3)および公式(10)を適用すれば，次式が得られる：

(12) $$\frac{d}{dt}F(t) = (A+B)e^{t(A+B)}e^{-tB}e^{-tA} + e^{t(A+B)}\left\{(-B)e^{-tB}\right\}e^{-tA} + e^{t(A+B)}e^{-tB}\left\{(-A)e^{-tA}\right\}$$
$$= (A+B)e^{t(A+B)}e^{-tB}e^{-tA} - e^{t(A+B)}Be^{-tB}e^{-tA} - e^{t(A+B)}e^{-tB}Ae^{-tA}.$$

§3の定義で見たように，一般に，行列 A の関数 $f(A)$ は L-S 多項式 $L_f(z)$ によって $L_f(A)$ として定義されるから，それは A の多項式である．したがって，e^{tA} は tA の多項式，e^{tB} は tB の多項式，$e^{t(A+B)}$ は $t(A+B)$ の多項式である．ところが，仮定より A と B とは可換であるから A，B は $e^{t(A+B)}$，e^{tA}，e^{tB} のいずれとも可換なことがわかる．このことから，(12)の最後の式は零行列 O になる：$F'(t)=O$．ゆえに，$F(t)$ は定数行列でなければならない．他方，$F(0)=I$ (単位行列)であるから，すべての t に対して $F(t)=I$ でなければならない．したがって，

(13) $$e^{t(A+B)}e^{-tB}e^{-tA} = I$$

となる．ここで $e^{-tA}=(e^{tA})^{-1}$，$e^{-tB}=(e^{tB})^{-1}$ に注意して(§8 の例 2)，(13)の両辺に右から $e^{tA}e^{tB}$ を掛ければ，$e^{t(A+B)}=e^{tA}e^{tB}$ が得られる．ここで $t=1$ とおけば証明すべき等式(11)が得られる．

§13. 定数係数の実変数線形常微分方程式への応用.

実変数 t の n 個の未知関数 $x_i=x_i(t)$ を含む次の形の 1階の定数係数の線形 n-連立微分方程式(1)が与えられたとする. ただし a_{ij} ($i,j=1,2,\ldots,n$) は複素定数, $f_i(t)$ ($i=1,\ldots,n$) は数直線上のある区間 Q で定義された実変数 t の既知の複素数値連続関数である.

$$(1)\quad \begin{cases} \dfrac{dx_1}{dt}=a_{11}x_1+a_{12}x_2+\ldots+a_{1n}x_n+f_1(t) \\ \dfrac{dx_2}{dt}=a_{21}x_1+a_{22}x_2+\ldots+a_{2n}x_n+f_2(t) \\ \quad\vdots \qquad\qquad\qquad \vdots \qquad\qquad \vdots \\ \dfrac{dx_n}{dt}=a_{n1}x_1+a_{n2}x_2+\ldots+a_{nn}x_n+f_n(t)\,. \end{cases}$$

とくに $f_1(t)=\ldots=f_n(t)\equiv 0$ であるとき, すなわち次の形の方程式系:

$$(2)\quad \begin{cases} \dfrac{dx_1}{dt}=a_{11}x_1+a_{12}x_2+\ldots+a_{1n}x_n \\ \dfrac{dx_2}{dt}=a_{21}x_1+a_{22}x_2+\ldots+a_{2n}x_n \\ \quad\vdots \qquad\qquad\qquad \vdots \\ \dfrac{dx_n}{dt}=a_{n1}x_1+a_{n2}x_2+\ldots+a_{nn}x_n \end{cases}$$

を同次線形 n-連立微分方程式とよぶ. ここで,

$$A=\begin{pmatrix} a_{11} & a_{12} & \cdots & a_{1n} \\ a_{21} & a_{22} & \cdots & a_{2n} \\ \vdots & \vdots & \cdots\cdots & \vdots \\ a_{n1} & a_{n2} & \cdots & a_{nn} \end{pmatrix},\ \boldsymbol{x}(t)=\begin{pmatrix} x_1(t) \\ x_2(t) \\ \vdots \\ x_n(t) \end{pmatrix},\ \boldsymbol{f}(t)=\begin{pmatrix} f_1(t) \\ f_2(t) \\ \vdots \\ f_n(t) \end{pmatrix}$$

とおけば, (1), (2) はそれぞれ行列の記法によって次のように書き表わされる:

$$(1)'\qquad \boldsymbol{x}'(t)=A\boldsymbol{x}(t)+\boldsymbol{f}(t)\quad (t\in Q),$$

$$(2)'\qquad \boldsymbol{x}'(t)=A\boldsymbol{x}(t).$$

ただし, ここで

$$\boldsymbol{x}'(t)=\begin{pmatrix} x_1'(t) \\ x_2'(t) \\ \vdots \\ x_n'(t) \end{pmatrix},\quad x_k'(t)=\frac{dx_k(t)}{dt}\quad (k=1,2,\ldots,n)$$

である. $\boldsymbol{f}(t)\neq 0$ の場合には (1)′ を非同次な線形 n-連立微分方程式とよぶ.

以下, つぎの順にそれぞれの微分方程式の初期値問題の解法について簡単に述べることにしよう. (イ) 同次な線形連立微分方程式(2)′, (ロ) 非同次な線形連立微分方程式(1)′, (ハ) 単独の定数係数の高階線形微分方程式, (ニ) 2階の定数係数の同次線形連立微分方程式, (ホ) 2階の定数係数の非同次線形連立微分方程式, (ヘ) 変係数の同次線形 n-連立微分方程式, (ト) 変係数の非同次な線形 n-連立微分方程式.

(イ)【同次な線形連立微分方程式(2)′の解】 $c_1, c_2, \ldots, c_n$ は任意に与えられた複素数，t_0 は任意に定められた実数とするとき，(2)′の解 $x_1(t), x_2(t), \ldots, x_n(t)$ であって $t=t_0$ における初期条件：

(3) $$x_1(t_0)=c_1,\ x_2(t_0)=c_2,\ \ldots,\ x_n(t_0)=c_n$$

をみたすものを求めよう．はじめに，n 項の(複素)数ベクトル空間 $\boldsymbol{C}^n$ の任意の列ベクトル $\boldsymbol{c}$ に対して，次式で与えられるベクトル値関数

(4) $$\boldsymbol{x}(t)=e^{(t-t_0)A}\boldsymbol{c}$$

は(2)′の解になることをたしかめよう．実際(まえの§12 の定理 1 の【注】より)，

$$\boldsymbol{x}'(t)=\left\{e^{(t-t_0)A}\right\}'\boldsymbol{c}=\left\{Ae^{(t-t_0)A}\right\}\boldsymbol{c}=A\left\{e^{(t-t_0)A}\boldsymbol{c}\right\}=A\boldsymbol{x}(t)$$

となる．したがって，ここでとくに $\boldsymbol{c}={}^t(c_1, c_2, \ldots, c_n)$ とおけば(左肩の t は数ベクトルの転置を意味し，$\boldsymbol{c}$ はタテベクトルになる)，$e^{(t-t_0)A}\Big|_{t=t_0}=e^{0A}=I$ であるから $\boldsymbol{x}(t_0)=\boldsymbol{c}$ となり，(4)はたしかに初期条件(3)をみたす(2)′の解である．また逆に，(2)′の解で初期条件(3)をみたすようなものを $\tilde{\boldsymbol{x}}(t)$ とすれば，$\boldsymbol{y}(t)=e^{-(t-t_0)A}\tilde{\boldsymbol{x}}(t)$ とおいたとき，行列値関数の積の導関数を求める公式(まえの§12 の(3))と $\tilde{\boldsymbol{x}}'(t)=A\tilde{\boldsymbol{x}}(t)$ により，次の等式が得られる：

$$\boldsymbol{y}'(t)=\left\{e^{-(t-t_0)A}\right\}'\tilde{\boldsymbol{x}}(t)+e^{-(t-t_0)A}\tilde{\boldsymbol{x}}'(t)=-Ae^{-(t-t_0)A}\tilde{\boldsymbol{x}}(t)+e^{-(t-t_0)A}A\tilde{\boldsymbol{x}}(t)=0.$$

(e^{-tA} と A とは可換なことに注意)．したがって，$\boldsymbol{y}(t)$ の各成分は定数でなければならないが，$\boldsymbol{y}(t_0)=e^{0A}\tilde{\boldsymbol{x}}(t_0)=I\boldsymbol{c}=\boldsymbol{c}$ であるから，すべての t に対して $\boldsymbol{y}(t)=e^{-(t-t_0)A}\tilde{\boldsymbol{x}}(t)=\boldsymbol{c}$ となる．ゆえに $\tilde{\boldsymbol{x}}(t)=e^{(t-t_0)A}\boldsymbol{c}$ でなければならない．これで，(2)′の解で初期条件(3)をみたすものは(4)の形のものに限ることが示された．このことを定理としておこう．

定理 1．初期値問題：$\boldsymbol{x}'(t)=A\boldsymbol{x}(t)$，$\boldsymbol{x}(t_0)=\boldsymbol{c}$ の解は(4)のほかには存在しない．

さて，具体的に解を求めるためには $e^{(t-t_0)A}$ を計算しなければならない．そのためには，パラメータ t を含んだ z の関数 $f(z,t)=e^{tz}$ に対する基本公式(§4 の(8))を利用する．この§13 でも今までの記号をそのまま用いて，行列 A の最小多項式は $\Psi_A(z)=\prod_{j=1}^{s}(z-\lambda_j)^{m_j}$，$A$ の基幹行列は $\left\{Z_{jk}\,\middle|\,k=1,2,\ldots,m_j;\ j=1,2,\ldots,s\right\}$ とすれば，$\dfrac{\partial^k}{\partial z^k}f(z,t)=t^k e^{tz}$ と基本公式(§4 の【注 2】)によって，

$$e^{tA}=\sum_{j=1}^{s}\left\{Z_{j1}+tZ_{j2}+\cdots+t^{m_j-1}Z_{jm_j}\right\}e^{\lambda_j t}$$

となる．こうして求められた行列 e^{tA} の t を $t-t_0$ に置き換えた行列 $e^{(t-t_0)A}$ の (i,k) 成分を $e_{ik}(t)$ とすれば，(4)によって，求める解は次のようになることがわかる：

$$\begin{cases} x_1(t) = c_1 e_{11}(t) + c_2 e_{12}(t) + \dots + c_n e_{1n}(t) \\ \quad\vdots \qquad\quad \vdots \\ x_i(t) = c_1 e_{i1}(t) + c_2 e_{i2}(t) + \dots + c_n e_{in}(t) \\ \quad\vdots \qquad\quad \vdots \\ x_n(t) = c_1 e_{n1}(t) + c_2 e_{n2}(t) + \dots + c_n e_{nn}(t) . \end{cases}$$

上で述べたことを $t_0=0$ とした次の例題で説明しよう.

例 1. 同次な線形 3-連立微分方程式

(5)
$$\begin{cases} \dot{x}_1 = 9x_1 - 5x_2 + 6x_3 \\ \dot{x}_2 = 5x_1 - 2x_2 + 5x_3 \\ \dot{x}_3 = -6x_1 + 5x_2 - 3x_3 \end{cases} \quad (x_k = x_k(t),\ \dot{x}_k = x_k'(t))$$

を初期条件:

(6)
$$x_1(0) = 3,\ x_2(0) = -2,\ x_3(0) = 1$$

のもとで解いてみよう. いま

$$A = \begin{pmatrix} 9 & -5 & 6 \\ 5 & -2 & 5 \\ -6 & 5 & -3 \end{pmatrix},\quad \boldsymbol{x}(t) = \begin{pmatrix} x_1(t) \\ x_2(t) \\ x_3(t) \end{pmatrix},\ \boldsymbol{c} = \begin{pmatrix} 3 \\ -2 \\ 1 \end{pmatrix}$$

とおけば, 与えられた方程式(5)と初期条件(6)は次のように書かれる:

(7)
$$\boldsymbol{x}'(t) = A\boldsymbol{x}(t),\quad \boldsymbol{x}(0) = \boldsymbol{c}.$$

したがって, 上で述べた一般論で $t_0=0$ として, 初期値問題(7)の解は $\boldsymbol{x}(t) = e^{tA}\boldsymbol{c}$ で与えられる. A の最小多項式は $\Psi_A(z) = (z+2)(z-3)^2$ であるから, A は 3 個の基幹行列をもち, Z_{11} は固有値 -2 に属するベキ等行列, Z_{21} と Z_{22} はそれぞれ固有値 3 に属するベキ等行列と主ベキ零行列である. ゆえに, A のスペクトル上で定義された関数 $g(z)$ に対する基本公式は

(8)
$$g(A) = g(-2)Z_{11} + g(3)Z_{21} + g'(3)Z_{22}$$

となる. この基本公式を用いて, いままでに繰返し用いた方法(§4 の例6, 例7等)によって Z_{11}, Z_{21}, Z_{22} を求めると次のようになる:

$$Z_{11} = \begin{pmatrix} -1 & 1 & -1 \\ -1 & 1 & -1 \\ 1 & -1 & 1 \end{pmatrix},\ Z_{21} = \begin{pmatrix} 2 & -1 & 1 \\ 1 & 0 & 1 \\ -1 & 1 & 0 \end{pmatrix},\ Z_{22} = \begin{pmatrix} 1 & 0 & 1 \\ 0 & 0 & 0 \\ -1 & 0 & -1 \end{pmatrix}.$$

ここでとくに, (8) の $g(z)$ として t をパラメータにもつ関数 $g(z,t) = e^{tz}$ をとれば(§4, 【注 2】参照), $\dfrac{\partial}{\partial z} g(z,t) = te^{tz}$ であるから,

$$g(A,t) = e^{tA} = e^{-2t}Z_{11} + e^{3t}Z_{21} + te^{3t}Z_{22}$$
$$= \begin{pmatrix} -e^{-2t} + (2+t)e^{3t} & e^{-2t} - e^{3t} & -e^{-2t} + (1+t)e^{3t} \\ -e^{-2t} + e^{3t} & e^{-2t} & -e^{-2t} + e^{3t} \\ e^{-2t} - (1+t)e^{3t} & -e^{-2t} + e^{3t} & e^{-2t} - te^{3t} \end{pmatrix}$$

となる. ゆえに, 初期値問題(5), (6)の解 $\boldsymbol{x}(t) = e^{tA}\boldsymbol{c}$ は次式で与えられる:

$$\boldsymbol{x}(t) = \begin{pmatrix} -e^{-2t} + (2+t)e^{3t} & e^{-2t} - e^{3t} & -e^{-2t} + (1+t)e^{3t} \\ -e^{-2t} + e^{3t} & e^{-2t} & -e^{-2t} + e^{3t} \\ e^{-2t} - (1+t)e^{3t} & -e^{-2t} + e^{3t} & e^{-2t} - te^{3t} \end{pmatrix} \begin{pmatrix} 3 \\ -2 \\ 1 \end{pmatrix}.$$

これより, 求める解は次のようになることがわかる:

$$\begin{cases} x_1(t)=-6e^{-2t}+(9+4t)e^{3t} \\ x_2(t)=-6e^{-2t} \qquad\quad +4e^{3t} \\ x_3(t)=\ \ 6e^{-2t}-(5+4t)e^{3t} \end{cases}$$

【注1】 定理1のすぐあとで見た等式 $e^{At}=\sum_{j=1}^{s}\left\{Z_{j1}+tZ_{j2}+\dots+t^{m_j-1}Z_{jm_j}\right\}e^{\lambda_j t}$ の右辺の s 個の各項：$X_j=\left\{Z_{j1}+tZ_{j2}+\dots+t^{m_j-1}Z_{jm_j}\right\}e^{\lambda_j t}$ $(j=1,2,\dots,s)$ は微分方程式：

(#) $$X'(t)=AX(t)$$

の解であることに注意しよう．これは次のようにして確かめられる：

一般に，λ の任意の多項式 $g(\lambda)$ に対して，$g(A)$ と A とは可換であるから，$g(A)e^{At}$ も(#)の解になる．ここでとくに，$g\in\mathscr{F}_\sigma(A)$ を，そのスペクトル上での値が，$g(\lambda_j)=1$ を除いて，すべて 0 になるようなものを取って，$f(\lambda)=g(\lambda)e^{\lambda t}$ とおけば，$f(A)=g(A)e^{At}$ も明らかに(#)の解である．他方，2 つの関数の積の高次導関数に関するLeibnizの公式によって，

$$\frac{d^k f(\lambda)}{d\lambda^k}=\frac{d^k\left\{g(\lambda)e^{\lambda t}\right\}}{d\lambda^k}=\sum_{l=0}^{k}\binom{k}{l}g^{(k-l)}(\lambda)\frac{d^l e^{\lambda t}}{d\lambda^l}=\begin{cases} t^k e^{\lambda_j t} & (\lambda=\lambda_j\text{のとき}) \\ 0 & (\lambda\neq\lambda_j\text{のとき}) \end{cases}$$

$$(k=0,1,\dots,m_j-1)$$

が得られるから，$f(A)$ に対する基本公式(§4の(8))によって，

$$f(A)=\left\{Z_{j1}+tZ_{j2}+\dots+t^{m_j-1}Z_{jm_j}\right\}e^{\lambda_j t}=X_j$$

となる．これは，X_j が(#)の解であることを示している．

ここでもう少し，方程式(2)′ の解の一般的な性質について述べておこう．以下の議論は§11で見た線形同次差分方程式に対するものと全く同様である．$\boldsymbol{x}=\boldsymbol{x}(t)$，$\boldsymbol{y}=\boldsymbol{y}(t)$ がともに(2)′ の解であれば $\boldsymbol{x}'=A\boldsymbol{x}$，$\boldsymbol{y}'=A\boldsymbol{y}$ であるから，任意の複素定数 α，β に対して，

$$(\alpha\boldsymbol{x}+\beta\boldsymbol{y})'=\alpha\boldsymbol{x}'+\beta\boldsymbol{y}'=\alpha A\boldsymbol{x}+\beta A\boldsymbol{y}=A(\alpha\boldsymbol{x}+\beta\boldsymbol{y})$$

となる．(2)′の解全体の集合を $\mathscr{S}_A$ で表わせば，$\boldsymbol{x}$，$\boldsymbol{y}\in\mathscr{S}_A$ のとき $\alpha\boldsymbol{x}+\beta\boldsymbol{y}\in\mathscr{S}_A$ である．ゆえに，$\mathscr{S}_A$ は通常の加法とスカラー乗法に関して，複素線形空間をつくっていることがわかる．言うまでもなく，$\mathscr{S}_A$ の 2 つの元 $\boldsymbol{x}$，$\boldsymbol{y}$ が等しい($\boldsymbol{x}=\boldsymbol{y}$)とは，すべての t の値に対して $\boldsymbol{x}(t)=\boldsymbol{y}(t)$ となることを意味し，$\mathscr{S}_A$ の零元 $\mathbf{0}$ はすべての t の値に対して $\boldsymbol{x}(t)\equiv 0$ となるような(2)′の自明な解のことである．また，任意の解 $\boldsymbol{x}=\boldsymbol{x}(t)$ に対して，その逆元は $-\boldsymbol{x}=-\boldsymbol{x}(t)$ である：$\boldsymbol{x}+(-\boldsymbol{x})=\mathbf{0}$．この複素線形空間 $\mathscr{S}_A$ を同次な線形連立微分方程式(2)′の解空間と名づける．上で見たように，任意の実数 t_0 と任意の列ベクトル $\boldsymbol{c}$ $(\in\boldsymbol{C}^n)$ に対して(4)の形のベクトル値関数は $\mathscr{S}_A$ に属し，また，定理 1 によって $\mathscr{S}_A$ は(4)の形のベクトル値関数で尽くされる．しかし，$e^{(t-t_0)A}\boldsymbol{c}=e^{tA}(e^{-t_0A}\boldsymbol{c})$ と書くことができるから，$e^{-t_0A}\boldsymbol{c}$ を改めて $\boldsymbol{c}$ と書けば，$\mathscr{S}_A$ はベクトル値関数 $e^{tA}\boldsymbol{c}$ $(\boldsymbol{c}\in\boldsymbol{C}^n)$ 全体の集合であるといってよい．このとき，$\mathscr{S}_A$ から n 項

の数ベクトル空間 C^n への写像 ω_0 を

(9) $$\omega_0 : \boldsymbol{x} \longmapsto \boldsymbol{x}(0) \ (\boldsymbol{x} \in \mathscr{S}_A)$$

と定義する．このとき，任意の $\boldsymbol{x}, \boldsymbol{y} \in \mathscr{S}_A$ と $\alpha, \beta \in \boldsymbol{C}$ に対して，

$$\omega_0(\alpha\boldsymbol{x}+\beta\boldsymbol{y})=(\alpha\boldsymbol{x}+\beta\boldsymbol{y})(0)=(\alpha\boldsymbol{x})(0)+(\beta\boldsymbol{y})(0)=\alpha\boldsymbol{x}(0)+\beta\boldsymbol{y}(0)=\alpha(\omega_0\boldsymbol{x})+\beta(\omega_0\boldsymbol{y})$$

となるから ω_0 は $\mathscr{S}_A$ から C^n への線形写像である．また，$\boldsymbol{x} \neq \boldsymbol{y}$ ならば明らかに $\boldsymbol{x}(0) \neq \boldsymbol{y}(0)$ すなわち $\omega_0\boldsymbol{x} \neq \omega_0\boldsymbol{y}$ であるから ω_0 は単射（1 対 1 の写像）である．また，$e^{tA}\boldsymbol{c}$ の形の(2)′ の解を $\boldsymbol{x}_{\boldsymbol{c}}(t)$ で表わせば $\omega_0(\boldsymbol{x}_{\boldsymbol{c}})=\boldsymbol{c}$ となるから，ω_0 は全射（C^n 全体の上への写像）になる．したがって，写像 ω_0 は(2)′の解空間 $\mathscr{S}_A$ から n 項の数ベクトル空間 C^n への同型写像になる．

数ベクトル系に対する 1 次独立性の概念(§ 23，A］)と同様に，$\mathscr{S}_A$ に属するいくつかのベクトル値関数に対して 1 次独立性は次のように定義される．(2)′ のいくつかの解：

(10) $$\boldsymbol{x}_1(t), \dots, \boldsymbol{x}_r(t) \ (\in \mathscr{S}_A)$$

と任意の定数 $\alpha_1, \dots, \alpha_r \in \boldsymbol{C}$ に対して，$\boldsymbol{x}(t)=\alpha_1\boldsymbol{x}_1(t)+\dots+\alpha_r\boldsymbol{x}_r(t) \in \mathscr{S}_A$ であるが，このとき (2)′の解 $\boldsymbol{x}(t)$ を $\boldsymbol{x}_1(t), \dots, \boldsymbol{x}_r(t)$ の 1 次結合という．(10)のなかのある解が残りの $r-1$ 個の解の 1 次結合となるとき，r 個の解(10)は 1 次従属であるという．そうでないとき，すなわち(10)のなかのどの 1 つも残りの $r-1$ 個の解の 1 次結合にならないとき，r 個の解(10)は 1 次独立であるという．1 次独立性のこの定義は，“すべての t に対して，等式

$$\alpha_1\boldsymbol{x}_1(t)+\dots+\alpha_r\boldsymbol{x}_r(t) \equiv 0$$

が成り立つのは $\alpha_1=\dots=\alpha_r=0$ のときに限る“ということと同等なことが容易にわかる．

§ 11 の定理 1 と同じ形の，次のような命題が得られる：

定理 2．(i) (2)′の n 個の解：

(11) $$\boldsymbol{x}_1=\boldsymbol{x}_1(t), \ \boldsymbol{x}_2=\boldsymbol{x}_2(t), \dots, \ \boldsymbol{x}_n=\boldsymbol{x}_n(t)$$

が 1 次独立なことと C^n の n 個の列ベクトル $\boldsymbol{c}_1=\boldsymbol{x}_1(0), \boldsymbol{c}_2=\boldsymbol{x}_2(0), \dots, \boldsymbol{c}_n=\boldsymbol{x}_n(0)$ が 1 次独立なこととは同等である．

(ii) (11)が $\mathscr{S}_A$ の 1 次独立な解ならば，方程式(2)′の任意の解 $\boldsymbol{x}=\boldsymbol{x}(t) \in \mathscr{S}_A$ は適当な(複素)定数 $\alpha_1, \alpha_2, \dots, \alpha_n$ を取ることによって，一意的に

$$\boldsymbol{x}=\boldsymbol{x}(t)=\alpha_1\boldsymbol{x}_1(t)+\alpha_2\boldsymbol{x}_2(t)+\dots+\alpha_n\boldsymbol{x}_n(t)\left(=e^{tA}(\alpha_1\boldsymbol{c}_1+\alpha_2\boldsymbol{c}_2+\dots+\alpha_n\boldsymbol{c}_n)\right)$$

の形に表わされる．ゆえに，$\mathscr{S}_A$ の n 個の 1 次独立な解は $\mathscr{S}_A$ の基底であり，$\mathscr{S}_A$ の次元は n である：$\dim \mathscr{S}_A = n$．

【注 2】 (9)で定義した同型写像 ω_0 と全く同様に，任意に定めた実数 t_0 に対して，写像 $\omega_{t_0} : \boldsymbol{x} \longmapsto \boldsymbol{x}(t_0) \ (\boldsymbol{x} \in \mathscr{S}_A)$ が $\mathscr{S}_A$ から C^n への同型写像になることがわかる．したがって，(2)′の n 個の解 $\boldsymbol{x}_1=\boldsymbol{x}_1(t), \boldsymbol{x}_2=\boldsymbol{x}_2(t), \dots, \boldsymbol{x}_n=\boldsymbol{x}_n(t)$ が 1 次独立ということは，任意の実数 t_0 に対して $\boldsymbol{x}_1(t_0), \boldsymbol{x}_2(t_0), \dots, \boldsymbol{x}_n(t_0)$ が 1 次独立ということに他ならない．

(2)′の解空間 $\mathscr{S}_A$ の基底 $\boldsymbol{x}_1=\boldsymbol{x}_1(t)$, $\boldsymbol{x}_2=\boldsymbol{x}_2(t)$, …, $\boldsymbol{x}_n=\boldsymbol{x}_n(t)$ を列ベクトルとする n 次の行列値関数:

$$X=X(t)=[\boldsymbol{x}_1(t)\ \boldsymbol{x}_2(t)\ \dots\ \boldsymbol{x}_n(t)]$$

を同次方程式(2)′の基本行列という．このとき，行列値関数の微分法の定義から，明らかに，次の等式が成り立つ:

$$\begin{aligned}\frac{dX(t)}{dt}&=\frac{d}{dt}[\boldsymbol{x}_1(t)\ \boldsymbol{x}_2(t)\ \dots\ \boldsymbol{x}_n(t)]=\left[\frac{d}{dt}\boldsymbol{x}_1(t)\ \frac{d}{dt}\boldsymbol{x}_2(t)\ \dots\ \frac{d}{dt}\boldsymbol{x}_n(t)\right]\\&=[A\boldsymbol{x}_1(t)\ A\boldsymbol{x}_2(t)\ \dots\ A\boldsymbol{x}_n(t)]=AX(t)\ .\end{aligned}$$

いま，$\boldsymbol{C}^n$ の自然基底:

$$\boldsymbol{u}_1=\begin{pmatrix}1\\0\\\vdots\\0\end{pmatrix},\ \boldsymbol{u}_2=\begin{pmatrix}0\\1\\\vdots\\0\end{pmatrix},\ \dots,\ \boldsymbol{u}_n=\begin{pmatrix}0\\0\\\vdots\\1\end{pmatrix}$$

の各ベクトルを初期値とする(2)′の解:

$$\boldsymbol{x}_{\boldsymbol{u}_1}(t)=e^{tA}\boldsymbol{u}_1,\ \boldsymbol{x}_{\boldsymbol{u}_2}(t)=e^{tA}\boldsymbol{u}_2,\ \dots,\ \boldsymbol{x}_{\boldsymbol{u}_n}(t)=e^{tA}\boldsymbol{u}_n$$

は定理 2 によって(2)′の解空間 $\mathscr{S}_A$ の基底になるから，これら n 個の列ベクトルをこの順に並べて得られる行列値関数を $U(t)$ で表わせば，$U(t)$ は方程式(2)′の基本行列であるが，これは明らかに e^{tA} に等しい: $U(t)=e^{tA}$．このとき，§ 12の定理 2 から，任意の実数 t, s に対して $U(t)U(s)=U(t+s)$ かつ $U(-t)=U(t)^{-1}$ となる(§ 8の例 2)．いままで述べたことからわかるように，n 次の行列値関数に関する同次微分方程式の初期値問題:

(12) $\qquad X'(t)=AX(t),\ X(0)=I\quad$ (A は n 次の定数行列，I は n 次の単位行列)

の解は $X(t)=e^{tA}$ に限る．なぜなら，$X(t)$ の第 k 列を $\boldsymbol{x}_k(t)$ $(1\leq k\leq n)$ とすれば，初期値問題(12)は次のように書き表わすことができるからである:

$$\boldsymbol{x}_k'(t)=A\boldsymbol{x}_k(t),\ \boldsymbol{x}_k(0)=\boldsymbol{u}_k\quad(k=1,2,\dots,n)\ .$$

つぎに，S を n 次の任意の正則な定数行列とすれば，S の n 個の列ベクトル $\boldsymbol{s}_1$, $\boldsymbol{s}_2$, …, $\boldsymbol{s}_n$ は 1 次独立であるから，定理 2 によって，行列 $e^{tA}S$ の n 個の列ベクトル

$$e^{tA}\boldsymbol{s}_1,\ e^{tA}\boldsymbol{s}_2,\ \dots,\ e^{tA}\boldsymbol{s}_n$$

は 1 次独立になり，$e^{tA}S$ は(2)′の基本行列になる．逆に，$X(t)$ を方程式(2)′の基本行列とすれば，適当な定数正則行列 S によって，$X(t)=e^{tA}S$ と表わされることもわかる．なぜなら，$X(t)$ の列である(2)′の n 個の 1 次独立な解を(11)とすれば，定理 2 により，

$$\boldsymbol{x}_1(0),\ \boldsymbol{x}_2(0),\ \dots,\ \boldsymbol{x}_n(0)$$

は $\boldsymbol{C}^n$ の 1 次独立なベクトルになるから，これらの列ベクトルをこの順序に並べて得られる行列 S は正則な行列で，明らかに $X(t)=e^{tA}S$ と書けるからである．ゆえに，次の定理を得る．

定理 3．(i) 方程式(2)′の基本行列 $X(t)$ は次の微分方程式をみたす:

$$X'(t)=\frac{dX(t)}{dt}=AX(t)\ .$$

(ii) 初期値問題(12)の解は $U(t)=e^{tA}$ に限る. $U(t)=e^{tA}$ は方程式(2)′の基本行列であり, 任意の実数 t, s に対して, 次の等式が成り立つ:

$$U(t)U(s)=U(t+s),\ U(-t)=U(t)^{-1}.$$

(iii) n 次の任意の正則な複素定数行列 S に対して $X(t)=e^{tA}S$ は(2)′の基本行列である. 逆に, (2)′の任意の基本行列 $X(t)$ は適当に正則な定数行列 S を取って, $X(t)=e^{tA}S$ の形に表わすことができる.

(ロ) 【非同次な線形連立微分方程式(1)′の解】 初期条件(3)をみたす(1)′の解 $\boldsymbol{x}(t)$ を求めてみよう. はじめに, 微分可能な 2 つの行列値関数の積の導関数を求める公式(まえの§の(3))と(1)′によって, 次の等式が成り立つ(A と e^{-tA} とが可換なことに注意):

$$\begin{aligned}\left\{e^{-tA}\boldsymbol{x}(t)\right\}'&=-Ae^{-tA}\boldsymbol{x}(t)+e^{-tA}\boldsymbol{x}'(t)\\&=-e^{-tA}A\boldsymbol{x}(t)+e^{-tA}\left\{A\boldsymbol{x}(t)+\boldsymbol{f}(t)\right\}=e^{-tA}\boldsymbol{f}(t).\end{aligned}$$

ゆえにここで, この両辺を $t_0\,(\in Q)$ から $t\,(\in Q)$ まで積分すれば, まえの§の(2)によって

$$\int_{t_0}^{t}e^{-\tau A}\boldsymbol{f}(\tau)d\tau=e^{-tA}\boldsymbol{x}(t)-e^{-t_0A}\boldsymbol{x}(t_0)$$

となる. したがって, 初期条件 $\boldsymbol{x}(t_0)=\boldsymbol{c}$ に注意すれば, 次の等式が得られる:

$$e^{-tA}\boldsymbol{x}(t)-e^{-t_0A}\boldsymbol{c}=\int_{t_0}^{t}e^{-\tau A}\boldsymbol{f}(\tau)d\tau.$$

これより, 初期条件(3)をみたす非同次方程式(1)′の解は次式で与えられることがわかる:

$$\boldsymbol{x}(t)=e^{(t-t_0)A}\boldsymbol{c}+\int_{t_0}^{t}e^{(t-\tau)A}\boldsymbol{f}(\tau)d\tau.$$

(ハ) 【単独の定数係数の高階線形微分方程式の解】 $\alpha_1, \alpha_2, \dots, \alpha_n$ は与えられた複素定数, $f(t)$ はある区間 Q で定義された実変数 t の複素数値連続関数とするとき, 単独の方程式:

$$(13)\qquad x^{(n)}(t)+\alpha_1x^{(n-1)}(t)+\dots+\alpha_{n-1}x'(t)+\alpha_nx(t)=f(t)\quad\left(x^{(k)}(t)=\frac{d^kx(t)}{dt^k}\right)$$

を初期条件:

$$(14)\qquad x(t_0)=c_0,\ x'(t_0)=c_1,\ x^{(2)}(t_0)=c_2,\ \dots,\ x^{(n-1)}(t_0)=c_{n-1}\quad(t_0\in Q)$$

のもとで解く問題を考えよう. いま t の n 個の関数 $x_0, x_1, \dots, x_{n-1}$ を次のように定義する.

$$x_0(t)=x(t),\ x_1(t)=x_0'(t),\ x_2(t)=x_1'(t),\ \dots,\ x_{n-1}(t)=x_{n-2}'(t).$$

このとき, $x_{n-1}'(t)=x^{(n)}(t)$ と(13)から, 次の特別の形の n-連立微分方程式が得られる.

$$(15)\qquad\begin{cases}x_0'(t)=x_1(t)\\x_1'(t)=x_2(t)\\\quad\vdots\qquad\vdots\\x_{n-2}'(t)=x_{n-1}(t)\\x_{n-1}'(t)=-\alpha_nx_0(t)-\alpha_{n-1}x_1(t)-\dots-\alpha_1x_{n-1}(t)+f(t).\end{cases}$$

また, 初期条件(14)は次のようになる:

$$x_0(t_0)=c_0,\ x_1(t_0)=c_1,\ \dots,\ x_{n-1}(t_0)=c_{n-1}.$$

したがって, ここで

$$A=\begin{pmatrix} 0 & 1 & 0 & \cdots & 0 & 0 \\ 0 & 0 & 1 & \cdots & 0 & 0 \\ \vdots & \vdots & & \ddots & \vdots & \vdots \\ & & & & 1 & \vdots \\ 0 & 0 & & & 0 & 1 \\ -\alpha_n & -\alpha_{n-1} & \cdots\cdots & & -\alpha_2 & -\alpha_1 \end{pmatrix}, \quad \boldsymbol{x}(t)=\begin{pmatrix} x_0(t) \\ x_1(t) \\ \vdots \\ x_{n-2}(t) \\ x_{n-1}(t) \end{pmatrix}, \quad \boldsymbol{f}(t)=\begin{pmatrix} 0 \\ 0 \\ \vdots \\ 0 \\ f(t) \end{pmatrix}$$

とおけば，方程式(15)と初期条件は次の形に書ける：

(16) $$\boldsymbol{x}'(t)=A\boldsymbol{x}(t)+\boldsymbol{f}(t), \quad \boldsymbol{x}(t_0)={}^t(c_0, c_1, \ldots, c_{n-1}) \quad (t_0 \in Q).$$

このようにして，単独の高階線形微分方程式に対する初期値問題(13)，(14)は線形連立微分方程式の初期値問題(16)に帰着させられ，これは(ロ)で述べた方法で解くことができる．その解 $\boldsymbol{x}(t)$ の第1成分 $x_0(t)$ が求める解となる．

例 2. (13)の右辺 $f(t)$ がとくに恒等的に0であるような簡単な4階の同次微分方程式

$$x^{(4)}(t)+2x^{(3)}(t)-3x^{(2)}(t)-4x'(t)+4x(t)=0$$

を初期条件：

$$x(0)=1, \quad x'(0)=0, \quad x''(0)=-1, \quad x'''(0)=0$$

のもとで解いてみよう．そのため，

$$x_0(t)=x(t), \ x_1(t)=x_0'(t), \ x_2(t)=x_1'(t), \ x_3(t)=x_2'(t)$$

とおけば，次の4-連立微分方程式が得られる：

$$\begin{cases} x_0'(t)=x_1(t) \\ x_1'(t)=x_2(t) \\ x_2'(t)=x_3(t) \\ x_3'(t)=-4x_0(t)+4x_1(t)+3x_2(t)-2x_3(t)\,. \end{cases}$$

ゆえに，ここで

$$A=\begin{pmatrix} 0 & 1 & 0 & 0 \\ 0 & 0 & 1 & 0 \\ 0 & 0 & 0 & 1 \\ -4 & 4 & 3 & -2 \end{pmatrix}, \ \boldsymbol{x}(t)=\begin{pmatrix} x_0(t) \\ x_1(t) \\ x_2(t) \\ x_3(t) \end{pmatrix}, \ \boldsymbol{c}=\begin{pmatrix} 1 \\ 0 \\ -1 \\ 0 \end{pmatrix}$$

とおけば，与えられた初期値問題は $\boldsymbol{x}'(t)=A\boldsymbol{x}(t)$，$\boldsymbol{x}(0)=\boldsymbol{c}$ と書ける．この初期値問題の解は，定理1で見たように $\boldsymbol{x}(t)=e^{tA}\boldsymbol{c}$ である．行列 A は§11の例2の行列(79ページ)であるから，$f(z)=e^{tz}$ に対して§11の基本公式(19)を適用すれば，次のようになる：

$$e^{tA}=e^{-2t}Z_{11}+te^{-2t}Z_{12}+e^tZ_{21}+te^tZ_{22}=e^{-2t}(Z_{11}+tZ_{12})+e^t(Z_{21}+tZ_{22})$$

$$=\frac{e^{-2t}}{27}\left\{\begin{pmatrix} 7 & -12 & 3 & 2 \\ -8 & 15 & -6 & -1 \\ 4 & -12 & 12 & -4 \\ 16 & -12 & -24 & 20 \end{pmatrix}+3t\begin{pmatrix} 2 & -3 & 0 & 1 \\ -4 & 6 & 0 & -2 \\ 8 & -12 & 0 & 4 \\ -16 & 24 & 0 & -8 \end{pmatrix}\right\}$$

$$+\frac{e^t}{27}\left\{\begin{pmatrix} 20 & 12 & -3 & -2 \\ 8 & 12 & 6 & 1 \\ -4 & 12 & 15 & 4 \\ -16 & 12 & 24 & 7 \end{pmatrix}+t\begin{pmatrix} -12 & 0 & 9 & 3 \\ -12 & 0 & 9 & 3 \\ -12 & 0 & 9 & 3 \\ -12 & 0 & 9 & 3 \end{pmatrix}\right\}$$

$$= \frac{e^{-2t}}{27}\begin{pmatrix} 7+6t & -12-9t & 3 & 2+3t \\ -8-12t & 15+18t & -6 & -1-6t \\ 4+24t & -12-36t & 12 & -4+12t \\ 16-48t & -12+72t & -24 & 20-24t \end{pmatrix}$$

$$+\frac{e^{t}}{27}\begin{pmatrix} 20-12t & 12 & -3+9t & -2+3t \\ 8-12t & 12 & 6+9t & 1+3t \\ -4-12t & 12 & 15+9t & 4+3t \\ -16-12t & 12 & 24+9t & 7+3t \end{pmatrix}.$$

これより，求める解はベクトル $\boldsymbol{x}(t)=e^{tA}\boldsymbol{c}$ の第1成分 $x_0(t)=x(t)$ であり，次式で与えられることがわかる：

$$x(t)=\frac{1}{27}\left\{e^{-2t}(4+6t)+e^{t}(23-21t)\right\}.$$

（ニ）【2階の定数係数の同次な線形連立微分方程式の解】 ここでは，n 個の未知関数 $x_1=x_1(t),\ x_2=x_2(t),\ \dots,\ x_n=x_n(t)$ を含む次の形の方程式を考える：

$$(17)\qquad \begin{cases} \dfrac{d^2x_1}{dt^2}+a_{11}x_1+a_{12}x_2+\dots+a_{1n}x_n=0 \\ \dfrac{d^2x_2}{dt^2}+a_{21}x_1+a_{22}x_2+\dots+a_{2n}x_n=0 \\ \quad\vdots \qquad\qquad\qquad\qquad \vdots \\ \dfrac{d^2x_n}{dt^2}+a_{n1}x_1+a_{n2}x_2+\dots+a_{nn}x_n=0. \end{cases}$$

ただし，$a_{jk}\ (j,k=1,2,\dots,n)$ は与えられた複素定数である．

単振動の微分方程式として良く知られている $x''(t)+ax(t)=0\ (a>0)$ の一般解は c_1，c_2 を任意の定数として，

$$(18)\qquad c_1\cos(\sqrt{a}\,t)+c_2\sin(\sqrt{a}\,t)$$

で与えられ，とくに初期条件 $x(0)=\alpha$，$x'(0)=\beta$ を指定すれば c_1，c_2 が一意的に決まる．行列の 三角関数を用いれば，方程式(17)の解が(18)と類似な形で得られることを示そう．

以下では(17)の解 $x_1(t),\ x_2(t),\ \dots,\ x_n(t)$ で，初期条件：

$$x_k(0)=c_k^{(0)},\quad x_k'(0)=c_k^{(1)}\ (k=1,2,\dots,n)$$

をみたすものを求めることにする．(17)の係数のつくる行列を A とし，次のようにおこう：

$$A=\begin{pmatrix} a_{11} & a_{12} & \cdots & a_{1n} \\ a_{21} & a_{22} & \cdots & a_{2n} \\ \vdots & \vdots & \cdots & \vdots \\ a_{n1} & a_{n2} & \cdots & a_{nn} \end{pmatrix},\ \boldsymbol{x}(t)=\begin{pmatrix} x_1(t) \\ x_2(t) \\ \vdots \\ x_n(t) \end{pmatrix},\ \boldsymbol{c}^{(0)}=\begin{pmatrix} c_1^{(0)} \\ c_2^{(0)} \\ \vdots \\ c_n^{(0)} \end{pmatrix},\ \boldsymbol{c}^{(1)}=\begin{pmatrix} c_1^{(1)} \\ c_2^{(1)} \\ \vdots \\ c_n^{(1)} \end{pmatrix}.$$

そうすれば，われわれの初期値問題は次のように書き表わされる：

$$(19)\qquad \boldsymbol{x}''(t)+A\boldsymbol{x}(t)=\boldsymbol{0},\ \boldsymbol{x}(0)=\boldsymbol{c}^{(0)},\ \boldsymbol{x}'(0)=\boldsymbol{c}^{(1)}.$$

はじめに，行列 A は正則な行列すなわち $\det A\neq 0$ と仮定する．この場合には，§9 で見たように A の平方根がいくつか存在する．そのうちの任意の 1 つを $\sqrt{A}$ で表わすことにする．$(\sqrt{A})^2=A$ であるから $\det\sqrt{A}\neq 0$ となり，$\sqrt{A}$ も正則である．このとき，まえの§12の定理1

の公式(9) (83ページ)によって,

$$(20)\qquad \frac{d}{dt}\sin(t\sqrt{A})=\sqrt{A}\cos(t\sqrt{A}),\quad \frac{d}{dt}\cos(t\sqrt{A})=-\sqrt{A}\sin(t\sqrt{A})$$

となるから, これより次式が成り立つことがわかる:

$$(21)\qquad \begin{cases} \dfrac{d^2}{dt^2}(\sqrt{A})^{-1}\sin(t\sqrt{A})=-\sqrt{A}\sin(t\sqrt{A}), \\ \dfrac{d^2}{dt^2}\cos(t\sqrt{A})=-A\cos(t\sqrt{A}). \end{cases}$$

したがって, 次式によって定義されるベクトル値関数:

$$(22)\qquad \boldsymbol{x}(t)=\cos(t\sqrt{A})\boldsymbol{c}^{(0)}+(\sqrt{A})^{-1}\sin(t\sqrt{A})\boldsymbol{c}^{(1)}$$

はたしかに初期値問題(19)の解となる. 実際, (21)によって

$$\begin{aligned} \frac{d^2}{dt^2}\boldsymbol{x}(t) &= -A\cos(t\sqrt{A})\boldsymbol{c}^{(0)}-\sqrt{A}\sin(t\sqrt{A})\boldsymbol{c}^{(1)} \\ &= -A\left\{\cos(t\sqrt{A})\boldsymbol{c}^{(0)}+(\sqrt{A})^{-1}\sin(t\sqrt{A})\boldsymbol{c}^{(1)}\right\}=-A\boldsymbol{x}(t) \end{aligned}$$

となり, 次の等式(23)と(20)に注意して $\boldsymbol{x}(0)=\boldsymbol{c}^{(0)}$, $\boldsymbol{x}'(0)=\boldsymbol{c}^{(1)}$ が得られるからである.

ところで, A が正則な場合には必ず正則な平方根 $\sqrt{A}$ が存在して,

$$(23)\qquad \begin{cases} \cos(t\sqrt{A})= I-\dfrac{1}{2!}t^2A+\dfrac{1}{4!}t^4A^2-\cdots \\ (\sqrt{A})^{-1}\sin(t\sqrt{A})=tI-\dfrac{1}{3!}t^3A+\dfrac{1}{5!}t^5A^2-\cdots \end{cases}$$

であるが, A が正則でない場合には, その固有値 0 が A の最小方程式の単純解である場合を除いて(§10の定理 2 参照), 一般に $\sqrt{A}$ は存在しない. しかし, (23)の右辺にある A のベキ級数は A が正則でない場合にもすべての t の値に対して収束するから, (23)を A が正則ではない場合の $\cos(t\sqrt{A})$, $(\sqrt{A})^{-1}\sin(t\sqrt{A})$ の定義式であると考えれば, これらの 2 つの関数の導関数の計算は A が正則な場合と全く同様に行えて, (22)は A が正則でない場合にも初期値問題(19)の解を与えていることがわかる.

(ホ)【2 階の定数係数の非同次な線形連立微分方程式の解】. 初期値問題:

$$(24)\qquad \boldsymbol{x}''(t)+A\boldsymbol{x}(t)=\boldsymbol{f}(t),\ \boldsymbol{x}(0)=\boldsymbol{c}^{(0)},\ \boldsymbol{x}'(0)=\boldsymbol{c}^{(1)}\quad (0\in Q).$$

を考えよう. ここで $\boldsymbol{f}(t)$ $(t\in Q)$ は与えられた連続な n 次の(縦)ベクトル値関数とし, $\boldsymbol{c}^{(0)}$, $\boldsymbol{c}^{(1)}$ は(19)にあるものと同じ n 項の数ベクトルとする. このとき, (24)の解は

$$(25)\qquad \begin{aligned} \boldsymbol{x}(t) &= \cos(t\sqrt{A})\boldsymbol{c}^{(0)}+(\sqrt{A})^{-1}\sin(t\sqrt{A})\boldsymbol{c}^{(1)} \\ &\quad +(\sqrt{A})^{-1}\int_0^t \sin\left\{(t-\tau)\sqrt{A}\right\}\boldsymbol{f}(\tau)d\tau\quad (t\in Q) \end{aligned}$$

で与えられることがわかる. ただし, A が正則であってもあるいは正則でなくても, $\cos(t\sqrt{A})$ と $(\sqrt{A})^{-1}\sin(t\sqrt{A})$ はそれぞれ(23)によって定義されていると考える. つぎに(25)が初期値問題(24)の解であることをたしかめてみよう.

(25)の右辺の第 1 項と第 2 項の和を $\boldsymbol{G}(t)$, 第 3 項を $\boldsymbol{F}(t)$ とおこう:

$$
\begin{cases}
\boldsymbol{G}(t)=\cos(t\sqrt{A})\boldsymbol{c}^{(0)}+(\sqrt{A})^{-1}\sin(t\sqrt{A})\boldsymbol{c}^{(1)}, \\
\boldsymbol{F}(t)=(\sqrt{A})^{-1}\int_0^t \sin\left\{(t-\tau)\sqrt{A}\right\}\boldsymbol{f}(\tau)d\tau.
\end{cases}
$$

そうすれば，$\boldsymbol{x}(t)=\boldsymbol{G}(t)+\boldsymbol{F}(t)$ である．(21) から明らかなように，

(26)
$$
\begin{aligned}
\frac{d^2}{dt^2}\boldsymbol{G}(t) &= -A\cos(t\sqrt{A})\boldsymbol{c}^{(0)}-\sqrt{A}\sin(t\sqrt{A})\boldsymbol{c}^{(1)} \\
&= -A\left\{\cos(t\sqrt{A})\boldsymbol{c}^{(0)}+(\sqrt{A})^{-1}\sin(t\sqrt{A})\boldsymbol{c}^{(1)}\right\}=-A\boldsymbol{G}(t)
\end{aligned}
$$

となる．また，パラメータを含んだ関数の積分記号下での微分法によって

(27)
$$
\begin{cases}
\dfrac{d}{dt}\boldsymbol{F}(t)=\displaystyle\int_0^t \cos\left\{(t-\tau)\sqrt{A}\right\}\boldsymbol{f}(\tau)d\tau, \\
\dfrac{d^2}{dt^2}\boldsymbol{F}(t)=-\sqrt{A}\displaystyle\int_0^t \sin\left\{(t-\tau)\sqrt{A}\right\}\boldsymbol{f}(\tau)d\tau+\boldsymbol{f}(t) \\
\qquad\qquad =-A\boldsymbol{F}(t)+\boldsymbol{f}(t)
\end{cases}
$$

となることがわかる．したがって，(26) と (27) の第 2 の等式から次の等式が得られる：

$$
\frac{d^2}{dt^2}\boldsymbol{x}(t)=\frac{d^2}{dt^2}\boldsymbol{G}(t)+\frac{d^2}{dt^2}\boldsymbol{F}(t)=-A\left\{\boldsymbol{G}(t)+\boldsymbol{F}(t)\right\}+\boldsymbol{f}(t)
$$

$=-A\boldsymbol{x}(t)+\boldsymbol{f}(t)$．(20) と (27) の第 1 の等式から

ゆえに，たしかに $\boldsymbol{x}(t)$ は (24) の微分方程式の解である．また，(20) と (27) の第1の等式から

$$
\boldsymbol{x}'(t)=-\sqrt{A}\sin(t\sqrt{A})\boldsymbol{c}^{(0)}+\cos(t\sqrt{A})\boldsymbol{c}^{(1)}+\int_0^t \cos\left\{(t-\tau)\sqrt{A}\right\}\boldsymbol{f}(\tau)d\tau
$$

となるから，$\boldsymbol{x}(t)$ が与えられた初期条件をみたしていることも明らかである．これで，(25) が初期値問題 (24) の解であることがわかった．

【注3】 初期値問題 (19) または (24) の初期条件が $t=0$ ではなく，$t=t_0$ で与えられている場合には，(22) または (25) の $\cos(t\sqrt{A})$, $\sin(t\sqrt{A})$ をそれぞれ $\cos((t-t_0)\sqrt{A})$, $\sin((t-t_0)\sqrt{A})$ でおき換え，(25) の右辺の第 3 項の積分は $\int_{t_0}^t$ とすればよい．

（へ） 【変係数の同次線形 n-連立微分方程式の解】．次の形の方程式系を考えよう：

(28)
$$
\begin{cases}
\dfrac{dx_1}{dt}=a_{11}(t)x_1+a_{12}(t)x_2+\dots+a_{1n}(t)x_n \\
\dfrac{dx_2}{dt}=a_{21}(t)x_1+a_{22}(t)x_2+\dots+a_{2n}(t)x_n \\
\quad\vdots \qquad\qquad\qquad \vdots \\
\dfrac{dx_n}{dt}=a_{n1}(t)x_1+a_{n2}(t)x_2+\dots+a_{nn}(t)x_n
\end{cases}
$$

ただし，$a_{jk}(t)$ はある区間 Q で定義された実変数 t の複素数値連続関数とする．ここで

$$
A(t)=\begin{pmatrix}
a_{11}(t) & a_{12}(t) & \dots & a_{1n}(t) \\
a_{21}(t) & a_{22}(t) & \dots & a_{2n}(t) \\
\vdots & \vdots & \cdots\cdots & \vdots \\
a_{n1}(t) & a_{n2}(t) & \dots & a_{nn}(t)
\end{pmatrix},\quad
\boldsymbol{x}(t)=\begin{pmatrix} x_1(t) \\ x_2(t) \\ \vdots \\ x_n(t) \end{pmatrix},
$$

とおけば，(28) は次の形に書くことができる：

(28)′ $$\boldsymbol{x}'(t)=A(t)\boldsymbol{x}(t) \quad \left(\boldsymbol{x}'(t)=\frac{d}{dt}\boldsymbol{x}(t)\right).$$

したがって，

(29) $$\boldsymbol{x}_1(t)=\begin{pmatrix} x_1^{(1)}(t) \\ x_2^{(1)}(t) \\ \vdots \\ x_n^{(1)}(t) \end{pmatrix},\ \boldsymbol{x}_2(t)=\begin{pmatrix} x_1^{(2)}(t) \\ x_2^{(2)}(t) \\ \vdots \\ x_n^{(2)}(t) \end{pmatrix},\ \dots,\ \boldsymbol{x}_n(t)=\begin{pmatrix} x_1^{(n)}(t) \\ x_2^{(n)}(t) \\ \vdots \\ x_n^{(n)}(t) \end{pmatrix}$$

が(28)′の n 個の解であるならば，これらを列にもつ n 次行列値関数

(30) $$X=X(t)=[\boldsymbol{x}_1(t)\ \boldsymbol{x}_2(t)\ \dots\ \boldsymbol{x}_n(t)]$$

は次の微分方程式をみたすことになる：

(31) $$X'=A(t)X.$$

とくに，n 個の列ベクトル(29)が1次独立のとき，(30)で与えられる(31)の解 $X(t)$ を(28)または(31)の基本行列とよぶ．また，ある $t_0\in Q$ に対して $X(t_0)=I$（単位行列）となる場合には，$X(t)$ は正規化されているという．

ここで，次の定理を証明しよう．

定理4（初期値問題の解の存在と一意性）．$A(t)$ は，ある区間 Q で定義された複素数値の n 次の連続な行列値関数，X_0 は任意に与えられた n 次の正則な定数行列とする．このとき，任意の $t_0\in Q$ に対して，次の変係数の同次線形 n − 連立微分方程式の初期値問題：

(32) $$X'(t)=A(t)X,\quad X(t_0)=X_0$$

の解 $X(t)$ は存在し，それはただ1つにかぎる．

証明．(32)の解 $X(t)$ の存在は，付録にある§29の定理で示されているので，ここでは解 $X(t)$ の一意性だけを証明しよう．そのために，まず(31)の解 $X(t)$ の行列式 $|X(t)|=\det X(t)$ に対して，次の Jacobiの公式 が成り立つことを示そう．

(33) $$|X(t)|=c\left(\exp\int_{t_0}^{t}\{a_{11}(\tau)+a_{22}(\tau)+\dots+a_{nn}(\tau)\}d\tau\right)\ (c\ \text{は定数}).$$

それには，$|X(t)|$ が次の微分方程式をみたしていることを示せばよい（参考書[6]の§4）．

(34) $$\frac{d|X(t)|}{dt}=\{a_{11}(t)+a_{22}(t)+\dots+a_{nn}(t)\}|X(t)|.$$

等式(34)の**証明**．基本行列 $X(t)$ の第 i 行を $\boldsymbol{x}^i(t)$ で表わし，(29)に注意すれば，

$$X(t)=\begin{pmatrix} \boldsymbol{x}^1(t) \\ \boldsymbol{x}^2(t) \\ \vdots \\ \boldsymbol{x}^n(t) \end{pmatrix},\ \text{ただし}\ \boldsymbol{x}^i(t)=[x_i^{(1)}(t)\ x_i^{(2)}(t)\ \dots\ x_i^{(n)}(t)]$$

と書くことができる．良く知られた行列式の微分法によって，次の等式が得られる：

(35) $$\frac{d|X(t)|}{dt}=\sum_{i=1}^{n}\det\begin{pmatrix} \boldsymbol{x}^1(t) \\ \vdots \\ \dot{\boldsymbol{x}}^i(t) \\ \vdots \\ \boldsymbol{x}^n(t) \end{pmatrix}\quad \left(\dot{\boldsymbol{x}}^i(t)=\frac{d}{dt}\boldsymbol{x}^i(t)\right).$$

$X(t)$ の各列は方程式(28)～(28)′の解であるから，(29)に注意すれば各 $j\ (=1,2,\dots,n)$

に対して，次の等式が成り立つことになる：

$$\frac{d}{dt}x_i^{(j)}(t)=\sum_{k=1}^{n}a_{ik}(t)x_k^{(j)}(t) \quad (i=1,2,\dots,n).$$

ここで，$\boldsymbol{x}^i(t)=[x_i^{(1)}(t)\ x_i^{(2)}(t)\dots\ x_i^{(n)}(t)]$ に注意すれば（簡単のために変数 t を省略），

$$\dot{\boldsymbol{x}}^i=\left[\sum_{k=1}^{n}a_{ik}x_k^{(1)}\ \sum_{k=1}^{n}a_{ik}x_k^{(2)}\ \dots\ \sum_{k=1}^{n}a_{ik}x_k^{(n)}\right]=\sum_{k=1}^{n}a_{ik}[x_k^{(1)}\ x_k^{(2)}\ \dots\ x_k^{(n)}]$$
$$=a_{i1}\boldsymbol{x}^1+a_{i2}\boldsymbol{x}^2+\dots+a_{in}\boldsymbol{x}^n$$

と書けることがわかる．この等式の右辺を (35) の $\dot{\boldsymbol{x}}^i(t)$ に代入すれば，2 つの行が一致するような行列式の値は 0 であるから，次の等式が成り立つ：

$$\det\begin{pmatrix}\boldsymbol{x}^1(t)\\ \vdots\\ \dot{\boldsymbol{x}}^i(t)\\ \vdots\\ \boldsymbol{x}^n(t)\end{pmatrix}=a_{ii}\det X(t)=a_{ii}|X(t)|.$$

この等式を (35) に代入して等式 (34) が得られる．これで，Jacobi の公式 (33) が証明された．

さて，初期値問題 (32) の解 $X(t)$ の一意性の証明にもどろう．初期条件 $X(t_0)=X_0$ では $|X_0|\neq 0$ であるから，公式 (33) より

$$|X(t)|=|X_0|\left(\exp\int_{t_0}^{t}\{a_{11}(\tau)+a_{22}(\tau)+\dots+a_{nn}(\tau)\}d\tau\right)\neq 0$$

となる．ゆえに，すべての $t(\in Q)$ に対して逆行列 $X^{-1}(t)$ が存在することに注意しよう．

ここで，$X(t)$ は方程式 (31) の 1 つの解であるから，任意の n 次定数行列 C に対して，

$$\frac{dX(t)C}{dt}=\frac{dX(t)}{dt}C=A(t)X(t)C$$

が得られ，$X(t)C$ もまた (31) の解であることがわかる．とくに $\det C\neq 0$ ならば，$X(t)C$ もやはり (31) の解（基本行列）になる．さらに，$\tilde{X}(t)$ を (31) のもう 1 つの任意の解（基本行列）とすれば，適当にある正則な定数行列 C を取ることによって，$\tilde{X}(t)=X(t)C$ と表わされることがわかる．実際に，行列値関数の積の微分法の公式（§12）により，等式：

$$A\tilde{X}=\frac{d\tilde{X}}{dt}=\frac{d}{dt}(X\cdot X^{-1}\tilde{X})=\frac{dX}{dt}X^{-1}\tilde{X}+X\frac{d}{dt}(X^{-1}\tilde{X})$$
$$=(AX)X^{-1}\tilde{X}+X\frac{d}{dt}(X^{-1}\tilde{X})=A\tilde{X}+X\frac{d}{dt}(X^{-1}\tilde{X}).$$

が得られるから，次の等式が成り立つ：

$$\frac{d}{dt}(X^{-1}\tilde{X})=O \quad (\text{零行列}).$$

これは $X^{-1}\tilde{X}$ がある定数行列 C に等しいことを示し，$\tilde{X}(t)=X(t)C$ となるが，$|X(t)|\neq 0$ であるから $|C|\neq 0$ でなければならない．ゆえに，与えられた正則な定数行列 X_0 に対して，初期条件 $X(t_0)=\tilde{X}(t_0)=X_0$ をみたす方程式 (31) の 2 つの解（基本行列）X と $\tilde{X}$ に対しては $C=I$（単位行列）でなければならないことがわかる．すなわち，X と $\tilde{X}$ は完全に一致する．これで，

初期値問題(32)の解の一意性が示された．

つぎに，簡単な変係数の n- 連立線形同次微分方程式の例をあげておこう．

例 3．A を n 次定数行列とするとき，次の変係数の微分方程式の解 X を求めてみよう：

(36) $$\frac{dX}{dt}=\frac{A}{t-a}X \quad (a \text{ は定数}).$$

いま，$t=a+e^u$ という変数の置き換えによって，(36) を u を変数とする方程式に書き直すと次のようになる：

$$\frac{dX}{du}=\frac{dX}{dt}\frac{dt}{du}=\frac{A}{t-a}X\cdot e^u=AX.$$

(イ)で証明した定理 3 (90ページ)によれば，この定数係数の微分方程式の任意の基本行列 X は適当な正則定数行列 S を取ることによって，次式で与えられる：

$$X=e^{uA}S.$$

ここで e^{uA} は $f(z)=e^{uz}$ とおいたときの $f(A)$ である．$e^{uz}=e^{z\log(t-a)}=(t-a)^z$ であるから，$e^{uA}=(t-a)^A$ であり，けっきょく，方程式(36)の解(基本行列)として

$$X=X(t)=(t-a)^AS$$

が得られる．定数行列 A の最小多項式 $\Psi_A(z)$ と基幹行列 Z_{jk} が定理 1 のすぐあと(86ページ)のものと同じとすれば，§ 4 の例 4 で見たように，$X=X(t)$ は次の形に書き表わされる：

$$X=\sum_{j=1}^{s}\left\{Z_{j1}+Z_{j2}\log(t-a)+\dots+Z_{jm_j}[\log(t-a)]^{m_j-1}\right\}(t-a)^{\lambda_j}S.$$

(ト)【変係数の非同次な線形 n－連立微分方程式の解】 変係数の同次な線形連立微分方程式の右辺に，係数と同じ定義域 Q で連続な関数 $f_k(t)$ $(k=1,2,\dots,n)$ が加わった次の形の方程式の解を求めよう．

$(\widetilde{28})$ $$\begin{cases}\dfrac{dx_1}{dt}=a_{11}(t)x_1+a_{12}(t)x_2+\dots+a_{1n}(t)x_n+f_1(t)\\ \dfrac{dx_2}{dt}=a_{21}(t)x_1+a_{22}(t)x_2+\dots+a_{2n}(t)x_n+f_2(t)\\ \vdots \qquad\qquad \vdots \qquad\qquad \vdots \qquad\qquad \vdots\\ \dfrac{dx_n}{dt}=a_{n1}(t)x_1+a_{n2}(t)x_2+\dots+a_{nn}(t)x_n+f_n(t).\end{cases}$$

この § のはじめに定義したように，関数 $f_1(t), f_2(t), \dots, f_n(t)$ を成分にもつ列ベクトルを $\boldsymbol{f}(t)$ で表わせば，$(\widetilde{28})$ は次の形に書かれる：

$(\widetilde{28})'$ $$\boldsymbol{x}'(t)=A(t)\boldsymbol{x}(t)+\boldsymbol{f}(t).$$

ここで，まえの(へ)で得られた結果を利用する．すなわち，同次線形微分方程式の初期値問題：

$$X'=A(t)X,\quad X(t_0)=I\ (\text{単位行列})$$

の解を $H(t)$ で表わし，これを利用して $(\widetilde{28})'$ の解 $\boldsymbol{x}(t)$ を定数変化法によって求めよう．

そのために

(37) $$\boldsymbol{x}(t)=H(t)\boldsymbol{y}(t)$$

とおいて，この $\boldsymbol{x}(t)$ を $(\widetilde{28})'$ に代入し，ベクトル値関数 $\boldsymbol{y}(t)$ がみたすべき条件（方程式）を求めることにする．(37) を $(\widetilde{28})'$ に代入すると

(38) $$\{H(t)\boldsymbol{y}\}' = A(t)\boldsymbol{x}(t) + \boldsymbol{f}(t)$$

となるが，$H'(t) = A(t)H(t)$ であるから，行列値関数の積の微分法（§12）によって，(38) は次のようになることがわかる：

$$A(t)H(t)\boldsymbol{y} + H(t)\frac{d\boldsymbol{y}}{dt} = A(t)H(t)\boldsymbol{y} + \boldsymbol{f}(t)\,.$$

ゆえに，$(\widetilde{28})'$ は $\boldsymbol{y} = \boldsymbol{y}(t)$ を未知関数とする次の形の微分方程式に書き直される：

$$\frac{d\boldsymbol{y}}{dt} = \{H(t)\}^{-1}\boldsymbol{f}(t)\,.$$

この方程式の解 $\boldsymbol{y}(t)$ は，$\boldsymbol{c}$ を任意の積分定数（列ベクトル）として，次式によって与えられる：

$$\boldsymbol{y}(t) = \int_{t_0}^{t}\{H(\tau)\}^{-1}\boldsymbol{f}(\tau)d\tau + \boldsymbol{c}\,.$$

これを (37) に代入すれば，方程式 $(\widetilde{28})'$ の解は次の形で得られる：

$$\boldsymbol{x}(t) = H(t)\int_{t_0}^{t}\{H(\tau)\}^{-1}\boldsymbol{f}(\tau)d\tau + H(t)\boldsymbol{c}\,.$$

ここで $\boldsymbol{c}$ は $t = t_0$ における初期条件によって定められる．ここでは，初期条件は $H(t_0) = I$ であったから，$\boldsymbol{c} = \boldsymbol{x}(t_0)$ となる．ゆえに，$(\widetilde{28})'$ の解 $\boldsymbol{x} = \boldsymbol{x}(t)$ は次の形に書くことができる：

$$\boldsymbol{x}(t) = H(t)\boldsymbol{x}(t_0) + \int_{t_0}^{t}K(t,\tau)\boldsymbol{f}(\tau)d\tau,\quad \text{ただし } K(t,\tau) = H(t)\{H(\tau)\}^{-1}\,.$$

§ 14．複素変数関数論からの初等的な準備．

この § では複素変数関数論で常用されている基本的ないくつかの概念と定理が必要になるが，この分野に馴染みの薄い読者は § 14~16 を読み飛ばされても，第 3 章以降を理解するのに差し障ることは全くない．

関数 $f(z)$ が行列 A のスペクトル $\sigma(A)$ を含む複素平面上の領域 D で定義された正則関数であれば，$f(z)$ は $\sigma(A)$ の各点で何回でも微分可能であるから，当然，$f(z)$ は A のスペクトル上で定義された関数($f\in\mathscr{F}_\sigma[A]$) であり，このとき $f(z)$ に対する Lagrange - Sylvester の多項式 $L_f(z)$ をつくることによって行列 A の関数 $f(A)=L_f(A)$ が定義される．

他方，正則関数 $f(z)$ はその定義域 D の各点 z_0 を中心とする開円板 (z_0 に依存する半径 r をもつ) $U(z_0)=\{z\,;\,|z-z_0|<r(z_0)\}$ において，次のように収束する $z-z_0$ のベキ級数：

$$f(z)=\sum_{k=0}^{\infty}\alpha_k(z-z_0)^k \quad (\alpha_k\in C)$$

に展開されるから，A のスペクトル $\sigma(A)$ が $U(z_0)$ に含まれているならば，L - S 多項式によらずに直接に，$f(A)$ を収束する行列のベキ級数によって

$$f(A)=\sum_{k=0}^{\infty}\alpha_k(A-z_0I)^k \quad (I\text{ は } n \text{ 次の単位行列})$$

として定義することもできた(§ 7 の例 3)．このとき，行列 $f(A)$ が $f(z)$ に対してつくられる L - S 多項式 $L_f(z)$ から求められる行列 $L_f(A)$ に一致するということも，すでに一般に検証ずみである(§ 7，定理 1 の系 1)．しかし，周知のように，ベキ級数による正則関数の表示は局所的なものであり，収束半径が無限大であるようなベキ級数で表わされる関数—整関数—の場合を除けば，一般にはどのように点 $z_0\in D$ を選んでも $\sigma(A)\subset U(z_0)$ となることを期待することはできないであろう．実は，いま述べた 2 つの方法以外に $f(A)$ を定義する第 3 の方法がある．

この § の目的は，複素変数関数論で最も基本的な正則 (解析) 関数に対する Cauchy の積分定理と積分公式およびその他の諸概念を正則な行列値関数の場合に述べ換えて，次の § 15 において行列 A の関数 $f(A)$ を複素積分によって表わすための準備をすることである．$f(A)$ の積分表示式 (次の§15 の等式 (11)) は，A が無限次元のヒルベルト空間あるいはバナッハ空間における有界な線形作用素である場合には，《作用素 A の関数 $f(A)$》を定義するときの基本的なモデル (いわゆる Dunford 積分の原型) としての役割を果たしているという意味で重要なものである．

関数論に不案内な読者の便宜のため，以下で使用するいくつかの概念 (用語) や定理などの右肩には括弧入りの小数字を付け，巻末の (初版での) 参考書[6] でその用語の意味や定理の証明が見られるようにした．必要に応じて，この § の末尾の指示を参照されたい．しかし，読者の手間を省くため，この § で必要とする関数論のもっとも基本的な定理は，とくに定理 **A**，**A′**，**B**，**B′** として述べておいた．これらの定理では複素変数の関数を複素平面上の曲線に沿って積分するという概念が重要な役割を演じるので，まず，この概念について簡単に説明しておこう．

一般に，領域 D[1] で定義された複素変数 z の連続関数[2] $f(z)$ を D の中に在る長さをもつ曲線[3] $C: z=z(t)$ $(c_1 \leqq t \leqq c_2)$ に沿って（始点 $\alpha=z(c_1)$ から終点 $\beta=z(c_2)$ まで）積分するということは，形式的には実変数の関数の定積分のそれと全く同じように定義される．すなわち，区間 $[c_1, c_2]$ に分点 $c_1=t_0<t_1<\ldots<t_l=c_2$ を取り，$z_k=z(t_k)$ $(0 \leqq k \leqq l)$ とすることによって，曲線 C 上に分点 $\Delta: \alpha=z_0, z_1, \ldots, z_{l-1}, \beta=z_l$ を設ける．つぎに，これらの分点によってできる C 上の点 $z_{k-1}=z(t_{k-1})$ から点 $z_k=z(t_k)$ までの微小な曲線弧の上に任意の点 $\tau_k=z(t'_k)$（ただし $t_{k-1} \leqq t'_k \leqq t_k$; $k=1, 2, \ldots, l$）を取り，これらの分点 Δ に応じて近似和：

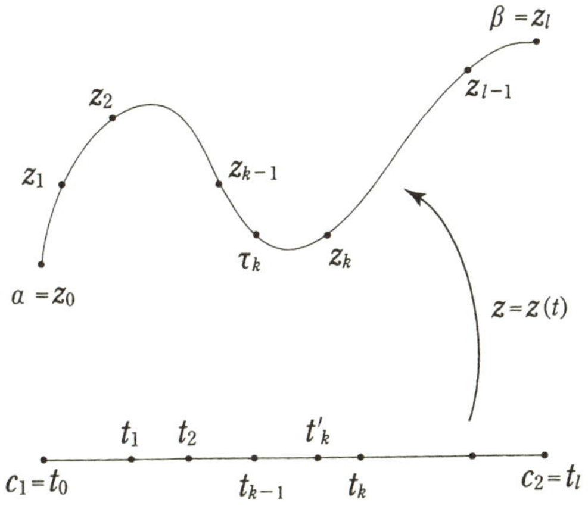

$$S_\Delta=\sum_{k=1}^{l} f(\tau_k)(z_k-z_{k-1})=\sum_{k=1}^{l} f(z(t'_k))\{z(t_k)-z(t_{k-1})\}$$

をつくる．そうしたとき，$\max_{1 \leqq k \leqq l}\{|z_k-z_{k-1}|\} \longrightarrow 0$ となるように分点 Δ の個数を増していけば，S_Δ は一定の複素数 S_0 に収束することが証明される[4]．この S_0 を点 α から点 β に向かう曲線 C に沿っての $f(z)$ の積分とよび，$\int_{C\,\alpha}^{\beta} f(z)dz$ あるいは単に $\int_C f(z)dz$ で表わす．とくに，曲線 C を表わす関数 $z(t)$ $(c_1 \leqq t \leqq c_2)$ の導関数が連続ならば，

(1)
$$\int_C f(z)dz=\int_{c_1}^{c_2} f(z(t))z'(t)dt$$

となること，また，このとき(1)の値は曲線 C を表わす関数 $z(t)$ の取りかたによらないことを示すことができる．積分 $\int_{C\,\alpha}^{\beta} f(z)dz$ に対して積分 $\int_{C\,\beta}^{\alpha} f(z)dz$ は点 β から点 α に向かう曲線 C に沿っての $f(z)$ の積分を意味する．ところで，積分 $\int_{C\,\alpha}^{\beta} f(z)dz$ は領域 D の中で始点 α と終点 β とを結ぶ曲線 C の取りかたによって，一般にはさまざまな値を取り，始点 α と終点 β だけでは定まらない．しかし，もし $f(z)$ が単連結な領域[5] D で正則[6] ならば Cauchy の積分定理[7]（次に述べる定理 **A**）によって，この積分は始点 α と終点 β だけで定まることがわかる[5]．曲線に沿っての積分に関して，次のようないくつかの性質が容易にたしかめられる：

(i)
$$\int_{C\,\alpha}^{\beta} f(z)dz=-\int_{C\,\beta}^{\alpha} f(z)dz,$$

(ii) 任意の複素定数 η に対して，$\int_{C\,\alpha}^{\beta} \eta f(z)dz=\eta\int_{C\,\alpha}^{\beta} f(z)dz$,

(iii) 領域 D で定義されたもう 1 つの任意の連続関数 $g(z)$ に対して，

$$\int_{C\,\alpha}^{\beta}\{f(z)+g(z)\}dz=\int_{C\,\alpha}^{\beta} f(z)dz+\int_{C\,\alpha}^{\beta} g(z)dz,$$

(iv)　　曲線 C 上の任意の 3 点 α, β, γ に対して，

$$\int_{C\,\alpha}^{\gamma} f(z)dz=\int_{C\,\alpha}^{\beta} f(z)dz+\int_{C\,\beta}^{\gamma} f(z)dz\,.$$

また，それぞれが向きをもったいくつかの曲線 $C_1, C_2, \dots, C_r$ を合わせて 1 つの曲線 C と考えることがある．このとき $C=C_1\dot{+}C_2\dot{+}\dots\dot{+}C_r$ と書き，C に沿っての積分を次のように定義する：

$$\int_C f(z)dz=\int_{C_1} f(z)dz+\int_{C_2} f(z)dz+\dots+\int_{C_r} f(z)dz\,.$$

以下で「曲線」というときには，つねに「長さのある曲線」を意味するものとする（その正確な定義については[6]の § 19 を参照されたい）．

つぎに，Cauchy の積分定理と積分公式をやや一般にした定理 **A′** と定理 **B′** を挙げておくが，念のために，それらの原型をそれぞれ定理 **A**，定理 **B** として述べておく．定理 **A′**，**B′** はそれぞれ定理 **A**，**B** からただちに導かれるものである．なお，この § と次の § 15 および § 16では，i はつねに虚数単位 $\sqrt{-1}$ を表わすものとする：$i=\sqrt{-1}$．

定理 A（Cauchy の積分定理）[8]．複素関数 $f(z)$ が複素平面上の領域 D で正則のとき，D 内のJordan 閉曲線[9] Ω の内部が D の点ばかりからなっているならば，曲線 Ω に沿っての $f(z)$ の積分は 0 に等しい．すなわち，次式が成り立つ：

$$\int_\Omega f(z)dz=0\,.$$

定理 A′（Cauchy の積分定理の一般形）[10]．$f(z)$ は複素平面における領域 D で正則な関数とする．また，$\Omega, \omega_1, \omega_2, \dots, \omega_q$ は D 内の Jordan 閉曲線で $\omega_1, \omega_2, \dots, \omega_q$ はすべて Ω の内部にあり，これらのうちのどの 2 つも互いに相手の外部にあるものとする（左図を見よ）．このとき，曲線 $\Omega\dot{+}\omega_1\dot{+}\omega_2\dot{+}\dots\dot{+}\omega_q$ を境界とする領域 D'（図の斜線部）が D の点ばかりからなるならば，つぎの等式が成り立つ：

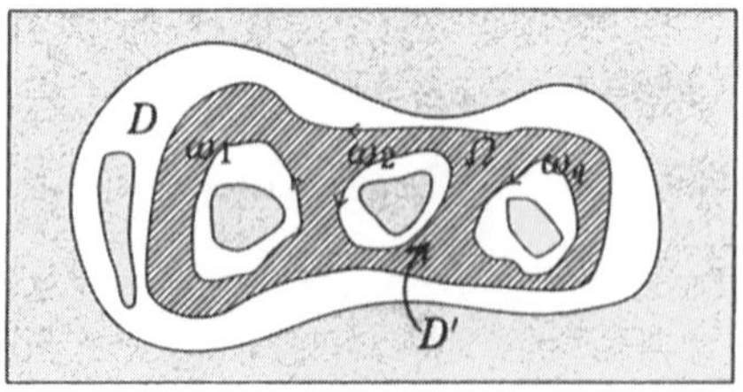

$$\int_\Omega f(z)dz=\int_{\omega_1} f(z)dz+\int_{\omega_2} f(z)dz+\dots+\int_{\omega_q} f(z)dz\,.$$

ただし，曲線に沿っての積分はすべて正の向き[11]に行われるものとする．

次の公式 (2) は，Jordan 閉曲線 Ω で囲まれた領域の内部の点 ζ における $f(z)$ とその逐次導関数の値を曲線 Ω 上での $f(z)$ の値で表わす非常に重要な公式である

定理 B（Cauchy の積分公式）[12]．複素関数 $f(z)$ は領域 D で正則であるとする．また，Ω は D 内の Jordan 閉曲線であって，その内部は D の点ばかりからなるとき，Ω の内部の任意の点 ζ に対して，次の等式が成り立つ：

(2)　$$f^{(k)}(\zeta)=\frac{k!}{2\pi i}\int_\Omega \frac{f(z)}{(z-\zeta)^{k+1}}dz \quad (k=0,1,\dots;\ f^{(0)}(\zeta)=f(\zeta))$$

ただし，曲線に沿っての積分は正の向きに行うものとする．

この定理は，正則関数の定義域を必ずしも領域と限らず，単に開集合[13]であるとして次

の形に一般化することができる．この場合，開集合の境界が有限個のJordan閉曲線 $\omega_1, \ldots, \omega_q$ からなることが仮定されるが，ある ω_k がある ω_j の内部に在るようなことが起り得ることに注意しよう（次の図を見られたい）：

定理 B′．G_0 は複素平面内の開集合であって，その境界 $\Omega = \partial G_0$ がいくつかのJordan閉曲線 $\omega_1, \ldots, \omega_q$ からなっているものとする．すなわち，$\Omega = \omega_1 \dot{+} \cdots \dot{+} \omega_q$ とする．さらにまた，

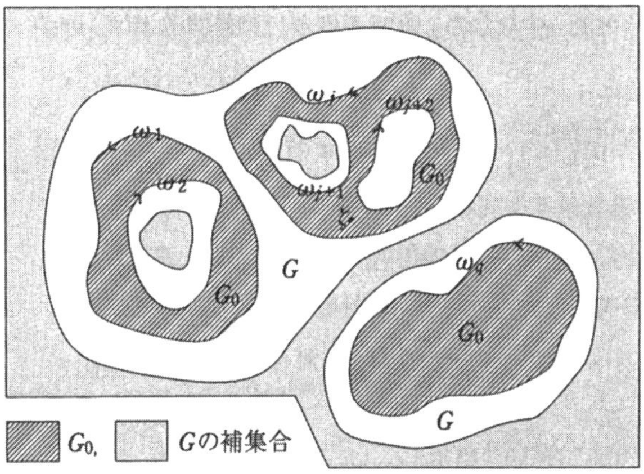

関数 $f(z)$ は G_0 の境界まで込めた集合 $\overline{G}_0 = G_0 \cup \Omega = G_0 \cup \omega_1 \cup \cdots \cup \omega_q$（図の斜線の部分）を含むある開集合 G において正則であると仮定する．このとき，G_0 の任意の点 ζ に対して，次の等式(3)が成り立つ[14)]．ここで，曲線に沿っての積分は正の向きに行われるものとするが，ある ω_k が ω_j の内部に在る場合には，ω_k に沿っての積分は ω_j とは逆の向きに行われるものとする（左図の ω_j と ω_{j+1} の向きを示す矢印に注意）．

$$(3)\qquad f^{(k)}(\zeta) = \frac{k!}{2\pi i}\int_{\Omega}\frac{f(z)}{(z-\zeta)^{k+1}}dz = \sum_{l=1}^{q}\frac{k!}{2\pi i}\int_{\omega_l}\frac{f(z)}{(z-\zeta)^{k+1}}dz \quad (k=0,1,\ldots).$$

【注 1】たとえば，点 ζ が上の図に示されたような位置にある場合には，閉曲線 ω_1 および ω_2 によって区切られている環状領域あるいは閉曲線 ω_q の内部では被積分関数は正則であるから，上の等式(3)は次のようになる：

$$\begin{aligned} f^{(k)}(\zeta) &= \frac{k!}{2\pi i}\int_{\Omega}\frac{f(z)}{(z-\zeta)^{k+1}}dz \\ &= \frac{k!}{2\pi i}\left\{\int_{\omega_j}\frac{f(z)}{(z-\zeta)^{k+1}}dz + \int_{\omega_{j+1}}\frac{f(z)}{(z-\zeta)^{k+1}}dz + \int_{\omega_{j+2}}\frac{f(z)}{(z-\zeta)^{k+1}}dz\right\}. \end{aligned}$$

先に述べたように，次の§では積分公式(3)の変数 ζ を行列 A で置きかえた行列 $f(A)$ に対する積分公式を導くが，そのためにまず，正則な行列値関数の定義を述べておこう．形式的にはスカラー変数の正則関数の定義と全く同じである．いま，複素平面上の開集合 G で定義された n^2 個の複素数値関数 $a_{jk}(z)$ $(j, k = 1, 2, \ldots)$ を (j, k) 成分とする n 次行列

$$A(z) = [a_{jk}(z)] = \begin{pmatrix} a_{11}(z) & a_{12}(z) & \ldots & a_{1n}(z) \\ a_{21}(z) & a_{22}(z) & \ldots & a_{2n}(z) \\ \vdots & \vdots & \cdots\cdots & \vdots \\ a_{n1}(z) & a_{n2}(z) & \ldots & a_{nn}(z) \end{pmatrix}$$

が与えられているとする．このとき，G の各点 z において，行列としての極限値（§1参照）：

$$(4)\qquad \lim_{\zeta \to 0}\frac{A(z+\zeta) - A(z)}{\zeta} \quad (z \in G)$$

が存在するとき（すなわち $A(z)$ が各点 $z \in G$ において微分可能のとき），行列値関数 $A(z)$ は

G で正則であるという．また，極限行列(4)を $A'(z)$ で表わし，これを行列値関数 $A(z)$ の G における導関数という．明らかに，$A(z)$ が G で正則であるということと，$A(z)$ のすべての成分 $a_{jk}(z)$ ($j,k=1,2,\ldots,n$) が G で正則であることとは同等であって，次式が成り立つ：

$$A'(z)=[a'_{jk}(z)] \quad (z\in G).$$

さらに，G で正則な関数は G の各点で何回でも微分可能であるから[15]，G で正則な行列値関数もまた G の各点において何回でも微分可能，すなわち，G で正則な行列値関数 $A(z)$ の p 次導関数 $A^{(p)}(z)$ は次の等式で与えられる：

$$A^{(p)}(z)=[a_{jk}^{(p)}(z)] \ (\text{ただし } a_{jk}^{(p)}(z)=\frac{d^p a_{jk}(z)}{dz^p},\ z\in G).$$

すでに§12において，実変数 t の複素数値連続関数 $f_{jk}(t)$ を成分とする行列値関数 $F(t)$ の積分法を定義したが，それと全く同様に，複素平面上の領域 D で定義された連続な複素数値関数 $a_{jk}(z)$ ($j,k=1,2,\ldots,n$) を成分とす n 次の行列値関数 $A(z)=[a_{jk}(z)]$ (これを D で連続な行列値関数とよぶ) と，D 内の曲線 $\gamma : z=z(t)$ ($t_1\leqq t\leqq t_2$) に対して，曲線 γ に沿っての $A(z)$ の積分を次のように定義する：

$$\int_\gamma A(z)dz=\left[\int_\gamma a_{jk}(z)dz\right] \quad (j,k=1,2,\ldots,n).$$

このとき，次のことがらが成り立つことがわかる：

(v) 任意の複素定数 c に対して，$\int_\gamma cA(z)dz=c\int_\gamma A(z)dz$.

(vi) D で連続な任意の関数 $f(z)$ と任意の n 次定数行列 K に対して，

$$K\int_\gamma f(z)dz=\int_\gamma Kf(z)dz=\int_\gamma f(z)K\,dz=\int_\gamma f(z)dzK.$$

(vii) D で連続なもう1つの n 次の行列値関数 $B(z)=[b_{jk}(z)]$ に対して，

$$\int_\gamma \{A(z)+B(z)\}dz=\int_\gamma A(z)dz+\int_\gamma B(z)dz.$$

(viii) K_1, K_2 を n 次の任意の(複素)定数行列とすれば，

$$\int_\gamma K_1A(z)K_2\,dz=K_1\int_\gamma A(z)dzK_2.$$

さて，D で正則な行列値関数 $A(z)$ の各成分 $a_{jk}(z)$ はすべて D で正則であるから，曲線に沿っての行列値関数の積分法の定義にしたがって，ただちに次の定理が得られる．

定理1(正則な行列値関数に対するCauchyの積分定理)．定理 **A** における正則関数 $f(z)$ を，D で正則な行列値関数 $A(z)$ で置き換えることができる．すなわち，D 内のJordan閉曲線 Ω の内部が D の点ばかりからなっていれば，次の等式が成り立つ：

(5) $$\int_\Omega A(z)dz=O \quad (n\text{ 次の零行列}).$$

全く同様の理由で，定理 **A′** における関数 $f(z)$ を D で正則な行列値関数 $A(z)$ で置き換えることができて，次の等式が得られる：

(6) $$\int_\Omega A(z)dz=\int_{\omega_1} A(z)dz+\int_{\omega_2} A(z)dz+\ \ldots\ +\int_{\omega_q} A(z)dz.$$

定理 **B**, **B′** で $f(z)$ を行列値関数 $A(z)$ で置き換えれば，ただちに次の定理が得られる．

定理 2 (正則な行列値関数に対するCauchyの積分公式). 定理 B における関数 $f(z)$ を D で正則な行列値関数 $A(z)$ で置き換えることができる. すなわち, Jordan 閉曲線 Ω に関して定理 B と同じ仮定のもとで, Ω の内部の任意の点 ζ に対して, 次の等式が成り立つ:

(7) $$A^{(k)}(\zeta)=\frac{k!}{2\pi i}\int_{\Omega}\frac{A(z)}{(z-\zeta)^{k+1}}dz \quad (k=0,1,2,\ldots;A^{(0)}(\zeta)=A(\zeta)).$$

また, 定理 B′ の $f(z)$ を, 開集合 G_0 の境界 Ω まで込めた集合 $G_0\cup\Omega$ を含むある開集合 G で正則な行列値関数 $A(z)$ で置き換えることができて, 任意の点 $\zeta\in G_0$ に対して次の等式が成り立つことがわかる ($k=0$ の場合):

(8) $$A(\zeta)=\frac{1}{2\pi i}\int_{\Omega}\frac{A(z)}{z-\zeta}dz=\sum_{l=1}^{q}\frac{1}{2\pi i}\int_{\omega_l}\frac{A(z)}{z-\zeta}dz$$

さて, 複素平面上の領域 D で定義されそこで正則な n 次の行列値関数 $A(z)=[a_{jk}(z)]$ の各成分 $a_{jk}(z)$ は D で正則であるから, $a_{jk}(z)$ は点 $c\,(\in D)$ において, 次のように c と j,k に依存して定まるある収束半径 $R_{jk}(c)>0$ をもつ $z-c$ のベキ級数に展開することができる:

(9) $$a_{jk}(z)=a_{jk}^{[0]}+a_{jk}^{[1]}(z-c)+a_{jk}^{[2]}(z-c)^2+\ldots=\sum_{p=0}^{\infty}a_{jk}^{[p]}(z-c)^p.$$

ここで, $a_{jk}^{[p]}$ $(p=0,1,2,\ldots)$ は複素定数である. したがっていま, $a_{jk}^{[p]}$ を (j,k) 成分とする n 次の複素定数行列を $A^{[p]}$ で表わし, $R(c)=\mathrm{Min}\{R_{jk}(c)\,;j,k=1,2,\ldots,n\}$ とすれば, 領域 D で正則な行列値関数 $A(z)$ は点 c の近傍において, 次の形に書き表わすことができる:

(10) $$A(z)=A^{[0]}+A^{[1]}(z-c)+A^{[2]}(z-c)^2+\ldots=\sum_{p=0}^{\infty}A^{[p]}(z-c)^p \quad (|z-c|<R(c)).$$

すなわち, $A(z)$ は点 $c\,(\in D)$ を中心に, 定数行列 $A^{[p]}$ を係数とする $z-c$ の収束するベキ級数に展開されることがわかる. (9) から明らかなように,

$$a_{jk}^{[p]}=\frac{1}{p!}\frac{d^p a_{jk}(z)}{dz^p}\bigg|_{z=c}=\frac{a_{jk}^{(p)}(c)}{p!} \quad (j,k=1,2,\ldots,n;p=0,1,\ldots)$$

であるから, すでに述べた行列値関数の微分法の定義 (§ 12) により, (10) の係数行列 $A^{[p]}$ は, 明らかに次式で与えられることがわかる:

(11) $$A^{[p]}=\frac{1}{p!}\left[a_{jk}^{(p)}(c)\right]=\frac{A^{(p)}(c)}{p!} \quad (p=0,1,\ldots).$$

他方, Cauchy の積分公式 (3) (定理 B′ で $f(z)=a_{jk}(z)$, $q=1$ の場合) によって, 領域 D 内の 点 c を中心とする半径 $R(c)$ の (正の向きをもつ) 円周を c_R とするとき, 等式

$$a_{jk}^{[p]}=\frac{a_{jk}^{(p)}(c)}{p!}=\frac{1}{2\pi i}\int_{c_R}\frac{a_{jk}(z)}{(z-c)^{p+1}}dz \quad (j,k=1,2,\ldots,n;p=0,1,\ldots)$$

が成り立つから, この等式と (11) と, すでに述べた閉曲線に沿う行列値関数の積分の定義によって, 展開式 (10) の係数行列 $A^{[p]}$ は次式で与えられることがわかる:

(12) $$A^{[p]}=\frac{1}{2\pi i}\int_{c_R}\frac{A(z)}{(z-c)^{p+1}}dz=\frac{1}{p!}A^{(p)}(c) \quad (p=0,1,2,\ldots).$$

すなわち，(10)は領域 D で正則な行列値関数 $A(z)$ の点 $c \in D$ を中心とするTaylor展開に他ならない．つぎに，n 次(複素)行列値関数 $A(z)=[a_{jk}(z)]$ が複素平面上のある点 $z=c$ で微分可能ではないが，点 c を除いた領域 $D'=\{z\,;0<|z-c|<R'(c)\}$ の各点では微分可能(すなわち D' で正則)であると仮定しよう．この場合には，$A(z)$ の少なくともある1つの成分 $a_{jk}(z)$ は点 c において微分可能ではないが領域 D' では微分可能であるから，点 c は $a_{jk}(z)$ の孤立特異点[16]であって，$a_{jk}(z)$ は次のように一意的にLaurent展開[17]される：

$$(13)\qquad a_{jk}(z)=\sum_{p=1}^{\infty}\frac{a_{jk}^{[-p]}}{(z-c)^p}+\sum_{p=0}^{\infty}a_{jk}^{[p]}(z-c)^p\quad(0<|z-c|<R'(c)\,;a_{jk}^{[\pm p]}\ \text{は複素定数}).$$

このLaurent展開の係数は次式によって与えられる[18]：

$$(14)\qquad a_{jk}^{[p]}=\frac{1}{2\pi i}\int_{\omega}\frac{a_{jk}(z)}{(z-c)^{p+1}}dz\quad(p=0,\pm1,\pm2,\ldots).$$

ここで，ω は領域 $0<|z-c|<R'(c)$ 内にあって点 c を囲む正の向きをもつ任意のJordan閉曲線である．もちろん，点 c を中心とする任意の円周 $|z-c|=r$ (ただし，$0<r<R'(c)$)でもよい．(13)において $z-c$ の負ベキの項全部の和をLaurent展開における $a_{jk}(z)$ の主要部という．とくに展開式(13)において，$z-c$ の負ベキの項が有限個しか存在せず(すなわち $a_{jk}(z)$ の主要部が $(z-c)^{-1}$ の多項式であって)，$a_{jk}^{[-m]}\neq 0$ かつ $p>m$ のとき $a_{jk}^{[-p]}=0$ であるならば，$a_{jk}(z)$ は点 c において m 位の極をもつといわれる．

行列値関数 $A(z)$ のどの成分 $a_{jk}(z)$ ($j,k=1,2,\ldots,n$)も点 $z=c$ において正則(すなわち c の近傍の各点で微分可能)であるか，または有限位の極をもつ場合を考えよう．もしも関数 $a_{jk}(z)$ が点 c において正則ならば $a_{jk}^{[-p]}=0\ (p\geqq 1)$ であるが，$a_{jk}(z)$ が点 c において極をもつ場合には，$a_{jk}(z)$ は(13)のようにLaurent展開されるから(仮定より $z-c$ の負ベキの項は有限個である)，$A(z)$ の成分のうちで点 c における極の位数の最大値を M として，

$$A^{[p]}=\left[a_{jk}^{[p]}\right]\quad(p=-M,-M+1,\ldots,-1,0,1,2,\ldots\,;j,k=1,2,\ldots,n)$$

とおけば，(13)から明らかなように，

$$(15)\qquad A(z)=\sum_{p=1}^{M}\frac{A^{[-p]}}{(z-c)^p}+\sum_{p=0}^{\infty}A^{[p]}(z-c)^p\qquad(0<|z-c|<R'(c))$$

と書くことができる．ただし，$A^{[-M]}\neq O$ (すなわち，ある (j,k) に対して $a_{jk}^{[-M]}\neq 0$)である．このとき(14)から，(15)の係数行列は次式で与えられることも明らかであろう．

$$A^{[p]}=\frac{1}{2\pi i}\int_{\omega}\frac{A(z)}{(z-c)^{p+1}}dz\quad(p=-M,-M+1,\ldots,-1,0,1,2,\ldots).$$

行列値関数 $A(z)$ がある領域 $0<|z-c|<r$ において(15)の形に書き表わされるとき，$A(z)$ は点 c において M 位の極をもつという．(15)は $A(z)$ の極 $z=c$ におけるLaurent展開である．この場合，$A(z)$ の行列成分のうち少なくとも1個は点 c において M 位の極をもち，それ以外の残りの成分は点 c において高だか M 位の極をもつかまたは正則であるということになる．

したがって，$A(z)$ は点 c の近傍において，$B(c) \neq O$（n 次の零行列）となるある正則な行列値関数 $B(z)$ によって，次のように書き表わされる：

$$A(z) = \frac{B(z)}{(z-c)^M}.$$

$A(z)$ の Laurent 展開（15）において $(z-c)^{-1}$ の係数 $A^{[-1]}$ を $z=c$ における $A(z)$ の留数 とよび，これを $\operatorname*{Res}_{z=c} A(z)$ で表わす．留数は定積分の計算等において重要な役割をはたしている．

例．§2 からずっと一貫して使ってきた記号を用いることにして，n 次（複素）定数行列 A の相異なる固有値が $\lambda_1, \lambda_2, \ldots, \lambda_s$ で，A の最小多項式が $\Psi_A(z) = \prod_{j=1}^{s}(z-\lambda_j)^{m_j}$ であるとき，§6 の等式（11）は次のようなものであった．

$$(16) \quad (zI-A)^{-1} = \sum_{j=1}^{s}\left\{\frac{1}{z-\lambda_j}A_j^{[-1]} + \frac{1}{(z-\lambda_j)^2}A_j^{[-2]} + \cdots + \frac{1}{(z-\lambda_j)^{m_j}}A_j^{[-m_j]}\right\} \quad (z \notin \sigma(A))$$

ここで，$A_j^{[-1]}, \ldots, A_j^{[-m_j]}$ $(1 \leq j \leq s)$ は定数行列である．この等式と Laurent 展開の一意性によって，中括弧 $\{\ \}$ の中の式は行列値関数 $(zI-A)^{-1}$ の $z=\lambda_j$ まわりの Laurent 展開の主要部であることがわかる．ゆえに，$z=\lambda_j$ における $(zI-A)^{-1}$ の留数は $A_j^{[-1]}$ である：$\operatorname*{Res}_{z=\lambda_j} (zI-A)^{-1} = A_j^{[-1]}$．他方，§6 での等式（11）の直前で定義したように $A_j^{[-k]} = (A-\lambda_j I)^{k-1}P_j$ $(k=1,2,\ldots,m_j)$ であったから，けっきょく，次の等式が得られる：

$$\operatorname*{Res}_{z=\lambda_j} (zI-A)^{-1} = P_j.$$

なお，§6 の定理 1 で見たように，P_j は A の固有値 λ_j に属する基幹行列 Z_{j1} であると同時に，$\boldsymbol{C}^n$ から固有値 λ_j に属する一般固有空間 $\widetilde{\mathcal{N}}(\lambda_j)$ への射影でもあった（§26 も見られたい）．
また（15）と Laurent 展開の一意性により，行列値関数 $(z-\lambda_j)(zI-A)^{-1}$ の $z=\lambda_j$ における主要部の $(z-\lambda_j)^{-1}$ の係数は $A_j^{[-2]} = (A-\lambda_j I)P_j$ であるから，次の等式が得られる：

$$\operatorname*{Res}_{z=\lambda_j} (z-\lambda_j)(zI-A)^{-1} = (A-\lambda_j I)P_j.$$

上で述べたことがらを定理としてまとめておこう．

定理 3．上の例での n 次行列 A に対して，行列値関数 $(zI-A)^{-1}$ は A の固有値 $z=\lambda_j$ において λ_j の幾何的重複度 m_j に等しい位数の極をもち，$z=\lambda_j$ における $(zI-A)^{-1}$ の留数は $\boldsymbol{C}^n$ から一般固有空間 $\widetilde{\mathcal{N}}(\lambda_j)$ への射影 P_j に等しい．

この § のはじめのほうで注意しておいたように，括弧つきの小数字を右肩に付けて使用した複素関数論の用語の定義等が見られる[6]のページ番号を以下にまとめて指示しておく．

1) 25~26，2) 18, 29，3) 54，4) 53~60，5) 44，6) 76, 78，7) 76，8) 76，9) 19~20，10) 82，11) 20~21, 80~81，12) 86，13) 22，14) 86，15) 86，16) 116，17) 115，18) 116．

§ 15．行列の正則関数の積分表示．

はじめに，n 項の数ベクトル空間 $\boldsymbol{C}^n$ においてとくに自然座標系 $\mathcal{B}_0$ を取れば，$\boldsymbol{C}^n$ の任意の 1 次変換 $\boldsymbol{T}$ とその（$\mathcal{B}_0$ に関する）表現行列 T に対して，つねに $\boldsymbol{T}\boldsymbol{x}=T\boldsymbol{x}$（$\boldsymbol{x}\in\boldsymbol{C}^n$）となるから，$\boldsymbol{T}$ と T とを区別する必要がないことに注意しよう（§ 23，【注 1】）．

この § 15 でも，n 次行列 A の最小多項式 $\Psi_A(z)$，固有多項式 $\Phi_A(z)$，… 等はいままでに繰返し利用したものと同じとする（m_j は固有値 λ_j の幾何的重複度，n_j は λ_j の代数的重複度）．行列 A から（$\boldsymbol{C}^n$ の自然座標系 $\mathcal{B}_0$ のもとで）生じる $\boldsymbol{C}^n$ の 1 次変換を $\boldsymbol{A}$ とすれば，§ 26 の定理 4 により，固有値 λ_j に属する $\boldsymbol{A}$ の一般固有空間 $\widetilde{\mathcal{N}}(\lambda_j)$ に対して，次の等式が成り立つ：

$$\widetilde{\mathcal{N}}(\lambda_j)=\left\{\boldsymbol{x}\,\middle|\,(\boldsymbol{A}-\lambda_j\boldsymbol{I})^{m_j}\boldsymbol{x}=\boldsymbol{0},\boldsymbol{x}\in\boldsymbol{C}^n\right\}=\left\{\boldsymbol{x}\,\middle|\,(A-\lambda_jI)^{m_j}\boldsymbol{x}=\boldsymbol{0},\boldsymbol{x}\in\boldsymbol{C}^n\right\}.$$

（$\boldsymbol{I}$ は $\boldsymbol{C}^n$ の恒等変換，I は n 次単位行列）．また，$\boldsymbol{C}^n$ から $\widetilde{\mathcal{N}}(\lambda_j)$ への射影を $\boldsymbol{P}_j$ とし（§ 26 を参照），その（座標系 $\mathcal{B}_0$ のもとでの）表現行列を P_j とすれば，$\boldsymbol{P}_j\boldsymbol{x}=P_j\boldsymbol{x}$（$\boldsymbol{x}\in\boldsymbol{C}^n$）となるから，このあと行列 P_j は射影 $\boldsymbol{P}_j$ そのものであると考える（§ 6 の定理 1 により，P_j は行列 A の固有値 λ_j に属するベキ等行列 Z_{j1} である）．つぎに，c_j は複素平面上で固有値 λ_j を中心とする半径 r_j の小円周 $\left\{z=\lambda_j+r_je^{i\theta}\,\middle|\,0\leqq\theta\leqq 2\pi\right\}$ であって，$c_1,c_2,\ldots,c_s$ のどの 2 つも互いに相手の外側にあり，正の向きをもっているものとする．このとき，次の定理が成り立つ．

定理 1．行列 A の固有値 λ_j（$j=1,2,\ldots,s$）に属する一般固有空間 $\widetilde{\mathcal{N}}(\lambda_j)$ への射影 P_j は次のように積分表示される：

$$P_j=\frac{1}{2\pi i}\int_{c_j}(zI-A)^{-1}dz\quad(j=1,2,\ldots,s) \tag{1}$$

証明．§ 6 のおわりで導いておいた等式（12）すなわち

$$(zI-A)^{-1}=\sum_{k=1}^{s}\left\{\frac{1}{z-\lambda_k}Z_{k1}+\frac{1!}{(z-\lambda_k)^2}Z_{k2}+\cdots+\frac{(m_k-1)!}{(z-\lambda_k)^{m_k}}Z_{km_k}\right\} \tag{2}$$

の両辺を，固有値 λ_j を中心とする円周 c_j に沿って積分すると，まえの § で見た行列値関数の積分の性質（vii）の反復利用と（vi）によって，次の等式が得られる：

$$\int_{c_j}(zI-A)^{-1}dz=\sum_{k=1}^{s}\left\{\int_{c_j}\frac{1}{z-\lambda_k}dzZ_{k1}+\int_{c_j}\frac{1!}{(z-\lambda_k)^2}dzZ_{k2}+\cdots\right.$$
$$\left.\cdots+\int_{c_j}\frac{(m_k-1)!}{(z-\lambda_k)^{m_k}}dzZ_{km_k}\right\} \tag{3}$$

ここで，次の等式が成り立つことに注意しよう：

$$\frac{1}{2\pi i}\int_{c_j}\frac{1}{(z-\lambda_k)^l}dz=0\quad(\text{ただし，}k\neq j\,;\,l=1,2,\ldots), \tag{4-1}$$

$$\frac{1}{2\pi i}\int_{c_j}\frac{1}{(z-\lambda_j)^l}dz=\frac{1}{2\pi}\int_0^{2\pi}r_j^{-l+1}e^{-i(l-1)\theta}d\theta=\begin{cases}1 & (l=1),\\ 0 & (l>1).\end{cases} \tag{4-2}$$

（4–1）では，$k\neq j$ ならば，被積分関数 $(z-\lambda_k)^{-l}$（$l=1,2,\ldots$）は明らかに小円周 c_j とその内部で正則であるから，まえの § の Cauchy の積分定理 A により，c_j に沿っての $(z-\lambda_k)^{-l}$

の積分は 0 になる．また，(4-2) では $z=\lambda_j+r_je^{i\theta}$ とまえの § の公式 (1) と l が正の整数であることに注意しよう．ゆえに，まず (4-1) によって，(3) の右辺の総和記号では $k=j$ に対する m_j 個の項の和のみが残り，そこでさらに，(4-2) によって，第 1 項だけが $2\pi iZ_{j1}$ すなわち $2\pi iP_j$ となり，他のすべての項は零行列になることがわかる．これで定理 1 の証明が終わる．

系 1．行列 A の l 個の相異なる固有値 $\lambda_{j_1},\lambda_{j_2},\dots,\lambda_{j_l}$ $(l\leq s)$ が正の向きをもつ Jordan 閉曲線 Γ によって囲まれた領域の中にあれば，次の等式が成り立つ：

$$\sum_{k=1}^{l}P_{j_k}=\frac{1}{2\pi i}\int_{\Gamma}(zI-A)^{-1}dz. \tag{5}$$

証明．A の固有値 λ_{j_k} を中心とする正の向きをもつ小円周 c_{j_k} $(1\leq k\leq l)$ のどの 2 つも互いに相手の外側にあって，しかも閉曲線 Γ の中にあるように取ることができるから，まえの § の定理 **A′** によって，次の等式が成り立つことがわかる：

$$\frac{1}{2\pi i}\int_{\Gamma}(zI-A)^{-1}dz=\sum_{k=1}^{l}\frac{1}{2\pi i}\int_{c_{j_k}}(zI-A)^{-1}dz.$$

ここで，(1) より $\int_{c_{j_k}}(zI-A)^{-1}dz=2\pi iP_{j_k}$ であるから，等式 (5) が得られる．

【注 1】 もしも，閉曲線 Γ が行列 A のすべての固有値 $\lambda_1,\lambda_2,\dots,\lambda_s$ を (すなわち A のスペクトル $\sigma(A)$) をその内部に含んでいるならば，§ 5 の定理 1 の (a) より，$\sum_{j=1}^{s}P_j=I$ となるから，この場合には次式が得られる：

$$\frac{1}{2\pi i}\int_{\Gamma}(zI-A)^{-1}dz=I. \tag{6}$$

次の定理は行列 A の正則関数 $f(A)$ を複素積分によって表わすことができることを示すものであり，公式 (7) を導くのがこの § の目標であった．この表示式は Cauchy の積分公式 (まえの § の定理 **B**) の変数 ζ を行列 A に置き換えて行列の場合に一般化したものに他ならない．

定理 2．$f(z)$ は複素平面の領域 D で定義された正則関数とする．このとき，正の向きをもつ Jordan 閉曲線 Ω が D 内にあって Ω の内部が D の点ばかりからなり，しかも 行列 A のスペクトル $\sigma(A)=\{\lambda_1,\lambda_2,\dots,\lambda_s\}$ が Ω の内部にあるならば，次の等式が成り立つ：

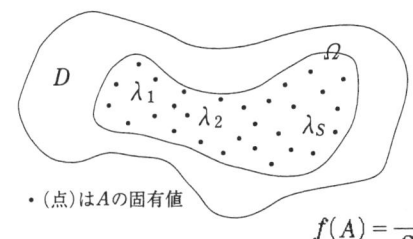

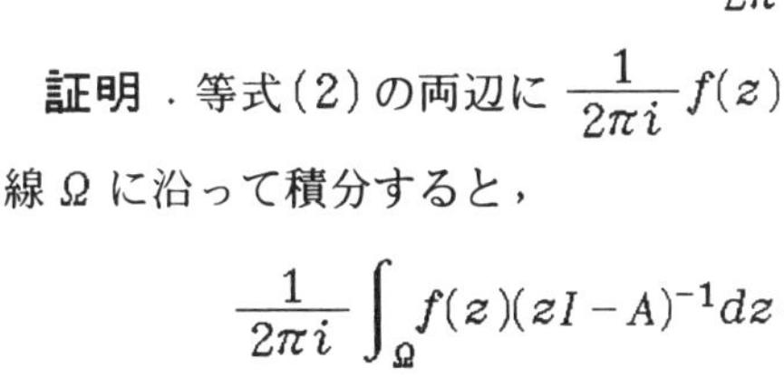

$$f(A)=\frac{1}{2\pi i}\int_{\Omega}f(z)(zI-A)^{-1}dz. \tag{7}$$

証明．等式 (2) の両辺に $\frac{1}{2\pi i}f(z)$ をかけ，まえの § の性質 (viii) と (vii) を利用して，閉曲線 Ω に沿って積分すると，

$$\frac{1}{2\pi i}\int_{\Omega}f(z)(zI-A)^{-1}dz=\sum_{k=1}^{s}\sum_{l=0}^{m_k-1}\frac{l!}{2\pi i}\int_{\Omega}\frac{f(z)}{(z-\lambda_k)^{l+1}}dzZ_{k,l+1} \tag{8}$$

となる．ここで，固有値 λ_j を中心とする小円周 c_j $(j=1,2,\dots,s)$ を定理 1 の直前で述べた条件をみたすように閉曲線 Ω の内部に描くことができるから，まえの § 14 の Cauchy の積分

定理 **A′** によって，次式が得られることがわかる：

(9) $$\int_{\Omega}\frac{f(z)}{(z-\lambda_k)^{l+1}}dz=\sum_{j=1}^{s}\int_{c_j}\frac{f(z)}{(z-\lambda_k)^{l+1}}dz \quad (l=0,1,\ldots,m_k-1).$$

ところが，ここで $j \neq k$ ならば被積分関数 $f(z)(z-\lambda_k)^{-l-1}$ は小円周 c_j とその内部で正則であるから，Cauchy の積分定理 **A** によって，

$$\int_{c_j}\frac{f(z)}{(z-\lambda_k)^{l+1}}dz=0 \quad (j \neq k;\ l=0,1,\ldots,m_k-1)$$

となる．ゆえに，等式(9)は

$$\int_{\Omega}\frac{f(z)}{(z-\lambda_k)^{l+1}}dz=\int_{c_k}\frac{f(z)}{(z-\lambda_k)^{l+1}}dz \quad (l=0,1,\ldots,m_k-1)$$

と書ける．このことと(8)とから，次の等式が得られる：

(10) $$\frac{1}{2\pi i}\int_{\Omega}f(z)(zI-A)^{-1}dz=\sum_{k=1}^{s}\sum_{l=0}^{m_k-1}\frac{l!}{2\pi i}\int_{c_k}\frac{f(z)}{(z-\lambda_k)^{l+1}}dz Z_{k,l+1}.$$

しかし，まえの § のCauchy の積分公式（定理 Bの(2)）によれば，

$$\frac{l!}{2\pi i}\int_{c_k}\frac{f(z)}{(z-\lambda_k)^{l+1}}dz=f^{(l)}(\lambda_k) \quad (l=0,1,\ldots,m_k-1)$$

であるから，等式(10)は

$$\frac{1}{2\pi i}\int_{\Omega}f(z)(zI-A)^{-1}dz=\sum_{k=1}^{s}\sum_{l=0}^{m_k-1}f^{(l)}(\lambda_k)Z_{k,l+1}$$

の形に書き表わされる．この等式の右辺はまさに $f(A)$ に対する基本公式(§ 4 の(8))に他ならない．これで公式(7)が証明された．

【注 2】積分公式(7)において $f(z)\equiv 1$ とおけば，すでに証明した等式(6)が得られる．また，$f(z)=z^k$ ($k=1,2,\ldots$) の場合には，(7)によって次の等式が成り立つ：

$$A^k=\frac{1}{2\pi i}\int_{\Omega}z^k(zI-A)^{-1}dz.$$

これより明らかに，複素変数 z の任意の多項式 $p(z)$ に対して，

$$p(A)=\frac{1}{2\pi i}\int_{\Omega}p(z)(zI-A)^{-1}dz$$

となる．もちろん，この等式は直接に(7)で $f(z)=p(z)$ としたものに他ならない．

【注3】(7)において $(zI-A)^{-1}$ をあえて $\dfrac{1}{zI-A}$ と分数の形に書けば，次のようになる：

$$f(A)=\frac{1}{2\pi i}\int_{\Omega}\frac{f(z)}{zI-A}dz.$$

この等式は，まえの§の定理 B（Cauchy の積分公式）におけるスカラー ζ が行列 A に置き替わり，また，スカラー z は行列 zI に置き替わっただけのものである．ただし，Jordan 閉曲線 Ω は行列 A のスペクトル $\sigma(A)$ をその内部に含まねばならないという条件をみたさねばならない．

Cauchy の積分公式のこのような自然な一般化は，L-S 多項式 $L_f(z)$ による $f(A)=L_f(A)$ の定義と $f(A)$ に対する§4の基本公式の妥当性と合理性を強く裏づけていると言えるだろう．

ところで，まえの§の定理Bが定理B′の形に拡張されたように，上の定理2も次の定理3の形に拡張されることは明らかであろう．

定理3．$f(z)$は開集合Gにおいて正則であると仮定する．また，正の向きをもついくつかのJordan閉曲線$\omega_1, \omega_2, \dots, \omega_q$を境界とする開集合$G_0$が$G$に含まれていて，行列$A$のスペクトル$\sigma(A)$が$G_0$の内部にあるならば，$\Omega = \omega_1 \dot{+} \omega_2 \dot{+} \dots \dot{+} \omega_q$とおくとき，行列$f(A)$に対して次の積分公式が成り立つ：

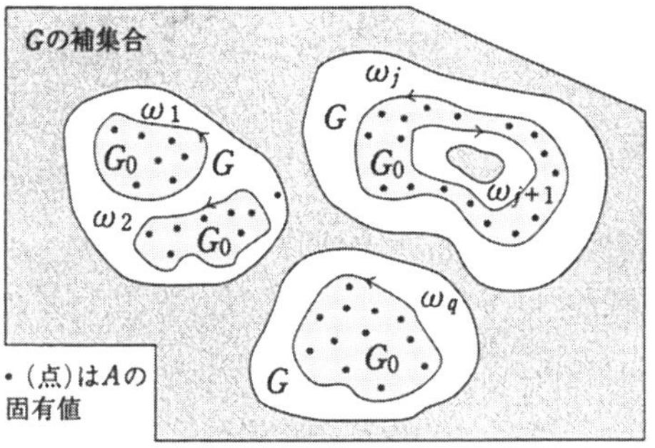

$$(11)\qquad f(A) = \frac{1}{2\pi i}\int_{\Omega} f(z)(zI - A)^{-1} dz = \sum_{l=1}^{q} \frac{1}{2\pi i}\int_{\omega_l} f(z)(zI - A)^{-1} dz.$$

ここで，右辺の複素積分は積分路Ωを境界とする開集合G_0が$\sigma(A)$を含むかぎり，まえの§の定理2によって，Ωの形状には依存することなく一定であって，$f(A)$は一意的に確定することに注意しよう．

【注4】．Aを正則行列とする．適当に角$\theta_0\,(0 \leq \theta_0 < 2\pi)$を取って複素平面上の点$z=0$から出る半直線$z = te^{i\theta_0}\,(t \geq 0)$が$A$のどの固有値とも交らないようにすることができる．そうすれば，領域$D = \left\{ z = re^{i\theta} \,\middle|\, r > 0,\ \theta_0 - \pi \leq \theta < \theta_0 + \pi \right\}$の中に$A$のスペクトル$\sigma(A)$を囲むようなJordan閉曲線$\Omega$を描くことができる．ゆえに，$D$で定義された対数関数の枝を$\underset{\theta_0}{\mathrm{Log}}$と書けば，$\underset{\theta_0}{\mathrm{Log}}$は$D$で正則な一価関数であり，定理2によって

$$\underset{\theta_0}{\mathrm{Log}}\, A = \frac{1}{2\pi i}\int_{\Omega} (\underset{\theta_0}{\mathrm{Log}}\, z)(zI - A)^{-1} dz$$

と表わすことができる．しかし，$\log z$の主値$\mathrm{Log}\, z\ (= \underset{\pi}{\mathrm{Log}}\, z)$の定義域に属する変数$z$の偏角$\arg z$に対しては$-\pi < \arg z \leq \pi$という条件が付けられているから，$A$が正則でないか，負の固有値を1つでももつような場合には$\mathrm{Log}\, A$を複素積分によって表示することはできない．

以上でこの§の目的とするところはひとまず達成されたが，ここまで話を進めたついでに，行列Aのスペクトル$\sigma(A)$をその定義域U_fの中に含む正則関数$f(z)$に対して行列$f(A)$を複素積分(11)によって定義した場合，次の基本的な等式がどのようにして導かれるかをここで（L-S多項式を利用した場合と比較する意味で）示しておくのも無駄ではないだろう．

(a)　$(\alpha f + \beta g)(A) = \alpha f(A) + \beta g(A) \quad (\alpha, \beta \in \boldsymbol{C})$,

(b)　任意の正則な行列Tに対して，$f(T^{-1}AT) = T^{-1} f(A) T$,

(c)　$(fg)(A) = f(A)g(A)$.

そのまえに，《行列の関数》と通常の《関数》がもつ言葉の意味の違いについて述べておこう．ふつう《zの関数$f(z)$》というときには，固定された関数fに対して，変数zのさまざまな値に対する関数fの値$f(z)$の変化を問題にするわけであるが，与えられた正方行列A

のスペクトル $\sigma(A)$ 上で定義されたさまざまな関数 f に対して行列 $f(A)$ を考えて f の代数的演算と行列 $f(A)$ の代数的演算との間のある種の同型関係を論じる立場では，行列 A は固定されていて，関数 f を変えた場合の《行列 A の関数 $f(A)$》を考察する．そのため，A のスペクトル $\sigma(A)$ を含む複素平面上の開集合 U_f で定義された正則関数 f（このとき，もちろん，f は§2の定義1の意味で A のスペクトル $\sigma(A)$ 上で定義された関数になる）に対して，複素積分(11)によって定義される行列 $f(A)$ を考える．その際，f の定義域 U_f は f によって違ってもかまわないし，連結していなくてもよいが，つねに A のスペクトル $\sigma(A)$ を含まねばならない．このような正則関数の全体を $\mathscr{R}_\sigma(A)$ で表わそう．このとき，上で見た3つの等式は $\mathscr{R}_\sigma(A)$ と行列の関数の集合 $\left\{f(A)\,\middle|\,f\in\mathscr{R}_\sigma(A)\right\}$ との間の代数的な同型関係において基本的なものである．

(a)の **証明**．$f,\ g\in\mathscr{R}_\sigma(A)$ のとき，公式(11)とまえの§14の(v)および(vii)から，ただちに次の等式が得られる：

$$
\begin{aligned}
(\alpha f+\beta g)(A) &= \frac{1}{2\pi i}\int_\Omega(\alpha f+\beta g)(z)(zI-A)^{-1}dz \\
&= \frac{1}{2\pi i}\int_\Omega\left\{\alpha f(z)+\beta g(z)\right\}(zI-A)^{-1}dz \\
&= \frac{\alpha}{2\pi i}\int_\Omega f(z)(zI-A)^{-1}dz+\frac{\beta}{2\pi i}\int_\Omega g(z)(zI-A)^{-1}dz \\
&= \alpha f(A)+\beta g(A)\ .
\end{aligned}
$$

(b)の **証明**．$z\notin\sigma(A)$ に対して $(zI-A)^{-1}$ は存在するから，正則行列 T に対して，

$$(zI-T^{-1}AT)^{-1}=\left\{T^{-1}(zI-A)T\right\}^{-1}=T^{-1}(zI-A)^{-1}T$$

となる．またこのとき，$\sigma(A)$ は $T^{-1}AT$ のスペクトルでもある（§24，定理1）．ゆえに，公式(11)とまえの§14の(viii)とから，ただちに次の等式が得られる：

$$
\begin{aligned}
f(T^{-1}AT) &= \frac{1}{2\pi i}\int_\Omega f(z)(zI-T^{-1}AT)^{-1}dz=\frac{1}{2\pi i}\int_\Omega f(z)T^{-1}(zI-A)^{-1}T\,dz \\
&= T^{-1}\frac{1}{2\pi i}\int_\Omega f(z)(zI-A)^{-1}dz\,T=T^{-1}f(A)T\,.
\end{aligned}
$$

つぎに，(c)の証明で必要となる簡単な補題を証明しておこう．

補題．任意の $z,\ z'\notin\sigma(A)$ に対して，次の等式が成り立つ：

(12) $$(zI-A)^{-1}-(z'I-A)^{-1}=(z'-z)(zI-A)^{-1}(z'I-A)^{-1}\,.$$

証明．等式(2)の右辺の Z_{kj} はすべて A の多項式であるから（§4），$R_A(z)=(zI-A)^{-1}$ とおけば，$R_A(z)$ と $R_A(z')$ とは可換であり，次の等式が得られる：

$$
\begin{aligned}
(z'-z)R_A(z)R_A(z') &= \left\{(z'I-A)-(zI-A)\right\}R_A(z)R_A(z') \\
&= (z'I-A)R_A(z)R_A(z')-(zI-A)R_A(z)R_A(z') \\
&= R_A(z)-R_A(z')\ .
\end{aligned}
$$

これで等式(12)が証明された．なお，$R_A(z)=(zI-A)^{-1}$ $(z\notin\sigma(A))$ は A のresolvent（解素）とよばれている．

(c)の **証明**．いま，与えられた 2 つの正則関数 $f, g \in \mathscr{R}_\sigma(A)$ の定義域をそれぞれ開集合 U_f, U_g とすれば，それらの共通部分 $U_f \cap U_g$ も $\sigma(A)$ を含む開集合であるが，連結集合とは限らない．これが，一般に q 個の連結成分からなるものとしよう．このとき，各連結成分の中にJordan閉曲線 $\omega_1, \omega_2, \dots, \omega_q$ を描いて，これらの中に $\sigma(A)$ のすべての点（A の固有値）が含まれるようにすることができる．

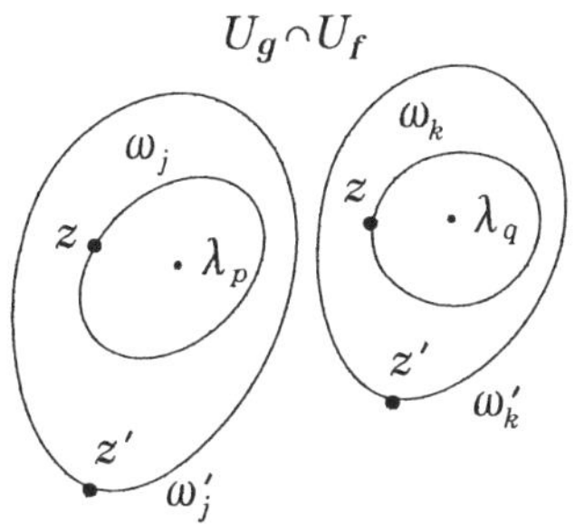

また，$U_f \cap U_g$ の中にJordan閉曲線 $\omega_1', \omega_2', \dots, \omega_q'$ を描いて，ω_k（1，2，…，q）が ω_k' の中に含まれるようにすることができる．$U_f \cap U_g$ は開集合であるから $\Omega = \omega_1 \dotplus \omega_2 \dotplus \dots \dotplus \omega_q$，$\Omega' = \omega_1' \dotplus \omega_2' \dotplus \dots \dotplus \omega_q'$ とおいて Ω，Ω' の内部をそれぞれ D, D' としたとき，明らかに，次の条件(13)がみたされるようにすることができる．

(13)
$$D \cup \Omega \subset D' \text{ かつ } D' \cup \Omega' \subset U_f \cap U_g.$$

そうすれば，積分路 ω_j, ω_j'（$j = 1, 2, \dots, q$）の取りかたから（積分路 Ω は積分路 Ω' の内部にあることになる），$k \neq j$ ならば，z' の関数としての $\dfrac{g(z')}{z'-z}$（$z \in \omega_j$）は ω_k' の内部で正則であり，z の関数としての $\dfrac{f(z)}{z'-z}$（$z' \in \omega_k'$）は ω_j の内部で正則であるから，Cauchyの積分定理（§14の定理 **A**）によって，次の等式が得られる：

(14)
$$\int_{\omega_k'} \frac{g(z')}{z'-z} dz' = 0 \quad (z \in \omega_j), \qquad \int_{\omega_j} \frac{f(z)}{z'-z} dz = 0 \quad (z' \in \omega_k').$$

また，$k = j$ ならば，やはりCauchyの積分公式（§14の定理 **B**）とCauchyの積分定理によって，それぞれ次の等式が得られる：

(15)
$$g(z) = \frac{1}{2\pi i} \int_{\omega_k'} \frac{g(z')}{z'-z} dz' \quad (z \in \omega_k), \qquad \int_{\omega_k} \frac{f(z)}{z'-z} dz = 0 \quad (z' \in \omega_k').$$

さて，(11)によって $f(A) = \dfrac{1}{2\pi i} \displaystyle\int_\Omega f(z)(zI-A)^{-1} dz$，$g(A) = \displaystyle\int_{\Omega'} g(z')(z'I-A)^{-1} dz'$ が定義されるから，$\Omega = \omega_1 \dotplus \omega_2 \dotplus \dots \dotplus \omega_q$，$\Omega' = \omega_1' \dotplus \omega_2' \dotplus \dots \dotplus \omega_q'$ に注意すれば，補題の等式(12)と(14)，(15)により，次のような計算ができる：

$$\begin{aligned}
f(A)g(A) &= \frac{1}{(2\pi i)^2} \int_\Omega f(z)(zI-A)^{-1} dz \int_{\Omega'} g(z')(z'I-A)^{-1} dz' \\
&= \frac{1}{(2\pi i)^2} \int_\Omega \int_{\Omega'} f(z) g(z')(zI-A)^{-1}(z'I-A)^{-1} dz' dz \\
&= \frac{1}{(2\pi i)^2} \int_\Omega \int_{\Omega'} f(z) g(z') \frac{(zI-A)^{-1} - (z'I-A)^{-1}}{z'-z} dz' dz \\
&= \frac{1}{(2\pi i)^2} \int_\Omega \int_{\Omega'} f(z) g(z') \frac{(zI-A)^{-1}}{z'-z} dz' dz \\
&\qquad - \frac{1}{(2\pi i)^2} \int_\Omega \int_{\Omega'} f(z) g(z') \frac{(z'I-A)^{-1}}{z'-z} dz' dz
\end{aligned}$$

$$= \frac{1}{(2\pi i)^2} \sum_{j=1}^{q} \sum_{k=1}^{q} \int_{\omega_j} \int_{\omega_k'} f(z) g(z') \frac{(zI-A)^{-1}}{z'-z} dz' dz$$

$$- \frac{1}{(2\pi i)^2} \sum_{j=1}^{q} \sum_{k=1}^{q} \int_{\omega_j} \int_{\omega_k'} f(z) g(z') \frac{(z'I-A)^{-1}}{z'-z} dz' dz$$

$$= \frac{1}{2\pi i} \sum_{j=1}^{q} \sum_{k=1}^{q} \int_{\omega_j} f(z)(zI-A)^{-1} \left\{ \frac{1}{2\pi i} \int_{\omega_k'} \frac{g(z')}{z'-z} dz' \right\} dz$$

$$- \frac{1}{(2\pi i)^2} \sum_{k=1}^{q} \sum_{j=1}^{q} \int_{\omega_k'} g(z')(z'I-A)^{-1} \left\{ \int_{\omega_j} \frac{f(z)}{z'-z} dz \right\} dz'$$

$$= \frac{1}{2\pi i} \sum_{j=1}^{q} \int_{\omega_j} f(z)(zI-A)^{-1} \left\{ \frac{1}{2\pi i} \int_{\omega_j'} \frac{g(z')}{z'-z} dz' \right\} dz$$

$$- \frac{1}{(2\pi i)^2} \sum_{k=1}^{q} \int_{\omega_k'} g(z')(z'I-A)^{-1} \left\{ \int_{\omega_k} \frac{f(z)}{z'-z} dz \right\} dz'$$

$$= \frac{1}{2\pi i} \sum_{j=1}^{q} \int_{\omega_j} f(z) g(z)(zI-A)^{-1} dz = \frac{1}{2\pi i} \int_{\Omega} f(z) g(z)(zI-A)^{-1} dz$$

$$= (fg)(A) .$$

これで，(c)の等式が証明された：

【注 5】本書の立場すなわち $f \in \mathcal{F}_\sigma[A] (\supset \mathcal{R}_\sigma(A))$ に対して，その L-S 多項式 $L_f(z)$ をつくって $f(A) = L_f(A)$ と定義する立場 —— からは，任意の $f, g \in \mathcal{F}_\sigma[A]$ に対して，(a)の等式は関数 $f(A), g(A)$ に対する基本公式から明らかであり，(b)の等式は§2の系2で，また，(11)を行列の関数の定義式とし，補題の等式(12)を用いてかなり面倒な複素積分の計算によって証明された(c)の等式は，すでに L-S 多項式を利用して§5の【注 1】で証明した．そこでは行列 $(fg)(A)$ に対する基本公式

$$(fg)(A) = \sum_{j=1}^{s} Z_{j1} \sum_{k=0}^{m_j} (fg)^{(k)}(\lambda_j) Z_{jk} \quad (Z_{j0} = I)$$

から簡単に導くことができたことを思い起こそう．もちろん，性質(c)が複素積分にたよることなくこのように簡単に得られるのは有限次元の場合だけであることに注意しよう．

積分表示式(11)の重要性は，次の§16のいくつかの興味深い具体例を見てもわかるように，行列 A のスペクトルの状態によっては行列 $f(A)$ の積分表示を一層精密にすることができるだけでなく，有限次元を超えた無限次元空間ではさまざまな理論の出発点ともなるいくつかの重要な作用素の定義を可能にする点にある．

§ 16. 行列の関数の積分表示の応用例.

ここでは，まえの§の定理1の系1の等式(5)の応用として得られる興味深いいくつかの公式を例としてあげることにする. よく知られているように，A が自己共役な行列($A=A^*$となる行列)の場合には，その固有値はすべて実数であるから([5]，97 ページ)，それらは複素平面内の実軸上にある. また，$R_A(z)=(zI-A)^{-1}$ (ただし，$z=x+iy\notin\sigma(A)$)で，P_j は C^n から A の固有値 λ_j に属する一般固有空間 $\widetilde{\mathcal{N}}(\lambda_j)$ への射影(§6，定理 1)であることを思い起こそう.

例 1. n 次の自己共役な行列 A の r 個の固有値 $\lambda_{j_1},\lambda_{j_2},\dots,\lambda_{j_r}$ ($r\leqq n$) が実 x 軸上の区間 $[t_1,t_2]$ に含まれていれば，次の等式が成り立つ. ただし，t_1，t_2 は A の固有値ではないものとする:

(1) $$\sum_{k=1}^{r}P_{j_k}=\lim_{\varepsilon\downarrow 0}\frac{1}{2\pi i}\int_{t_1}^{t_2}\Big\{R_A(x-\varepsilon i)-R_A(x+\varepsilon i)\Big\}dx.$$

証明. 0 に収束する正の数列 $\varepsilon_1>\varepsilon_2>\dots>\varepsilon_h\to 0\ (h\to\infty)$ を任意に取って，複素平面上で A の固有値(実数) $\lambda_{j_1},\lambda_{j_2},\dots,\lambda_{j_r}$ を囲む正の向きをもつ Jordan 閉曲線 Γ_h として 4 個の点 $t_1+\varepsilon_h i$，$t_1-\varepsilon_h i$，$t_2-\varepsilon_h i$，$t_2+\varepsilon_h i$ を頂点とする次のような長方形を考える.

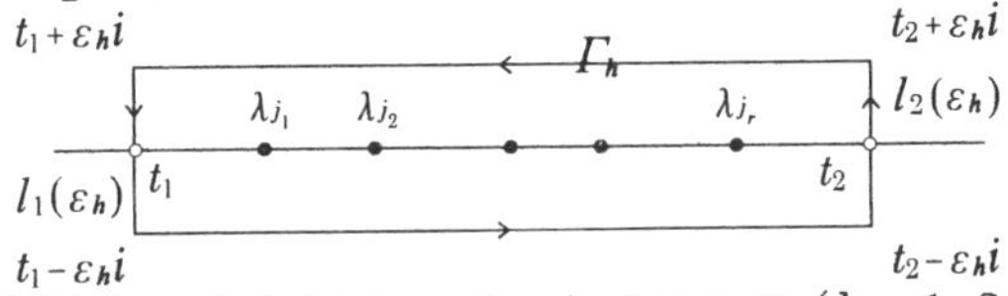

そうすれば，まえの§の定理 1 の系 1 によって，すべての $\Gamma_h\ (h=1,2,\dots)$ に対して，つねに

(2) $$\sum_{k=1}^{r}P_{j_k}=\frac{1}{2\pi i}\int_{\Gamma_h}(zI-A)^{-1}dz$$
$$=\frac{1}{2\pi i}\Bigg[\int_{\varepsilon_h}^{-\varepsilon_h}\Big\{(t_1+yi)I-A\Big\}^{-1}i\,dy+\int_{t_1}^{t_2}\Big\{(x-\varepsilon_h i)I-A\Big\}^{-1}dx$$
$$+\int_{-\varepsilon_h}^{\varepsilon_h}\Big\{(t_2+yi)I-A\Big\}^{-1}i\,dy+\int_{t_2}^{t_1}\Big\{(x+\varepsilon_h i)I-A\Big\}^{-1}dx\Bigg]$$

となる. ここで，点 $t_1+\varepsilon_h i$ と点 $t_1-\varepsilon_h i$ を結ぶ虚軸に平行な(長さが $2\varepsilon_h$ の)閉線分を $l_1(\varepsilon_h)$ とし，行列 $(zI-A)^{-1}$ の各成分の線分 $l_1(\varepsilon_h)$ に沿っての積分の絶対値を評価してみよう. まず，行列 $zI-A$ の余因子行列を $B(z)$ で表わすことにすれば($B(z)=\mathrm{adj}(zI-A)$)，

(3) $$(zI-A)^{-1}=\frac{1}{\det(zI-A)}B(z)\quad(z\notin\sigma(A))$$

である. ここで行列式 $\det(zI-A)$ は z の n 次の多項式であり，$B(z)$ の各成分 $b_{jk}(z)$ ($j,k=1,2,\dots,n$) はいずれも z の高だか $n-1$ 次の多項式である. 自己共役な行列 A の固有値は実軸上にしかなく，仮定より実数 t_1 は A の固有値ではないから，z の連続関数である $\det(zI-A)$ は閉線分 $l_1(\varepsilon_h)$ 上では 0 にならない. ゆえにその絶対値 $|\det(zI-A)|$ は閉線分 $l_1(\varepsilon_h)$ 上では正の最小値 $m(\varepsilon_h)>0$ をもち，$m(\varepsilon_1)\leqq m(\varepsilon_2)\leqq\dots\leqq m(\varepsilon_h)\to|\det(t_1I-A)|>0\ (h\to\infty)$ となる. つぎに，行列 $B(z)$ の (j,k) 成分の絶対値 $|b_{jk}(z)|$ の線分 $l_1(\varepsilon_h)$ 上での最大値を $M_{jk}(\varepsilon_h)$ とし，$M(\varepsilon_h)=\mathrm{Max}\Big\{M_{jk}(\varepsilon_h);\,j,k=1,2,\dots,n\Big\}$ とおけば，$M(\varepsilon_1)\geqq M(\varepsilon_2)\geqq\dots\geqq M(\varepsilon_h)\geqq 0$ であるか

ら数列 $\left\{M(\varepsilon_h)\right\}_{h=1}^{\infty}$ は下に有界であり，その下限を M とすれば，$M=\mathrm{Max}\left\{|b_{jk}(t_1)|\,;j,k=1,\right.$ $\left.2,\ldots,n\right\}\geq 0$ である．したがって，行列 $(zI-A)^{-1}$の各成分 $c_{jk}(z)=\dfrac{b_{jk}(z)}{\det(zI-A)}$ の絶対値について，線分 $l_1(\varepsilon_h)$ 上では次式を得る：

$$|c_{jk}(z)|\leq\frac{M(\varepsilon_h)}{m(\varepsilon_1)}\quad(z\in l_1(\varepsilon_h)\,;j,k=1,2,\ldots,n)\,.$$

これより，線分 $l_1(\varepsilon_h)$ の長さが $2\varepsilon_h$ であることに注意すれば，複素積分の定義から，

$$\lim_{h\to\infty}\left|\int_{l_1(\varepsilon_h)}c_{jk}(z)dz\right|\leq\lim_{h\to\infty}\frac{M(\varepsilon_h)}{m(\varepsilon_1)}\cdot 2\varepsilon_h=0\quad(j,k=1,2,\ldots,n)\,.$$

となる．この等式と行列値関数の積分と極限の定義によって，次式が得られる：

$$\lim_{h\to\infty}\int_{\varepsilon_h}^{-\varepsilon_h}\left\{(t_1+yi)I-A\right\}^{-1}i\,dy=\lim_{h\to\infty}\int_{l_1(\varepsilon_h)}(zI-A)^{-1}dz=O\quad(n\text{ 次の零行列})\,.$$

全く同様に，点 $t_2-\varepsilon_h i$ と点 $t_2+\varepsilon_h i$ を結ぶ線分 $l_2(\varepsilon_h)$ に沿う積分に対しても，

$$\lim_{h\to\infty}\int_{-\varepsilon_h}^{\varepsilon_h}\left\{(t_2+yi)I-A\right\}^{-1}i\,dy=\lim_{h\to\infty}\int_{l_2(\varepsilon_h)}(zI-A)^{-1}dz=O$$

となることがわかる．したがって，等式(2)の右辺で $h\to\infty$ としたとき，第 1 項と第 3 項は O に収束し，結局のところ，(2)から次式が得られる：

$$\begin{aligned}\sum_{k=1}^{r}P_{j_k}&=\lim_{h\to\infty}\frac{1}{2\pi i}\int_{\Gamma_h}(zI-A)^{-1}dz\\&=\lim_{h\to\infty}\frac{1}{2\pi i}\left[\int_{t_1}^{t_2}\left\{(x-\varepsilon_h i)I-A\right\}^{-1}dx+\int_{t_2}^{t_1}\left\{(x+\varepsilon_h i)I-A\right\}^{-1}dx\right]\\&=\lim_{h\to\infty}\frac{1}{2\pi i}\int_{t_1}^{t_2}\left\{R_A(x-\varepsilon_h i)-R_A(x+\varepsilon_h i)\right\}dx\,.\end{aligned}$$

これで等式(1)が証明された．この等式はヒルベルト空間における自己共役作用素のスペクトル分解定理の証明において重要な役割を演じるものである．

例 2．行列 A のすべての固有値の実部が負 ($\mathrm{Re}\,\lambda_j<0,\ j=1,2,\ldots,s$) であるならば，任意の $t>0$ に対して，次の等式が成り立つ．

$$(4)\qquad e^{tA}=\lim_{K\to+\infty}\frac{1}{2\pi i}\int_{-Ki}^{Ki}e^{tz}(zI-A)^{-1}dz\left(=\frac{1}{2\pi i}\int_{-\infty i}^{\infty i}e^{tz}(zI-A)^{-1}dz\right).$$

証明．仮定より，A のすべての固有値は複素平面上の虚軸の左半平面の中にあるから，

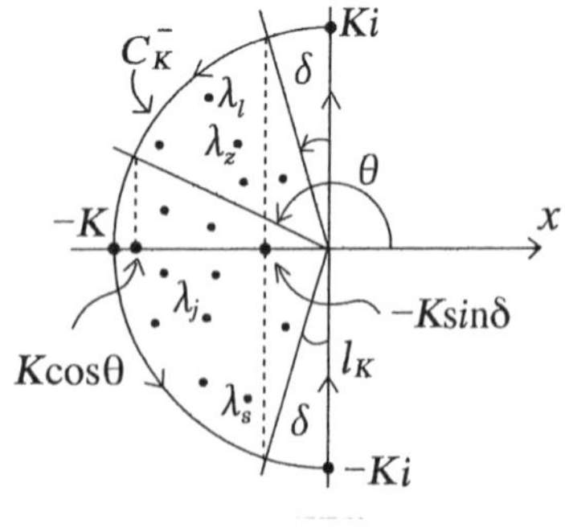

正の数 $K>0$ を十分大きく取れば，A のすべての固有値は原点を中心とする半円 $C_K^-:z=Ke^{i\theta}$(ただし，ここで $\dfrac{\pi}{2}\leq\theta\leq\dfrac{3\pi}{2}$) と虚軸上の点 $-Ki$ から点 Ki に向かう線分 l_K によってつくられる Jordan 閉曲線 Ω_Kの中にあるようにすることができる(左図参照)．したがって，まえの§の定理 2 によって，次式が成り立つ：

(5)
$$e^{tA}=\frac{1}{2\pi i}\int_{\Omega_K}e^{tz}(zI-A)^{-1}dz$$
$$=\frac{1}{2\pi i}\int_{C_K^-}e^{tz}(zI-A)^{-1}dz+\frac{1}{2\pi i}\int_{l_K}e^{tz}(zI-A)^{-1}dz.$$

ここで，上式の第２の等号の右辺の第１項の積分を評価してみよう．まず，半円 C_K^- 上の点 $z=Ke^{i\theta}$ に対して，$t>0$，$K>0$ と $\frac{\pi}{2}\leqq\theta\leqq\frac{3\pi}{2}$ に注意すれば，次の不等式が成り立つ：

(6)
$$|e^{tz}|=\left|e^{tK(\cos\theta+i\sin\theta)}\right|=e^{tK\cos\theta}\leqq 1.$$

他方，行列 $zI-A$ の余因子行列 $B(z)$ の成分を $b_{jk}(z)$ $(j,k=1,2,\dots,n)$ とすれば，(3)から明らかなように，行列 $(zI-A)^{-1}$ の各成分

$$c_{jk}(z)=\frac{b_{jk}(z)}{\det(zI-A)}\quad(j,k=1,2,\dots,n)$$

において，$b_{jk}(z)$ は z の高だか $n-1$ 次の多項式，$\det(zI-A)$ は z の n 次式である．よく知られているように，一般に z の r 次の任意の多項式 $p(z)$ に対して，複素平面で原点を中心とする十分に大きな半径 K の円周 C_K 上では，K にも $z\in C_K$ にも無関係な正の定数 c_1,c_2 をうまく取って，次の不等式が成り立つようにすることができる（証明は次の【注 1】参照）：

(7)
$$c_1K^r<|p(z)|<c_2K^r\quad(z\in C_K).$$

したがって，K を十分に大きく取れば次の不等式を成り立たせるような，K にも $z=Ke^{i\theta}$ $(0\leqq\theta\leqq 2\pi)$ にも無関係な正の定数 a_1,a_2,b_1,b_2 を取ることができる：

(8)
$$a_1K^n<|\det(zI-A)|<a_2K^n,\quad b_1K^r<|b_{jk}(z)|<b_2K^r.$$

ただし，ここで r は多項式 $b_{jk}(z)$ の次数で $n-1$ を越えない整数である：$r\leqq n-1$．ゆえに，$r<n-1$（すなわち，$n-1-r\geqq 1$）であるような $b_{jk}(z)$ をもつ $c_{jk}(z)$ に対しては，(8)の２つの不等式と(6)に注意して，関数 $e^{tz}c_{jk}(z)$ の半円 C_K^- 上での積分の絶対値は次のようになる：

(9)
$$\left|\int_{C_K^-}e^{tz}c_{jk}(z)dz\right|\leqq\int_{\frac{\pi}{2}}^{\frac{3\pi}{2}}\frac{|b_{jk}(Ke^{i\theta})|}{|\det(Ke^{i\theta}I-A)|}d\theta\leqq\int_{\frac{\pi}{2}}^{\frac{3\pi}{2}}\frac{b_2K^r}{a_1K^n}Kd\theta$$
$$\leqq\int_{\frac{\pi}{2}}^{\frac{3\pi}{2}}\frac{b_2}{a_1K^{n-1-r}}d\theta\leqq\frac{b_2\pi}{a_1K^{n-1-r}}\to 0\quad(K\to\infty\,;\,n-1-r\geqq 1).$$

しかし，$n-1-r=0$（すなわち，$r=n-1$）であるような $b_{jk}(z)$ をもつ $c_{jk}(z)$ に対しては(9)の積分の絶対値の評価をもう少し精密に考察する必要がある．この場合には，すぐあとに述べるように $\delta>0$ をうまく取って，(9)の積分を次のように３つの部分に分ける：

(10)
$$\left|\int_{C_K^-}e^{tz}c_{jk}(z)dz\right|\leqq\int_{\frac{\pi}{2}}^{\frac{3\pi}{2}}\frac{e^{tK\cos\theta}\cdot|b_{jk}(Ke^{i\theta})|}{|\det(Ke^{i\theta}I-A)|}Kd\theta\leqq\int_{\frac{\pi}{2}}^{\frac{3\pi}{2}}\frac{e^{tK\cos\theta}b_2K^{n-1}}{a_1K^{n-1}}d\theta$$
$$\leqq\int_{\frac{\pi}{2}}^{\frac{3\pi}{2}}\frac{e^{tK\cos\theta}b_2}{a_1}d\theta=\int_{\frac{\pi}{2}}^{\frac{\pi}{2}+\delta}+\int_{\frac{\pi}{2}+\delta}^{\frac{3\pi}{2}-\delta}+\int_{\frac{3\pi}{2}-\delta}^{\frac{3\pi}{2}}.$$

ここで，任意に与えられた $\varepsilon>0$ に対して $\delta>0$ を十分に小さく取って，$\dfrac{b_2}{a_1}\delta<\dfrac{\varepsilon}{3}$ かつ（左半平面内にある固有値は有限個であるから）すべての固有値が角領域：

$$\frac{\pi}{2}+\delta<\theta<\frac{3\pi}{2}-\delta$$

の中にあるようにすることができる．このとき，不等式：

$$|e^{tz}|=e^{tK\cos\theta}\leqq e^{-tK\sin\delta}\qquad\left(\text{ただし，}\frac{\pi}{2}+\delta<\theta<\frac{3\pi}{2}-\delta\right)$$

が成り立つから，(10) の右辺の最後の3つの積分のうちの第2のものについては，($t>0$ に注意して）十分に大きなすべての $K(>0)$ に対して，次の不等式が成り立つようにできる：

$$\int_{\frac{\pi}{2}+\delta}^{\frac{3\pi}{2}-\delta}\frac{e^{tK\cos\theta}b_2}{a_1}d\theta\leqq\frac{b_2}{a_1}\int_{\frac{\pi}{2}}^{\frac{3\pi}{2}}e^{-tK\sin\delta}d\theta=\frac{b_2\pi}{a_1e^{tK\sin\delta}}<\frac{\varepsilon}{3}.$$

また，(10) の右辺の第1項と第3項にある積分の和は（$\dfrac{b_2}{a_1}\delta<\dfrac{\varepsilon}{3}$ に注意），(6) によって

$$\int_{\frac{\pi}{2}}^{\frac{\pi}{2}+\delta}\frac{e^{tK\cos\theta}b_2}{a_1}d\theta+\int_{\frac{3\pi}{2}-\delta}^{\frac{3\pi}{2}}\frac{e^{tK\cos\theta}b_2}{a_1}d\theta\leqq\frac{2b_2\delta}{a_1}<\frac{2\varepsilon}{3}$$

となる．以上の考察によって，十分に大きなすべての $K>0$ に対して，次の不等式が得られる：

$$\left|\int_{C_K^-}e^{tz}c_{jk}(z)dz\right|<\varepsilon.$$

これで，すべての $c_{jk}(z)$ $(j,k=1,2,\dots,n)$ について，$n-1-r\geqq1$ あるいは $n-1-r=0$ のいずれの場合にも，(9)，(10) の左辺の積分は $K\to\infty$ のとき0に収束することがわかった．したがって行列値関数の積分と極限の定義により，

(11) $$\lim_{K\to+\infty}\frac{1}{2\pi i}\int_{C_K^-}e^{tz}(zI-A)^{-1}dz=O\quad(n\text{ 次の零行列})$$

となる．等式(5)は十分に大きなすべての $K>0$ に対して成り立つのであるから，(5)の第2の等号の右辺の第2項を

(12) $$\frac{1}{2\pi i}\int_{l_K}e^{tz}(zI-A)^{-1}dz=\frac{1}{2\pi i}\int_{-Ki}^{Ki}e^{tz}(zI-A)^{-1}dz$$

と書き直せば，(11)と(12)と(5)によって求める等式(4)が得られる．

【注1】 不等式(7)の証明，$p(z)=\alpha_0z^r+\alpha_1z^{r-1}+\dots+\alpha_{r-1}z+\alpha_r$ であるとしよう．このとき，$z=Ke^{i\theta}$ $(0\leqq\theta\leqq2\pi)$ ならば，

$$\begin{aligned}|p(z)|&\leqq|z^r|\cdot\left|\alpha_0+\frac{\alpha_1}{z}+\dots+\frac{\alpha_{r-1}}{z^{r-1}}+\frac{\alpha_r}{z^r}\right|\\&\leqq K^r\left(|\alpha_0|+\frac{|\alpha_1|}{K}+\dots+\frac{|\alpha_{r-1}|}{K^{r-1}}+\frac{|\alpha_r|}{K^r}\right)\end{aligned}$$

となるから，ここで $c_2=|\alpha_0|+|\alpha_1|+\dots+|\alpha_{r-1}|+|\alpha_r|$ とおけば，明らかに c_2 は K にも $z\in C_K$ にも無関係な正の定数で，$K>1$ でさえあれば不等式 $|p(z)|<c_2K^r$（ただし，$|z|=K$）が得られる．これで(7)の右側の不等式が成りたつことが示された．つぎに，

(13) $$|p(z)|\geqq|\alpha_0||z|^r-|\alpha_1||z^{r-1}|-|\alpha_2||z^{r-2}|-\dots-|\alpha_{r-1}||z|-|\alpha_r|$$

$$=|\alpha_0||z|^r\left(1-\frac{|\alpha_1|}{|\alpha_0||z|}-\frac{|\alpha_2|}{|\alpha_0||z|^2}-\ \cdots\ -\frac{|\alpha_{r-1}|}{|\alpha_0||z|^{r-1}}-\frac{|\alpha_r|}{|\alpha_0||z|^r}\right)$$

となることに注意して，ここで $|z|=K$ を十分に大きく取れば，

$$\frac{|\alpha_1|}{|\alpha_0||z|}+\frac{|\alpha_2|}{|\alpha_0||z|^2}+\ \cdots\ +\frac{|\alpha_{r-1}|}{|\alpha_0||z|^{r-1}}+\frac{|\alpha_r|}{|\alpha_0||z|^r}<\frac{1}{2} \tag{14}$$

とすることができる．したがって，$c_1=\dfrac{|\alpha_0|}{2}$ とおけば，c_1 は K にも $z\in C_K$ にも無関係な定数であり，(13)，(14) から不等式

$$|p(z)|>|a_0||z|^r\left(1-\frac{1}{2}\right)=c_1K^r \quad (\text{ただし，}|z|=K)$$

が得られる．これで(7)の左側の不等式も示された．

例 3．複素数 z の実部が行列 A のすべての固有値 $\lambda_1,\ \cdots,\lambda_s$ の実部よりも大きければ，次の等式が成り立つ：

$$(zI-A)^{-1}=\int_0^{+\infty}e^{-tz}e^{tA}dt. \tag{15}$$

証明．e^{-tz}，e^{tA} のベキ級数による展開式に絶対収束する級数の積に関する定理を適用して，2 つの関数の積 $e^{-tz}e^{tA}$ を t のベキ級数に書き改めると次のようになる：

$$e^{-tz}e^{tA}=\left\{\sum_{p=0}^{\infty}(-1)^p\frac{t^pz^p}{p!}\right\}\left\{\sum_{q=0}^{\infty}\frac{t^qA^q}{q!}\right\}=\sum_{r=0}^{\infty}\sum_{p+q=r}\left\{(-1)^p\frac{t^pz^p}{p!}\right\}\left\{\frac{t^qA^q}{q!}\right\}$$

$$=\sum_{r=0}^{\infty}\sum_{q=0}^{r}(-1)^{r-q}\frac{t^{r-q}z^{r-q}}{(r-q)!}\frac{t^qA^q}{q!}=\sum_{r=0}^{\infty}(-1)^r\frac{t^r}{r!}\sum_{q=0}^{r}\frac{r!}{(r-q)!q!}z^{r-q}(-1)^qA^q$$

$$=\sum_{r=0}^{\infty}(-1)^r\frac{t^r}{r!}\left\{\sum_{q=0}^{r}\binom{r}{q}z^{r-q}(-A)^q\right\}=\sum_{r=0}^{\infty}(-1)^r\frac{t^r}{r!}(zI-A)^r.$$

この級数は，任意の有限区間 $0\leqq t\leqq l$ において絶対かつ一様収束するから項別積分が可能で，任意の正の数 $l>0$ に対して，次式が得られる：

$$\int_0^l e^{-tz}e^{tA}dt=\sum_{r=0}^{\infty}\int_0^l(-1)^r\frac{t^r}{r!}(zI-A)^rdt=\sum_{r=0}^{\infty}(-1)^r\left[\frac{t^{r+1}}{(r+1)!}(zI-A)^r\right]_0^l$$

$$=\sum_{r=0}^{\infty}(-1)^r\frac{l^{r+1}}{(r+1)!}(zI-A)^r=-(zI-A)^{-1}\sum_{r=0}^{\infty}\frac{(-l)^{r+1}}{(r+1)!}(zI-A)^{r+1}$$

$$=-(zI-A)^{-1}\left\{\sum_{r=0}^{\infty}\frac{(-l)^r}{r!}(zI-A)^r-I\right\}$$

$$=(zI-A)^{-1}\left\{I-e^{-l(zI-A)}\right\}. \tag{16}$$

ところが，行列 $-zI+A$ の固有値は $-z+\lambda_j\ (j=1,2,\ \dots,s)$ であり（このことは，$-zI+A$ の固有多項式 $\Phi_{-zI+A}(x)$ の形から明らか），仮定より $\mathrm{Re}\,z>\mathrm{Re}\,\lambda_j\ (j=1,2,\ \dots,s)$ であるから，$-zI+A$ の固有値の実部はすべて負になる：$\mathrm{Re}(-z+\lambda_j)=\mathrm{Re}\,\lambda_j-\mathrm{Re}\,z<0\ (j=1,2,\ \dots,s)$．このことと $l>0$ に注意すれば（§ 4 の例 2 参照），

$$\lim_{l\to\infty}e^{-l(zI-A)}=\lim_{l\to\infty}e^{l(-zI+A)}=O \quad (n\text{ 次の零行列})$$

となることがわかる．ゆえに，$l\to+\infty$ のとき(16)は $(zI-A)^{-1}$ に収束し，等式(15)を得る．

例 4．$X(t)$ はすべての実数 $t \geqq 0$ に対して定義された連続な n 次の（複素）行列値関数（$X(t) \in M_n(\boldsymbol{C})$，$t \geqq 0$）であって，次の条件（17）をみたしているものとする：

（17）　　任意の $t, s \geqq 0$ に対して，$X(t)X(s) = X(t+s)$ かつ $X(0) = I$（n 次の単位行列）．

このとき，次の事実が成り立つ．

（i）行列値関数 X の定義域（負でない実数の全体）を実数全体の集合 $\boldsymbol{R}$ にまで拡張して，任意の実数 t, s に対して，（17）の等式が成り立つようにできる．

（ii）条件（17）をみたす連続な行列値関数の族 $\{X(t); t \geqq 0\}$ に対して，定数行列：

（18）
$$A = \lim_{\varepsilon \downarrow 0} \frac{1}{\varepsilon}\left\{X(\varepsilon) - I\right\}$$

が存在して，$X(t) = e^{tA}$ と表わされる．

（iii）複素数 z の実部が A のすべての固有値の実部よりも大ならば，次式が成り立つ：

$$(zI - A)^{-1} = \int_0^{+\infty} e^{-tz} X(t)\,dt\,.$$

（i）の**証明**．仮定より $X(t)$（$t \geqq 0$）は連続な行列値関数であるから，その行列式 $\det X(t)$ もすべての $t \geqq 0$ において連続な関数であり，$X(0) = I$ より $\det X(0) = 1$ である．ゆえに，任意に与えられた正の数 $\varepsilon > 0$（ただし，$\varepsilon < 1$ としておく）に対して，適当に $\delta_0 > 0$ を取ることによって，次のようにできる：

$$0 \leqq \delta \leqq \delta_0 \text{ ならば，} |\det X(\delta) - 1| < \varepsilon\ (<1)\,.$$

これより明らかなように，$\det X(\delta) > 0$ となり，$0 \leqq \delta \leqq \delta_0$ のとき $X(\delta)$ は正則な行列である．つぎに，任意の $t > 0$ に対して，負でない整数 q を取って $t = q\delta_0 + r$（$0 \leqq r < \delta_0$）とすることができるから，条件（17）と $\det X(\delta_0) \neq 0$，$\det X(r) \neq 0$ に注意して，

$$\det X(t) = \det X(q\delta_0 + r) = \det\left\{X(q\delta_0)X(r)\right\} =$$
$$= \det\left[\left\{X(\delta_0)\right\}^q X(r)\right] = \left\{\det X(\delta_0)\right\}^q \det X(r) > 0$$

となる．ゆえに，すべての $t \geqq 0$ に対して $X(t)$ の逆行列 $X^{-1}(t) = \left\{X(t)\right\}^{-1}$ が存在する．ここで任意の $t > 0$ に対して，次のように定義しよう：

（19）
$$X(-t) = X^{-1}(t)\,.$$

そうすれば，$s > t > 0$ のとき $h = s - t$ とおけば，$X(s) = X(h+t) = X(h)X(t)$ だから，これより $X(s)X^{-1}(t) = X(h)$ すなわち等式 $X(s)X(-t) = X(s-t)$ が得られる．同様に，$X(s) = X(t+h) = X(t)X(h)$ より $X^{-1}(t)X(s) = X(h)$ すなわち等式 $X(-t)X(s) = X(s-t)$ も得られる．さらに，定義式（19）といま得られた等式によって，$X(t-s) = X(-(s-t)) = X^{-1}(s-t)$ $= \left\{X(s-t)\right\}^{-1} = \left\{X(s)X(-t)\right\}^{-1} = X^{-1}(-t)X^{-1}(s) = X(t)X(-s)$ が得られる．以上より，任意の実数 t, s に対して（17）の等式が成り立つことがわかった．

（ii）の**証明**．仮定より行列 $X(t)$ は t の連続関数であるから，§12 でも述べたように，行列値関数 $\int_0^t X(\tau)\,d\tau$ は $t \geqq 0$ において微分可能であり，次の等式が成り立つ：

(20) $$\lim_{\varepsilon\downarrow 0}\frac{1}{\varepsilon}\int_t^{t+\varepsilon}X(\tau)d\tau=X(t)\text{，とくに }\lim_{\varepsilon\downarrow 0}\frac{1}{\varepsilon}\int_0^{\varepsilon}X(\tau)d\tau=X(0)=I.$$

上の第 2 の等式の両辺の行列式を考えれば，次のようになる：

$$1=\det I=\det\left(\lim_{\varepsilon\downarrow 0}\frac{1}{\varepsilon}\int_0^{\varepsilon}X(\tau)d\tau\right)=\lim_{\varepsilon\downarrow 0}\det\left(\frac{1}{\varepsilon}\int_0^{\varepsilon}X(\tau)d\tau\right)$$
$$=\lim_{\varepsilon\downarrow 0}\frac{1}{\varepsilon^n}\left(\det\int_0^{\varepsilon}X(\tau)d\tau\right)\quad(n\text{ は行列 }X(t)\text{ の次数}).$$

ゆえに，十分に小さい正の数 ε_0 を取れば，$0\leqq h\leqq\varepsilon_0$ をみたす h に対して $\int_0^h X(\tau)d\tau$ は正則な行列になり，その逆行列 $\left\{\int_0^h X(\tau)d\tau\right\}^{-1}$ が存在することに注意しよう．

さて，仮定(17)より任意の $\varepsilon>0$ に対して，次の等式が得られる：

(21) $$\int_0^h X(\tau+\varepsilon)d\tau-\int_0^h X(\tau)d\tau=\int_0^h X(\tau)X(\varepsilon)d\tau-\int_0^h X(\tau)d\tau$$
$$=\left\{X(\varepsilon)-I\right\}\int_0^h X(\tau)d\tau.$$

ところが，置換積分法によって $\int_0^h X(\tau+\varepsilon)d\tau=\int_{\varepsilon}^{h+\varepsilon}X(\tau)d\tau$ となるから，(21) の左辺は次のように書き換えることができる：

$$\int_0^h X(\tau+\varepsilon)d\tau-\int_0^h X(\tau)d\tau=\int_{\varepsilon}^{h+\varepsilon}X(\tau)d\tau-\int_0^h X(\tau)d\tau$$
$$=\left\{\int_{\varepsilon}^h X(\tau)d\tau+\int_h^{h+\varepsilon}X(\tau)d\tau\right\}-\left\{\int_0^{\varepsilon}X(\tau)d\tau+\int_{\varepsilon}^h X(\tau)d\tau\right\}$$
$$=\int_h^{h+\varepsilon}X(\tau)d\tau-\int_0^{\varepsilon}X(\tau)d\tau.$$

したがって，(21) は次の等式が成り立つことを示している：

(22) $$\int_h^{h+\varepsilon}X(\tau)d\tau-\int_0^{\varepsilon}X(\tau)d\tau=\left\{X(\varepsilon)-I\right\}\int_0^h X(\tau)d\tau.$$

上で見たように $0\leqq h\leqq\varepsilon_0$ のとき $\int_0^h X(\tau)d\tau$ は逆行列をもつから，(22) より次式が得られる：

$$X(\varepsilon)-I=\left\{\int_h^{h+\varepsilon}X(\tau)d\tau-\int_0^{\varepsilon}X(\tau)d\tau\right\}\left\{\int_0^h X(\tau)d\tau\right\}^{-1}$$

この等式と，(20) の第 1 の等式と第 2 の等式によって，次の等式が得られる：

$$\lim_{\varepsilon\downarrow 0}\frac{1}{\varepsilon}\left\{X(\varepsilon)-I\right\}=\lim_{\varepsilon\downarrow 0}\frac{1}{\varepsilon}\left\{\int_h^{h+\varepsilon}X(\tau)d\tau-\int_0^{\varepsilon}X(\tau)d\tau\right\}\left\{\int_0^h X(\tau)d\tau\right\}^{-1}$$
$$=\left\{X(h)-I\right\}\left\{\int_0^h X(\tau)d\tau\right\}^{-1}.$$

この等式の右辺は h に依存するように見えるが，実際にはこの等式の左辺が示すように定数行列であり，この行列を A で表わすことにしよう．そうすれば，$t\geqq 0$ に対して次の等式が得られる（条件(17)から明らかなように行列 $X(t)$ どうしは可換なことに注意）：

$$X'(t)=\lim_{\varepsilon\downarrow 0}\frac{X(t+\varepsilon)-X(t)}{\varepsilon}=\lim_{\varepsilon\downarrow 0}\frac{X(t)X(\varepsilon)-X(t)}{\varepsilon}=\lim_{\varepsilon\downarrow 0}\frac{X(\varepsilon)-I}{\varepsilon}X(t)=AX(t)\ .$$

これより，行列値関数 $X(t)$ は微分可能で，微分方程式の初期値問題：

$$X'(t)=AX(t)\ ,\ X(0)=I$$

の解に他ならないことがわかり，§ 13 の定理 3 によって，$X(t)=e^{tA}$ となる．

(iii) は，(ii) で得られた結果：$X(t)=e^{tA}$ に注意すれば，例 3 そのものである．

【注 2】 (ii) の結果：$X(t)=e^{tA}\,(t\geqq 0)$ を利用すれば，$X(t)$ の定義域はすべての実数 t にまで自然に拡張されることは明らかであるが，ここでは敢えて $X(t)$ に対する条件 (17) のみを用いて，その定義域を実数全体に拡張する迂遠な（しかし初等的な）方法で (i) を証明した．

【注 3】 条件 (17) をみたす連続な行列値関数の族（集合）$\{X(t)\ ;\ t\geqq 0\}$ を $\boldsymbol{C}^n$ における線形作用素の (C_0) 半群，あるいは単に半群という．またこのとき，(ii) で得られた作用素（行列）A を半群 $\{X(t)\ ;\ t\geqq 0\}$ の生成作用素という．これらの概念は無限次元のバナッハ空間などにおける関数解析で重要な役割を演じる．一般に，無限次元空間では (18) に適当な意味づけをした上で生成作用素 A を定義するが，その際 A の定義域はその空間の稠密な部分空間ではあるが，空間全体には一致しないことが知られている．

第3章　行列の関数の応用 II

§17. 行列方程式 $AX=XB$ の一般解．

ここでは，1つの行列を小行列に分割する方法を利用して議論を進めていくので，まずこのことから説明することにしよう．

一般に，1つの行列の長方形状に並べられている要素の配列を，何本かの横線と何本かの縦線とによって区切ってつくられる1つ1つの小区画にある行列を小行列という．たとえば，(m,n) 型行列 A を $p-1$ 本の横線と $q-1$ 本の縦線とによって区切ったとすれば，A は全部で pq 個の小行列に分割される．このとき，A の m 個の行が上から順に m_1 個，m_2 個，．．．．，m_p 個づつに区切られ，さらにまた，n 個の列が左から順に n_1 個，n_2 個，．．．．，n_q 個づつに区切られているとすれば，当然，

$$m=m_1+m_2+\cdots+m_p,\quad n=n_1+n_2+\cdots+n_q$$

である．また，上から i 番目，左から j 番目の小行列（ブロック）を A_{ij} で表わせば，A_{ij} は (m_i,n_j) 型である．A がこのように小行列に分割されて考えられているとき，

$$(1)\qquad A=\begin{pmatrix} A_{11} & A_{12} & \cdots & A_{1q} \\ A_{21} & A_{22} & \cdots & A_{2q} \\ \vdots & \vdots & \cdots\cdots & \vdots \\ A_{p1} & A_{p2} & \cdots & A_{pq} \end{pmatrix}\begin{matrix} \updownarrow m_1 \\ \updownarrow m_2 \\ \vdots \\ \updownarrow m_p \end{matrix}$$

（列の上に $\overset{n_1}{\longleftrightarrow}\ \overset{n_2}{\longleftrightarrow}\ \cdots\ \overset{n_q}{\longleftrightarrow}$）

と表わすことにする．このとき，A は $(p,\ q)$ 型のブロック行列であるといい，$A=[A_{ij}]$ $(1\leqq i\leqq p;1\leqq j\leqq q)$ と略記することもある．A_{ij} を A の $(i,\ j)$ ブロックとよぶことにしよう．

とくに，$m=n$（すなわち，A が正方行列）で，$p=q$ かつ $n_i=m_i$ $(i=1,2,\ldots,p)$ で $i\neq j$ のとき $A_{ij}=O$（零行列）ならば，A は対角型ブロック行列とよぶことにする．この場合には，$A_i=A_{ii}$ $(i=1,2,\ldots,p)$ とおけば，

$$A=\begin{pmatrix} A_1 & O & \cdots & O \\ O & A_2 & \cdots & O \\ \vdots & \vdots & \cdots\cdots & \vdots \\ O & O & \cdots & A_p \end{pmatrix}$$

の形になる．このとき，A は行列 A_1，A_2，．．．．A_p の直和であるといい，

$$A=A_1\oplus A_2\oplus\cdots\oplus A_p\quad あるいは\quad A=\sum_{i=1}^{p}\oplus A_i$$

と書き表わす．A_1，A_2，．．．．A_p を対角型ブロック行列 A の直和成分（因子）ともいう．

いま，(1)の $(m,\ n)$ 型行列 A に対して，$(n,\ l)$ 型行列 B があれば，この2つの行列の積として $(m,\ l)$ 型の行列 $C=AB$ が定義される．ここでとくに B の n 個の行が上から順に（A の n 個の列の区切られ方と同じく）n_1 個，n_2 個，．．．．，n_q 個づつに区切られ，また，B の

l 個の列は左から順に l_1 個，l_2 個，…，l_r 個づつに区切られているとしよう．そうすれば，B は qr 個の小行列からなる (q,r) 型のブロック行列である．このとき，その (i,j) ブロックを B_{ij} で表わせば，B_{ij} は (n_i, l_j) 型の小行列であって

$$B=[B_{ij}]=\begin{array}{c} \overset{l_1}{\longleftrightarrow}\ \overset{l_2}{\longleftrightarrow}\ \cdots\ \overset{l_r}{\longleftrightarrow} \\ \begin{pmatrix} B_{11} & B_{12} & \cdots & B_{1r} \\ B_{21} & B_{22} & \cdots & B_{2r} \\ \vdots & \vdots & \cdots\cdots & \vdots \\ B_{q1} & B_{q2} & \cdots & B_{qr} \end{pmatrix} \begin{array}{l} \updownarrow n_1 \\ \updownarrow n_2 \\ \vdots \\ \updownarrow n_q \end{array} \end{array}$$

である．このとき，行列 C_{ij} を…

$$C_{ij}=A_{i1}B_{1j}+A_{i2}B_{2j}+\ \cdots\ +A_{iq}B_{qj}=\sum_{k=1}^{q}A_{ik}B_{kj}$$
$$(\ i=1,2,\ \dots,p;j=1,2,\ \dots,r\ )$$

で定義すれば，C_{ij} は (m_i, l_j) 型の行列であって，

$$AB=\begin{array}{c} \overset{l_1}{\longleftrightarrow}\ \overset{l_2}{\longleftrightarrow}\ \cdots\ \overset{l_r}{\longleftrightarrow} \\ \begin{pmatrix} C_{11} & C_{12} & \cdots & C_{1r} \\ C_{21} & C_{22} & \cdots & C_{2r} \\ \vdots & \vdots & \cdots\cdots & \vdots \\ C_{q1} & C_{q2} & \cdots & C_{qr} \end{pmatrix} \begin{array}{l} \updownarrow m_1 \\ \updownarrow m_2 \\ \vdots \\ \updownarrow m_p \end{array} \end{array}$$

となることが容易にたしかめられる（証明は，たとえば [5] の 22~23 ページを見られたい）．これは，(p,q) 型のブロック行列 $A=[A_{ij}]$ と (q,r) 型のブロック行列 $B=[B_{kl}]$ の各ブロック A_{ij}, B_{kl} をそれぞれ数のように見なして積 AB を計算する通常の方法と同様に（積の順序には注意）して，(p,r) 型のブロック行列 $C=AB$ の各ブロック C_{ij} が求められることを示している．

とくに，2 つの行列 A，B の次数が等しく，ともに次のような対角ブロック行列

$$A=\sum_{k=1}^{p}\oplus A_k,\quad B=\sum_{k=1}^{p}\oplus B_k$$

であって，A_k と B_k $(k=1,2,\dots,p)$ の次数が等しい場合には，

$$AB=\sum_{k=1}^{p}\oplus A_kB_k$$

となることがわかる．

一般に，m 次行列 A と n 次行列 B が与えられたとしよう．このとき，方程式

(2) $$AX=XB$$

をみたす (m,n) 型の行列 X をすべて求める問題がこの§の主題である．明らかに，(m,n) 型の零行列 O は (2) の解である．またさらに，(2) の解全体 $\mathfrak{M}_{(2)}$ は (m, n) 型の複素行列全体がつくる複素線形空間 $\mathfrak{M}(m,n;C)$ の部分空間（§23 の A］を参照）をなすことも明らかである．以下では，(2) が $X=O$ 以外の自明でない解をもつのはどのような場合であるか，また，自明でない解はどのような構造をもっているのか，$\mathfrak{M}_{(2)}$ の次元はいくらであるか，といったことがらについて考察する．とくに，$m=n$ で $A=B$ の場合に (2) の解 X を求めることは，A と可換な行列 X を求めることにほかならないが，この問題は次の§で詳しく扱うことにする．

与えられた行列を $A=[a_{ij}]$ ($i, j=1, \dots, m$), $B=[b_{kl}]$ ($k, l=1, \dots, n$) とし，求める行列を $X=[x_{jk}]$ ($j=1, \dots, m; k=1, \dots, n$) としよう．また，2つの行列 A, B のすべての単純単因子 (§ 25，F] を見られたい) をそれぞれ

(3) $$(z-\lambda_1)^{p_1},\ (z-\lambda_2)^{p_2},\ \dots,\ (z-\lambda_r)^{p_r}$$

(4) $$(z-\mu_1)^{q_1},\ (z-\mu_2)^{q_2},\ \dots,\ (z-\mu_s)^{q_s}$$

とする．一般に，$\lambda_1, \lambda_2, \dots, \lambda_r$；$\mu_1, \mu_2, \dots, \mu_s$ は複素数であり，かつこれらの中には等しいものがいくつもあり得る．また，1つの行列のすべての単純単因子の積はその行列の固有多項式になるから (§25 の F])，明らかに次の等式が成り立つ：

$$p_1+p_2+\dots+p_r=m\ (A \text{ の次数}),\quad q_1+q_2+\dots+q_s=n\ (B \text{ の次数}).$$

いま，A, B の Jordan 標準形 (§27 の (7) 参照) を A_J, B_J とすれば (3)，(4) から，A_J, B_J はそれぞれ m 次および n 次の次のような対角ブロック行列である：

$$A_J=\sum_{i=1}^{r}\oplus(\lambda_i I_{p_i}+N_{p_i}),$$

$$B_J=\sum_{j=1}^{s}\oplus(\mu_j I_{q_j}+N_{q_j}).$$

ただし，ここで I_h は h 次の単位行列を，N_h は対角線より一本上の準対角線上の要素のみが1に等しく他のすべての要素は0に等しい h 次のベキ零行列を表わすが，$N_1=[0]$ とする．

このとき，§ 27 の定理 1 により，適当な m 次正則行列 U と適当な n 次正則行列 V を取って，

$$A_J=U^{-1}AU,\quad B_J=V^{-1}BV$$

とすることができる．これより，$A=UA_JU^{-1}$，$B=VB_JV^{-1}$ となるから，これらを (2) に代入すれば，(2) は次のようになる：

(5) $$UA_JU^{-1}X=XVB_JV^{-1},\quad \text{すなわち}\quad A_JU^{-1}XV=U^{-1}XVB_J.$$

したがって，ここで

(6) $$\tilde{X}=U^{-1}XV$$

とおけば，(5) は次のように書き表わされる：

($\tilde{2}$) $$A_J\tilde{X}=\tilde{X}B_J.$$

これより明らかなように，方程式 (2) の解 X を求めることは，(6) を介して方程式 ($\tilde{2}$) の解 $\tilde{X}$ を求めること同等である．実際，($\tilde{2}$) の1つの解 $\tilde{X}$ が求まったとき，$X=U\tilde{X}V^{-1}$ とおけば，

$$AX=A(U\tilde{X}V^{-1})=(UA_JU^{-1})(U\tilde{X}V^{-1})=U(A_J\tilde{X})V^{-1}=U(\tilde{X}B_J)V^{-1}$$
$$=(U\tilde{X}V^{-1})(VB_JV^{-1})=XB$$

となる．したがって，以下では ($\tilde{2}$) のすべての解 $\tilde{X}$ を求める問題を考えることにする．

A_J，B_J はともに対角型ブロック行列である．A はその m 本の行 (列) が上から (そして左からも) それぞれ $p_1, p_2, \dots, p_r$ 本づつに区切られているブロック行列であり，B はその n 本の行 (列) が上から (そして左からも) それぞれ $q_1, q_2, \dots, q_s$ 本づつに区切られたブロック行列

である．したがって，いま，(m,n) 型行列 $\widetilde{X}$ の m 個の行を上から順に $p_1, p_2, \dots, p_r$ 個づつに区切り，n 個の列は左から順に $q_1, q_2, \dots, q_s$ 個づつに区切って，$\widetilde{X}$ を (r, s) 型のブロック行列と考えることにして，その (i, j) ブロック（小行列）を X_{ij} $(i=1, \dots, r; j=1, \dots, s)$ で表わすことにしよう．そうすれば，

$$\widetilde{X} = \begin{matrix} \overset{q_1}{\longleftrightarrow} & \overset{q_2}{\longleftrightarrow} & \cdots & \overset{q_s}{\longleftrightarrow} & \\ \left(\begin{matrix} X_{11} \\ X_{21} \\ \vdots \\ X_{r1} \end{matrix}\right. & \begin{matrix} X_{12} \\ X_{22} \\ \vdots \\ X_{r2} \end{matrix} & \begin{matrix} \cdots \\ \cdots \\ \cdots\cdots \\ \cdots \end{matrix} & \left.\begin{matrix} X_{1s} \\ X_{2s} \\ \vdots \\ X_{rs} \end{matrix}\right) & \begin{matrix} \updownarrow p_1 \\ \updownarrow p_2 \\ \vdots \\ \updownarrow p_r \end{matrix} \end{matrix}$$

と書き表わすことができる．このとき，小行列 X_{ij} は (p_i, q_j) 型である．

$(\widetilde{2})$ の両辺はともに (m,n) 型の行列であり，$(\widetilde{2})$ の左辺は (r,r) 型の対角型ブロック行列 A_J と (r,s) 型のブロック行列 $\widetilde{X}$ との積であり，$(\widetilde{2})$ の右辺は (r,s) 型のブロック行列 $\widetilde{X}$ と (s,s) 型の対角型ブロック行列 B_J との積であるから，両辺とも (r,s) 型のブロック行列になる．すでに述べたブロック行列どうしの積の計算法によって，$(\widetilde{2})$ の左辺と右辺にある行列の各 (i,j) ブロックに関して，次の等式が得られる：

(7) $$(\lambda_i I_{p_i} + N_{p_i}) X_{ij} = X_{ij} (\mu_j I_{q_j} + N_{q_j}),$$
$$(i=1, 2, \dots, r; j=1, 2, \dots, s).$$

言うまでもないが，(7) は (p_i, q_j) 型の行列である．この等式は次のように書き直される：

(7)′ $$(\mu_j - \lambda_i) X_{ij} = N_{p_i} X_{ij} - X_{ij} N_{q_j}.$$

こうして，方程式 $(\widetilde{2})$ の解 $\widetilde{X}$ を求める問題は (7)′ の rs 個の方程式の解 X_{ij} $(i=1,2,\dots,r; j=1,2,\dots,s)$ を求める問題に帰着する．煩雑さを避けるため，

$$K_i = N_{p_i},\ L_j = N_{q_j}\ (i=1,2,\dots,r; j=1,2,\dots,s)$$

とおけば，(7)′ の方程式は次のように書かれる：

(8) $$(\mu_j - \lambda_i) X_{ij} = K_i X_{ij} - X_{ij} L_j.$$

ここで，$\lambda_i \neq \mu_j$ の場合と $\lambda_i = \mu_j$ の場合に分けて考えることにしよう．

イ）$\lambda_i \neq \mu_j$ の場合．(8) の両辺に $\mu_j - \lambda_i$ を掛けて，ふたたび (8) を利用すると，

$$\begin{aligned}(\mu_j - \lambda_i)^2 X_{ij} &= K_i(\mu_j - \lambda_i) X_{ij} - (\mu_j - \lambda_i) X_{ij} L_j \\ &= K_i(K_i X_{ij} - X_{ij} L_j) - (K_i X_{ij} - X_{ij} L_j) L_j \\ &= K_i^2 X_{ij} - 2 K_i X_{ij} L_j + X_{ij} L_j^2\end{aligned}$$

となる．すなわち，次の等式が得られる：

$$(\mu_j - \lambda_i)^2 X_{ij} = K_i^2 X_{ij} - 2 K_i X_{ij} L_j + X_{ij} L_j^2$$

この等式の両辺にふたたび $\mu_j - \lambda_i$ を掛けて (8) を利用すると，等式

$$(\mu_j - \lambda_i)^3 X_{ij} = K_i^3 X_{ij} - 3 K_i^2 X_{ij} L_j + 3 K_i X_{ij} L_j^2 - X_{ij} L_j^3$$

が得られる．この作業を繰り返し行うことにより，一般に $h=1,2,\dots$ に対して，

(9) $$(\mu_j - \lambda_i)^h X_{ij} = \sum_{\sigma+\tau=h} (-1)^\sigma \binom{h}{\sigma} K_i^\sigma X_{ij} L_j^\tau$$

となることが数学的帰納法によって証明できる．証明には 2 項係数の間の良く知られた関係式

$$\binom{h}{\sigma} + \binom{h}{\sigma-1} = \binom{h+1}{\sigma}$$

を利用する．等式 (9) の証明は読者に任せよう．

ここで，とくに $h \geq p_i + q_j - 1$ と取れば，(9) の右辺のどの項においても不等式

$$\sigma \geq p_i,\ \tau \geq q_j$$

の少なくともどちらか一方が成り立つ．ところが，ベキ零行列 K_i, L_j の次数はそれぞれ p_i, q_j であるから，$K_i^{p_i} = O$, $L_j^{q_j} = O$ となり，(9) の右辺は O になる．ゆえに，仮定 $\lambda_i \neq \mu_j$ より

$$X_{ij} = O \quad ((p_i, q_j) 型の零行列)$$

となる．けっきょく，$\lambda_i \neq \mu_j$ であるような i, j に対しては，行列 X の (i,j) ブロック X_{ij} は零行列でなければならないことがわかった．

ロ) $\lambda_i = \mu_j$ の場合．このときには，(8) は

(10) $$K_i X_{ij} = X_{ij} L_j$$

となる．X_{ij} は (p_i, q_j) 型の行列であるから，ここで

$$X_{ij} = [\xi_{kl}] \quad (k=1,2,\ldots,p_i;\ l=1,2,\ldots,q_j)$$

と書くことにしよう．$K_i(=N_{p_i})$, $L_j(=N_{q_j})$ はいずれも対角線の一本上の準対角線上の要素のみが 1 に等しく，他のすべての要素は 0 に等しい行列であるから，(10) の左辺の行列 $K_i X_{ij}$ の第 $1, 2, \ldots, p_i-1$ 行はそれぞれ X_{ij} の第 $2, 3, \ldots, p_i$ 行に等しく，$K_i X_{ij}$ の第 p_i 行は 0 ばかりからなる．また，(10) の右辺の行列 $X_{ij} L_j$ の第 1 列は 0 ばかりからなり，第 $2, 3, \ldots, q_j$ 列はそれぞれ X_{ij} の第 $1, 2, \ldots, q_j-1$ 列に等しいことがわかる．すなわち，(10) は次の形の等式となる：

$$k \to \begin{pmatrix} \xi_{21} & \xi_{22} & \cdots & \vdots & \cdots & \xi_{2q_j} \\ \xi_{31} & \xi_{32} & \cdots & & & \xi_{3q_j} \\ \cdots & \cdots & \cdots & \xi_{k+1,l} & \cdots & \vdots \\ \xi_{p_i 1} & \xi_{p_i 2} & \cdots\cdots & & & \xi_{p_i q_j} \\ 0 & 0 & \cdots\cdots & & & 0 \end{pmatrix} \overset{l}{\downarrow} = \begin{pmatrix} 0 & \xi_{11} & \xi_{12} & \cdots & \vdots & \cdots & \xi_{1,q_j-1} \\ 0 & \xi_{21} & \xi_{22} & \cdots & & & \xi_{2,q_j-1} \\ \vdots & \vdots & \vdots & \cdots & \xi_{k,l-1} & \cdots\cdots & \\ 0 & \xi_{p_i 1} & \xi_{p_i 2} & \cdots\cdots & & & \xi_{p_i,q_j-1} \end{pmatrix} \overset{l}{\downarrow} \leftarrow k$$

これより，まず，両辺の第 1 列を等置して，

(11) $$\xi_{21} = \xi_{31} = \cdots = \xi_{p_i 1} = 0$$

が得られ，また，両辺の第 p_i 行を等置して，

(11)′ $$\xi_{p_i 1} = \xi_{p_i 2} = \cdots = \xi_{p_i, q_j-1} = 0$$

が得られる．さらに $1 \leq k \leq p_i - 1$, $2 \leq l \leq q_j$ に対しては，(10) の左辺の (k,l) 要素は $\xi_{k+1,l}$ であり，(10) の右辺の (k,l) 要素は $\xi_{k,l-1}$ であるから，

(11)″ $$\xi_{k+1,l} = \xi_{k,l-1} \quad (1 \leq k \leq p_i - 1,\ 2 \leq l \leq q_j)$$

でなければならない．ここでとくに，

$$\xi_{p_i+1,l} = \xi_{k,0} = 0 \quad (l=1,2,\ldots,q_j; k=1,2,\ldots,p_i)$$

と約束すれば，上の(11)，(11)′，(11)″ の関係は次のようにまとめられる：

(12) $$\xi_{k+1,l}=\xi_{k,l-1} \quad (k=1,2,\dots,p_i;\ l=1,2,\dots,q_j).$$

これが，等式(10)から導かれる小行列 X_{ij} の要素がみたすべき関係である．これは，行列 X_{ij} の対角線あるいはそれに平行な線上にある要素が互いに等しいことを意味している．したがって，等式(12)より (p_i, q_j) 型の小行列 X_{ij} は，p_i と q_j の大小関係によって，つぎの３つの場合 **a)**～**c)** に応じて述べる特別の型の行列のどれかになることがわかる．

a) $p_i=q_j$ のとき．(11)′ より，p_i 次の正方行列 X_{ij} の第 p_i 行の要素は最後の $\xi_{p_ip_i}$ を除いてすべて 0 であるから，(12)より，これらの要素0から左斜め上にたどれる要素はすべて 0 であり，また，最後の第 p_i 列の各要素から左斜め上にたどれる要素は互いに等しくなければならない．したがって，X_{ij} の第 p_i 列の要素を一番下から $c_{ij}^{(0)}, c_{ij}^{(1)}, \dots, c_{ij}^{(p_i-1)}$（ただし，$p_i=q_j$）で表わせば，$X_{ij}$ は次の形でなければならないことがわかる：

$$X_{ij}=\begin{pmatrix} c_{ij}^{(0)} & c_{ij}^{(1)} & \cdots\cdots & c_{ij}^{(p_i-2)} & c_{ij}^{(p_i-1)} \\ 0 & c_{ij}^{(0)} & c_{ij}^{(1)} \ddots & \vdots & c_{ij}^{(p_i-2)} \\ \vdots & 0 & \ddots & \ddots & \vdots \\ \vdots & \vdots & \vdots & c_{ij}^{(0)} & c_{ij}^{(1)} \\ 0 & 0 & \cdots\cdots & 0 & c_{ij}^{(0)} \end{pmatrix}.$$

ここで $c_{ij}^{(0)}, c_{ij}^{(1)}, \dots, c_{ij}^{(p_i-1)}$ はもちろん任意に取れる．この形の p_i 次の正方行列をとくに T_{p_i} で表わすことにしよう．このとき，T_{p_i} は次のように書き表わすこともできる：

$$T_{p_i}=\sum_{k=0}^{p_i-1} c_{ij}^{(k)} N_{p_i}^{k} \quad （ただし，N_{p_i}^{0}=I_{p_i} とする）.$$

b) $p_i<q_j$ のとき．この場合にも，まず(11)′ からわかるように，X_{ij} の第 p_i 行の要素はその最後の $\xi_{p_iq_j}$ を除いてすべて 0 であるから，これらの要素から左斜め上にたどれる要素はすべて 0 である．また，第 q_j 列の各要素から左斜め上にたどれる要素は互いに等しくなければならない．しかし，いまの場合には $p_i<q_j$ であるから，X_{ij} の第 1 列から第 q_j-p_i 列の要素はすべて 0 であり，第 q_j-p_i+1 列から第 q_j 列までの p_i 本の列がつくる p_i 次の行列が T_{p_i} の形になる．ゆえに，(u,v) 型の零行列を $O_{u,v}$ で表わすことにすれば，X_{ij} は次のようになる：

$$X_{ij}=\Big[\overbrace{O_{p_i,q_j-p_i}}^{q_j-p_i},\ \overbrace{T_{p_i}}^{p_i}\Big]\updownarrow p_i .$$

c) $p_i>q_j$ のとき．この場合には，(11)と(12)とから，こんどは X_{ij} の第 1 列はその最初の要素 ξ_{11} を除いて，すべて 0 であるから，これらの要素から右斜め下にたどれる要素はすべて 0 であり，X_{ij} の最初の q_j 行がつくる q_j 次の行列が T_{q_j} の形になって，第 q_j+1 行から第 p_i 行の要素はすべて 0 であることがわかる．ゆえに，X_{ij} は次の形になる：

$$X_{ij}=\overbrace{\begin{bmatrix} T_{q_j} \\ O_{p_i-q_j,q_j} \end{bmatrix}}^{q_j}\begin{matrix}\updownarrow q_j \\ \updownarrow p_i-q_j\end{matrix} .$$

以上の a)，b)，c) を簡単な例で示すと，次のようになる(a, b, c, d は任意の定数である)：

$$p_i = q_j = 4 \text{ のときは,} \qquad X_{ij} = \begin{pmatrix} a & b & c & d \\ 0 & a & b & c \\ 0 & 0 & a & b \\ 0 & 0 & 0 & a \end{pmatrix}.$$

$$p_i = 3,\ q_j = 5 \text{ のときは,} \qquad X_{ij} = \begin{pmatrix} 0 & 0 & a & b & c \\ 0 & 0 & 0 & a & b \\ 0 & 0 & 0 & 0 & a \end{pmatrix}.$$

$$p_i = 5,\ q_j = 3 \text{ のときは,} \qquad X_{ij} = \begin{pmatrix} a & b & c \\ 0 & a & b \\ 0 & 0 & a \\ 0 & 0 & 0 \\ 0 & 0 & 0 \end{pmatrix}.$$

以上の考察からわかるように，小行列 X_{ij} に含まれる任意定数(パラメータ)の個数は，次のようになる：

1) $\lambda_i \neq \mu_j$ の場合には($X_{ij} = O$ であって) 0 個，

2) $\lambda_i = \mu_j$ の場合には，$\min(p_i, q_j)$ 個.

ここで，行列 A の単純単因子 $(z-\lambda_i)^{p_i}$ と行列 B の単純単因子 $(z-\mu_j)^{q_j}$ の最大公約式を $d_{ij}(z)$ とし，その次数を ρ_{ij} で表わすことにすれば，$\lambda_i \neq \mu_j$ ならば $\rho_{ij} = 0$ であり，$\lambda_i = \mu_j$ ならば $\rho_{ij} = \min(p_i, q_j)$ であるから，一般に，方程式(7)の解 X_{ij} に含まれる任意定数(パラメータ)の個数は ρ_{ij} である. 以上の考察により，方程式

$$(\tilde{2}) \qquad A_J \tilde{X} = \tilde{X} B_J$$

の解 $\tilde{X}$ に含まれる任意定数の個数を N とすれば，明らかに

$$N = \sum_{i=1}^{r} \sum_{j=1}^{s} \rho_{ij}$$

である. いま，ブロック行列 $\tilde{X} = [X_{ij}]$ において，$X_{ij} \neq O$ であるような(すなわち $\rho_{ij} \neq 0$ であるような) X_{ij} に含まれている ρ_{ij} 次の行列 $T_{\rho_{ij}}$ を $N_{\rho_{ij}}^{k}$ ($k = 0, 1, \ldots, \rho_{ij}-1$; $N_{\rho_{ij}}^{0} = I_{\rho_{ij}}$) で置き替え，$X_{ij}$ 以外のすべての小行列は零行列で置き替えて得られる ρ_{ij} 個の (m, n) 型の行列を $S_{ij}^{(k)}$ ($k = 0, 1, \ldots, \rho_{ij}-1$) で表わそう. この形の行列を $X_{ij} \neq O$ であるようなすべての (i, j) について作れば，それらは全部で丁度 N 個できる. それらに通し番号をつけたものを

$$(13) \qquad S_1, S_2, \ \ldots\ , S_N$$

とすれば，方程式$(\tilde{2})$のすべての解は複素数を係数とする(13)の N 個の行列の 1 次結合として表わされることになる. 明らかに，これらの N 個の行列は 1 次独立であり，いずれも$(\tilde{2})$の解であることはいうまでもない. ゆえに，(13)は$(\tilde{2})$の解全体がつくる(複素)線形空間 $\mathfrak{M}_{(2)}$ の基底であり，$\mathfrak{M}_{(2)}$ の次元は N である. いままでの結果をまとめて，次の定理が得られる.

定理 1. m 次行列 A と n 次行列 B が与えられたとき，行列方程式

$$(2) \qquad AX = XB$$

の解である (m, n) 型行列 X は，つぎのようにして求められる. すなわち，A, B をその Jordan

標準形 A_J, B_J に変換する正則行列をそれぞれ U, V とし,

$$A_J=\sum_{i=1}^{r}\oplus(\lambda_i I_{p_i}+N_{p_i})=U^{-1}AU,$$

$$B_J=\sum_{j=1}^{s}\oplus(\mu_j I_{q_j}+N_{q_j})=V^{-1}BV$$

とするとき, (2)の解 X は, 行列方程式

$(\tilde{2})$ $$A_J\tilde{X}=\tilde{X}B_J$$

の解 $\tilde{X}$ によって,

$$X=U\tilde{X}V^{-1}.$$

と表わされる. ここで$(\tilde{2})$の解である(m,n)型行列 $\tilde{X}$ は次の形をしている. すなわち, $\tilde{X}$ の m 個の行を上から順に $p_1, p_2, \dots, p_r$ 個づつに区切り, n 個の列を左から順に $q_1, q_2, \dots, q_s$ 個に区切って, $\tilde{X}$ を(r, s)型のブロック行列 $\tilde{X}=[X_{ij}]$ (X_{ij}は(p_i, q_j)型の小行列) にすれば, X_{ij} ($i=1, \dots, r; j=1, \dots, s$) は次のようになる:

(14) $\lambda_i\neq\mu_j$ ならば $X_{ij}=O$ ((p_i, q_j)型), $X_{ji}=O$ ((p_j, q_i)型),

(15) $$\lambda_i=\mu_j \text{ ならば } X_{ij}=\begin{cases}[O_{p_i, q_j-p_i}, T_{p_i}] & (p_i<q_j \text{ のとき}),\\ T_{p_i} & (p_i=q_j \text{ のとき}),\\ \begin{bmatrix}T_{q_j}\\ O_{p_i-q_j, q_j}\end{bmatrix} & (p_i>q_j \text{ のとき}).\end{cases}$$

ただし, (15)の右辺の行列の中の小行列 T_u ($u=p_i$ または $u=q_j$) は, その対角線よりも下にある要素はすべて 0, 対角線およびそれよりも上の対角線に平行な線(準対角線など)の上に並んでいる要素は互いに相等しいような, つぎの形の u 次の行列である:

$$\begin{pmatrix} c^{(0)} & c^{(1)} & \cdots\cdots & c^{(u-2)} & c^{(u-1)}\\ 0 & c^{(0)} & c^{(1)} & \vdots & c^{(u-2)}\\ \vdots & 0 & \ddots & \ddots & \vdots\\ \vdots & \vdots & \vdots & c^{(0)} & c^{(1)}\\ 0 & 0 & \cdots\cdots & 0 & c^{(0)}\end{pmatrix}.$$

ここで, $c^{(0)}, c^{(1)}, \dots, c^{(u-2)}, c^{(u-1)}$ は任意の複素数である. このとき, $(\tilde{2})$の解 $\tilde{X}$ は$(\tilde{2})$の $N(=\sum_{i=1}^{r}\sum_{j=1}^{s}\rho_{ij})$ 個の 1 次独立な解 $S_1, S_2, \dots, S_N$ によって, 次の形に表わされる:

$$\tilde{X}=\sum_{k=1}^{N}c_k S_k.$$

ここで N 個の係数 c_k は任意の複素数である. $W_k=US_kV^{-1}$ とおけば, (2)の解 X はすべて

$$X=U\tilde{X}V^{-1}=\sum_{k=1}^{N}c_k US_k V^{-1}=\sum_{k=1}^{N}c_k W_k$$

の形で与えられ, N 個の複素数 c_k が解 X に含まれる任意定数である.

とくに, すべての $i=1, 2, \dots, r$ および $j=1, 2, \dots, s$ に対して $\lambda_i\neq\mu_j$ ならば, (14)

より $X_{ij}=O\,(1\leq i\leq r,1\leq j\leq s)$ すなわち $\widetilde{X}=O$ となるから，次の系が得られる：

系 1．A, B が共通の固有値をもたなければ，(2) は零行列 O 以外の解をもたない．

【注 1】 ある $c_1, c_2, \dots, c_N$ に対して $\sum_{k=1}^{N} c_k W_k=O$ となることは，$\sum_{k=1}^{N} c_k U S_k V^{-1}=0$ を意味し，これよりすぐに等式 $\sum_{k=1}^{N} c_k S_k=O$ が得られるから，$S_k\,(k=1,2,\dots,N)$ の 1 次独立性によって $c_1=c_2=\dots=c_N=0$ でなければならない．したがって

(16) $$W_1, W_2, \dots, W_N$$

は 1 次独立である．(2) のすべての解 X はこれら N 個の行列の 1 次結合としても表わされるのであるから，(13) と同様に (16) もまた (2) の解全体がつくる複素線形空間 $\mathfrak{M}_{(2)}$ —— (m,n) 型行列全体がつくる複素線形空間の部分空間 —— の基底をつくる：$\dim \mathfrak{M}_{(2)}=N$．

あとで利用する定理をもう 1 つ述べておこう．

定理 2．n 次行列 A と B とが可換であって，A が r_1 次の行列 A_1 と r_2 次の行列 A_2 との直和として

$$A=A_1\oplus A_2$$

と表わされ，かつ A_1 と A_2 とが共通の固有値を持たないならば，B もまたある r_1 次の行列 B_1 と r_2 次の行列 B_2 との直和として次の形に表される．

$$B=B_1\oplus B_2.$$

証明．B を次のようなブロック行列と考えよう：

(17) $$\begin{array}{c} \overset{r_1}{\longleftrightarrow}\ \overset{r_2}{\longleftrightarrow} \\ \begin{pmatrix} B_1 & C \\ D & B_2 \end{pmatrix} \end{array} \begin{array}{l} \\ \updownarrow r_1 \\ \updownarrow r_2 \end{array}$$

仮定より $AB=BA$ すなわち，

$$\begin{pmatrix} A_1 & O \\ O & A_2 \end{pmatrix}\begin{pmatrix} B_1 & C \\ D & B_2 \end{pmatrix}=\begin{pmatrix} B_1 & C \\ D & B_2 \end{pmatrix}\begin{pmatrix} A_1 & O \\ O & A_2 \end{pmatrix}$$

であるから，ブロックどうしの関係として，次の 4 つの等式が得られる：

イ） $A_1B_1=B_1A_1$ ロ） $A_1C=CA_2$ ハ） $A_2D=DA_1$ ニ） $A_2B_2=B_2A_2$．

ところが，A_1 と A_2 とは共通の固有値をもたないから，上で証明した定理 1 の系 1 によって，等式 ロ) と ハ) は零行列 O 以外の解をもたない．すなわち，$C=O\,((r_1,\ r_2)$ 型$)$ かつ $D=O\,((r_2, r_1)$ 型$)$ である．これで定理が証明された．

一般に，数ベクトル空間 $\boldsymbol{C}^n$ の 1 次変換 $\boldsymbol{A}$ が部分空間 $\mathfrak{M}_0$（§ 23, A]）のどんな元も同じ部分空間 $\mathfrak{M}_0$ の元に写すとき，すなわち $\boldsymbol{x}\in\mathfrak{M}_0$ ならば $\boldsymbol{Ax}\in\mathfrak{M}_0$ となるとき，$\mathfrak{M}_0$ は $\boldsymbol{A}$ の<u>不変部分空間</u>である（あるいは，$\boldsymbol{A}$ は $\mathfrak{M}_0$ を<u>不変にする</u>）という．この場合には，$\boldsymbol{A}$ を $\mathfrak{M}_0$ の 1 次変換と考えることができる．混同を避けたいときには，この 1 次変換を $\boldsymbol{A}$ と区別するために，たとえば $\boldsymbol{A}_0$ で表わし，これを 1 次変換 $\boldsymbol{A}$ の <u>$\mathfrak{M}_0$ 上への制限</u>という．このとき，$\boldsymbol{x}\in\mathfrak{M}_0$ に対して $\boldsymbol{A}_0\boldsymbol{x}=\boldsymbol{Ax}$ である．

上の定理 2 は次の形に述べ換えることができる.

系. n 項の(複素)数ベクトル空間 $\boldsymbol{C}^n$ がその上の 1 次変換 $\boldsymbol{A}$ に関して不変な 2 つの部分空間 $\mathfrak{M}_1$ と $\mathfrak{M}_2$ との直和として,

(18) $$\boldsymbol{C}^n=\mathfrak{M}_1\oplus\mathfrak{M}_2$$

と表わされていて, $\boldsymbol{A}$ を $\mathfrak{M}_1$, $\mathfrak{M}_2$ に制限して得られる 1 次変換をそれぞれ $\boldsymbol{A}_1$, $\boldsymbol{A}_2$ とするとき, これら 2 つの 1 次変換の最小多項式が互いに素であれば, $\mathfrak{M}_1$, $\mathfrak{M}_2$ は, $\boldsymbol{A}$ と可換などんな 1 次変換 $\boldsymbol{B}$ に関しても不変である.

証明. $\dim\mathfrak{M}_1=r_1$, $\dim\mathfrak{M}_2=r_2$ とし, $\boldsymbol{C}^n$ の 2 つの部分空間 $\mathfrak{M}_1$, $\mathfrak{M}_2$ の基底をそれぞれ $\mathcal{B}_1=\{\boldsymbol{u}_1,\boldsymbol{u}_2,\dots,\boldsymbol{u}_{r_1}\}$, $\mathcal{B}_2=\{\boldsymbol{v}_1,\boldsymbol{v}_2,\dots,\boldsymbol{v}_{r_2}\}$ とする. このとき, 基底 $\mathcal{B}_1$ に関する 1 次変換 $\boldsymbol{A}_1$ の表現行列を A_1, 基底 $\mathcal{B}_2$ に関する 1 次変換 $\boldsymbol{A}_2$ の表現行列を A_2 とすれば,

(19) $$[\boldsymbol{A}_1\boldsymbol{u}_1\ \boldsymbol{A}_1\boldsymbol{u}_2\ \cdots\boldsymbol{A}_1\boldsymbol{u}_{r_1}]=[\boldsymbol{u}_1\ \boldsymbol{u}_2\ \cdots\boldsymbol{u}_{r_1}]A_1,$$

(20) $$[\boldsymbol{A}_2\boldsymbol{v}_1\ \boldsymbol{A}_2\boldsymbol{v}_2\ \cdots\ \boldsymbol{A}_2\boldsymbol{v}_{r_2}]=[\boldsymbol{v}_1\ \boldsymbol{v}_2\ \cdots\ \boldsymbol{v}_{r_2}]A_2,$$

である(この記法については § 23 の C] 参照). さらにまた, 仮定(18)によって, 2 つの基底 $\mathcal{B}_1$ と $\mathcal{B}_2$ を合併して得られるベクトル系 $\mathcal{B}_1\cup\mathcal{B}_2=\{\boldsymbol{u}_1,\boldsymbol{u}_2,\dots,\boldsymbol{u}_{r_1},\boldsymbol{v}_1,\boldsymbol{v}_2,\dots,\boldsymbol{v}_{r_2}\}$ は $\boldsymbol{C}^n$ の基底になる. このとき(19), (20)によって,

$$\begin{aligned}[\boldsymbol{A}\boldsymbol{u}_1\ \cdots\ \boldsymbol{A}\boldsymbol{u}_{r_1}\ \boldsymbol{A}\boldsymbol{v}_1\ \cdots\ \boldsymbol{A}\boldsymbol{v}_{r_2}]&=[\boldsymbol{A}_1\boldsymbol{u}_1\ \cdots\ \boldsymbol{A}_1\boldsymbol{u}_{r_1}\ \boldsymbol{A}_2\boldsymbol{v}_1\ \boldsymbol{A}_2\boldsymbol{v}_2\ \cdots\ \boldsymbol{A}_2\boldsymbol{v}_{r_2}]\\&=[\boldsymbol{u}_1\ \cdots\ \boldsymbol{u}_{r_1}\ \boldsymbol{v}_1\ \cdots\ \boldsymbol{v}_{r_2}]\begin{pmatrix}A_1 & O\\ O & A_2\end{pmatrix}\end{aligned}$$

となるから, 基底 $\mathcal{B}_1\cup\mathcal{B}_2$ に関する 1 次変換 $\boldsymbol{A}$ の表現行列 A は次の形になる:

$$\begin{matrix}\overset{r_1}{\longleftrightarrow} & \overset{r_2}{\longleftrightarrow} & \\ \end{matrix}$$
$$\begin{pmatrix}A_1 & O\\ O & A_2\end{pmatrix}\begin{matrix}\updownarrow r_1\\ \updownarrow r_2.\end{matrix}$$

いま, $\boldsymbol{A}$ と可換な任意の 1 次変換 $\boldsymbol{B}$ の(基底 $\mathcal{B}_1\cup\mathcal{B}_2$ に関する)表現行列を B としよう. 仮定より, 2 つの 1 次変換 $\boldsymbol{A}$ と $\boldsymbol{B}$ とは可換であるから, 当然, それらの表現行列 A と B も可換であり, また, A_1 と A_2 とは共通の固有値をもたない. ゆえに, 定理 2 によって, 行列 B は r_1 次のある行列 B_1 と r_2 次のある行列 B_2 との直和(すなわち(17)において(r_1, r_2)型の行列 C と(r_2, r_1)型の行列 D はともに零行列)になる. このことは,

$$[\boldsymbol{B}\boldsymbol{u}_1\boldsymbol{B}\boldsymbol{u}_2\cdots\boldsymbol{B}\boldsymbol{u}_{r_1}\boldsymbol{B}\boldsymbol{v}_1\boldsymbol{B}\boldsymbol{v}_2\cdots\boldsymbol{B}\boldsymbol{v}_{r_2}]=[\boldsymbol{u}_1\boldsymbol{u}_2\cdots\boldsymbol{u}_{r_1}\boldsymbol{v}_1\boldsymbol{v}_2\cdots\boldsymbol{v}_{r_2}]\begin{pmatrix}B_1 & O\\ O & B_2\end{pmatrix}$$

を意味し, 1 次変換 $\boldsymbol{B}$ が $\mathfrak{M}_1$, $\mathfrak{M}_2$ を不変部分空間としていることに他ならない.

【注 2】 1 次変換 $\boldsymbol{T}$ の最小多項式とは, その 1 次変換が定義されている線形空間のある基底 $\mathcal{B}$ のもとでの $\boldsymbol{T}$ の表現行列 T の最小多項式のことである. この最小多項式は基底 $\mathcal{B}$ の取りかたによらない(§ 24, B]).

§18. 与えられた行列と可換な行列の一般形.

この§では，まえの§の結果を利用して n 次行列 A と可換な行列の構造を考察する．ここで述べたことがらは，このあとの §20, §21 で利用される．

A と可換な行列 X の構造を見るには，まえの §17 の定理 1 の (2) の方程式 $AX = XB$ で $B = A$ として得られる方程式：

(1) $$AX = XA$$

の解 X をしらべればよい．この場合には，§17 の (6) では $V = U$ となるので，§17 の定理 1 によって，A と可換な行列 X の構造がただちにわかる．すなわち，A の Jordan 標準形を

$$A_J = \sum_{i=1}^{r} \oplus (\lambda_i I_{p_i} + N_{p_i}) = U^{-1}AU$$

とすれば（m 次行列 A の単純単因子はまえの §17 の (3) である），方程式

(2) $$A_J \widetilde{X} = \widetilde{X} A_J$$

の一般解 $\widetilde{X}$ は次のような（A_J と同じ型の）ブロック行列になる：

(3) $$\widetilde{X} = \begin{pmatrix} \overset{p_1}{\overset{\longleftrightarrow}{X_{11}}} & \overset{p_2}{\overset{\longleftrightarrow}{X_{12}}} & \cdots & \overset{p_r}{\overset{\longleftrightarrow}{X_{1r}}} \\ X_{21} & X_{22} & \cdots & X_{2r} \\ \vdots & \vdots & \ddots & \vdots \\ X_{r1} & X_{r2} & \cdots & X_{rr} \end{pmatrix} \begin{matrix} \updownarrow p_1 \\ \updownarrow p_2 \\ \vdots \\ \updownarrow p_r \end{matrix}$$

このとき，まえの § の定理 1 により，$\lambda_i \neq \lambda_j$ ならば (p_i, p_j) 型行列 X_{ij} と (p_j, p_i) 型の行列 X_{ji} はともに零行列 O である．また，$\lambda_i = \lambda_j$ ならば次のようになる：

(4) $$X_{ij} = \begin{cases} [O_{p_i, p_j - p_i}, T_{p_i}] & (p_i < p_j \text{ のとき}), \\ T_{p_i} & (p_i = p_j \text{ のとき}), \\ \begin{bmatrix} T_{p_j} \\ O_{p_i - p_j, p_j} \end{bmatrix} & (p_i > p_j \text{ のとき}). \end{cases}$$

とくに，(3) の対角ブロック X_{kk} ($k = 1, \ldots, r$) は p_k 次の行列 T_{p_k} である（行列 T_u の形についてはまえの § の定理 1 を見られたい）．このとき，方程式 (1) の解 X は次式で与えられる：

(5) $$X = U\widetilde{X}U^{-1}.$$

さらに，まえの § の定理 1 で述べたように，A の単純単因子 $(z - \lambda_i)^{p_i}$ と $(z - \lambda_j)^{p_j}$ との最大公約式 $d_{ij}(z)$ の次数を ρ_{ij} で表わし（$\lambda_i \neq \lambda_j$ ならば $\rho_{ij} = \rho_{ji} = 0$），

$$N = \sum_{i,j=1}^{r} \rho_{ij}$$

とおけば，$\widetilde{X}$ はまえの §17 の (13) で見た N 個の 1 次独立な行列 S_k ($k = 1, \ldots, N$) と N 個の任意定数 $c_1, \ldots, c_N$ によって $\widetilde{X} = \sum_{k=1}^{N} c_k S_k$ と表わされる．ゆえに $W_k = US_kU^{-1}$ とおくと，(5) から (1) の任意の解 X は次の形に表わされる：

$$X = U\widetilde{X}U^{-1} = U\left(\sum_{k=1}^{N} c_k S_k\right)U^{-1} = \sum_{k=1}^{N} c_k US_kU^{-1} = \sum_{k=1}^{N} c_k W_k.$$

ゆえに，N は方程式（1）の解 X が含む任意の複素定数 c_k の個数である．

例 1．m 次行列 A の単純単因子

$$(z-\lambda_1)^{p_1},\ (z-\lambda_2)^{p_2},\ \dots,\ (z-\lambda_r)^{p_r}\quad (p_1+p_2+\dots+p_r=m)$$

が互いに素であれば，A の最小多項式と固有多項式とが一致し（§25 の【注5】），$j \neq k$ のとき $\lambda_j \neq \lambda_k$ であるから，方程式 $A_J\widetilde{X}=\widetilde{X}A_J$ の任意の解 $\widetilde{X}$ を（3）の形であるとすれば，$X_{jk}=O$（(p_j, p_k) 型），$X_{kj}=O$（(p_k, p_j) 型）となり，$\widetilde{X}$ は次数がそれぞれ $p_1, p_2, \dots, p_r$ の行列 T_{p_1}，T_{p_2}，…，T_{p_r} の直和として次の形に表わされる：

$$\widetilde{X}=\sum_{k=1}^{r}\oplus T_{p_k}=\begin{pmatrix} T_{p_1} & O & \cdots & O \\ O & T_{p_2} & \cdots & O \\ \vdots & \vdots & \ddots & \vdots \\ O & O & \cdots & T_{p_r} \end{pmatrix}\begin{matrix} \updownarrow p_1 \\ \updownarrow p_2 \\ \vdots \\ \updownarrow p_r \end{matrix}.$$

（列幅：$p_1, p_2, \dots, p_r$）

この場合には明らかに $N=p_1+p_2+\dots+p_r=m$ となるから，$AX=XA$ の解 X は A の次数 m と同じ個数の任意定数を含むことがわかる．

例 2．A の単純単因子が

$$(z-\lambda_1)^3,\ (z-\lambda_1)^2,\ (z-\lambda_2)^4,\ (z-\lambda_2)^2,\ z-\lambda_2\quad（ただし \lambda_1 \neq \lambda_2 とする）$$

ならば，$p_1=3, p_2=2, p_3=4, p_4=2, p_5=1$ であるから，$A_J\widetilde{X}=\widetilde{X}A_J$ の一般解 $\widetilde{X}$ はつぎのような形になる：

$$\widetilde{X}=\begin{pmatrix} X_{11} & X_{12} & X_{13} & X_{14} & X_{15} \\ X_{21} & X_{22} & X_{23} & X_{24} & X_{25} \\ X_{31} & X_{32} & X_{33} & X_{34} & X_{35} \\ X_{41} & X_{42} & X_{43} & X_{44} & X_{45} \\ X_{51} & X_{52} & X_{53} & X_{54} & X_{55} \end{pmatrix}\begin{matrix} \updownarrow 3 \\ \updownarrow 2 \\ \updownarrow 4 \\ \updownarrow 2 \\ \updownarrow 1 \end{matrix}.$$

（列幅：3, 2, 4, 2, 1）

ここでは $\lambda_1 \neq \lambda_2$ であるから，$X_{13}, X_{14}, X_{15}, X_{23}, X_{24}, X_{25}, X_{31}, X_{32}, X_{41}, X_{42}, X_{51}, X_{52}$ はいずれも零行列であり，その他の小行列 $X_{11}, X_{12}, X_{21}, X_{22}, X_{33}, X_{34}, X_{35}, X_{43}, X_{44}, X_{45}$，$X_{53}, X_{54}, X_{55}$ はそれぞれ次の形である：

$$X_{11}=\begin{pmatrix} a & b & c \\ 0 & a & b \\ 0 & 0 & a \end{pmatrix},\ X_{12}=\begin{pmatrix} d & e \\ 0 & d \\ 0 & 0 \end{pmatrix},\ X_{21}=\begin{pmatrix} 0 & f & g \\ 0 & 0 & f \end{pmatrix},\ X_{22}=\begin{pmatrix} h & i \\ 0 & h \end{pmatrix},$$

$$X_{33}=\begin{pmatrix} j & k & l & m \\ 0 & j & k & l \\ 0 & 0 & j & k \\ 0 & 0 & 0 & j \end{pmatrix},\ X_{34}=\begin{pmatrix} n & p \\ 0 & n \\ 0 & 0 \\ 0 & 0 \end{pmatrix},\ X_{35}=\begin{pmatrix} q \\ 0 \\ 0 \\ 0 \end{pmatrix},$$

$$X_{43}=\begin{pmatrix} 0 & 0 & r & s \\ 0 & 0 & 0 & r \end{pmatrix},\ X_{44}=\begin{pmatrix} t & u \\ 0 & t \end{pmatrix},\ X_{45}=\begin{pmatrix} v \\ 0 \end{pmatrix},$$

$$X_{53}=[0\ \ 0\ \ 0\ \ w],\ X_{54}=[0\ \ y],\ X_{55}=[z].$$

ここで 0 以外の文字はすべて任意の定数である．また，

$$\rho_{11}=3,\ \rho_{12}=2,\ \rho_{13}=0,\ \rho_{14}=0,\ \rho_{15}=0$$
$$\rho_{21}=2,\ \rho_{22}=2,\ \rho_{23}=0,\ \rho_{24}=0,\ \rho_{25}=0$$
$$\rho_{31}=0,\ \rho_{32}=0,\ \rho_{33}=4,\ \rho_{34}=2,\ \rho_{35}=1$$
$$\rho_{41}=0,\ \rho_{42}=0,\ \rho_{43}=2,\ \rho_{44}=2,\ \rho_{45}=1$$
$$\rho_{51}=0,\ \rho_{52}=0,\ \rho_{53}=1,\ \rho_{54}=1,\ \rho_{55}=1$$

であるから，$N=24$ であり，A と可換な行列 X は（ $\tilde{X}$ と同様に）24 個の任意定数を含む．

つぎに，もっと簡単な場合を具体的な例として加えておこう．

例 3．n 次の任意の正則な対角行列 $A=\begin{pmatrix}\lambda_1 & 0 & \cdots & 0\\ 0 & \lambda_2 & \cdots & 0\\ \vdots & \vdots & \ddots & \vdots\\ 0 & 0 & \cdots & \lambda_n\end{pmatrix}$ の Jordan 標準形 A_J は言うまでもなく A 自身であるから，上の記法を用いれば，A と可換な行列 X と A_J と可換な行列 $\tilde{X}$ とは同じものである．ここでもしも A の固有値：

(6) $$\lambda_1, \lambda_2, \ldots, \lambda_n$$

が互いに異なるならば，

(7) $$X=\begin{pmatrix}x_{11} & x_{12} & \cdots & x_{1n}\\ x_{21} & x_{22} & \cdots & x_{2n}\\ \vdots & \vdots & \cdots\cdots & \vdots\\ x_{n1} & x_{n2} & \cdots & x_{nn}\end{pmatrix}$$

としたとき，$j \neq k$ のとき $x_{jk}=x_{kj}=0$ であり，$x_{11}, x_{22}, \ldots, x_{nn}$ はいずれも任意の定数である．すなわち X は次の形になる（$a_1, a_2, \ldots, a_n$ は任意の定数）：

$$X=\begin{pmatrix}a_1 & 0 & \cdots & 0\\ 0 & a_2 & \cdots & 0\\ \vdots & \vdots & \ddots & \vdots\\ 0 & 0 & \cdots & a_n\end{pmatrix}.$$

しかし，(6) の中に同じものがある場合，たとえば $j \neq k$ であって $\lambda_j=\lambda_k$ であれば，このとき (7) の X の中で x_{jk} と x_{kj} はそれぞれ任意の定数としてよい．

例 4．次の 5 個の行列 A_1, A_2, A_3, A_4, A_5 を考えよう．

$$A_1=\begin{pmatrix}\lambda_1 & 0 & 0\\ 0 & \lambda_2 & 0\\ 0 & 0 & \lambda_3\end{pmatrix}\ (\lambda_1, \lambda_2, \lambda_3 \text{ は互いに異なる}),\quad A_2=\begin{pmatrix}\lambda_1 & 0 & 0\\ 0 & \lambda_2 & 0\\ 0 & 0 & \lambda_3\end{pmatrix}\ (\lambda_1=\lambda_2 \neq \lambda_3),$$

$$A_3=\begin{pmatrix}\lambda_1 & 0 & 0\\ 0 & \lambda_2 & 0\\ 0 & 0 & \lambda_3\end{pmatrix}\ (\lambda_1 \neq \lambda_2=\lambda_3),\quad A_4=\begin{pmatrix}\lambda_1 & 0 & 0\\ 0 & \lambda_2 & 0\\ 0 & 0 & \lambda_3\end{pmatrix}\ (\lambda_1=\lambda_3 \neq \lambda_2),$$

$$A_5=\begin{pmatrix}\lambda_1 & 0 & 0\\ 0 & \lambda_2 & 0\\ 0 & 0 & \lambda_3\end{pmatrix}\ (\lambda_1=\lambda_2=\lambda_3).$$

上の議論をふまえて，A_1, A_2, A_3, A_4, A_5 と可換な行列をそれぞれ X_1, X_2, X_3, X_4, X_5 とすれば，これらは次のようになる．ただし，a, b, c, d, e は任意の定数である．

$$X_1=\begin{pmatrix}a&0&0\\0&b&0\\0&0&c\end{pmatrix},\quad X_2=\begin{pmatrix}a&b&0\\c&d&0\\0&0&e\end{pmatrix},\quad X_3=\begin{pmatrix}a&0&0\\0&b&c\\0&d&e\end{pmatrix},\quad X_4=\begin{pmatrix}a&0&b\\0&c&0\\d&0&e\end{pmatrix}.$$

X_5 は全く任意の3次の行列である．

例 5. 次の2つの(2,2)型の5次のブロック行列 A_1, A_2 を考えよう．

$$A_1=\left(\begin{array}{ccc:cc}\lambda&1&0&0&0\\0&\lambda&1&0&0\\0&0&\lambda&0&0\\ \hdashline 0&0&0&\mu&1\\0&0&0&0&\mu\end{array}\right)(\lambda\neq\mu),\quad A_2=\left(\begin{array}{ccc:cc}\lambda&1&0&0&0\\0&\lambda&1&0&0\\0&0&\lambda&0&0\\ \hdashline 0&0&0&\mu&1\\0&0&0&0&\mu\end{array}\right)(\lambda=\mu).$$

そうすれば，A_1 または A_2 と可換な行列 X はまた(2,2)型のブロック行列であり，

$$X=\begin{pmatrix}X_{11}&X_{12}\\X_{21}&X_{22}\end{pmatrix}\begin{matrix}\updownarrow 3\\ \updownarrow 2\end{matrix}\quad(\text{列幅 } 3,\ 2)$$

という形をとる．このとき，A_1 では $\lambda\neq\mu$ であるから，A_1 と可換な行列 X の中の小行列 X_{ij} $(i,j=1,2)$ は次のようになる：

$$X_{11}=\begin{pmatrix}a&b&c\\0&a&b\\0&0&a\end{pmatrix},\quad X_{12}=\begin{pmatrix}0&0\\0&0\\0&0\end{pmatrix},\quad X_{21}=\begin{pmatrix}0&0&0\\0&0&0\end{pmatrix},\quad X_{22}=\begin{pmatrix}d&e\\0&d\end{pmatrix}.$$

また，A_2 では $\lambda=\mu$ であるから，やはり公式(4)により，A_2 と可換な行列 X の中の小行列 X_{ij} $(i,j=1,2)$ は次のようになる：

$$X_{11}=\begin{pmatrix}a&b&c\\0&a&b\\0&0&a\end{pmatrix},\quad X_{12}=\begin{pmatrix}d&e\\0&d\\0&0\end{pmatrix},\quad X_{21}=\begin{pmatrix}0&e&f\\0&0&e\end{pmatrix},\quad X_{22}=\begin{pmatrix}g&h\\0&g\end{pmatrix}$$

となる．ただし，上のいずれの場合においても，a,b,c,d,e,f,g,h は任意の定数である．

ところで，A と可換な行列 X に含まれる任意定数の個数 N は，実は，A の単因子の次数から容易に求められることがわかる．実際，A の単因子を

(8) $$1,1,\dots,1,e_l(z),e_{l-1}(z),\dots,e_1(z)\quad(e_l(z)\neq 1)$$

とし，ここでは $e_k(z)$ が $e_{k-1}(z)$ を整除しているものとする(便宜上，単因子の番号のつけかたを通常の場合とは逆にしてあるので，$e_1(z)$ が A の最小多項式である)．A の相異なる固有値を

$$\lambda_1,\lambda_2,\dots,\lambda_s$$

とし，l 個の単因子は次のように1次因子のベキ積として表わされているものとしよう：

$$e_k(z)=(z-\lambda_1)^{p_{k1}}\dots(z-\lambda_j)^{p_{kj}}\dots(z-\lambda_s)^{p_{ks}}$$
$$(k=1,2,\dots,l)$$

$e_k(z)$ は $e_{k-1}(z)$ を割り切るから(§25の定理2の(イ)，定理6)

$$0\leqq p_{lj}\leqq p_{l-1,j}\leqq\dots\leqq p_{kj}\leqq p_{k-1,j}\leqq\dots\leqq p_{1j}$$
$$(j=1,2,\dots,s)$$

であり，$e_l(z)\neq 1$ であるから，少なくともある1つの j については $p_{lj}\geqq 1$ であり，さらに，$e_1(z)$ は A の最小多項式であるから，すべての $j=1,2,\dots,s$ に対して $p_{1j}\geqq 1$ である．

この場合，任意定数の個数 N の計算に際しては，すでにまえの§17で見たように．各 j $(=1, \dots, s)$ について $(z-\lambda_j)^{p_{ij}}$ と $(z-\lambda_j)^{p_{kj}}$ の最大公約式の次数すなわち $\min(p_{ij}, p_{kj})$ $(i, k=1, \dots, l)$ 全部の和をとればよい．それはつまるところ，すべての $i, k\,(=1, 2, \dots, l)$ に対して，$e_i(z)$ と $e_k(z)$ との最大公約式の次数すなわち $e_i(z)$ と $e_k(z)$ の次数の大きくないほうの和を取ることに他ならない．ゆえに，$e_k(z)$ の次数を n_k で表わして，下の表の第 i 行の第 k 番目に $e_i(z)$ と $e_k(z)$ の次数の大きくないほうを書くことにすれば（単因子(8)の性質から，$i \geqq k$ ならば $n_i \leqq n_k$ に注意），次のようになる：

	1	2	3	………		$l-1$	l
1	n_1	n_2	n_3	…	…	n_{l-1}	n_l
2	n_2	n_2	n_3	…	…	n_{l-1}	n_l
3	n_3	n_3	n_3	…	…	n_{l-1}	n_l
⋮	⋮	⋮	⋮	⋮	⋮	⋮	⋮
$l-1$	n_{l-1}	n_{l-1}	n_{l-1}		…	n_{l-1}	n_l
l	n_l	n_l	n_l	…	…	n_l	n_l

これらの l^2 個の数の和が N に他ならないから，

(9) $$N = n_1 + 3n_2 + \dots + (2l-1)n_l$$

となることがわかる．N は A と可換な行列全体がつくる（複素）線形空間の次元であったから（§17，【注 1】），以上より次の定理が得られる：

定理 1．n 次行列 A の 1 以外の単因子を $e_1(z), e_2(z), \dots, e_l(z)$ とし，その次数をそれぞれ $n_1, n_2, \dots n_{l-1}, n_l\ (\geqq 1)$ とするとき，A と可換な行列で 1 次独立なものの総数は

(10) $$N = n_1 + 3n_2 + \dots + (2l-1)n_l$$

である．言い換えると，方程式 (1) の解 X 全体がつくる $\mathfrak{M}_n(\boldsymbol{C})$（成分が複素数であるような n 次行列全体がつくる複素線形空間）の部分空間 $\mathscr{C}(A) = \left\{X \mid AX = XA\right\}$ の次元は (10) で与えられる：$\dim \mathscr{C}(A) = N$．

A の固有多項式 $\Phi_A(z)$ は A のすべての単因子の積に等しいから（§25，E]），

$$\Phi_A(z) = e_1(z)e_2(z) \dots e_l(z)$$

である．ゆえに，行列 A の次数 n と単因子の次数との間には次の関係がある：

(11) $$n = n_1 + n_2 + \dots + n_l.$$

この等式と(10)とから，次の不等式が得られる：

(12) $$N \geqq n.$$

ここで等号が成り立つのは，明らかに $l=1$ のときかつそのときに限る．$l=1$ ということは，A の単因子が 1 個しかないこと，すなわちこの単因子は A の最小多項式 $\Psi_A(z)$ に他ならない．この場合には，明らかに A のすべての単純単因子は互いに素である．また，逆に，A のすべての単純単因子が互いに素であれば，A の最小多項式は固有多項式と一致し，$l=1$ である．

最後に，$\mathcal{C}(A)=\left\{X \middle| AX=XA\right\}$の次元についての考察から得られる興味深い２つの結果を述べておこう．

$p(z)$が（複素係数の）z の多項式ならば，明らかに$p(A)$はAと可換であるが，逆に，Aと可換な行列はすべてAの多項式として表わされるだろうか？ さらにまた，Aと可換な行列がすべてある１つの行列の多項式として表わされることがあるだろうか？ そのようなことがもしもあるとすれば，そのためにAがみたすべき条件はどのようなものだろうか？ 以下ではこのことについて考察する．

まず，行列Aの多項式の全体$\mathcal{P}(A)=\left\{p(A) \middle| p(z)\text{は}z\text{の多項式}\right\}$は明らかに$\mathcal{C}(A)$の部分空間であることに注意しよう：$\mathcal{P}(A)\subseteqq\mathcal{C}(A)$．いま，$p(A)$を$A$の任意の多項式とする．$p(z)$を$A$の最小多項式$\Psi_A(z)$（これは単因子$e_1(z)$に等しいから，その次数は$n_1$である）で割ることによって，$p(A)$は次の$n_1$個の行列

(13) $$I, A, A^2, \dots, A^{n_1-1}$$

の１次結合として表わされることがわかる．これらn_1個の行列は１次独立である．なぜなら，そうでなかったとすると，(13)の行列のある自明でない１次結合が零行列になり，次数がn_1よりも小さいAの零化多項式（§24，B]）が存在することになり，これは，Aの最小多項式の次数がn_1であることに矛盾する．$\mathcal{P}(A)$に属する行列Aの任意の多項式が(13)のn_1個の１次独立な行列の１次結合として表わされるので，(13)は$\mathcal{P}(A)$の基底であり，$\mathcal{P}(A)$の次元はn_1である：$\dim\mathcal{P}(A)=n_1$．

ここで，Aと可換な行列がすべてAの多項式として表わされる場合を考えてみよう．これは$\mathcal{C}(A)=\mathcal{P}(A)$を意味するから$\dim\mathcal{C}(A)=\dim\mathcal{P}(A)$より$N=n_1\leqq n$となるが，他方，(12)から$\mathcal{C}(A)$の次元$N$は不等式$N\geqq n$をみたさなければならないから，等式$n_1=n$が得られる．また逆に，$n=n_1$ならば(11)より$n_2=\dots=n_l=0$となるから，(10)より$\dim\mathcal{C}(A)=N=n_1$となる．ゆえに，$\mathcal{P}(A)\subseteqq\mathcal{C}(A)$かつ$\dim\mathcal{P}(A)=n_1$に注意すれば，$\mathcal{C}(A)=\mathcal{P}(A)$でなければならない．$n_1=n$は$A$の最小多項式と固有多項式とが一致すること（すなわちAのすべての単純単因子が互いに素なこと）を意味する．以上の結果を定理１の系としてまとめておこう．

系 1．行列Aの多項式の全体がつくる部分空間$\mathcal{P}(A)$（$\subseteqq\mathcal{C}(A)$）の次元はAの最小多項式$\Psi_A(z)$の次数に等しい．また，Aと可換な行列がすべてAの多項式として表わされる（すなわち$\mathcal{C}(A)=\mathcal{P}(A)$となる）ための必要かつ十分な条件は，$A$の固有多項式と最小多項式とが一致すること（$\Phi_A(z)=\Psi_A(z)$）である．このとき，$A$の単純単因子は互いに素であり$\mathcal{C}(A)$の次元は行列$A$の次数$n$に等しい．

つぎに，Aと可換な行列がすべてある１つの行列Sの多項式として表わされる場合すなわち$\mathcal{C}(A)\subseteqq\mathcal{P}(S)$の場合を考えてみよう．このときには$A$は$S$の多項式として表わされるから，明らかに$A$と$S$は可換になり，当然$A$は$S$の任意の多項式$p(S)$とも可換になるから，包含関係$\mathcal{P}(S)\subseteqq\mathcal{C}(A)$が得られる．ゆえに，まえの包含関係と併せて$\mathcal{C}(A)=\mathcal{P}(S)$である．

行列 S の次数はもちろん A のそれと同じ n であるから，S の固有多項式は n 次であり，A と可換な行列が z のある多項式 $p(z)$ によって $p(S)$ と表わされれば，$p(z)$ を S の固有多項式で割ることによって，$p(S)$ は次の n 個の行列:

$$I,\ S,\ S^2,\ \dots,\ S^{n-1} \tag{14}$$

の 1 次結合として表わされることがわかる（しかし，まえの場合と違って，(14) は必ずしも 1 次独立とは限らない）. ゆえに，部分空間 $\mathcal{P}(S)$ の次元は n を超えない: $\dim\mathcal{P}(S) \leqq n$. これより明らかなように，$N=\dim\mathcal{C}(A)=\dim\mathcal{P}(S)\leqq n$ となる. この不等式と (12) から等式 $N=n$ が得られる. この等式と (10)，(11) によって $n_k=0\ (2\leqq k\leqq l)$ となるから，$n=n_1$ でなければならない. 逆に，$n=n_1$ ならば系 1 によって S として A を取ることができる. したがって，次の命題が得られる:

系 2. A と可換な行列がすべてある 1 つの行列の多項式として表わされるのは，$n=n_1$ のとき，すなわち A の固有多項式 $\Phi_A(z)$ と 最小多項式 $\Psi_A(z)$ とが一致する場合であり，かつその場合にかぎる. ゆえに，このときには，（系 1 によって）A と可換な行列はすべて A の多項式としても表わすことができる.

【注】 一般には (14) は 1 次独立とは限らないが，系 2 の条件のもとでは必然的に 1 次独立になることは明らかであろう.

§ 19. 行列 $f(A)$ の単純単因子.

この § 19 では与えられた行列 A の単純単因子 (§ 25 の F] を見られたい) から $f(A)$ の単純単因子を求めることができることを示すと同時に，その求めかたについて述べる.

A は n 次の(複素)行列，その相異なる固有値を $\lambda_1, \lambda_2, \dots, \lambda_s$，$A$ の単因子を $e_1(z)$, $e_2(z), \dots, e_n(z)$ とし，これらを 1 次因子のベキ積で表わしたものを

(1) $$e_k(z) = (z-\lambda_1)^{p_{k1}}(z-\lambda_2)^{p_{k2}}\dots(z-\lambda_s)^{p_{ks}} \quad (k=1,2,\dots,n)$$

であるとしよう. 単因子 $e_k(z)$ は $e_{k+1}(z)$ ($i=1,2,\dots,n-1$) を割り切るから (§ 25 の定理 2 の (イ))，ベキ指数については次の不等式が成り立つ:

$$0 \leqq p_{1j} \leqq p_{2j} \leqq \dots \leqq p_{ij} \leqq p_{i+1,j} \leqq \dots \leqq p_{nj}$$
$$(j=1,2,\dots,s).$$

また，$e_n(z)$ は A の最小多項式 $\Psi_A(z)=\prod_{j=1}^{s}(z-\lambda_j)^{m_j}$ に等しいから (§ 25 の定理 6)，$j=1$, $2, \dots, s$ に対して $p_{nj}=m_j \geqq 1$ であり，$n_j=\sum_{k=1}^{n} p_{kj}$ とおけば，A の固有多項式は

$$\Phi_A(z)=\prod_{k=1}^{n}e_k(z)=\prod_{j=1}^{s}(z-\lambda_j)^{n_j} \quad (n=\sum_{j=1}^{s}n_j)$$

である (§ 25 の(7)).

(1) において $p_{kj} \geqq 1$ であるような因子 $(z-\lambda_j)^{p_{kj}}$ を A の 単純単因子 とよんでいる.

いま，A のすべての単純単因子を

(2) $$(z-\mu_1)^{p_1}, (z-\mu_2)^{p_2}, \dots, (z-\mu_u)^{p_u}$$

とすれば，$\sum_{i=1}^{u} p_i = n$ である. 一般に，$\mu_1, \mu_2, \dots, \mu_u$ の中には互いに等しいものがいくつもあり得るが，全体としては $\lambda_1, \lambda_2, \dots, \lambda_s$ と一致している. いま，I_{p_i} は p_i 次の単位行列，N_{p_i} は対角線の一本上の準対角線上に 1 がならび，その他のすべての要素が 0 であるような p_i 次のベキ零行列とすれば，1 つの単純単因子 $(z-\mu_i)^{p_i}$ ($p_i \geqq 1$) には 1 つの Jordan 細胞:

$$J_i = \begin{cases} [\mu_i] \ (p_i=1 \text{ のとき }), \\ \mu_i I_{p_i}+N_{p_i}=\begin{pmatrix} \mu_i & 1 & \cdots & 0 \\ 0 & \mu_i & 1 \cdots & 0 \\ \vdots & & \ddots & 1 \\ 0 & 0 & \cdots & \mu_i \end{pmatrix} \ (p_i \geqq 2 \text{ のとき}), \end{cases}$$

が対応し (§27 の A])，これらの J_i ($i=1,2,\dots,u$) からつくられる対角型ブロック行列:

$$A_J = J_1 \oplus J_2 \oplus \dots \oplus J_u$$

が A の Jordan 標準形であった. このとき，§ 27 の定理 1 によれば，ある正則行列 T をえらぶことによって，$T^{-1}AT=A_J$ とすることができる. すなわち，A は A_J と相似になる.

いま，$f(z)$ を A のスペクトル上で定義された任意の関数としよう. このとき，§ 2 の定理 3 の系 2 で見たように，

$$f(A_J)=f(T^{-1}AT)=T^{-1}f(A)T$$

となるから，$f(A)$ は $f(A_J)$ と相似になる．ところが，互いに相似な2つの行列の単因子は一致するから（§25，定理5），当然，それら2つの行列の単純単因子も全体として一致する．ゆえに，$f(A)$ の単純単因子を求めるには，$f(A_J)$ の単純単因子を求めればよい．したがって，以後われわれは行列 $f(A_J)$ を考察の対象とする．

対角型ブロック行列 A_J に対しては，すでに§2の定理3の系3で見たように，

$$f(A_J)=f(J_1)\oplus f(J_2)\oplus\dots\oplus f(J_u)$$

となり，しかも各 $f(J_i)$（$i=1,2,\dots,u$）は次の形で与えられることに注意しよう：

(3)
$$f(J_i)=\begin{pmatrix} f(\mu_i) & \dfrac{f'(\mu_i)}{1!} & \dfrac{f^{(2)}(\mu_i)}{2!} & \cdots\cdots & \dfrac{f^{(p_i-1)}(\mu_i)}{(p_i-1)!} \\ 0 & f(\mu_i) & \dfrac{f'(\mu_i)}{1!} & \cdots\cdots & \dfrac{f^{(p_i-2)}(\mu_i)}{(p_i-2)!} \\ \vdots & & f(\mu_i) & \ddots & \vdots \\ 0 & & \text{\Large 0} & \ddots & \dfrac{f'(\mu_i)}{1!} \\ 0 & \cdots\cdots & \cdots\cdots & 0 & f(\mu_i) \end{pmatrix}.$$

ここでもしも，μ_i が関数 $f(z)$ の k_i 位の零点ならば

$$f(\mu_i)=f'(\mu_i)=\dots=f^{(k_i-1)}(\mu_i)=0,\ f^{(k_i)}(\mu_i)\neq 0$$

であるから，p_i 次の行列 (3) の形を見てただちにわかるように，$k_i=0$ の場合すなわち $f(\mu_i)\neq 0$ のときには，$f(J_i)$ の1次独立な列（行）の個数は p_i であり，$k_i<p_i$ のときには $f(J_i)$ の1次独立な列（行）の個数は p_i-k_i である．また，$k_i\geq p_i$ のときには $f(J_i)$ は零行列である．したがって，$f(J_i)$ の階数（rank）は次のようになる：

(4)
$$\operatorname{rank} f(J_i)=\begin{cases} p_i & (\ k_i=0 \text{ のとき}\ ) \\ p_i-k_i & (\ 1\leq k_i<p_i \text{ のとき}\ ) \\ 0 & (\ k_i\geq p_i \text{ のとき}\ ). \end{cases}$$

一般に，q 次の行列 Q に対して，$q-\operatorname{rank} Q$ を Q の不足数とよぶことにしよう．周知のように，これは同次連立1次方程式 $Q\boldsymbol{x}=0\,(\boldsymbol{x}\in C^q)$ の解空間の次元に他ならない．いま，p_i 次の行列 $f(J_i)$ の不足数を δ_i で表わせば，(4) から次式が得られる：

(5)
$$\delta_i=p_i-\operatorname{rank} f(J_i)=\min(k_i,p_i).$$

互いに相似な2つの行列の階数は等しいことと，$P^{-1}f(A)P=f(P^{-1}AP)$ に注意すれば，

$$\operatorname{rank} f(A)=\operatorname{rank} P^{-1}f(A)P=\operatorname{rank} f(P^{-1}AP)=\operatorname{rank} f(A_J)$$

となるが，明らかに，対角型ブロック行列 $f(A_J)$ の階数は u 個の行列 $f(J_1), f(J_2),\dots, f(J_u)$ の階数の和に等しいから，$f(A)$ の不足数を δ で表わせば，

$$\delta=n-\operatorname{rank} f(A)=n-\operatorname{rank} f(A_J)=\sum_{i=1}^{u}p_i-\sum_{i=1}^{u}\operatorname{rank} f(J_i)$$
$$=\sum_{i=1}^{u}\{p_i-\operatorname{rank} f(J_i)\}=\sum_{i=1}^{u}\delta_i$$

となる．すなわち，行列 $f(A)$ の不足数 δ は各 $f(J_i)$（$i=1,2,\dots,u$）の不足数 δ_i の和に等し

いことがわかる．このことと(5)とから，次の定理が得られる：

定理 1．行列 A のすべての単純単因子が

$$(z-\mu_1)^{p_1},\ (z-\mu_2)^{p_2},\ \dots,\ (z-\mu_u)^{p_u}$$

であるとき，A のスペクトル上で定義された任意の関数 $f(z)$ に対して，$f(A)$ の不足数 δ は次の等式で与えられる．ただし k_i は，関数 $f(z)$ の零点としての μ_i の位数である．

$$\delta=\sum_{i=1}^{u}\min(k_i,p_i)\ .$$

さて，n 項の数ベクトル空間 $\boldsymbol{C}^n$ の部分空間：

$$\mathcal{N}_j(\mu_i)=\left\{\boldsymbol{x}\,\middle|\,(\mu_i I-A)^j\boldsymbol{x}=\boldsymbol{0},\ \boldsymbol{x}\in\boldsymbol{C}^n\right\}\quad(j=1,2,\dots)$$

の次元を d_j で表わそう：$d_j=\dim\mathcal{N}_j(\mu_i)$．(これは行列 $(\mu_i I-A)^j$ の不足数であった)．

部分空間 $\mathcal{N}_j(\mu_i)\ (\subseteqq\boldsymbol{C}^n)$ の定義から明らかなように，

$$\{0\}=\mathcal{N}_0(\mu_i)\subseteqq\mathcal{N}_1(\mu_i)\subseteqq\dots\subseteqq\mathcal{N}_j(\mu_i)\subseteqq\mathcal{N}_{j+1}(\mu_i)\subseteqq\dots$$

であるから，$0=d_0\leqq d_1\leqq\dots\leqq d_j\leqq d_{j+1}\cdots$ となる．これより，当然，

(6) $$d_{m-1}<d_m \text{ かつ } j\geqq m \text{ ならば } d_j=d_m$$

となるような正の整数 m が存在する．このことは，A の固有値 μ_i に属する一般固有空間 $\widetilde{\mathcal{N}}(\mu_i)$ が $\mathcal{N}_m(\mu_i)$ に一致することを示している(§ 26 の(10)と(9)に注意)．ゆえに，m は A の最小多項式 $\Psi_A(z)$ における固有値 μ_i の重複度 m_i に等しい：$m=m_i$ (§ 26 の定理 4 とそのあとの【注 1】)．すなわち，(6)の整数 m は μ_i を含む A の単純単因子のベキ指数のうちで最大のものである．逆に，$\Psi_A(z)$ が $(z-\mu_i)^m$ を単純単因子として含めば，μ_i に属する一般固有空間 $\widetilde{\mathcal{N}}(\mu_i)$ は $\mathcal{N}_m(\mu_i)$ に一致し，(6)が成り立つ．以上のことがらを補題としてまとめておこう．

補題．行列 $(\mu_i I-A)^j$ の不足数 $d_j=\dim\mathcal{N}_j(\mu_i)$ $(j=0,1,\dots)$ の増加列において d_j が初めて最大値に達するときの番号 $j=m$ は，行列 A の固有値 μ_i を含む単純単因子の最大のベキ指数として特徴づけられる．

次の定理は，$d_j\ (j=1,2,\dots,m)$ から行列 A の固有値 μ_i を含むすべての単純単因子が決定されることを示している．ただし，m は補題で示された値である．

定理 2．行列 A の固有値 μ_i を含む単純単因子を

(7) $$z-\mu_i \text{ は } c_1 \text{ 個},\ (z-\mu_i)^2 \text{ は } c_2 \text{ 個},\ \dots,\ (z-\mu_i)^m \text{ は } c_m \text{ 個}$$

とするとき，$c_j\,(j=1,2,\dots,m)$ は $(\mu_i I-A)^j$ の不足数 $d_j\ (j=1,2,\dots,m)$ によって次式で与えられる：

(8) $$c_j=2d_j-d_{j-1}-d_{j+1}\ (j=1,2,\dots,m;\ \text{ただし } d_0=0,\ d_{m+1}=d_m \text{ とおく}).$$

証明．$f_j(z)=(\mu_i-z)^j$ とおけば，d_j は行列 $f_j(A)$ の不足数である．いま，A の μ_i 以外の固有値を含むすべての単純単因子を

(9) $$(z-\gamma_1)^{q_1},\ (z-\gamma_2)^{q_2},\ \dots,\ (z-\gamma_r)^{q_r}\quad(\gamma_l\neq\mu_i,\ 1\leqq l\leqq r)$$

としよう．このとき，$f_j(\gamma_l)\neq 0$ であるから関数 $f_j(z)$ の零点としての γ_l の位数 k_l は0であり，

$\min(k_l, q_l)=0$ $(l=1, 2\dots, r)$ となる．また，$f_j(z)$ の零点としての μ_i の位数は j に等しい．したがって，ここで A のすべての単純単因子は(7)と(9)で尽くされていることに注意すれば，定理 1 によって，$f_j(A)=(\mu_i I-A)^j$ の不足数 d_j は次の等式によって与えられることになる：

(10) $$c_1\min(j, 1)+c_2\min(j, 2)+\dots+c_m\min(j, m)=d_j.$$

ここで，$1\leqq q<j$ のときには $\min(j, q)=q$ であり，$j\leqq q\leqq m$ のときには $\min(j, q)=j$ であるから，(10)は次のように書き直すことができる：

(11) $$c_1+2c_2+\dots+(j-1)c_{j-1}+j(c_j+c_{j+1}+\dots+c_m)=d_j$$

$$(j=1, 2, \dots, m;\ ただし, c_0=0 とする).$$

いま，(11)を $c_1, c_2, \dots, c_m$ を未知数とする連立 1 次方程式と考えれば，このとき，係数のつくる m 次の行列式

$$\det\begin{pmatrix} 1 & 1 & 1 & & \cdots & 1 \\ 1 & 2 & 2 & & \cdots & 2 \\ 1 & 2 & 3 & 3 & \cdots & \vdots \\ \vdots & \vdots & & \cdots\cdots & & m-1 \\ 1 & 2 & 3 & 4 & \cdots & m \end{pmatrix}$$

の値は容易にわかるように 1 に等しい．したがって，良く知られた Cramer の公式によって，連立方程式(11)の解は(8)で与えられることがわかる．その計算は読者に任せよう．

この定理 2 により，一般に，行列 $(\mu_i I-A)^j$ の不足数 d_j $(j=1, 2, \dots, m)$ がわかれば，行列 A の固有値 μ_i を含む単純単因子がすべて求められることになる．

この§の目的は $f(A)$ のすべての単純単因子を A の単純単因子から決定することである．それには，上で述べたように A の Jordan 標準形 A_J に対する行列 $f(A_J)$ のすべての単純単因子が求められればよい．ところが，$f(A_J)=f(J_1)\oplus f(J_2)\oplus\dots\oplus f(J_u)$ であるから，§ 25 の 定理 7 によって，$f(A_J)$ の単純単因子の全体は $f(J_i)$ $(i=1, \dots, u)$ のすべての単純単因子の和集合として得られる．ゆえにわれわれの問題は，ただ 1 つの単純単因子 $(z-\mu_i)^{p_i}$ $(=\Psi_{J_i}(z))$ をもつ行列 J_i に対して，$f(J_i)$ のすべての単純単因子を求める問題に帰着する．

$f(J_i)$ の形(3)を見ればわかるように，以下では記法をもっと簡単にして，対角線上には a_0 が並び，その一本上の準対角線上には a_1 が並び，…，そして右上隅には a_{p-1} が置かれ，対角線より下の要素はすべて 0 であるような上–三角行列

(12) $$C=\begin{pmatrix} a_0 & a_1 & a_2 & \cdots & a_{p-1} \\ 0 & a_0 & a_1 & \ddots & \vdots \\ \vdots & \vdots & \ddots & \ddots & a_2 \\ \vdots & \vdots & & \ddots & a_1 \\ 0 & 0 & \cdots & 0 & a_0 \end{pmatrix}=a_0 I+a_1 N+\dots+a_j N^j+\dots+a_{p-1}N^{p-1}$$

の単純単因子を求める問題を考えればよい．ただし，N は p 次の行列で，次の形をしている：

$$N=\begin{pmatrix} 0 & 1 & 0 & \cdots & 0 \\ 0 & 0 & 1 & \ddots & \vdots \\ \vdots & \vdots & & \ddots & 0 \\ \vdots & \vdots & & \ddots & 1 \\ 0 & 0 & & \cdots & 0 \end{pmatrix}\quad (N^p=O).$$

このとき，C はただ1つの固有値 a_0 をもつ p 次の行列であるから，C の単純単因子は一般に何個かの $z-a_0$ のベキからなる．それらがどのようなものであるかを次の3つの場合に分けて調べることにしよう．

1)．$p=1$ のときは，C は1次の行列 $[a_0]$ で，その単純単因子は明らかに $z-a_0$ ただ1個である．

2)．$p>1$ であって $a_1 \neq 0$ のとき．この場合には

$$C-a_0 I = a_1 N + a_2 N^2 + \dots + a_{p-1} N^{p-1}$$

であるから，

$$(C-a_0 I)^j = a_1^j N^j + \dots \quad (j=1, 2, \dots) \tag{13}$$

となる．この等式の右辺の … の部分は指数が j よりも大きい N の累乗の項ばかりの和である．ここで $a_1^j \neq 0$ であるから，(13)の右辺からわかるように，行列 $(C-a_0 I)^j$ の階数(rank)は $1 \leqq j \leqq p-1$ ならば $p-j$ に等しく，$j \geqq p$ ならば0に等しい．したがって，$(C-a_0 I)^j$ の不足数 d_j は次式で与えられる：

$$d_j = \begin{cases} j & (1 \leqq j \leqq p-1 \text{ のとき}), \\ p & (j \geqq p \text{ のとき}). \end{cases}$$

このことからわかるように，不足数 d_j $(j=1, 2, \dots)$ の増加列がはじめて最大値に達する番号 j はいまの場合は p である $(d_p = p)$．ゆえに，補題によって，行列 C の単純単因子の中で指数が最大のものは $(z-a_0)^p$ であり，この p が定理2の m に相当するから，行列 C のすべての単純単因子を

$$z-a_0 \text{ が } c_1 \text{ 個}, (z-a_0)^2 \text{ が } c_2 \text{ 個}, \dots, (z-a_0)^p \text{ が } c_p \text{ 個}$$

であるとすれば，定理2によって次式が得られる：

$$\begin{cases} c_j = 2d_j - d_{j-1} - d_{j+1} = 2j-(j-1)-(j+1) = 0 \quad (1 \leqq j \leqq p-1), \\ c_p = 2d_p - d_{p-1} - d_{p+1} = 2p-(p-1)-p = 1. \end{cases}$$

ゆえに，$a_1 \neq 0$ の場合には，行列 C の単純単因子は $(z-a_0)^p$ ただ1個であることがわかる．

おわりに，$a_1 = a_2 = \dots = a_{k-1} = 0$ だが，$a_k \neq 0$ $(k \leqq p-1)$ となるときを考えてみよう．

3)．$p>1$ であって，$a_j = 0$ $(j=1, \dots, k-1)$，$a_k \neq 0$ $(2 \leqq k \leqq p-1)$ のとき．

この場合には，(12)から

$$C = a_0 I + a_k N^k + \dots + a_{p-1} N^{p-1}$$

となるから，明らかに

$$(C-a_0 I)^j = a_k^j N^{kj} + \dots \quad (j=1, 2, \dots) \tag{14}$$

となる．ただし，この等式の右辺の … の部分は指数が kj よりも大きい N の累乗の項ばかりの和である．ここでは $a_k \neq 0$ であるから，(14)から明らかなように，行列 $(C-a_0 I)^j$ の階数は $kj<p$ ならば $p-kj$ に等しく，$kj \geqq p$ ならば0に等しい．ゆえに，$(C-a_0 I)^j$ の不足数を d_j で表わすと，当然，次のようになる：

(15) $$d_j = \begin{cases} kj & (kj < p \text{ のとき}), \\ p & (kj \geqq p \text{ のとき}). \end{cases}$$

ここで $qk < p \leqq (q+1)k$ となるような整数 $q\,(\geqq 0)$ を取れば $p = qk + r\ (0 < r \leqq k)$ と書き表わされ，(15) から $d_q = qk$ かつ $d_{q+1} = p$ となって，次式が得られる：

$$d_1 = k,\ d_2 = 2k,\ \dots,\ d_q = qk \text{ かつ } l \geqq q+1 \text{ ならば } d_l = p.$$

ここでは，不足数 $d_j\ (j = 1, 2, \dots)$ が初めて最大値に達する番号 j が $q+1$ である $(d_{q+1} = p)$．ゆえに補題から，行列 C の単純単因子の中でベキ指数が最大のものは $(z - a_0)^{q+1}$ であり，この $q+1$ が定理 2 の m に相当する．ゆえに，行列 C の単純単因子を

$$z - a_0 \text{ が } c_1 \text{ 個},\ (z - a_0)^2 \text{ が } c_2 \text{ 個},\ \dots,\ (z - a_0)^{q+1} \text{ が } c_{q+1} \text{ 個}$$

であるとすれば，定理 2 によって次式が得られる：

$$\begin{cases} c_j = 2d_j - d_{j-1} - d_{j+1} = 2jk - (j-1)k - (j+1)k = 0 \quad (j = 1, 2, \dots, q-1), \\ c_q = 2d_q - d_{q-1} - d_{q+1} = 2qk - (q-1)k - p = k - r, \\ c_{q+1} = 2d_{q+1} - d_q - d_{q+2} = 2p - qk - p = r. \end{cases}$$

ゆえに，この場合，行列 C の単純単因子は

$$(z - a_0)^q \text{ が } k - r \text{ 個},\ (z - a_0)^{q+1} \text{ が } r \text{ 個}$$

存在することになる．また，とくに $a_1 = a_2 = \dots = a_{p-1} = 0$ ならば，この場合には明らかに p 個の $z - a_0$ が C の単純単因子のすべてである．

以上の考察によって，特別の形をした行列 C の単純単因子をすべて求めることができた．ここで，行列 C において，とくに

$$a_0 = f(\mu_i),\ a_1 = f'(\mu_i),\ \dots,\ a_{p-1} = \frac{f^{(p_i-1)}(\mu_i)}{(p_i - 1)!}$$

と考えれば，上述の結果を対角ブロック行列 $f(A_J)$ の直和成分の 1 つである p_i 次の行列：

$$C = f(J_i) = f(\mu_i)I + \frac{f'(\mu_i)}{1!}N + \frac{f^{(2)}(\mu_i)}{2!}N^2 + \dots + \frac{f^{(p_i-1)}(\mu_i)}{(p_i-1)!}N^{p_i-1}$$

に適用することができる．すなわち，上の **1)**～**3)** をまとめて次の定理が得られる：

定理 3．f を行列 A のスペクトル上で定義された関数とする．A の単純単因子の全体が (2) で与えられているとき，この中の 1 つの単純単因子 $(z - \mu_i)^{p_i}$ から次のように，**(a)**～**(c)** の場合に応じて，$f(A)$ の 1 個または何個かの単純単因子が発生する（ここで k_i は，(3) のすぐあとに述べたように，$f(z)$ の零点としての μ_i の位数である）．すなわち，

(a) $p_i = 1$ の場合，あるいは，$p_i > 1$ かつ $f'(\mu_i) \neq 0$（すなわち $k_i = 1$）の場合には，$(z - f(\mu_i))^{p_i}$ がただ 1 個，

(b) $p_i > 1,\ 2 \leqq k_i \leqq p_i - 1$ であって，$f'(\mu_i) = f''(\mu_i) = \dots = f^{(k_i-1)}(\mu_i) = 0$ かつ $f^{(k_i)}(\mu_i) \neq 0$ の場合には，$p_i = q_i k_i + r_i$（ただし，$0 \leqq q_i,\ 0 \leqq r_i < k_i$）としたとき，$(z - f(\mu_i))^{q_i}$ が $k_i - r_i$ 個，$(z - f(\mu_i))^{q_i+1}$ が r_i 個，

(c) $p_i > 1$ かつ $f'(\mu_i) = f''(\mu_i) = \dots = f^{(p_i-1)}(\mu_i) = 0$ の場合（すなわち $k_i \geqq p_i$ のとき）には，$z - f(\mu_i)$ が p_i 個．

この定理の(**b**), (**c**)の場合，行列 A から行列 $f(A)$ への移行の際に A の単純単因子 $(z-\mu_i)^{p_i}$ は“分裂“して $f(A)$ の単純単因子を生み出すということにしよう．

定理 3 から明らかなことは，行列 A から行列 $f(A)$ への移行の際，$f(A)$ の固有値として，$f(\mu_1), f(\mu_2), \dots, f(\mu_u)$ から消滅するものもなければ，これらに新たに加わるものもないということである．しかも，それだけにとどまらず，(**b**)の場合には，A の 1 つの単純単因子 $(z-\mu_i)^{p_i}$ が分裂して生み出す $f(A)$ の単純単因子の指数の総和は

$$q_i(k_i-r_i)+(q_i+1)r_i=q_ik_i+r_i=p_i$$

に等しい．また(**c**)の場合にも，A の単純単因子の分裂によって生じる $f(A)$ の単純単因子の指数の総和は明らかに p_i に等しい．すなわち，(**a**)の場合をも含めて，A から $f(A)$ への移行の際に，A の 1 つの単純単因子から生れ出る $f(A)$ の単純単因子の指数の総和はもとの A の単純単因子の指数に等しい．ところが，A の固有値 μ_i の(固有多項式の零点としての代数的)重複度は μ_i を含むすべての単純単因子の指数の和 $n(\mu_i)$ であるから($\mu_i=\lambda_k$ ならば $n(\mu_i)=n_k$)，$f(A)$ の固有値としての $f(\mu_i)$ の代数的重複度も $n(\mu_i)$ に一致する．ゆえに，次の系 1 が得られる(これはすでに§2 で定理 3 の系 1 としても証明されている)：

系 1．n 次行列 A のすべての固有値をそれらの代数的重複度数だけ書き並べたものを $\mu_1, \mu_2, \dots, \mu_n$ とすれば，行列 $f(A)$ のすべての固有値をそれらの(代数的)重複度数だけ書き並べたものは $f(\mu_1), f(\mu_2), \dots, f(\mu_n)$ で与えられる．

また，定理 3 の(**a**)からただちに次の系が得られる：

系 2．行列 A のすべての単純単因子が(2)で与えられているとき，A のスペクトル上で定義された関数 f の導関数 f' が A のスペクトル上で 0 にならないならば，$f(A)$ のすべての単純単因子は

$$(z-f(\mu_1))^{p_1},\ (z-f(\mu_2))^{p_2},\ \dots,\ (z-f(\mu_u))^{p_u}$$

で与えられる．すなわち，$\mu_i\ (1\leqq i\leqq u)$ を含む A の単純単因子は分裂せず，A の各単純単因子のベキ指数はそのまま $f(\mu_i)$ を含む $f(A)$ の単純単因子に“遺伝“する．

例．$A=\begin{pmatrix} -1 & 10 & 0 & 5 \\ -2 & 8 & -2 & 3 \\ 0 & -3 & 0 & -2 \\ 4 & -17 & 5 & -7 \end{pmatrix}$ に対して，k を任意の正の整数とするとき，次の 2つの行列の単純単因子がどのようなものになるかをしらべてみよう．

(イ) A^k　　　　(ロ) $(A+I)^k$．

$zI-A$ の基本変形によって，A の 1 以外の単因子は $(z^2-1)^2=(z+1)^2(z-1)^2$ だけであることがわかるから，A の単純単因子は $(z+1)^2$ と $(z-1)^2$ の 2 個であり，A の最小多項式は(固有多項式とも一致して) $\Psi_A(z)=(z+1)^2(z-1)^2$ である．定理 3 の記号に合わせるため，以下では，A の 2 つの固有値を $\mu_1=-1\ (p_1=2), \mu_2=1\ (p_2=2)$ と考えて議論を進めることにしよう．

(イ)の場合：$f(z)=z^k$ とおけば，$f(A)=A^k$ であり，A の 2つの固有値 -1, 1 のいずれにおいても $f(z)$ の導関数 $f'(z)$ は 0 にならないから，定理 3 の(**a**)（または系 2 ）が適用されるが，k が偶数ならば $f(-1)=1$, k が奇数ならば $f(-1)=-1$ となるから，次のように 2 つの場合(i)，(ii) に分ける必要がある：

(i) k が偶数ならば，

$$
\begin{array}{ccc}
A \text{ の単純単因子} & & f(A)=A^k \text{ の単純単因子} \\
\left\{\begin{array}{l}(z+1)^2 \\ (z-1)^2\end{array}\right. & \begin{array}{c}\xrightarrow[(f)]{} \\ \xrightarrow[(f)]{}\end{array} & \begin{array}{l}(z-f(-1))^2=(z-1)^2 \\ (z-f(1))^2=(z-1)^2\end{array}
\end{array}
$$

となるから，A の 2つの単純単因子 $(z+1)^2$, $(z-1)^2$ はともに "分裂" はしないが，この両者はそれぞれが $f(A)=A^k$ の単純単因子 $(z-1)^2$ に変化する．ゆえに，k が偶数の場合には，A^k は 2 個の同じ単純単因子 $(z-1)^2$ をもつことになる．そして，A の最小多項式が $\Psi_A(z)=(z+1)^2(z-1)^2$ であったのに対して，A^k の最小多項式は $\Psi_{A^k}(z)=(z-1)^2$ となることがわかる．実際に，$zI-A^k$ は基本変形によって次のようになることが確かめられる（Smith 標準形については § 25 の C] を参照されたい）：

$$
zI-A^k \xrightarrow[(\text{基本変形})]{} \begin{pmatrix} 1 & 0 & 0 & 0 \\ 0 & 1 & 0 & 0 \\ 0 & 0 & (z-1)^2 & 0 \\ 0 & 0 & 0 & (z-1)^2 \end{pmatrix} \quad (\text{Smith 標準形}).
$$

(ii) k が奇数ならば，

$$
\begin{array}{ccc}
A \text{ の単純単因子} & & f(A)=A^k \text{ の単純単因子} \\
\left\{\begin{array}{l}(z+1)^2 \\ (z-1)^2\end{array}\right. & \begin{array}{c}\xrightarrow[(f)]{} \\ \xrightarrow[(f)]{}\end{array} & \begin{array}{l}(z-f(-1))^2=(z+1)^2 \\ (z-f(1))^2=(z-1)^2.\end{array}
\end{array}
$$

ゆえに，k が奇数の場合には，A^k の単純単因子は A のそれと全く一致し，A^k の最小多項式は $\Psi_{A^k}(z)=(z+1)^2(z-1)^2=(z^2-1)^2$ となる．実際に，$zI-A^k$ は基本変形によって，次のようになることが確かめられる：

$$
zI-A^k \xrightarrow[(\text{基本変形})]{} \begin{pmatrix} 1 & 0 & 0 & 0 \\ 0 & 1 & 0 & 0 \\ 0 & 0 & 1 & 0 \\ 0 & 0 & 0 & (z^2-1)^2 \end{pmatrix} \quad (\text{Smith 標準形}).
$$

(ロ)の場合：$f(z)=(z+1)^k$ としたときに，$f(A)=(A+I)^k$ の単純単因子を求めればよいのであるが，$k=1$ のときと，$k\geqq 2$ のときとで事情が変ってくることに注意しよう．

(i) $k=1$ のとき．$f'(z)=1$ であるから，A の固有値 $\mu_1=-1$ $(p_1=2)$, $\mu_2=1$ $(p_2=2)$ のいずれにおいても，f' は 0 にならない．したがって，定理 3 の系 2 によって，次のようになることがわかる：

$$\begin{array}{ccc} A\text{の単純単因子} & & f(A)=A+I\text{ の単純単因子} \\ \left\{\begin{array}{l}(z+1)^2 \\ (z-1)^2\end{array}\right. & \begin{array}{c}\xrightarrow[(f)]{} \\ \xrightarrow[(f)]{}\end{array} & \begin{array}{l}(z-f(-1))^2=z^2, \\ (z-f(1))^2=(z-2)^2.\end{array}\end{array}$$

すなわち，A の 2つの単純単因子のいずれも分裂はしないが，$A+I$ の単純単因子は z^2 と $(z-2)^2$ の 2 個であり，$A+I$ の最小多項式は A のそれとは違って，$\Psi_{A+I}(z)=z^2(z-2)^2$ となる．実際，$zI-(A+I)$ に基本変形を施すと，次のようになる：

$$zI-(A+I)\xrightarrow[(\text{基本変形})]{}\begin{pmatrix}1&0&0&0\\0&1&0&0\\0&0&1&0\\0&0&0&z^2(z-2)^2\end{pmatrix}\quad(\text{Smith 標準形}).$$

(ii) $k\geqq 2$ のとき．この場合，A の固有値 $\mu_1=-1$ に対して $f(-1)=f'(-1)=0$ であり，定理３の(**c**)により（そこでの記号で $k_1\geqq 2=p_1$ となるから）Aの単純単因子 $(z+1)^2$ は "分裂" して，$(A+I)^k$ の 2 個の単純単因子 $z-f(-1)=z$ と $z-f(-1)=z$ を生み出す．しかし，A の固有値 $\mu_2=1$ に対しては $f'(1)\neq 0$ であるから，A のもう 1 個の単純単因子 $(z-1)^2$ は定理３の(**a**)によって，分裂することなく $(A+I)^k$ の単純単因子 $(z-f(1))^2=(z-2^k)^2$ を生み出す．すなわちこの場合には，$k(\geqq 2)$ の偶奇にかかわらず，次のようになる：

$$\begin{array}{ccc} A\text{の単純単因子} & & f(A)=(A+I)^k\text{ の単純単因子} \\ \left\{\begin{array}{l}(z+1)^2 \\ (z-1)^2\end{array}\right. & \begin{array}{c}\xrightarrow[(f)]{} \\ \xrightarrow[(f)]{}\end{array} & \begin{array}{l}z,\ z \\ (z-f(1))^2=(z-2^k)^2.\end{array}\end{array}$$

ゆえに，$(A+I)^k\,(k\geqq 2)$ の単純単因子は 3 個あり，その最小多項式は $\Psi_{(A+I)^k}(z)=z(z-2^k)^2$ であることがわかる．実際，$zI-(A+I)^k$ の基本変形によって，この場合，次のようになることが確かめられる：

$$zI-(A+I)^k\xrightarrow[(\text{基本変形})]{}\begin{pmatrix}1&0&0&0\\0&1&0&0\\0&0&z&0\\0&0&0&z(z-2^k)^2\end{pmatrix}\quad(\text{Smith標準形}).$$

【注 2】 A の最小多項式は $\Psi_A(z)=(z^2-1)^2=(z+1)^2(z-1)^2$ であるから，A の基幹行列は固有値 $\mu_1=-1$ に属するものが 2 個，固有値 $\mu_2=1$ に属するものも 2 個で合計 4 個ある．それに対して，上で見たことから明らかなように，k が偶数のときには A^k の最小多項式は $(z-1)^2$ であるから，A^k の基幹行列は 2 個しかなく，k が奇数のときには，A^k の最小多項式は A のそれと一致するから，A^k の基幹行列は合計 4 個あることがわかる．

また，$A+I$ の最小多項式は $z^2(z-2)^2$ であるから，$A+I$ は合計 4 個の基幹行列をもっているのに対して，$(A+I)^k\,(k\geqq 2)$ の最小多項式は k の偶奇にかかわらず $z(z-2^k)^2$ であるから，$(A+I)^k$ の基幹行列は全部で 3 個あることがわかる．

§ 20. 正則な行列のベキ根.

この§では，与えられた n 次の(複素)正則行列 A に対して，その m 乗根 $\sqrt[m]{A}$ をすべて求める問題について考察する．言い換えると，方程式

(1) $$X^m = A \quad (m \text{ は 2 以上の自然数})$$

のすべての解を求める問題を考えるわけである．正則行列 A の固有値はすべて0ではないから，関数 $G(z)=\sqrt[m]{z}$ は A のどの固有値においても何回でも微分可能である．ゆえに $G(z)$ は A のスペクトル $\sigma(A)$ 上で定義された関数である：$G \in \mathcal{F}_\sigma[A]$．このことから，行列 A の m 乗根 $\sqrt[m]{A}$ を求めるには，§4 の定義1の基本公式(8)を複素平面上で定義された関数 $G(z)$ に適用して行列 $G(A)$ を求めればよい．$G(z)$ は m 価の多価関数であるから，A の m 乗根 $\sqrt[m]{A}$ は数の場合と同様にちょうど m 個存在すると考えられるかも知れないが，これは一般に正しくない．その理由は，このあとの議論で明らかにされるように，A の単純単因子の在りようによる．たとえば，このあとの例3では ε と η をそれぞれ独立に1か -1 に取ることができるから，A の平方根 $\sqrt{A}$ は4個存在する．ところが，この例のように A が有限個の m 乗根をもつことは実はむしろ例外の場合であり，これからの考察によってわかるように(例1,3,4)，$\sqrt[m]{A}$ は連続的な値を取り得る任意定数をいくつか含むのである．このために，正則な行列のベキ根は一般には(連続)無限個存在すると考えなければならない．

さて，仮定より $\det A \neq 0$ であるから，A の固有値はすべて0ではない．いま，A のすべての単純単因子を

(2) $$(z-\lambda_1)^{p_1},\ (z-\lambda_2)^{p_2},\ \dots,\ (z-\lambda_r)^{p_r} \quad (\lambda_1\lambda_2\cdots\lambda_r \neq 0)$$

としよう．一般に，$\lambda_1, \lambda_2, \dots, \lambda_r$ の中には同じものがいくつもあり得る．このとき，適当に正則行列 U を取ることによって，A を次のような Jordan 標準形 A_J にすることができる：

(3) $$A_J = U^{-1}AU = \sum_{k=1}^{r} \oplus (\lambda_k I_{p_k} + N_{p_k}) \quad (N_1 = [0] \text{ とする}).$$

ただし，ここで I_{p_k} は p_k 次の単位行列を表わし，N_{p_k} は対角線の一本上の準対角線上の要素はすべて1に等しく，他のすべての要素は0であるような p_k 次のベキ零行列である．

簡単のため $J_k = \lambda_k I_{p_k} + N_{p_k}$ とおけば，§2 の定理3の系2と系3によって，

(4) $$\sqrt[m]{A} = G(A) = G(UA_JU^{-1}) = UG(A_J)U^{-1} = UG\Big(\sum_{k=1}^{r}\oplus J_k\Big)U^{-1} = U\Big(\sum_{k=1}^{r}\oplus G(J_k)\Big)U^{-1}$$

となるから，A の m 乗根を求める問題は $J_k = \lambda_k I_{p_k} + N_{p_k}$ の m 乗根を求めることに帰着する．

正則行列 A に対して(1)の解 X が存在すれば，明らかに X も正則であるから，X のどの固有値においても，関数

$$f(z) = z^m$$

の導関数は0にならない．ゆえに，まえの§の定理3の系2により，X の単純単因子はすべて"分裂"することなく $f(X) = X^m = A$ のすべての単純単因子を生み出す(X のすべての単純単因子のベキ指数はそのまま $X^m = A$ の単純単因子に"遺伝"する)．したがって，ξ_k を λ_k の m 乗根

の 1 つとするとき，X の単純単因子は次の形の r 個からなる：

(5) $$(z-\xi_1)^{p_1},\ (z-\xi_2)^{p_2},\ \dots,\ (z-\xi_r)^{p_r}\quad (\xi_k=\sqrt[m]{\lambda_k},\ k=1,\dots,r).$$

$G(z)$ は複素平面上の点 $z=0$ をその唯一の分岐点とする m 価関数であるから，$G(z)$ は点 $z=\lambda_k$ を中心とし，点 $z=0$ を含まない任意の円板上で定義された m 個の枝 $g_1(z)$，$g_2(z)$，…，$g_m(z)$ もつ．これらの枝は点 $z=\lambda_k$ において取る値によって区別されるから，点 $z=\lambda_k$ における値がとくに X の固有値 ξ_k を与える枝を簡単のため $g(z)=\sqrt[m]{z}$ で表わして，$g(J_k)=\sqrt[m]{\lambda_k I_{p_k}+N_{p_k}}$ を求めることにしよう．そうすれば，(4) によって A の m 乗根の 1 つは

$$\sqrt[m]{A}=g(A)=U\Big(\sum_{k=1}^{r}\oplus g(J_k)\Big)U^{-1}$$

として得られることになる．

簡単のため，$I_{(k)}=I_{p_k}$，$N_{(k)}=N_{p_k}$ とおけば，$J_k=\lambda_k I_{(k)}+N_{(k)}$ と書かれる．行列 J_k の最小多項式は $(z-\lambda_k)^{p_k}$ であるから（§2 の例 2 を見よ），J_k は p_k 個の基幹行列 Z_{kl} $(l=1,2,\dots,p_k)$ をもつが（基幹行列については§4 の定義 1 参照），この特別の形をした行列 J_k に対しては，§5 の【注 2】で述べたように，$Z_{k1}=I_{p_k}=I_{(k)}$，$Z_{k2}=N_{p_k}=N_{(k)}$ であった．したがって，§5 の定理 1 の系 1 の (h) により，次の等式が得られる：

$$Z_{kl}=\frac{1}{(l-1)!}N_{(k)}^{l-1}\quad (1\leq k\leq r;\ 2\leq l\leq p_k).$$

$g(z)$ に§4 の基本公式 (8) を適用すれば，上の等式によって次のようになることがわかる：

(6) $$\sqrt[m]{\lambda_k I_{(k)}+N_{(k)}}=\lambda_k^{\frac{1}{m}}I_{(k)}+\frac{1}{m}\lambda_k^{\frac{1}{m}-1}N_{(k)}+\frac{1}{2!}\frac{1}{m}\Big(\frac{1}{m}-1\Big)\lambda_k^{\frac{1}{m}-2}N_{(k)}^2+\cdots+\frac{1}{(p_k-1)!}\frac{1}{m}\Big(\frac{1}{m}-1\Big)\cdots\Big(\frac{1}{m}-p_k+2\Big)\lambda_k^{\frac{1}{m}-p_k+1}N_{(k)}^{p_k-1}$$
$$(k=1,2,\dots,r).$$

ここで右辺の $N_{(k)}$ のベキ級数は，$N_{(k)}$ のベキ零性によって明らかに p_k 個の項しかもたない．

【注 1】 上で述べたように，(6) の右辺の $\lambda_k^{\frac{1}{m}}$ は λ_k の m 乗根 のうちの 1 つであるが，とくにその m 乗が ξ_k となるものである．$\lambda_j=\lambda_k$ $(j\neq k)$ であってもこの同一の点 $z=\lambda_j=\lambda_k$ における関数 $G(z)=\sqrt[m]{z}$ の枝の取り方によっては，$\lambda_j^{\frac{1}{m}}\neq\lambda_k^{\frac{1}{m}}$ となる場合もあり得ることに注意しよう．このことから明らかなように，たまたま (3) の中に同じ固有値をもつブロック（Jordan 細胞）$J_j=\lambda_j I_{(j)}+N_{(j)}$，$J_k=\lambda_k I_{(k)}+N_{(k)}$ があって，たとえそれらの次数 p_j と p_k とが等しくても，2 つの行列 $\sqrt[m]{J_j}$ と $\sqrt[m]{J_k}$ とは異なるものになり得る．

$g(z)$ の導関数は $z=\lambda_k$ において 0 にはならないから，まえの§19 の定理 3 の (a) によって，行列 $J_k=\lambda_k I_{(k)}+N_{(k)}$ の（ただ 1 個の）単純単因子 $(z-\lambda_k)^{p_k}$ は分裂することなく，行列 $g(J_k)=\sqrt[m]{J_k}=\sqrt[m]{\lambda_k I_{(k)}+N_{(k)}}$ の単純単因子 $(z-\xi_k)^{p_k}$（ただし，$\xi_k=\lambda_k^{\frac{1}{m}}$）を生み出す．ゆえに，$\sqrt[m]{\lambda_k I_{(k)}+N_{(k)}}$ の直和である対角型ブロック行列：

(7) $$\sum_{k=1}^{r}\oplus\sqrt[m]{\lambda_k I_{(k)}+N_{(k)}}$$

の単純単因子の全体は行列 X の単純単因子の全体(5)と一致しなければならない(§25 の定理7)．ところが，単純単因子が全体として一致する 2 つの行列は(それらの単因子も一致し)相似であるから(§25 の【注 3】)，(7)と X は相似になり，ある正則行列 P を取って，

(8) $$X=P\Big(\sum_{k=1}^{r}\oplus\sqrt[m]{\lambda_k I_{(k)}+N_{(k)}}\Big)P^{-1}$$

とすることができる(§25，定理 5)．なお，$\{g(z)\}^m=(\sqrt[m]{z})^m=z$ から，当然，

$$\Big\{\sqrt[m]{\lambda_k I_{(k)}+N_{(k)}}\Big\}^m=\lambda_k I_{(k)}+N_{(k)}$$

となることがわかる(§8 の例 5 も見られたい)．

ここで，(8)に現われた行列 P がどのようなものであるかをしらべてみよう．(8)の m 乗が A に等しくなるためには，次式が成り立たねばならない：

(9) $$A=X^m=P\Big(\sum_{k=1}^{r}\oplus\sqrt[m]{\lambda_k I_{(k)}+N_{(k)}}\Big)^m P^{-1}=P\Big\{\sum_{k=1}^{r}\oplus(\lambda_k I_{(k)}+N_{(k)})\Big\}P^{-1}=PA_JP^{-1}.$$

この等式と(3)によって，$PA_JP^{-1}=UA_JU^{-1}$ となるから，等式

$$U^{-1}PA_J=A_JU^{-1}P$$

が得られる．これは，正則行列$U^{-1}P$が行列 A のJordan 標準形 A_J と可換なことを示している．ゆえに，$C=U^{-1}P$ とおけば $P=UC$ となり，(8)の正則行列 P は，U に A_J と可換なある正則行列 C をかけたものになっていることがわかる．逆に，A_J と可換な任意の正則行列を C として，$P=UC$ とおけば，次のようになる：

$$\Big\{P\Big(\sum_{k=1}^{r}\oplus\sqrt[m]{\lambda_k I_{(k)}+N_{(k)}}\Big)P^{-1}\Big\}^m=P\Big(\sum_{k=1}^{r}\oplus\sqrt[m]{\lambda_k I_{(k)}+N_{(k)}}\Big)^m P^{-1}$$
$$=(UC)\Big\{\sum_{k=1}^{r}\oplus(\lambda_k I_{(k)}+N_{(k)})\Big\}(UC)^{-1}=U(CA_J)C^{-1}U^{-1}$$
$$=U(A_JC)C^{-1}U^{-1}=UA_JU^{-1}=A.$$

以上より，(8)に現われる正則行列 P は，

$P=UC$ (ただし，C は A の Jordan 標準形 A_J と可換な任意の正則行列)

として特徴づけられることがわかった．いままで述べたことを定理としてまとめておこう．

定理 1．(2)を単純単因子にもつような正則な行列 A のすべての m 乗根は次の形で与えられる：

(10) $$UC\Big(\sum_{k=1}^{r}\oplus\sqrt[m]{\lambda_k I_{p_k}+N_{p_k}}\Big)C^{-1}U^{-1}.$$

ここで，C は A の Jordan 標準形 $A_J=U^{-1}AU$ と可換な任意の正則行列であり，$\sqrt[m]{\lambda_k I_{p_k}+N_{p_k}}$ は(6)によって求められる行列である(ただし，(6)では $I_{(k)}=I_{p_k}$，$N_{(k)}=N_{p_k}$ に注意)．

【注 2】 (6)は $z=\lambda_k$ を中心とし点 $z=0$ を含まない円板で定義された m 価関数 $G(z)$ の 1 つの枝から得られた行列 J_k の m 乗根であるから，この枝を同じ点 $z=\lambda_k$ を中心とする別の

枝に変えることにより，それに応じてまた別のブロック行列(7)が得られることに注意しよう．このようにして，定理1によって得られるAのすべてのm乗根を$\sqrt[m]{A}$で表わすことにすれば，$\sqrt[m]{A}$の多価性は(6)の右辺の$\lambda_k^{\frac{1}{m}}=\sqrt[m]{\lambda_k}$の多価性だけからではなく，任意定数を含む行列$C$からも現われる．Gantmacherの本[1]では前者をディスクリート(離散的)な多価性とよび，後者を連続的な多価性とよんでいる．この連続的な多価性のために，行列のベキ根$\sqrt[m]{A}$は一般にAの多項式として表わすことができないのである．

つぎに，$\sqrt[m]{A}$が連続的な多価性をもたない(すなわち，$\sqrt[m]{A}$が任意の値を取り得るパラメータを含まない)のはどのような場合であるかについて述べておこう．

定理 2．行列Aの単純単因子(2)が互いに素(すなわち$k\neq j$のとき$\lambda_k\neq\lambda_j$)であれば，Aのすべてのm乗根$\sqrt[m]{A}$はディスクリートな多価性のみをもつ．この場合には，$\sqrt[m]{A}$はAの多項式として表わされる．

証明．この仮定のもとでは，§18の例1で見たように，AのJordan標準形A_Jと可換な行列Cはそれぞれが任意定数を含む特別の形をした$p_1, p_2, \dots, p_r$次の行列$T_{p_1}, T_{p_2}, \dots, T_{p_r}$の直和として$C=\sum_{k=1}^{r}\oplus T_{p_k}$の形に表わされる．また，$A_J=\sum_{k=1}^{r}\oplus(\lambda_k I_{p_k}+N_{p_k})$であるから，$CA_J=A_JC$は$k=1, 2, \dots, r$に対して

$$T_{p_k}(\lambda_k I_{p_k}+N_{p_k})=(\lambda_k I_{p_k}+N_{p_k})T_{p_k}$$

となることを意味する．ところが，関数$G(z)$の1つの枝$g(z)=\sqrt[m]{z}$に対してつくられるL-S多項式$L_g(z)$から得られる

$$\sqrt[m]{\lambda_k I_{p_k}+N_{p_k}}=g(\lambda_k I_{p_k}+N_{p_k})=L_g(\lambda_k I_{p_k}+N_{p_k}) \tag{11}$$

は$\lambda_k I_{p_k}+N_{p_k}$の多項式であるから(§3の定義参照)，$T_{p_k}$は$\sqrt[m]{\lambda_k I_{p_k}+N_{p_k}}$とも可換になる．このことから明らかなように，

$$C=\sum_{k=1}^{r}\oplus T_{p_k} \quad と \quad \sum_{k=1}^{r}\oplus\sqrt[m]{\lambda_k I_{p_k}+N_{p_k}}$$

とがまた可換になる．したがって，定理1の(10)より，

$$\begin{aligned}\sqrt[m]{A}&=UC\Big(\sum_{k=1}^{r}\oplus\sqrt[m]{\lambda_k I_{p_k}+N_{p_k}}\Big)C^{-1}U^{-1}=U\Big(C\sum_{k=1}^{r}\oplus\sqrt[m]{\lambda_k I_{p_k}+N_{p_k}}\Big)C^{-1}U^{-1}\\&=U\Big\{\Big(\sum_{k=1}^{r}\oplus\sqrt[m]{\lambda_k I_{p_k}+N_{p_k}}\Big)C\Big\}C^{-1}U^{-1}=U\Big(\sum_{k=1}^{r}\oplus\sqrt[m]{\lambda_k I_{p_k}+N_{p_k}}\Big)U^{-1}\end{aligned} \tag{12}$$

となる．すなわち，$\sqrt[m]{A}$の連続的な多価性をひき起こす任意定数を含む行列Cが消えてしまうことがわかる．またこのとき一般に，任意の対角ブロック行列$\sum_{k=1}^{r}\oplus B_k$とL-S多項式$L_g(z)$に対して$L_g\Big(\sum_{k=1}^{r}\oplus B_k\Big)=\sum_{k=1}^{r}\oplus L_g(B_k)$となるから(§2の定理3の系3)，上の(12)と(11)とから，次の等式が得られる：

$$\sqrt[m]{A}=U\Big(\sum_{k=1}^{r}\oplus\sqrt[m]{\lambda_k I_{p_k}+N_{p_k}}\Big)U^{-1}=U\Big\{\sum_{k=1}^{r}\oplus L_g(\lambda_k I_{p_k}+N_{p_k})\Big\}U^{-1}$$

$$=UL_g\Big(\sum_{k=1}^{r}\oplus(\lambda_k I_{p_k}+N_{p_k})\Big)U^{-1}=UL_g(A_J)U^{-1}=L_g(UA_JU^{-1})=g(A)\ .$$

ゆえに，A の単純単因子が互いに素であれば，たしかに $\sqrt[m]{A}$ は A の多項式として表わされることがわかった．これで定理 2 が証明された．

【注 3】 定理2の仮定のもとでは，$\sqrt[m]{A}$ は連続的な多価性をもたないが，A の Jordan 標準形が(3)のように r 個のブロック(Jordan 細胞)からなる場合には，各ブロックがそれぞれ独立に m 個の m 乗根をもつから(もっと詳しく言うと，(6)の λ_k の m 乗根が 1 の原始 m 乗根 $\omega=\cos\dfrac{2\pi}{m}+i\sin\dfrac{2\pi}{m}$ ($i=\sqrt{-1}$)の m 個のベキ $\omega^0=1,\omega,\omega^2,\dots,\omega^{m-1}$ をディスクリートなパラメータとして含むから)，A は全部で m^r 個の m 乗根をもつことになる．ゆえに，A の Jordan 標準形がとくにたった 1 個の Jordan 細胞からなるとき，かつそのときに限って，A の m 乗根はちょうど m 個存在することになる．

例 1．n 次の単位行列 I の m 乗根を求めてみよう．この場合には，$A=A_J=U=I$ であって，C に相当するのは n 次の全く任意の正則行列である．したがって，対角成分がすべて 1 の m 乗根であるような n 次の対角行列を W とすれば(言うまでもなく，対角成分に同じものがいくつあってもよい)，$\sqrt[m]{I}=CWC^{-1}$ で与えられることがわかる．ゆえに，単位行列 I の m 乗根は n^2 個の全く任意のパラメータを含む連続的な多価性をもつ行列である．

例 2．n 次の任意の正則な対角行列 $A=\begin{pmatrix}\lambda_1 & 0 & \dots & 0\\ 0 & \lambda_2 & \dots & 0\\ \vdots & \vdots & \ddots & \vdots\\ 0 & 0 & \dots & \lambda_n\end{pmatrix}$ において，$\lambda_1,\lambda_2,\dots,\lambda_n$ が互いに異なるならば，ξ_j を λ_j ($j=1,2,\dots,n$)の m 乗根の 1 つとするとき，

$$\sqrt[m]{A}=\begin{pmatrix}\xi_1\omega^{k_1} & 0 & \dots & 0\\ 0 & \xi_2\omega^{k_2} & \dots & 0\\ \vdots & \vdots & \ddots & \vdots\\ 0 & 0 & \dots & \xi_n\omega^{k_n}\end{pmatrix}$$

で与えられる．ただし，ここで ω は 1 の原始 m 乗根で，k_j ($j=1,2,\dots,n$)は それぞれ独立に $0,1,\dots,m-1$ の値を取り得る．ゆえに，この場合，対角行列 A の m 乗根は全部で m^n 個存在する．しかし，$\lambda_1,\lambda_2,\dots,\lambda_n$ の中に等しいものがある場合には，$\sqrt[m]{A}$ は任意の値を取り得るパラメータを含み，連続的な多価性をもつことになる．たとえば，対角行列

$$A=\begin{pmatrix}2 & 0 & 0\\ 0 & 2 & 0\\ 0 & 0 & 3\end{pmatrix}$$

の場合，A は定理 2 の条件をみたさない(単純単因子は $z-2,z-2,z-3$ である)．この行列と可換な正則行列 C の一般形は，a,b,c,d,e を任意定数とする次の形の行列である(§18，例4の X_2 参照)：

$$C=\begin{pmatrix} a & b & 0 \\ c & d & 0 \\ 0 & 0 & e \end{pmatrix} \quad (\det C=e(ad-bc)\neq 0).$$

したがって，定理 1 により(この例では A 自身が Jordan 標準形であるから $U=I$)，

$$\sqrt[m]{A}=C\begin{pmatrix} \sqrt[m]{2}\,\omega^{k_1} & 0 & 0 \\ 0 & \sqrt[m]{2}\,\omega^{k_2} & 0 \\ 0 & 0 & \sqrt[m]{3}\,\omega^{k_3} \end{pmatrix}C^{-1} \quad (0\leqq k_1, k_2, k_3\leqq m-1)$$

となるため，$\sqrt[m]{A}$ はディスクリートな多価性と連続的な多価性をもつことに注意されたい．

例 3．行列 $A=\begin{pmatrix} 4 & 0 & 1 \\ 0 & 3 & 0 \\ -1 & 0 & 2 \end{pmatrix}$ に対して，$\sqrt{A}$ をすべて求めてみよう．A の単純単因子は $(z-3)^2$ と $z-3$ であるから，A の Jordan 標準形 A_J は次のようなブロック行列になる：

$$A_J=U^{-1}AU=\begin{array}{c} \overset{2}{\longleftrightarrow}\ \overset{1}{\longleftrightarrow} \\ \left(\begin{array}{cc|c} 3 & 1 & 0 \\ 0 & 3 & 0 \\ \hline 0 & 0 & 3 \end{array}\right) \end{array}\begin{array}{l} \\ \updownarrow 2 \\ \updownarrow 1 \end{array}.$$

ここで，$U=\begin{pmatrix} 1 & 0 & -1 \\ 0 & 1 & -1 \\ -1 & 1 & 1 \end{pmatrix}$, $U^{-1}=\begin{pmatrix} 2 & -1 & 1 \\ 1 & 0 & 1 \\ 1 & -1 & 1 \end{pmatrix}$ である．また，この A_J の形からわかるように，A_J と可換な正則行列 C の一般形は a, b, c, d, e を任意の複素数として，

$$C=\begin{pmatrix} a & b & c \\ 0 & a & 0 \\ 0 & d & e \end{pmatrix} \quad (\text{ただし，}\det C=a^2e\neq 0) \tag{13}$$

の形で与えられる(§17 の(15)参照)．したがって，

$$J_1=\begin{pmatrix} 3 & 1 \\ 0 & 3 \end{pmatrix}=3\begin{pmatrix} 1 & 0 \\ 0 & 1 \end{pmatrix}+\begin{pmatrix} 0 & 1 \\ 0 & 0 \end{pmatrix}, \quad J_2=[3]$$

とおけば，$A_J=J_1\oplus J_2$ であり，定理 **1** の公式(10)より，$\sqrt{A}$ は次式によって与えられる：

$$\sqrt{A}=UC\Big(\sum_{k=1}^{2}\oplus\sqrt{J_k}\Big)C^{-1}U^{-1}. \tag{14}$$

ここで，一般性を失うことなく $\det C=1$ と仮定してよい．このように仮定すれば，$a^2e=1$ であるから $e=a^{-2}$ となり，C の任意定数の個数を 1 個減らすことができて，

$$C^{-1}=\begin{pmatrix} a^{-1} & -a^{-2}b+cd & -ac \\ 0 & a^{-1} & 0 \\ 0 & -ad & a^2 \end{pmatrix} \tag{15}$$

となる．また $\sqrt{J_1}$ は，公式(6)において $\lambda_k=3$，$m=p_k=2$ とおくことによって，次のようになることがわかる(ただし，$\varepsilon=\pm 1$)：

$$\sqrt{J_1}=3^{\frac{1}{2}}\varepsilon\begin{pmatrix} 1 & 0 \\ 0 & 1 \end{pmatrix}+\frac{1}{2}3^{-\frac{1}{2}}\varepsilon\begin{pmatrix} 0 & 1 \\ 0 & 0 \end{pmatrix}=\sqrt{3}\begin{pmatrix} \varepsilon & \frac{1}{6}\varepsilon \\ 0 & \varepsilon \end{pmatrix}. \tag{16}$$

明らかに $\sqrt{J_2}=\sqrt{3}\,[\eta]$ $(\eta=\pm 1)$ であり，ディスクリートな多価性を表わすパラメータ ε, η は互いに独立に取れる．以上より，(14)，(13)，(15) によって，A の平方根は次のようになることがわかる：

$$\sqrt{A}=\sqrt{3}\begin{pmatrix}1&0&-1\\0&1&-1\\-1&1&1\end{pmatrix}\begin{pmatrix}a&b&c\\0&a&0\\0&d&a^{-2}\end{pmatrix}\begin{pmatrix}\varepsilon&\frac{1}{6}\varepsilon&0\\0&\varepsilon&0\\0&0&\eta\end{pmatrix}\begin{pmatrix}a^{-1}&-a^{-2}b+cd&-ac\\0&a^{-1}&0\\0&-ad&a^{2}\end{pmatrix}\begin{pmatrix}2&-1&1\\1&0&1\\1&-1&1\end{pmatrix}$$

$$=\sqrt{3}\begin{pmatrix}\frac{13}{6}\varepsilon-\eta(\varepsilon-\eta)u&(\eta-\varepsilon)w&\frac{1}{6}\varepsilon+(\varepsilon-\eta)(1+u)\\(\varepsilon-\eta)v&\eta&(\varepsilon-\eta)v\\-\frac{7}{6}\varepsilon+\eta+(\eta-\varepsilon)u&(\varepsilon-\eta)w&\frac{5}{6}\varepsilon+(\eta-\varepsilon)(1+u)\end{pmatrix}.$$

ただし，ここで $u=acd-a^2c-a^{-1}d$, $v=1-a^{-1}d$, $w=1-a^2c$ かつ $\varepsilon=\pm1$, $\eta=\pm1$ である．a,b,c,d の任意性により，この例では明らかに A の 平方根 $\sqrt{A}$ は（連続）無限個存在する．

例 4．$A=\begin{pmatrix}9&-5&6\\5&-2&5\\-6&5&-3\end{pmatrix}$ に対して，$\sqrt{A}$ をすべて求めてみよう．容易にわかるように，A の単純単因子 は $(z-3)^2$ と $z+2$ であるから，A の Jordan 標準形 A_J は次のようになる：

$$A_J=U^{-1}AU=\begin{pmatrix}3&1&0\\0&3&0\\0&0&-2\end{pmatrix}.\ \text{ただし，}U=\begin{pmatrix}1&0&-1\\0&1&-1\\-1&1&1\end{pmatrix},\ U^{-1}=\begin{pmatrix}2&-1&1\\1&0&1\\1&-1&1\end{pmatrix}.$$

ここで，$J_1=\begin{pmatrix}3&1\\0&3\end{pmatrix}$，$J_2=[-2]$ とおけば，(16) によって次のようになる：

$$\sqrt{J_1}=\sqrt{3}\begin{pmatrix}\varepsilon&\frac{1}{6}\varepsilon\\0&\varepsilon\end{pmatrix},\quad \sqrt{J_2}=\sqrt{2}\,i[\eta]\quad(i=\sqrt{-1}).$$

A の 2 つの単純単因子 $(z-3)^2$ と $z+2$ は互いに素であるから，定理 2 によって $\sqrt{A}$ には連続的な多価性は現われず，ディスクリートな多価性を示す $\varepsilon=\pm1$, $\eta=\pm1$ のみが含まれ，次のようにして A の平方根が得られる：

$$\sqrt{A}=U(\sqrt{J_1}\oplus\sqrt{J_2})U^{-1}=\begin{pmatrix}1&0&-1\\0&1&-1\\-1&1&1\end{pmatrix}\begin{pmatrix}\sqrt{3}\varepsilon&\frac{1}{6}\sqrt{3}\varepsilon&0\\0&\sqrt{3}\varepsilon&0\\0&0&\sqrt{2}i\eta\end{pmatrix}\begin{pmatrix}2&-1&1\\1&0&1\\1&-1&1\end{pmatrix}$$

$$=\begin{pmatrix}\frac{13}{6}\sqrt{3}\varepsilon-\sqrt{2}i\eta&-\sqrt{3}\varepsilon+\sqrt{2}i\eta&\frac{7}{6}\sqrt{3}\varepsilon-\sqrt{2}i\eta\\\sqrt{3}\varepsilon-\sqrt{2}i\eta&\sqrt{2}i\eta&\sqrt{3}\varepsilon-\sqrt{2}i\eta\\-\frac{7}{6}\sqrt{3}\varepsilon+\sqrt{2}i\eta&\sqrt{3}\varepsilon-\sqrt{2}i\eta&-\frac{1}{6}\sqrt{3}\varepsilon+\sqrt{2}i\eta\end{pmatrix}\quad(\varepsilon=\pm1,\ \eta=\pm1).$$

この結果はもちろん§3 の例 7 で行列 A の基幹行列を利用した $\sqrt{A}$ の計算結果と一致する．このことから明らかなように，$\sqrt{A}$ は 4 個存在することになる．

例 5．行列 $A=\begin{pmatrix}-2&-7&5\\-11&-7&8\\-20&-19&18\end{pmatrix}$ に対してその平方根 $\sqrt{A}$ を求めてみよう．

容易にわかるように，A の単純単因子は $(z-3)^3$ ただ 1 個である．したがって，A の Jordan 標準形 A_J は次のようになる：

$$A_J=U^{-1}AU=\begin{pmatrix}3&1&0\\0&3&1\\0&0&3\end{pmatrix}=3I+N,\ \text{ただし}\ I=\begin{pmatrix}1&0&0\\0&1&0\\0&0&1\end{pmatrix},N=\begin{pmatrix}0&1&0\\0&0&1\\0&0&0\end{pmatrix},$$

$$U=\begin{pmatrix}-2&1&-1\\-5&1&-3\\-9&2&-5\end{pmatrix},\ U^{-1}=\begin{pmatrix}1&3&-2\\2&1&-1\\-1&-5&3\end{pmatrix}.$$

この例に対しては明らかに定理 2 が適用されるから，$\sqrt{A}$ はディスクリートな多価性のみをもち，連続的な値を取り得るパラメータは現われない．この事実を読者に確認していただくために，以下ではあえて，定理 1 にしたがって $\sqrt{A}$ を計算してみよう．まず，ただちにわかるように，次式が得られる（$\varepsilon=\pm1$）：

$$\sqrt{3I+N}=\sqrt{3}\,\varepsilon I+\frac{\sqrt{3}\,\varepsilon}{6}N-\frac{3\sqrt{3}\,\varepsilon}{216}N^2=\sqrt{3}\,\varepsilon\begin{pmatrix}1 & \frac{1}{6} & -\frac{1}{72}\\ 0 & 1 & \frac{1}{6}\\ 0 & 0 & 1\end{pmatrix}.$$

A_J はただ 1 個の Jordan 細胞からなる行列であるから，A_J と可換な正則行列 C の一般形は a,b,c を任意の定数として次のようになる（§18，例5の X_{11} 参照）：

$$C=\begin{pmatrix}a & b & c\\ 0 & a & b\\ 0 & 0 & a\end{pmatrix}\quad (\text{ただし，}a\neq0).$$

したがって，このとき

$$C^{-1}=\begin{pmatrix}a^{-1} & -a^{-2}b & a^{-3}b^2-a^{-2}c\\ 0 & a^{-1} & -a^{-2}b\\ 0 & 0 & a^{-1}\end{pmatrix}$$

となることがわかる．ゆえに，定理 1 によって，$\sqrt{A}$ は次式で与えられる：

$$\sqrt{A}=UC\sqrt{3I+N}\,C^{-1}U^{-1}=\sqrt{3}\,\varepsilon\begin{pmatrix}-2 & 1 & -1\\ -5 & 1 & -3\\ -9 & 2 & -5\end{pmatrix}\begin{pmatrix}a & b & c\\ 0 & a & b\\ 0 & 0 & a\end{pmatrix}\begin{pmatrix}1 & \frac{1}{6} & -\frac{1}{72}\\ 0 & 1 & \frac{1}{6}\\ 0 & 0 & 1\end{pmatrix}\times$$
$$\begin{pmatrix}a^{-1} & -a^{-2}b & a^{-3}b^2-a^{-2}c\\ 0 & a^{-1} & -a^{-2}b\\ 0 & 0 & a^{-1}\end{pmatrix}\begin{pmatrix}1 & 3 & -2\\ 2 & 1 & -1\\ -1 & -5 & 3\end{pmatrix}.$$

いささか面倒であるが，この計算を実際に読者に実行していただき，任意定数であるパラメータ a,b,c がすべて消えてしまうことを確かめられたい．実際に，

$$\sqrt{A}=\frac{\sqrt{3}\,\varepsilon}{72}\begin{pmatrix}10 & -94 & 66\\ -137 & -73 & 111\\ -249 & -273 & 279\end{pmatrix}\quad (\text{ただし，}\varepsilon=\pm1)$$

となることがわかる．この場合，A の平方根は 2 個しかないことになる．

§ 21．正則でない行列のベキ根

一般に正則でない行列のベキ根は，特別の場合を除いて存在しないが，存在する場合には連続無限個あるのが普通であることがこれからの考察によって明らかになる．n 次行列 A が正則でない場合は，A は 0 を固有値にもつ．ゆえに，A のすべての単純単因子は一般に次の形に書き表わされる：

$$(z-\lambda_1)^{p_1},\ (z-\lambda_2)^{p_2},\ \dots,\ (z-\lambda_s)^{p_s},\ z^{q_1},\ z^{q_2},\ \dots,\ z^{q_t}.$$

ここで，$\lambda_1, \lambda_2, \dots, \lambda_s$ はいずれも 0 と異なる A の固有値であるが，互いに等しいものはあり得る．もちろん，A が 0 以外の固有値をもたない場合には，上のはじめの s 個の単純単因子は現われない．これらの単純単因子によって，A の Jordan 標準形 A_J は次の形になる（§27）：

$$A_J=(\lambda_1 I_{p_1}+N_{p_1})\oplus\cdots\oplus(\lambda_s I_{p_s}+N_{p_s})\oplus N_{q_1}\oplus\cdots\oplus N_{q_t}\quad (I_1=[1],\ N_1=[0]).$$

いま，$n_1=\sum_{i=1}^{s}p_i$ 次の対角型ブロック行列 A_1 と $n_2=\sum_{j=1}^{t}q_j$ 次の対角型ブロック行列 A_2 を

$$A_1=\sum_{i=1}^{s}\oplus(\lambda_i I_{p_i}+N_{p_i}),\quad A_2=\sum_{j=1}^{t}\oplus N_{q_j}$$

と定義すれば，$A_J=A_1\oplus A_2$ と表わされ，A_1 は明らかに正則行列であり，A_2 はベキ零行列で，その指数は $\mu=\max(q_1, q_2, \dots, q_t)$ である：$A_2^{\mu}=O$（n_2 次の零行列）．

さて，正則でない行列 A に対して，次の方程式のすべての解 X を求める問題を考える：

(1) $$X^m=A\quad (m \text{ は 2 以上の整数}).$$

A をその Jordan 標準形にうつす正則行列を U としよう．すなわち，

$$U^{-1}AU=A_J=A_1\oplus A_2.$$

方程式 (1) の解 X が存在したとすれば，明らかに X は A と可換であるから $(U^{-1}AU)(U^{-1}XU)=U^{-1}AXU=U^{-1}XAU=(U^{-1}XU)(U^{-1}AU)$ となって，$U^{-1}AU=A_1\oplus A_2$ と $U^{-1}XU$ とがまた可換になる．ところが，A_1 と A_2 は共通の固有値をもたないから，§17 の定理 2 によって，$U^{-1}XU$ は n_1 次のある行列 X_1 と n_2 次のある行列 X_2 との直和になる：

(2) $$U^{-1}XU=X_1\oplus X_2.$$

(1) より $U^{-1}X^mU=U^{-1}AU$ すなわち $(U^{-1}XU)^m=U^{-1}AU=A_J=A_1\oplus A_2$ となるから，この等式の左辺に (2) を代入すると，$(X_1\oplus X_2)^m=A_1\oplus A_2$ となり，これより等式

(3) $$X_1^m\oplus X_2^m=A_1\oplus A_2$$

が得られる．ゆえに，(1) が解 X をもてば，次の 2 つの等式が同時に成り立つことになる：

(4) $$X_1^m=A_1,$$

(5) $$X_2^m=A_2.$$

逆に，(4)，(5) が方程式としてそれぞれ解 X_1, X_2 をもてば，$\tilde{X}=X_1\oplus X_2$ とおいて得られる行列 $\tilde{X}$ に対しては $\tilde{X}^m=X_1^m\oplus X_2^m=A_1\oplus A_2$ となるから，$X=U\tilde{X}U^{-1}$ とおけば，$X^m=(U\tilde{X}U^{-1})^m=U\tilde{X}^mU^{-1}=U(A_1\oplus A_2)U^{-1}=A$ となり，たしかに X は (1) の解となる．ここで，A_1 は正則な行列

であるから，(4)のすべての解 X_1 はまえの§20の定理1によって次の等式で与えられる：

(6) $$X_1 = X_{A_1}\left(\sum_{i=1}^{s}\oplus\sqrt[m]{\lambda_i I_{p_i}+N_{p_i}}\right)X_{A_1}^{-1}.$$

ただし，X_{A_1} は A_1 と可換な任意の正則行列である（A_1 自身が Jordan 標準形ゆえ，定理1での $U=I$）．ゆえに，(1)の解 X は(5)の解 X_2 を求めて，$X=U(X_1\oplus X_2)U^{-1}$ として得られることがわかる．それゆえ，以下では(5)の解 X_2 を求める問題だけを考えることにする．

上で見たように $A_2^{\mu}=O$（ただし，$\mu=\max(q_1, q_2, \dots, q_t)$）であったから，(5)より

$$X_2^{m\mu}=O$$

となる．ゆえに，X_2 も A_2 もベキ零行列であり，0以外の固有値をもたない．その指数を ν とすれば，$m(\mu-1)<\nu\leqq m\mu$ かつ $\nu\leqq n_2$（X_2 の次数）である．いま，X_2 のすべての単純単因子を

(7) $$z^{v_1}, z^{v_2}, \dots, z^{v_l}$$

としよう．もちろん，$v_1, v_2, \dots, v_l\leqq\nu$ である．このとき，適当な正則行列 T によって，X_2 を次のような Jordan 標準形にすることができる（§27の定理1）：

(8) $$T^{-1}X_2T=N_{v_1}\oplus N_{v_2}\oplus\dots\oplus N_{v_l}.$$

この等式と(5)とから，次の等式が成り立たねばならない：

$$A_2=X_2^{m}=T\left(N_{v_1}^{m}\oplus N_{v_2}^{m}\oplus\dots\oplus N_{v_l}^{m}\right)T^{-1}.$$

すなわち，A_2 と $N_{v_1}^{m}\oplus N_{v_2}^{m}\oplus\dots\oplus N_{v_l}^{m}$ とは相似になる．ゆえに，X_2 が方程式(5)の解であるための必要十分な条件は，行列

(9) $$N_{v_1}^{m}\oplus N_{v_2}^{m}\oplus\dots\oplus N_{v_l}^{m}$$

の単純単因子の全体が

$$A_2=N_{q_1}\oplus N_{q_2}\oplus\dots\oplus N_{q_t}$$

の単純単因子の全体と一致することである（§25の定理5）．

さて，行列(9)の Jordan 標準形がどのようなものになるかをしらべるために，$N_{v_1}, \dots, N_{v_l}$ のうちの任意の1つを簡単に N_v で表わして，適当な基底のもとで N_v^m の Jordan 標準形 $J_{v,m}$ とこれに対応する変換の行列，すなわち等式

(10) $$J_{v,m}=P_{v,m}^{-1}N_v^m P_{v,m}$$

を成り立たせる行列 $P_{v,m}$ がどのようなものになるかを考えることにする．$J_{v,m}$ を求めるには，N_v^m の Jordan 細胞すなわち N_v^m のすべての単純単因子を求めればよい．

v 次のベキ零行列 N_v はただ1つの単純単因子 z^v をもつ．関数 $f(z)=z^m$ に対して，

$$f(0)=f'(0)=\dots=f^{(m-1)}(0)=0,\quad f^{(m)}(0)=m!\neq0$$

であることに注意すれば，§19の定理3の(b)によって，N_v の単純単因子 z^v は N_v の m 乗に際して分裂し，$N_v^m=f(N_v)$ の単純単因子は次のようになることがわかる：

$$\underbrace{z^{k+1}, \dots, z^{k+1}}_{r\text{個}}, \underbrace{z^{k}, \dots, z^{k}}_{m-r\text{個}}\quad（ただし，v=km+r, k\geqq0, 0\leqq r<m）.$$

したがって，これらの単純単因子に対応する Jordan 細胞を，この順に並べてつくられる N_v^m の Jordan 標準形を $J_{v,m}$ で表わすことにすれば，次のようになる：

$$(11)\qquad J_{v,m}=\underbrace{N_{k+1}\oplus N_{k+1}\oplus\cdots\oplus N_{k+1}}_{r\text{ 個}}\oplus\underbrace{N_k\oplus N_k\oplus\cdots\oplus N_k}_{m-r\text{ 個}}.$$

【注 1】 $v<m$ の場合には $k=0, r=v$ であるから N_v^m の単純単因子は次のようになる：

$$z, z, \dots, z \quad (v \text{ 個}).$$

これは N_v^m の Jordan 標準形が零行列すなわち N_v^m 自身が v 次の零行列であることを示すものに他ならず，当然の結果である（N_v^v が零行列になるから）．

N_v^m の Jordan 標準形 $J_{v,m}$ の形を知るためだけならば以上の議論で十分である．しかし，われわれにとってはさらに，N_v^m をその Jordan 標準形に移す変換の行列 $P_{v,m}$ の形をも知る必要があるので，さらに詳しい考察を続けねばならない．

このため，v 次元の（複素）線形空間 $\boldsymbol{C}^v$ の 1 つの基底 $\{\boldsymbol{e}_1, \boldsymbol{e}_2, \dots, \boldsymbol{e}_v\}$ を取り，この基底のもとでの表現行列が N_v であるような 1 次変換を $\boldsymbol{N}$ で表わそう．すなわち，§ 23 の (7) の記法を用いれば，

$$(12)\qquad [\boldsymbol{N}\boldsymbol{e}_1\ \boldsymbol{N}\boldsymbol{e}_2\ \cdots\ \boldsymbol{N}\boldsymbol{e}_v]=[\boldsymbol{e}_1\ \boldsymbol{e}_2\ \cdots\ \boldsymbol{e}_v]N_v$$

である．そうすれば，基底 $\{\boldsymbol{e}_1, \boldsymbol{e}_2, \dots, \boldsymbol{e}_v\}$ のもとでの 1 次変換 $\boldsymbol{N}^m$ の表現行列は明らかに N_v^m となる：

$$[\boldsymbol{N}^m\boldsymbol{e}_1\ \boldsymbol{N}^m\boldsymbol{e}_2\ \cdots\ \boldsymbol{N}^m\boldsymbol{e}_v]=[\boldsymbol{e}_1\ \boldsymbol{e}_2\ \cdots\ \boldsymbol{e}_v]N_v^m.$$

N_v は対角線の一本上の準対角線上のすべての成分が 1 に等しく，他のすべての成分は 0 であるような v 次の行列であるから，(12) は

$$\boldsymbol{N}\boldsymbol{e}_1=0,\ \boldsymbol{N}\boldsymbol{e}_2=\boldsymbol{e}_1,\ \dots,\ \boldsymbol{N}\boldsymbol{e}_v=\boldsymbol{e}_{v-1}$$

を意味する．この関係は簡単に次のように書き表わすことができる：

$$\boldsymbol{N}\boldsymbol{e}_j=\boldsymbol{e}_{j-1}\quad (j=1,2,\dots,v;\ \text{ただし } \boldsymbol{e}_0=0 \text{ とする}).$$

この等式を繰り返し用いることによって，明らかに次の等式が得られる：

$$(13)\qquad \boldsymbol{N}^m\boldsymbol{e}_j=\boldsymbol{e}_{j-m}\quad (1\leqq j\leqq v.\ \text{ただし，} \boldsymbol{e}_0=\boldsymbol{e}_{-1}=\cdots=\boldsymbol{e}_{-m+2}=\boldsymbol{e}_{-m+1}=0 \text{ とする}).$$

ここで，v を次のように書き表わすことにしよう：

$$v=km+r\quad (k\geqq 0,\ 0\leqq r<m).$$

こうしたところで，基底ベクトル $\boldsymbol{e}_1, \boldsymbol{e}_2, \dots, \boldsymbol{e}_v$ を次のように並べることにする：

$$(14)\qquad k+1\text{個}\left\updownarrow\begin{array}{llllll}
\boldsymbol{e}_1 & \boldsymbol{e}_2 & \cdots & \boldsymbol{e}_r & \boldsymbol{e}_{r+1} & \cdots\cdots\ \boldsymbol{e}_m \\
\boldsymbol{e}_{m+1} & \boldsymbol{e}_{m+2} & \cdots & \boldsymbol{e}_{m+r} & \boldsymbol{e}_{m+r+1} & \cdots\cdots\ \boldsymbol{e}_{2m} \\
\vdots & \vdots & \cdots & \vdots & \vdots & \cdots\cdots\ \vdots \\
\boldsymbol{e}_{(k-1)m+1} & \boldsymbol{e}_{(k-1)m+2} & \cdots & \boldsymbol{e}_{(k-1)m+r} & \boldsymbol{e}_{(k-1)m+r+1}\cdots & \boldsymbol{e}_{km} \\
\boldsymbol{e}_{km+1} & \boldsymbol{e}_{km+2} & \cdots & \boldsymbol{e}_{km+r} & &
\end{array}\right.$$

ここで最初の r 本の列は $k+1$ 個のベクトルから成り，あとの $m-r$ 本の列は k 個のベクトルから成っている．しかも，等式 (13) から明らかなように，第 1 行にあるベクトルはいずれも

1 次変換 $\boldsymbol{N}^m$ によって $\mathbf{0}$ ベクトルに写されるが，第 2 行以下にあるベクトルはどれも $\boldsymbol{N}^m$ によって，その 1 つ上のベクトルに写される．言い換えると，$1 \leqq j \leqq r$ に対しては，

$$\boldsymbol{N}^m\boldsymbol{e}_{km+j}=\boldsymbol{e}_{(k-1)m+j}\,,\ \boldsymbol{N}^m\boldsymbol{e}_{(k-1)m+j}=\boldsymbol{e}_{(k-2)m+j}\,,\ \cdots\,,\ \boldsymbol{N}^m\boldsymbol{e}_{m+j}=\boldsymbol{e}_j\,,\boldsymbol{N}^m\boldsymbol{e}_j=0$$

であり，$1 \leqq i \leqq m-r$ に対しては，次のようになる：

$$\boldsymbol{N}^m\boldsymbol{e}_{(k-1)m+r+i}=\boldsymbol{e}_{(k-2)m+r+i}\,,\ \cdots\,,\ \boldsymbol{N}^m\boldsymbol{e}_{m+r+i}=\boldsymbol{e}_{r+i}\,,\ \boldsymbol{N}^m\boldsymbol{e}_{r+i}=0$$

このことは，1 次変換 $\boldsymbol{N}^m$ に関して (14) の最初の r 本の列は（固有値 0 に属する）長さが $k+1$ の Jordan 系列であり，残りの $m-r$ 本の列は長さが k の Jordan 系列であることを示している（§ 27 の (22) 参照）．そこで，いま，v 個の基底ベクトル $\boldsymbol{e}_1, \boldsymbol{e}_2, \cdots, \boldsymbol{e}_v$ を (14) の並べ方を変えずに次のように書き替えることにする（要するに基底 $\{\boldsymbol{e}_j\}$ の番号の付け替え）：

$$(14)' \qquad k+1\,個\left\updownarrow\begin{array}{llllll}
\boldsymbol{u}_1 & \boldsymbol{u}_{(k+1)+1} & \cdots\cdots\ \boldsymbol{u}_{(r-1)(k+1)+1} & \boldsymbol{u}_{r(k+1)+1} & \cdots\cdots & \boldsymbol{u}_{v-k+1} \\
\boldsymbol{u}_2 & \boldsymbol{u}_{(k+1)+2} & \cdots\cdots\ \boldsymbol{u}_{(r-1)(k+1)+2} & \boldsymbol{u}_{r(k+1)+2} & \cdots\cdots & \boldsymbol{u}_{v-k+2} \\
\vdots & \vdots & \cdots\cdots\ \vdots & \vdots & \cdots\cdots & \vdots \\
\boldsymbol{u}_k & \vdots & \cdots\cdots\ \boldsymbol{u}_{(r-1)(k+1)+k} & \boldsymbol{u}_{r(k+1)+k} & \cdots\cdots & \boldsymbol{u}_v\,. \\
\boldsymbol{u}_{k+1} & \boldsymbol{u}_{2(k+1)} & \cdots\cdots\ \boldsymbol{u}_{r(k+1)} & & &
\end{array}\right.$$

こうすれば，この新しい基底 $\{\boldsymbol{u}_1, \boldsymbol{u}_2, \cdots, \boldsymbol{u}_v\}$ のもとでは (14)′ の最初の r 本の（長さが $k+1$ の）Jordan 系列に対応する Jordan 細胞はいずれも N_{k+1} となり，残りの $m-r$ 本の（長さが k の）Jordan 系列に対応する Jordan 細胞はいずれも N_k となる．ゆえに，基底 $\{\boldsymbol{u}_j\}$ のもとでの 1 次変換 $\boldsymbol{N}^m$ の表現行列を $\hat{N}$ とすれば，すなわち

$$[\boldsymbol{N}^m\boldsymbol{u}_1 \cdots \boldsymbol{N}^m\boldsymbol{u}_{(k+1)+1} \cdots \boldsymbol{N}^m\boldsymbol{u}_{v-k+1} \cdots \boldsymbol{N}^m\boldsymbol{u}_v] = [\boldsymbol{u}_1 \cdots \boldsymbol{u}_{(k+1)+1} \cdots \boldsymbol{u}_{v-k+1} \cdots \boldsymbol{u}_v]\hat{N}$$

であるとすれば，$\hat{N}$ は r 個のベキ零行列 $N_{k+1}, N_{k+1}, \cdots, N_{k+1}$ と $m-r$ 個のベキ零行列 $N_k, \cdots, N_k$ の直和であり，次のようになる：

$$(15) \qquad \hat{N}=J_{v,m}=\underbrace{N_{k+1}\oplus N_{k+1}\oplus\cdots\oplus N_{k+1}}_{r\,個}\oplus\underbrace{N_k\oplus\cdots\oplus N_k}_{m-r\,個}\,.$$

これがまさに，基底 $\{\boldsymbol{u}_j\}$ のもとでの行列 N_v^m の Jordan 標準形 $J_{v,m}$ に他ならない．この事実はすでに N_v の単純単因子の考察のみから導いた結果 (11) と一致する．

ここで，旧基底 $\{\boldsymbol{e}_j\}$ から新基底 $\{\boldsymbol{u}_j\}$ への変換の行列（§ 23 の (11)，(12) 参照）を $P_{v,m}$ とすれば，

$$(16) \qquad [\boldsymbol{u}_1\ \boldsymbol{u}_2 \cdots \boldsymbol{u}_v]=[\boldsymbol{e}_1\ \boldsymbol{e}_2 \cdots \boldsymbol{e}_v]P_{v,m}$$

と表わされ，(10) から $N_v^m=P_{v,m}\hat{N}P_{v,m}^{-1}=P_{v,m}J_{v,m}P_{v,m}^{-1}$ であるから，(15) によって

$$(17) \qquad N_v^m=P_{v,m}\Big(\underbrace{N_{k+1}\oplus N_{k+1}\oplus\cdots\oplus N_{k+1}}_{r\,個}\oplus\underbrace{N_k\oplus\cdots\oplus N_k}_{m-r\,個}\Big)P_{v,m}^{-1}$$

となる．このとき，(14) と (14)′ における 2 つの基底 $\{\boldsymbol{e}_j\}$ と $\{\boldsymbol{u}_j\}$ の配置の状態を注意深く考察することによって，$P_{v,m}$ は次のような形の $(k+1, m)$ 型のブロック行列であることがわかる（行の個数：$mk+r=v$，列の個数：$r(k+1)+(m-r)k=mk+r=v$）：

$$P_{v,m}=\begin{pmatrix} \overset{k+1}{\longleftrightarrow} & \cdots & \overset{k+1}{\longleftrightarrow} & \overset{k}{\longleftrightarrow} & \cdots\ \cdots & \overset{k}{\longleftrightarrow} \\ E_{11} & \cdots & E_{1r} & E_{1,r+1} & \cdots & E_{1m} \\ E_{21} & \cdots & E_{2r} & E_{2,r+1} & \cdots & E_{2m} \\ \vdots & \cdots & \vdots & \vdots & \vdots & \vdots \\ E_{k1} & \cdots & E_{kr} & E_{k,r+1} & \cdots & E_{km} \\ E_{k+1,1} & \cdots & E_{k+1,r} & E_{k+1,r+1} & \cdots & E_{k+1,m} \end{pmatrix} \begin{matrix} \\ \updownarrow m \\ \updownarrow m \\ \vdots \\ \updownarrow m \\ \updownarrow r \end{matrix} \ k+1\text{個}$$
$$\longleftarrow r\text{個}\longrightarrow \quad \longleftarrow m-r\text{個}\longrightarrow.$$

この $(k+1,m)$ 型のブロック行列の最下段の右半分にある $m-r$ 個の (r,k) 型の小行列 $E_{k+1,j}$ $(r+1\leq j\leq m)$ は零行列であり，これら以外の小行列 E_{ij} は (j,i) 成分のみが 1 に等しくその他のすべての成分が 0 に等しい行列である．この事実の検証は読者に任せよう．

上での考察を $v=v_i$ の場合に適用して，$J_{v_i,m}$ を求めることができる．すなわち，

$$v_i=k_im+r_i \quad (k_i\geq 0,\ 0\leq r_i<m;\ i=1,2,\ldots,l)$$

とすれば，(11) または (15) からわかるように，$N_{v_i}^m$ の Jordan 標準形 $J_{v_i,m}$ は r_i 個の N_{k_i+1} と $m-r_i$ 個の N_{k_i} の直和（$k_i=0$ のときには N_{k_i} は現れない）：

$$J_{v_i,m}=\underbrace{N_{k_i+1}\oplus N_{k_i+1}\oplus\cdots\oplus N_{k_i+1}}_{r_i\text{個}}\oplus\underbrace{N_{k_i}\oplus\cdots\oplus N_{k_i}}_{m-r_i\text{個}}$$

であり，(17) に注意すれば，正則行列 $P_{v_i,m}$ を取ることによって，

(18) $$N_{v_i}^m=P_{v_i,m}J_{v_i,m}P_{v_i,m}^{-1} \quad (i=1,2,\ldots,l)$$

とすることができる．ゆえに，ここで

$$P=P_{v_1,m}\oplus P_{v_2,m}\oplus\cdots\oplus P_{v_l,m}$$

とおけば，$P^{-1}=P_{v_1,m}^{-1}\oplus P_{v_2,m}^{-1}\oplus\cdots\oplus P_{v_l,m}^{-1}$ となって，(18) から，

(19) $$N_{v_1}^m\oplus N_{v_2}^m\oplus\cdots\oplus N_{v_l}^m=P(J_{v_1,m}\oplus J_{v_2,m}\oplus\cdots\oplus J_{v_l,m})P^{-1}$$

となる．ゆえに，これを (8) から得られる等式 $X_2^m=T(N_{v_1}^m\oplus N_{v_2}^m\oplus\cdots\oplus N_{v_l}^m)T^{-1}$ の右辺に代入すれば，(5) によって，等式

(20) $$A_2=X_2^m=TP\left(J_{v_1,m}\oplus J_{v_2,m}\oplus\cdots\oplus J_{v_l,m}\right)P^{-1}T^{-1}$$

が得られる．この等式は行列 A_2 と行列 $\sum_{i=1}^{l}\oplus J_{v_i,m}$ とが相似であることを示しているから，(5) が解 X_2 をもつための必要十分な条件は，X_2^m の Jordan 細胞：

(21) $$\underbrace{N_{k_i+1},N_{k_i+1},\ldots,N_{k_i+1}}_{r_i\text{個}},\underbrace{N_{k_i},\ldots,N_{k_i}}_{m-r_i\text{個}} \quad (i=1,2,\ldots,l)$$

が全体として，A_2 の Jordan 細胞：$N_{q_1},N_{q_2},\ldots,N_{q_t}$ に一致することである．そこで，すでに (7) で見た X_2 の単純単因子の組：

(22) $$\{z^{v_1},z^{v_2},\ldots,z^{v_l}\}$$

が X_2 に対して許された組であるというのは，X_2 の m 乗に際して (22) に見られる単純単因子が一般には分裂して（§19の定理3を参照されたい），A_2 の単純単因子

$$\left\{z^{q_1}, z^{q_2}, \dots, z^{q_t}\right\}$$

を生み出す場合であるとしよう．$v_1, v_2, \dots, v_l$ は条件：

$$v_i \leqq \nu \leqq m\mu \quad (i=1,2,\dots,l), \quad v_1+v_2+\dots+v_l=n_2 (=A_2 \text{ の次数})$$

をみたしているから（ν はベキ零行列 X_2 の指数），X_2 に対して許された単純単因子の組は明らかに有限個である（存在しないこともあり得る．もちろん，その場合には方程式(5)の解は存在しないから，当然方程式(1)の解も存在しないことになる）．

ところで，X_2 の許された組のおのおのに対しては，等式(8)に現れる変換の行列 T を求めることができて，方程式(5)の解が得られることが次のようにしてわかる．

いま，(22)を X_2 に対して許された単純単因子のひと組とすれば，X_2^m の単純単因子は全体として A_2 の単純単因子の全体と一致し，これより両者の単因子が一致するから（§25の【注3】），§25の定理5によって X_2^m と A_2 とは相似になる．したがって，適当に正則行列 Q を取ることによって，

(23) $$J_{v_1,m} \oplus J_{v_2,m} \oplus \dots \oplus J_{v_l,m}$$
$$= N_{k_1+1} \oplus \dots \oplus N_{k_1} \oplus N_{k_2+1} \dots \oplus N_{k_2} \oplus \dots \oplus N_{k_l+1} \oplus \dots \oplus N_{k_l} = Q^{-1}A_2Q$$

とすることができる．Q はもちろん既知の正則行列である．(23)を(20)に代入すれば，

$$A_2 = TPQ^{-1}A_2QP^{-1}T^{-1} \quad \text{すなわち，} \quad A_2TPQ^{-1} = TPQ^{-1}A_2$$

となる．ゆえに，$X_{A_2} = TPQ^{-1}$ とおけば，X_{A_2} は A_2 と可換な正則行列であって，(8)の変換の行列 T は次式で与えられることがわかる：

(24) $$T = X_{A_2}QP^{-1}.$$

(8)より $X_2 = T\left(N_{v_1} \oplus N_{v_2} \oplus \dots \oplus N_{v_l}\right)T^{-1}$ であるから，この式に(24)を代入して(5)の 1 つの解

(25) $$X_2 = X_{A_2}QP^{-1}\left(N_{v_1} \oplus N_{v_2} \oplus \dots \oplus N_{v_l}\right)PQ^{-1}X_{A_2}^{-1}$$

が得られる．また，逆に，A_2 と可換な任意の正則行列 X_{A_2} を取って，(25)によって行列 X_2 を定義すれば，(19)，(23)から，

$$\begin{aligned} X_2^m &= X_{A_2}QP^{-1}\left(N_{v_1}^m \oplus N_{v_2}^m \oplus \dots \oplus N_{v_l}^m\right)PQ^{-1}X_{A_2}^{-1} \\ &= X_{A_2}Q\left(J_{v_1,m} \oplus J_{v_2,m} \oplus \dots \oplus J_{v_l,m}\right)Q^{-1}X_{A_2}^{-1} \\ &= X_{A_2}A_2X_{A_2}^{-1} = A_2X_{A_2}X_{A_2}^{-1} = A_2 \end{aligned}$$

となる．ゆえに，このとき，方程式(1)の解 X は(2)，(6)と(25)から次式で与えられる：

(26) $$X = U\left(X_{A_1} \oplus X_{A_2}QP^{-1}\right)\left\{\left(\sum_{i=1}^{s} \oplus \sqrt[m]{\lambda_i I_{p_i} + N_{p_i}}\right) \oplus \left(\sum_{j=1}^{t} \oplus N_{q_j}\right)\right\}\left(X_{A_1}^{-1} \oplus PQ^{-1}X_{A_2}^{-1}\right)U^{-1}.$$

ただし，X_{A_1} は A_1 と，X_{A_2} は A_2 と可換な任意の正則行列である．

以上述べたことがらを定理としてまとめると次のようになる．

定理 1．X_2 に対して許された単純単因子の組が存在しない場合には，(1)の解は存在しない．また，X_2 に対して許された単純単因子のすべての組から(26)の形で得られる行列 X が(1)のすべての解を尽くす．

【注 2】 $\lambda_1, \lambda_2, \dots, \lambda_s$ が互いに異なる場合には，§20 の定理 2 によって，(26) には X_{A_1} は現れないが，X_{A_2} に含まれる任意定数のため (1) の解は必然的に連続的な多価性をもつ．

例 1．v 次行列 X（$v \geqq 2$）に関するつぎの方程式の解 X は存在しない．

(27)
$$X^m = \begin{pmatrix} 0 & 1 & \cdots\cdots & 0 \\ 0 & 0 & 1 \ddots & \vdots \\ \vdots & \vdots & \ddots & 1 \\ 0 & 0 & \cdots\cdots & 0 \end{pmatrix} \quad (m>1).$$

右辺の行列は，その対角線より 1 つ上の準対角線上の成分はすべて 1，その他の成分はすべて 0 であるような指数 v のベキ零行列である．これを N_v と書くことにしよう．

(27) が解 X をもてば，$X^{mv} = N_v^v = O$（v 次の零行列）となるから，X は 0 以外の固有値をもたない．ゆえに，当然，X の単純単因子はすべて z の累乗でなければならない．しかし，N_v の単純単因子は z^v ただ 1 個であるから，X の単純単因子は X の m 乗に際して分裂することはできない．したがって，X の単純単因子はただ 1 つしかなく，それは z^v でなければならない．
このことは，X の Jordan 標準形は N_v であることを示しているから，適当に正則行列 P をとって $P^{-1}XP = N_v$ とすることができる．ここで 方程式 $X^m = N_v$ のベキ指数 m を 2 つの場合に分けて考えると次のようになる：

（イ）　$m \geqq v$ ならば，$P^{-1}X^m P = (P^{-1}XP)^m = N_v^m = O$，すなわち $P^{-1}N_v P = O$．

（ロ）　$m < v$ ならば，$P^{-1}X^m P = (P^{-1}XP)^m = N_v^m$，すなわち $P^{-1}N_v P = N_v^m$．

（イ）の場合は $N_v = O$ となって不合理である．（ロ）の場合には，両辺の行列の階数をくらべてみると，左辺の行列の階数は $\mathrm{rank}\{P^{-1}N_v P\} = \mathrm{rank}\, N_v = v-1$ に対して，右辺の行列の階数は $\mathrm{rank}\, N_v^m = v - m < v-1$（$2 \leqq m < v$ に注意）となり，この場合も不合理である．以上より，方程式 (27) の解すなわち行列 N_v の m 乗根は存在しないことがわかった．

例 2．次の方程式の解 X を求めてみよう．

(28)
$$X^2 = \begin{pmatrix} 0 & 0 & 0 \\ 0 & 0 & 0 \\ -3 & 0 & 0 \end{pmatrix}.$$

いま，$A = \begin{pmatrix} 0 & 0 & 0 \\ 0 & 0 & 0 \\ 1 & 0 & 0 \end{pmatrix}$ とおけば，(28) は $X^2 = -3A$ となるから，方程式 $Y^2 = A$ の解 Y が求まれば，明らかに，(28) の解は次式によって得られる：

(29)
$$X = \sqrt{3}\, i \varepsilon Y \quad (i = \sqrt{-1}, \varepsilon = \pm 1).$$

ここで，$U = \begin{pmatrix} 0 & 1 & 0 \\ 0 & 0 & 1 \\ 1 & 0 & 0 \end{pmatrix}$ と取れば，$U^{-1} = \begin{pmatrix} 0 & 0 & 1 \\ 1 & 0 & 0 \\ 0 & 1 & 0 \end{pmatrix}$ となって，A の Jordan 標準形 A_J は

$$U^{-1}AU = \begin{pmatrix} 0 & 1 & 0 \\ 0 & 0 & 0 \\ 0 & 0 & 0 \end{pmatrix} = N_2 \oplus N_1 \ (= A_J), \quad \text{ただし，} N_2 = \begin{pmatrix} 0 & 1 \\ 0 & 0 \end{pmatrix}, \quad N_1 = [0]$$

の形になる．したがって，これより次のようになる：

$$(U^{-1}YU)^2=U^{-1}Y^2U=U^{-1}AU=N_2\oplus N_1$$

ここでは，(5)のX_2，A_2に相当するのが$U^{-1}YU$と$N_2\oplus N_1$であり，$m=2$，$t=2$，$q_1=2$，$q_2=1$である．N_2，N_1の単純単因子はそれぞれz^2，zであるから，$X_2=U^{-1}YU$に対して許された単純単因子の組は$\{z^3\}$だけである．実際，$v_1=3$，$k_1=1$，$m=2$，$r_1=1$で$v_1=k_1m+r_1$となり，§19の定理3の(**b**)により，X_2の単純単因子z^3は分裂して，X_2^2の単純単因子として$z^{k_1+1}=z^2$が$r_1=1$個，$z^{k_1}=z$が$m-r_1=2-1=1$個が生じる．z^3を単純単因子にもつのはベキ零行列N_3であるから，このときある正則行列Tを選ぶことによって((8)参照)，

$$(30)\qquad X_2=TN_3T^{-1},\quad X_2^2=TN_3^2T^{-1},\quad ただし\ N_3=\begin{pmatrix}0&1&0\\0&0&1\\0&0&0\end{pmatrix}$$

となる．いま，3項の数ベクトル空間$\boldsymbol{C}^3$の自然基底を$\boldsymbol{e}_1$，$\boldsymbol{e}_2$，$\boldsymbol{e}_3$とすれば，このとき，$m=2$に注意して，この基底ベクトルを(14)の形に並べると，

$$\begin{matrix}\boldsymbol{e}_1 & \boldsymbol{e}_2\\ \boldsymbol{e}_3 & \end{matrix}$$

となる．いままでのの記法によれば，$\boldsymbol{u}_1=\boldsymbol{e}_1$，$\boldsymbol{u}_2=\boldsymbol{e}_3$，$\boldsymbol{u}_3=\boldsymbol{e}_2$であり，$v=v_1=3$，$m=2$であるから，基底の変換の行列は$P_{3.2}$であり，(16)，(17)から次のようになる：

$$P=P_{3.2}=\begin{pmatrix}1&0&0\\0&0&1\\0&1&0\end{pmatrix},\quad N_3^2=P(N_2\oplus N_1)P^{-1}.$$

このとき，たまたま$P^{-1}=P$となり，また，$A_2=N_2\oplus N_1$であるから，ここでは(23)のQに相当するのは3次の単位行列I_3であることに注意しよう．ゆえに，A_2と可換な正則行列をX_{A_2}とすれば，$T=X_{A_2}QP^{-1}=X_{A_2}P^{-1}$である((24)参照)．これを(30)の第1式に代入して

$$(31)\qquad X_2=X_{A_2}P^{-1}N_3PX_{A_2}^{-1}$$

となる．まえの§20の例3の行列Cの求めかたと全く同様に

$$X_{A_2}=\begin{pmatrix}a&b&c\\0&a&0\\0&d&a^{-2}\end{pmatrix},\quad X_{A_2}^{-1}=\begin{pmatrix}a^{-1}&cd-a^{-2}b&-ac\\0&a^{-1}&0\\0&-ad&a^2\end{pmatrix}$$

であることがわかる．ここで$a\neq0$，b，c，dは任意の複素数である．ゆえに，(31)の右辺は，

$$X_2=U^{-1}YU=\begin{pmatrix}0&ca^{-1}-a^2d&a^3\\0&0&0\\0&a^{-3}&0\end{pmatrix}$$

となる．したがって，(29)より(28)のすべての解Xは次式で与えられる：

$$X=\sqrt{3}\,i\varepsilon Y=\sqrt{3}\,i\varepsilon UX_2U^{-1}=\sqrt{3}\,i\varepsilon\begin{pmatrix}0&0&0\\a^{-3}&0&0\\ca^{-1}-a^2d&a^3&0\end{pmatrix}.$$

あるいは，$\alpha(\neq0)$，βを任意の複素数として

$$X=\sqrt{3}\,i\varepsilon\begin{pmatrix}0&0&0\\\alpha^{-1}&0&0\\\beta&\alpha&0\end{pmatrix}$$

と書くことができる．これから明らかなように，(28)の解は連続的な多価性をもっている．

例 3．次の方程式を考えよう：

$$X^2=A=\begin{pmatrix}-1&1&-1&-1\\2&-3&2&3\\1&-1&1&1\\2&-3&2&3\end{pmatrix}. \tag{32}$$

このとき，A の Jordan 標準形 A_J は次のようになる：

$$A_J=U^{-1}AU=\begin{pmatrix}0&1&0&0\\0&0&0&0\\0&0&0&1\\0&0&0&0\end{pmatrix}=N_2\oplus N_2,\ \text{ただし}\ N_2=\begin{pmatrix}0&1\\0&0\end{pmatrix}.$$

なお，ここで

$$U=\begin{pmatrix}0&-1&-1&0\\1&0&2&1\\0&0&1&1\\1&1&2&1\end{pmatrix},\quad U^{-1}=\begin{pmatrix}1&0&-1&1\\0&-1&0&1\\-1&1&0&-1\\1&-1&1&1\end{pmatrix}$$

である．このとき，

$$(U^{-1}XU)^2=U^{-1}X^2U=U^{-1}AU=N_2\oplus N_2\,(=A_J)$$

となるから，ここで，

$$Y=U^{-1}XU \tag{33}$$

とおけば，方程式(32)の解 X を求めるには，

$$Y^2=N_2\oplus N_2 \tag{34}$$

の解 Y を求めればよい．(5)の X_2, A_2 に相当するのはそれぞれ Y，$N_2\oplus N_2$ である．さて，$Y^4=N_2^2\oplus N_2^2=O$ となるから，Y は指数が高だか 4 のベキ零行列である．ゆえに，Y の指数を ν とすれば，$2<\nu\leqq 4$．このことから明らかなように，Y の単純単因子の組は次の 2 つしかない：

$$(\text{イ})\ \{z^3,\ z\},\qquad\qquad (\text{ロ})\ \{z^4\}$$

(単純単因子 $\{z^2,\ z^2\}$ をもつ 4 次行列は $A_J=A_2$ であり，その指数は 2 であることに注意)．容易にわかるように，これら 2 組のうち(イ)の場合には，単純単因子 z^3 が分裂して Y^2 の単純単因子 $\{z^2,\ z,\ z\}$ を生むが(例 2 参照)，これは A_2 の単純単因子 $\{z^2,\ z^2\}$ とは一致しない．しかし(ロ)の場合には，単純単因子 z^4 が分裂して Y^2 の単純単因子 z^2, z^2 を生み，これは $A_2\,(=N_2\oplus N_2)$ の単純単因子と一致する．実際(§ 19 の定理 3 を見よ)，$l=1$，$v_1=4$，$k_1=1$，$r_1=2$，$m=2$ で $v_1=k_1m+r_1$ となるから，Y^2 の単純単因子として $z^{k_1+1}=z^2$ が $r_1=2$ 個，$z^{k_1}=z$ が $m-r_1=2-2=0$ 個生れる．言い換えると，このとき Y^2 の Jordan 細胞は N_2 と N_2 の 2 個であり，これらは A_2 のそれと一致するから，(ロ)は Y に対して許された唯一の組であり，(34)の解 Y の Jordan 標準形 Y_J は N_4 でなければならないことがわかる．これが本文での $N_v\,(=N_{v_1})$ に相当する行列である．ゆえに，適当に正則行列 T を取って((8)参照)，

$$(35)\qquad Y=TN_4T^{-1},\quad ただし\ N_4=\begin{pmatrix}0&1&0&0\\0&0&1&0\\0&0&0&1\\0&0&0&0\end{pmatrix},$$

とすることができる．したがって，この等式と(34)とから，

$$(36)\qquad Y^2=TN_4^2T^{-1}=N_2\oplus N_2\,(=A_2)$$

となる．このとき，4項の数ベクトル空間 $\boldsymbol{C}^4$ の自然基底 $\boldsymbol{e}_1,\boldsymbol{e}_2,\boldsymbol{e}_3,\boldsymbol{e}_4$ を($m=2$ に注意して)，(14)の形に並べると，

$$\begin{matrix}\boldsymbol{e}_1 & \boldsymbol{e}_2\\ \boldsymbol{e}_3 & \boldsymbol{e}_4\end{matrix}$$

となるから，いままでの記法によれば，ここでは $\boldsymbol{u}_1=\boldsymbol{e}_1$，$\boldsymbol{u}_2=\boldsymbol{e}_3$，$\boldsymbol{u}_3=\boldsymbol{e}_2$，$\boldsymbol{u}_4=\boldsymbol{e}_4$ であり，$v=v_1=4$，$m=2$ であるから，基底の変換の行列は $P_{4.2}$ であり，次のようになる：

$$P=P_{4.2}=P^{-1}=\begin{pmatrix}1&0&0&0\\0&0&1&0\\0&1&0&0\\0&0&0&1\end{pmatrix},\quad N_4^2=P(N_2\oplus N_2)P^{-1}\ ((17)参照).$$

ゆえに，上の第2式を(36)に代入して，(20)に相当する等式 $A_2=Y^2=TP(N_2\oplus N_2)P^{-1}T^{-1}$ が得られる．本文での A_2 に相当するのは $N_2\oplus N_2$ であったから，ここでは(23)の Q に相当するのは4次の単位行列 I_4 である．このようにして，(25)に相当するものとして，(34)の解

$$(37)\qquad Y=X_{A_2}P^{-1}N_4PX_{A_2}^{-1}$$

が得られる．ただし，X_{A_2} は $A_2=A_J=N_2\oplus N_2$ と可換な正則行列であり，2つの2次の行列 N_2 と N_2 は同じ固有値0をもつから，§17，§18の一般論からわかるように，X_{A_2} の一般形は

$$X_{A_2}=\begin{pmatrix}a&b&c&d\\0&a&0&c\\e&f&g&h\\0&e&0&g\end{pmatrix}$$

の形でなければならない．ここで，a,b,c,d,e,f,g,h は $\det X_{A_2}\neq 0$ をみたす任意の複素数である．ゆえに，(33)と(37)とから方程式(32)のすべての解 X は次式で与えられる：

$$X=UYU^{-1}=UX_{A_2}P^{-1}N_4PX_{A_2}^{-1}U^{-1}.$$

これは連続的な多価性をもった解である．労を厭わなければ，X の各成分を $a,b,c,\ldots$ の式で具体的に表わすことができるが，その結果は非常に複雑になる．

【注4】§9の例2の行列 A は正則ではないので，その平方根 $\sqrt{A}$ をこの§で述べたような一般論によって求めようとすれば，(2)で見られる変換の行列 U とその逆行列 U^{-1}，(6)に見られる X_{A_1} に相当する行列などを求めなければならない．これは3次の行列に対してすら，かなり面倒で手間のかかる作業である．それにくらべると，§9の例2で述べたように，基本公式と基幹行列を用いて $\sqrt{A}$ を求める方法は簡便である．読者自ら一般論にしたがって $\sqrt{A}$ の計算を試みられたい．もちろん，この簡便さはこの行列 A の形にもよる．

§ 22. 行列の自然対数.

与えられた n 次の(複素)行列 A に対して，方程式

(1) $$e^X=A$$

をみたす n 次行列 X が存在するとき，X を A の(自然)対数とよび $\log A$ で表わす：$X=\log A$.

X のすべての固有値をそれらの重複度数だけ書き並べたものを

$$\xi_1, \xi_2, \ldots, \xi_n$$

とすれば，§ 19 の定理 3 の系 1 によって，A のすべての固有値をそれらの重複度数だけ書き並べたものは

$$e^{\xi_1}, e^{\xi_2}, \ldots, e^{\xi_n}$$

となる. ゆえに，方程式 (1) が解 X をもつならば，A の固有値はすべて 0 と異なる. 言い換えるならば，A が正則な行列であることが (1) が解をもつための必要条件である. 実は，この条件が (1) が解をもつための十分条件でもあることが以下の考察によって明らかになる.

いま，A が正則な行列すなわち $\det A\neq 0$ であるとし，A のすべての単純単因子を

(2) $$(z-\lambda_1)^{p_1}, (z-\lambda_2)^{p_2}, \ldots, (z-\lambda_r)^{p_r}$$

としよう. もちろん，ここで $\lambda_1\lambda_2\cdots\lambda_r\neq 0$ かつ $p_1+p_2+\cdots+p_r=n$ であるが，$\lambda_1, \lambda_2, \ldots, \lambda_r$ の中には等しいものがあり得る. このとき，ある正則行列 U を取ることによって，A を次のような Jordan 標準形 A_J にすることができる(§ 27 の定理 1)：

(3) $$A_J=U^{-1}AU=(\lambda_1 I_{p_1}+N_{p_1})\oplus(\lambda_2 I_{p_2}+N_{p_2})\oplus\cdots\oplus(\lambda_r I_{p_r}+N_{p_r})$$

ただし，I_{p_k}, N_{p_k} は § 20 の(3)での行列と同じものである.

関数 $f(z)=e^z$ の導関数は複素平面上いたる所 0 にはならないから，§ 19 の定理 3 の系 2 により，行列 X から行列 $f(X)=e^X$ への移行に際して，X の単純単因子はいずれも《分裂》しない. したがって，$e^X=A$ となるためには，X のすべての単純単因子は

(4) $$(z-\xi_1)^{p_1}, (z-\xi_2)^{p_2}, \ldots, (z-\xi_r)^{p_r}$$

の形でなければならない. ただしここで，$f(\xi_k)=e^{\xi_k}=\lambda_k$ ($k=1, 2, \ldots, r$) であり，ξ_k は $\log\lambda_k$ の(無限個ある値のうちの)ある 1 つの値である.

ところで複素平面上で，点 $z=\lambda_k$ を中心にもち原点 $z=0$ を含まないような(たとえば半径が $|\lambda_k|$ よりも小さい)円板内では，対数関数 $\log z$ の無限個の枝が定義されるが，これらのうちでとくに X の固有値 ξ_k に対して $\log\lambda_k=\xi_k$ となる枝を $g_k(z)$ ($k=1, 2, \ldots, r$) で表わすことにしよう：$g_k(\lambda_k)=\xi_k$. § 20 で述べたように，行列 $J_k=\lambda_k I_{p_k}+N_{p_k}$ は p_k 個の基幹行列 Z_{kl} ($l=1, 2, \ldots, p_k$) をもち，次の等式が成り立つ：

(5) $$Z_{k1}=I_{p_k}, \quad Z_{kl}=\frac{1}{(l-1)!}N_{p_k}^{l-1} \quad (l=2, \ldots, p_k).$$

また，$g_k^{(l-1)}(z)=(-1)^l(l-2)!z^{-l+1}$ (ただし $l\geqq 2$) であるから，簡単のために § 20 と同様に $I_{(k)}=I_{p_k}$, $N_{(k)}=N_{p_k}$ とおいて，§ 4 の基本公式 (8) を関数 $g_k(z)=g_k^{(0)}(z)=\log z$ に適用すれば，行列 $\log J_k$ は次式で与えられる ($N_{(k)}^{p_k}=N_{p_k}^{p_k}=O$ に注意)：

(6) $\log(\lambda_k I_{(k)}+N_{(k)})=g_k(J_k)=\sum_{l=1}^{p_k} g_k^{(l-1)}(\lambda_k)Z_{kl}=(\log\lambda_k)I_{(k)}+\sum_{l=2}^{p_k}(-1)^l(l-2)!\lambda_k^{-l+1}Z_{kl}$

$$=(\log\lambda_k)I_{(k)}+\frac{1}{\lambda_k}N_{(k)}-\frac{1}{2}\frac{1}{\lambda_k^2}N_{(k)}^2+\ldots\ldots+\frac{(-1)^{p_k}}{p_k-1}\frac{1}{\lambda^{p_k-1}}N_{(k)}^{p_k-1}.$$

このとき，$g_k(z)$ の導関数は複素平面上の（無限遠点を除いた）どの点においても 0 にならないから，§ 19 の定理 3 の系 2 により，行列 $J_k=\lambda_k I_{p_k}+N_{p_k}$ のただ 1 つの単純単因子 $(z-\lambda_k)^{p_k}$ は分裂することなく，行列 $g_k(J_k)=\log J_k$ のただ 1 つの単純単因子 $(z-\xi_k)^{p_k}$ を生み出す．したがって，対角型ブロック行列

(7) $$\sum_{k=1}^{r}\oplus\log J_k=\sum_{k=1}^{r}\log(\lambda_k I_{p_k}+N_{p_k})$$

の単純単因子の全体は（§ 25 の定理 7 によって），行列 X の単純単因子の全体（4）と一致する．このことから行列（7）と行列 X とは相似になる（§ 25 の【注 3】を見られたい）．したがって，ある正則行列 T を取ることによって，

(8) $$X=T\left\{\sum_{k=1}^{r}\oplus\log(\lambda_k I_{(k)}+N_{(k)})\right\}T^{-1}$$

とすることができる．一般に，正方行列 $B_1, B_2, \ldots, B_l$ の直和として表わされた対角型ブロック行列 $B=\sum_{k=1}^{l}\oplus B_k$ に対しては，$e^B=\sum_{k=1}^{l}\oplus e^{B_k}$ となるから，§ 2 の定理 3 の系 2 によって，つぎの等式が成り立つ：

$$e^{TBT^{-1}}=Te^BT^{-1}=T\left\{\sum_{k=1}^{l}\oplus e^{B_k}\right\}T^{-1}$$

ゆえに，関数関係 $\exp g_k(z)=\exp(\log z)=z$ $(k=1,2,\ldots,r)$ から得られる等式（§ 8 の例 6 も見られたい），

$$\exp\left\{\log(\lambda_k I_{p_k}+N_{p_k})\right\}=\lambda_k I_{p_k}+N_{p_k}\quad(k=1,2,\ldots,r)$$

と（8）によって，次の等式が成り立つことがわかる：

(9) $$e^X=T\left\{\sum_{k=1}^{r}\oplus(\lambda_k I_{p_k}+N_{p_k})\right\}T^{-1}=TA_JT^{-1}.$$

こうして得られた行列 e^X が行列 $A=UA_JU^{-1}$ に等しくなるためには，

$$TA_JT^{-1}=UA_JU^{-1}\text{ すなわち，}U^{-1}TA_J=A_JU^{-1}T$$

でなければならない．これは，$U^{-1}T$ が A_J と可換な行列であることを示している．したがって，$C=U^{-1}T$ とおけば $T=UC$ となり，（8）に現われた正則行列 T は U に A_J と可換なある正則行列 C を掛けたものとして表わされることを示している．

逆に，A_J と可換な任意の正則行列を C として $T=UC$ とおいたとき，これを（8）に代入して得られる行列 X に対して e^X を計算すると，（9）によって次のようになる：

$$e^X=(UC)A_J(UC)^{-1}=(UC)A_J(C^{-1}U^{-1})=U(A_JC)C^{-1}U^{-1}=UA_JU^{-1}=A.$$

以上のことから，（8）に現われる行列 T は

$$T=UC\text{（ただし }C\text{ は }A_J\text{ と可換な正則行列）}$$

として特徴づけられることがわかった．ゆえに，A_J と可換な正則行列を X_{A_J} で表わせば，(8)によって(1)の解は，

$$X=UX_{A_J}\left\{\sum_{k=1}^{r}\oplus\log(\lambda_k I_{p_k}+N_{p_k})\right\}X_{A_J}^{-1}U^{-1}$$

の形に表わされる．これまで述べたことを定理としてまとめておこう．

定理 1．方程式(1)が解 X をもつのは，A が正則な行列の場合であり，かつその場合にかぎる．行列 A のすべての単純単因子が(2)で与えられているとき，(1)のすべての解 $X=\log A$ は次式で与えられる：

$$\log A=UX_{A_J}\left\{\sum_{k=1}^{r}\oplus\log(\lambda_k I_{p_k}+N_{p_k})\right\}X_{A_J}^{-1}U^{-1}. \tag{10}$$

ここで X_{A_J} は A の Jordan 標準形 $A_J=\sum_{k=1}^{r}\oplus(\lambda_k I_{p_k}+N_{p_k})$ と可換な任意の正則行列である．また，$\log(\lambda_k I_{p_k}+N_{p_k})$ は(6)によって求められるものである．

これを見てわかるように，(1)の解 X は $\log\lambda_k$ $(k=1,2,\ldots,r)$ から出るディスクリートな（無限）多価性の他に，$X_{\tilde{A}}$ に含まれている任意定数による連続的な多価性をもっている．

§20 の定理 2 と全く同様に，次の定理が証明される．

定理 2．行列 A の単純単因子(2)が互いに素であれば，A の自然対数 $\log A$ はディスクリートな多価性のみをもつ．また，このとき $\log A$ は A の多項式として表わされる．

例 1．§20 の例 4 の行列 $A=\begin{pmatrix}9&-5&6\\5&-2&5\\-6&5&-3\end{pmatrix}$ に対して，$e^X=A$ のすべての解 $X=\log A$ を求めてみよう．A をその Jordan 標準形 A_J にうつす行列 U とその逆行列 U^{-1} は

$$U=\begin{pmatrix}1&0&-1\\0&1&-1\\-1&1&1\end{pmatrix},\quad U^{-1}=\begin{pmatrix}2&-1&1\\1&0&1\\1&-1&1\end{pmatrix}$$

であり，このとき

$$A_J=U^{-1}AU=\begin{pmatrix}3&1&0\\0&3&0\\0&0&-2\end{pmatrix}.$$

であった．ゆえに，$J_1=\begin{pmatrix}3&1\\0&3\end{pmatrix}$，$J_2=[-2]$ とおけば，$A_J=J_1\oplus J_2$ と書ける．このとき，(6)によって次のようになる：

$$\log J_1=(\log 3)\begin{pmatrix}1&0\\0&1\end{pmatrix}+\frac{1}{3}\begin{pmatrix}0&1\\0&0\end{pmatrix},\ \log J_2=[\log(-2)].$$

いま，$\log 3$，$\log(-2)$ の主値をそれぞれ $\mathrm{Log}\,3$，$\mathrm{Log}(-2)$ で表わせば，$\log 3=\mathrm{Log}\,3+2m\pi i$，$\log(-2)=\mathrm{Log}(-2)+2n\pi i$（ただし，$i=\sqrt{-1}$）であるから，

$$\log J_1\oplus\log J_2=\begin{pmatrix}\mathrm{Log}\,3+2m\pi i&\frac{1}{3}&0\\0&\mathrm{Log}\,3+2m\pi i&0\\0&0&\mathrm{Log}(-2)+2n\pi i\end{pmatrix}$$

となる．ここで m, n はそれぞれ独立に任意の整数値を取ることができる．この例では A の単純単因子 $(z-3)^2$ と $z+2$ とは互いに素であるから，定理 2 によって $\log A$ には連続的な値を取り得るパラメータは現われない．$a=\mathrm{Log}\,3+2m\pi i$，$b=\mathrm{Log}(-2)+2n\pi i$ とおけば，

$$X=\log A=U(\log J_1\oplus\log J_2)U^{-1}=\begin{pmatrix}1&0&-1\\0&1&-1\\-1&1&1\end{pmatrix}\begin{pmatrix}a&\frac{1}{3}&0\\0&a&0\\0&0&b\end{pmatrix}\begin{pmatrix}2&-1&1\\1&0&1\\1&-1&1\end{pmatrix}$$

$$=\begin{pmatrix}2a-b+\frac{1}{3}&-a+b&a-b+\frac{1}{3}\\a-b&b&a-b\\-a+b-\frac{1}{3}&a-b&b-\frac{1}{3}\end{pmatrix}$$

となる．X が実際に方程式 $e^X=A$ をみたいしていることを直接に検証したいと思われる読者は，X の単純単因子が $(z-a)^2$，$z-b$ であることをたしかめた上で，X の固有値 a に属する基幹行列を Z_{11}（べキ等），Z_{12}（主べキ零），固有値 b に属する基幹行列を Z_{21}（べキ等）を求め，§ 4 の基本公式(8) によって

$$e^X=e^aZ_{11}+e^aZ_{12}+e^bZ_{21}=3Z_{11}+3Z_{12}-2Z_{21}$$

を計算すればよい．Z_{11}, Z_{12}, Z_{21} を求めるには，いままですでに多くの例で示した常套手段により，3 つの関数 $f_1(z)\equiv 1$，$f_2(z)=z$，$f_3(z)=z^2$ に基本公式を適用して得られる連立方程式：

$$\begin{cases}I\ =f_1(a)Z_{11}+f_1'(a)Z_{12}+f_1(b)Z_{21}=\ Z_{11}+Z_{21}\\X\ =f_2(a)Z_{11}+f_2'(a)Z_{12}+f_2(b)Z_{21}=aZ_{11}+Z_{12}+bZ_{21}\\X^2=f_3(a)Z_{11}+f_3'(a)Z_{12}+f_3(b)Z_{21}=a^2Z_{11}+2aZ_{12}+b^2Z_{21}\end{cases}$$

を Z_{11}, Z_{12}, Z_{21} について解けばよい．この計算はかなり手間がかかるが

$$Z_{11}=\begin{pmatrix}2&-1&1\\1&0&1\\-1&1&0\end{pmatrix},\quad Z_{12}=\begin{pmatrix}\frac{1}{3}&0&\frac{1}{3}\\0&0&0\\-\frac{1}{3}&0&-\frac{1}{3}\end{pmatrix},\quad Z_{21}=\begin{pmatrix}-1&1&-1\\-1&1&-1\\1&-1&1\end{pmatrix}$$

となることがわかる．したがって，

$$3Z_{11}+3Z_{12}-2Z_{21}=\begin{pmatrix}9&-5&6\\5&-2&5\\-6&5&-3\end{pmatrix}=A$$

が得られ，たしかに $e^X=A$ となることが確かめられた．

第4章　1次変換とJordan標準形

この章はJordan標準形になじみの薄い読者のために，Jordan標準形とこれに関係の深い事項について出来る限り丁寧な解説を試みたものである．しかし，行列と行列式についてのある程度の基本的な知識は仮定している．以下，Cは複素数体を表わす．

§23．1次変換とその表現行列．

A］複素-数ベクトル空間C^n．n個の複素数$x_1, x_2, \dots, x_n$を順序も考慮して並べ，それを丸い小括弧でくくったもの$(x_1, x_2, \dots, x_n)$をn項の（複素-）数ベクトルとよび，それら全体の集合をC^nで表わすことにする：

$$C^n = \{(x_1, x_2, \dots, x_n) \mid x_i \in C \ (i=1, 2, \dots, n)\}.$$

C^nの2つの元（ベクトル）$\boldsymbol{x}=(x_1, x_2, \dots, x_n)$と$\boldsymbol{y}=(y_1, y_2, \dots, y_n)$の和$\boldsymbol{x}+\boldsymbol{y}$を

$$\boldsymbol{x}+\boldsymbol{y}=(x_1+y_1, x_2+y_2, \dots, x_n+y_n)$$

によって定義し，また，複素数αと$\boldsymbol{x}$との積（$\boldsymbol{x}$のスカラー倍）$\alpha\boldsymbol{x}$を

$$\alpha\boldsymbol{x}=(\alpha x_1, \alpha x_2, \dots, \alpha x_n)$$

と定義すれば，C^nは複素線形空間（複素ベクトル空間）になる．C^nの零元は$0=(0, 0, \dots, 0)$（0をn個並べたもの）であり，$\boldsymbol{x}=(x_1, x_2, \dots, x_n)$の逆元$-\boldsymbol{x}$は$(-x_1, -x_2, \dots, -x_n)$である．任意の$\boldsymbol{x}$に対して，$\boldsymbol{x}+0=0+\boldsymbol{x}=\boldsymbol{x}$，$\boldsymbol{x}+(-\boldsymbol{x})=(-\boldsymbol{x})+\boldsymbol{x}=0$となる．零元0は零ベクトルともよばれる．この線形空間C^nをn項の（複素）数-ベクトル空間とよぶ．$\boldsymbol{x}=(x_1, x_2, \dots, x_n)$と書かれているとき，$\boldsymbol{x}$を$n$次の行ベクトル（横ベクトル）という．これに対して，

$$\boldsymbol{x}=\begin{pmatrix} x_1 \\ x_2 \\ \vdots \\ x_n \end{pmatrix}$$

の形に書かれているベクトル$\boldsymbol{x}$をn次の列ベクトル（縦ベクトル）とよぶ．x_kをベクトル$\boldsymbol{x}$の第k成分という．成分の個数nについて誤解のおそれがないかぎり，x_kを第k成分とする行ベクトル，列ベクトルをそれぞれ(x_k)，$[x_k]$と略記することもある．また，${}^t(x_k)$，${}^t[x_k]$はそれぞれ(x_k)，$[x_k]$を転置（transpose）して得られる縦ベクトルと横ベクトルを表わすことにする：すなわち${}^t(x_k)=[x_k]$，${}^t[x_k]=(x_k)$である．

C^nの部分集合$\mathfrak{M}$が次の2つの性質をもつとき，$\mathfrak{M}$をC^nの部分空間という．

(i) $\boldsymbol{x}$，$\boldsymbol{y}\in\mathfrak{M}$ならば，$\boldsymbol{x}+\boldsymbol{y}\in\mathfrak{M}$，　(ii) $\alpha\in C$，$\boldsymbol{x}\in\mathfrak{M}$ならば，$\alpha\boldsymbol{x}\in\mathfrak{M}$．

C^nのいくつかの元$\boldsymbol{a}, \boldsymbol{a}_1, \boldsymbol{a}_2, \dots, \boldsymbol{a}_p$の間に

(1) $$\boldsymbol{a}=\alpha_1\boldsymbol{a}_1+\alpha_2\boldsymbol{a}_2+\dots+\alpha_p\boldsymbol{a}_p \quad (\alpha_1,\alpha_2,\dots,\alpha_p\in\boldsymbol{C})$$

という関係があるとき，$\boldsymbol{a}$ は $\boldsymbol{a}_1,\boldsymbol{a}_2,\dots,\boldsymbol{a}_p$ の1次結合であるという．とくに，$\alpha_1=\alpha_2=\dots=\alpha_p=0$ のとき(1)の右辺を $\boldsymbol{a}_1,\boldsymbol{a}_2,\dots,\boldsymbol{a}_p$ の自明な1次結合とよぶ(もちろん，このとき(1)は零ベクトル $\boldsymbol{0}$ に等しい)．また $\alpha_1,\alpha_2,\dots,\alpha_p$ の中に少なくとも1つは0でないものがあるとき(1)の右辺を $\boldsymbol{a}_1,\boldsymbol{a}_2,\dots,\boldsymbol{a}_p$ の自明でない1次結合という．明らかに，$\boldsymbol{a}_1,\boldsymbol{a}_2,\dots,\boldsymbol{a}_p$ のあらゆる1次結合全体の集合は $\boldsymbol{C}^n$ の部分空間になる．これを $\boldsymbol{a}_1,\boldsymbol{a}_2,\dots,\boldsymbol{a}_p$ で生成される(または張られる)部分空間といい，$\mathscr{L}(\boldsymbol{a}_1,\boldsymbol{a}_2,\dots,\boldsymbol{a}_p)$ で表わす．すなわち，

$$\mathscr{L}(\boldsymbol{a}_1,\boldsymbol{a}_2,\dots,\boldsymbol{a}_p)=\left\{\alpha_1\boldsymbol{a}_1+\alpha_2\boldsymbol{a}_2+\dots+\alpha_p\boldsymbol{a}_p \,\middle|\, \alpha_1,\alpha_2,\dots,\alpha_p\in\boldsymbol{C}\right\}.$$

$\boldsymbol{C}^n$ のベクトルの集合(同じものがいくつか含まれていてもよい)をベクトル系という．

$\boldsymbol{C}^n$ のベクトル $\boldsymbol{a}_1,\boldsymbol{a}_2,\dots,\boldsymbol{a}_p$ のうちのある1つのベクトルが残りの $p-1$ 個のベクトルの1次結合として表わされるとき，ベクトル系 $\{\boldsymbol{a}_1,\boldsymbol{a}_2,\dots,\boldsymbol{a}_p\}$ は(または単に $\boldsymbol{a}_1,\boldsymbol{a}_2,\dots,\boldsymbol{a}_p$ は) 1次従属であるという．そうでないとき，すなわち $\boldsymbol{a}_1,\boldsymbol{a}_2,\dots,\boldsymbol{a}_p$ のうちのどの1つも残りの $p-1$ 個のベクトルの1次結合として表わされないとき，このベクトル系は1次独立であるという．容易にわかるように，$\{\boldsymbol{a}_1,\boldsymbol{a}_2,\dots,\boldsymbol{a}_p\}$ が1次独立であるということは，“等式

$$\alpha_1\boldsymbol{a}_1+\alpha_2\boldsymbol{a}_2+\dots+\alpha_p\boldsymbol{a}_p=\boldsymbol{0} \quad (\alpha_1,\dots,\alpha_p\in\boldsymbol{C})$$

が成り立つのは $\alpha_1=\alpha_2=\dots=\alpha_p=0$ のときに限る“ということと同等である．

補題．$\boldsymbol{C}^n$ の任意の p 個のベクトル $\boldsymbol{a}_1,\boldsymbol{a}_2,\dots,\boldsymbol{a}_p$ の1次結合として表わされるどんな $p+1$ 個の(したがって，これ以上の個数の)ベクトルも1次従属である．

証明．個数 p についての数学的帰納法によって証明する．$p=1$ のときは明らかに定理は成り立つ．つぎに，定理が $p-1$ 個のベクトルに対して成り立つと仮定して，$\boldsymbol{a}_1,\boldsymbol{a}_2,\dots,\boldsymbol{a}_p$ の1次結合として表わされている $p+1$ 個のベクトルを

$$\boldsymbol{b}_k=\alpha_{k1}\boldsymbol{a}_1+\alpha_{k2}\boldsymbol{a}_2+\dots+\alpha_{kp}\boldsymbol{a}_p \quad (k=1,2,\dots,p+1)$$

としよう．ここで，$\alpha_{11}=\alpha_{21}=\dots=\alpha_{p+1,1}=0$ ならば $\boldsymbol{b}_1,\dots,\boldsymbol{b}_{p+1}$ はいずれも $p-1$ 個のベクトル $\boldsymbol{a}_2,\dots,\boldsymbol{a}_p$ の1次結合になるから，帰納法の仮定により $\boldsymbol{b}_1,\dots,\boldsymbol{b}_{p+1}$ は1次従属である．ゆえに，一般性を失うことなく $\alpha_{11}\neq 0$ と考えよう(必要とあれば $\boldsymbol{b}_1$ を適当な $\boldsymbol{b}_k$ と交換すればよい)．そうすれば，明らかに p 個のベクトル $\boldsymbol{b}_k-\dfrac{\alpha_{k1}}{\alpha_{11}}\boldsymbol{b}_1$ $(k=2,3,\dots,p+1)$ は $p-1$ 個のベクトル $\boldsymbol{a}_2,\dots,\boldsymbol{a}_p$ の1次結合であるから，帰納法の仮定によって，全部は0でないような p 個の数 $\gamma_2,\dots,\gamma_{p+1}$ を適当に取って，

$$\gamma_2\left(\boldsymbol{b}_2-\frac{\alpha_{21}}{\alpha_{11}}\boldsymbol{b}_1\right)+\dots+\gamma_{p+1}\left(\boldsymbol{b}_{p+1}-\frac{\alpha_{p+1,1}}{\alpha_{11}}\boldsymbol{b}_1\right)=\boldsymbol{0}$$

とすることができる．明らかに，この等式の左辺は $\boldsymbol{b}_1,\dots,\boldsymbol{b}_{p+1}$ の1次結合であり，$\boldsymbol{b}_2,\dots,\boldsymbol{b}_{p+1}$ の係数 $\gamma_2,\dots,\gamma_{p+1}$ の中に0でないものがあるから，たしかに $\boldsymbol{b}_1,\dots,\boldsymbol{b}_{p+1}$ は1次従属である．これで補題が証明された．

$\mathfrak{M}$ を C^n の部分空間としよう．ベクトル系 $\mathfrak{U}=\{u_1, u_2, \dots, u_r\}$ $(\subseteqq \mathfrak{M})$ があって，$\mathfrak{M}$ の任意の元 x が一意的に

(2) $$x=\alpha_1 u_1+\alpha_2 u_2+\dots+\alpha_r u_r \quad (\alpha_j \in C)$$

の形に表わされるとき $\mathfrak{U}$ を $\mathfrak{M}$ の基底という．明らかに，基底は1次独立なベクトル系である．$\mathfrak{M}$ に含まれている1次独立なベクトルの最大個数を $\mathfrak{M}$ の次元とよび，$\dim \mathfrak{M}$ で表わす．上の補題によって，$\mathfrak{M}$ のどんな基底に含まれている元の個数も一定であり，それは $\mathfrak{M}$ の次元に等しいことがわかる．$\mathfrak{N}$ が C^n の部分空間であって $\mathfrak{M} \subsetneqq \mathfrak{N}$ ならば，$\mathfrak{M}$ に含まれない $\mathfrak{N}$ の任意の元 v を $\mathfrak{M}$ の基底 $\mathfrak{U}=\{u_1, u_2, \dots, u_r\}$ につけ加えて得られるベクトル系 $\{u_1, u_2, \dots, u_r, v\}$ は1次独立になるから $\dim \mathfrak{M} < \dim \mathfrak{N}$ となる．ゆえに一般に，$\mathfrak{M} \subseteqq \mathfrak{N}$ かつ $\dim \mathfrak{M}=\dim \mathfrak{N}$ ならば $\mathfrak{M}=\mathfrak{N}$ でなければならない．

C^n の部分空間 $\mathfrak{M}$ の基底 $\mathfrak{U}=\{u_1, u_2, \dots, u_r\}$ のベクトルの順序まで考慮して並べたものを $\mathfrak{M}$ の座標系という．本書では座標系は基底ベクトルを記号《…》で括って表わすことにする．《$u_1\ u_2 \dots u_r$》と《$u_r\ u_{r-1} \dots u_1$》とは座標系としては異なるものと考えなければならない．$\mathfrak{M}$ の元 x が (2) の形に表わされているとき，$\alpha_1, \alpha_2, \dots, \alpha_r$ を座標系 $\mathfrak{U}$ に関する x の座標という．C^n のベクトルで第 k 成分だけが1に等しく，他の成分はすべて0であるようなものを e_k で表わそう：

$$e_1=\begin{pmatrix}1\\0\\\vdots\\0\end{pmatrix}, e_2=\begin{pmatrix}0\\1\\\vdots\\0\end{pmatrix}, \dots, e_n=\begin{pmatrix}0\\0\\\vdots\\1\end{pmatrix}.$$

このとき，C^n の任意の元 $x={}^t(x_1, x_2, \dots, x_n)$（列ベクトル）は $x=x_1e_1+x_2e_2+\dots+x_ne_n$ の形に一意的に表わされるから，$e_1, e_2, \dots, e_n$ は C^n のひと組の基底である．これを C^n の自然基底，座標系《$e_1\ e_2\ \dots\ e_n$》を C^n の自然座標系とよぶことにする．このとき，x の成分 $x_1, x_2, \dots, x_n$ は C^n の自然座標系に関する x の座標に他ならない．明らかに，$\dim C^n=n$．

今後は行列とベクトルとの積を表示することが多いので，とくにことわらないかぎりは，n 項の数ベクトル空間 C^n の元はすべて列（縦）ベクトルであると考える．

B］ C^n の1次変換．C^n の各元（ベクトル）x に C^n の元を1つづつ対応させる取り決め（写像）を C^n の変換という．これから，変換は太字の英文字で表わす．変換 A により $x(\in C^n)$ に $y(\in C^n)$ が対応させられているとき，y を A による x の像とよび，$y=Ax$ または $Ax=y$ と書く．ときには，このことを $A: x \longmapsto y$ と書くこともある．2つの変換 A と B とが相等しいというのは，すべての $x \in C^n$ に対して $Ax=Bx$ となることである．C^n の変換 A が1次変換（または線形変換）であるというのは，任意の x, x' と任意の複素数 α, α' に対して

(3) $$A(\alpha\boldsymbol{x}+\alpha'\boldsymbol{x}')=\alpha A\boldsymbol{x}+\alpha' A\boldsymbol{x}' \quad (線形性)$$

となることである．$\boldsymbol{C}^n$ の各元 $\boldsymbol{x}$ にその元自身を対応させる写像 $I:\boldsymbol{x}\mapsto\boldsymbol{x}$(Identitiy mapping)を $\boldsymbol{C}^n$ の恒等変換という．恒等変換は明らかに1次変換である．また，$\boldsymbol{C}^n$ の任意の元 $\boldsymbol{y}$ に対して，$A\boldsymbol{x}=\boldsymbol{y}$ となる元 $\boldsymbol{x}$ がただ1つ存在するとき($\boldsymbol{y}$ の原像 $\boldsymbol{x}$ の存在と一意性が成り立つとき)，$\boldsymbol{y}$ に $\boldsymbol{x}$ を対応させることによって，$\boldsymbol{C}^n$ の1つの変換が得られる．これを A の逆変換とよび A^{-1} で表わす．このとき，$A\boldsymbol{x}=\boldsymbol{y}$ と $A^{-1}\boldsymbol{y}=\boldsymbol{x}$ とは同等である．1次変換 A が逆変換 A^{-1} をもつとき，それはまた1次変換になる．実際，任意の $\boldsymbol{x},\boldsymbol{x}'$ に対して，$A^{-1}\boldsymbol{x}=\boldsymbol{y}$，$A^{-1}\boldsymbol{x}'=\boldsymbol{y}'$とすれば，この2つの等式はそれぞれ $A\boldsymbol{y}=\boldsymbol{x}$，$A\boldsymbol{y}'=\boldsymbol{x}'$ を意味するから，任意の複素数 α,α' に対して A の線形性(3)によって $A(\alpha\boldsymbol{y}+\alpha'\boldsymbol{y}')=\alpha A\boldsymbol{y}+\alpha' A\boldsymbol{y}'=\alpha\boldsymbol{x}+\alpha'\boldsymbol{x}'$となるが，原像の一意性によって次の等式が得られるからである：

$$A^{-1}(\alpha\boldsymbol{x}+\alpha'\boldsymbol{x}')=\alpha\boldsymbol{y}+\alpha'\boldsymbol{y}'=\alpha A^{-1}\boldsymbol{x}+\alpha' A^{-1}\boldsymbol{x}'$$

いま，A を $\boldsymbol{C}^n$ の1次変換とする．$\boldsymbol{C}^n$ の任意の元 $\boldsymbol{x}$ は $\boldsymbol{C}^n$ の座標系《$\boldsymbol{u}_1\ \boldsymbol{u}_2\ \cdots\ \boldsymbol{u}_n$》のもとで次の形に書き表わされているとしよう(以下，$\boldsymbol{u}_1\ \boldsymbol{u}_2\ \cdots\ \boldsymbol{u}_n$ は列ベクトルと考える)：

$$\boldsymbol{x}=x_1\boldsymbol{u}_1+x_2\boldsymbol{u}_2+\dots+x_n\boldsymbol{u}_n \quad (x_i\in\boldsymbol{C}).$$

そうすれば，A の線形性(3)によって，

(4) $$A\boldsymbol{x}=x_1A\boldsymbol{u}_1+x_2A\boldsymbol{u}_2+\dots+x_nA\boldsymbol{u}_n$$

となる．このことから，1次変換 A の挙動は各座標(基底)ベクトル $\boldsymbol{u}_1,\boldsymbol{u}_2,\dots,\boldsymbol{u}_n$の A による像 $A\boldsymbol{u}_1,A\boldsymbol{u}_2,\dots,A\boldsymbol{u}_n$ が $\boldsymbol{C}^n$ のどのような元になるかで完全に決定される．したがって，

(5) $$\begin{cases} A\boldsymbol{u}_1=a_{11}\boldsymbol{u}_1+a_{21}\boldsymbol{u}_2+\dots+a_{n1}\boldsymbol{u}_n \\ \ \vdots \qquad \cdots\cdots\cdots\cdots\cdots \\ A\boldsymbol{u}_k=a_{1k}\boldsymbol{u}_1+a_{2k}\boldsymbol{u}_2+\dots+a_{nk}\boldsymbol{u}_n \\ \ \vdots \qquad \cdots\cdots\cdots\cdots\cdots \\ A\boldsymbol{u}_n=a_{1n}\boldsymbol{u}_1+a_{2n}\boldsymbol{u}_2+\dots+a_{nn}\boldsymbol{u}_n \end{cases} \qquad (a_{jk}\in\boldsymbol{C})$$

であったとすれば，A のふるまいは n 次(複素)行列

(6) $$A=\begin{pmatrix} a_{11} & \cdots & a_{1k} & \cdots & a_{1n} \\ a_{21} & \cdots & a_{2k} & \cdots & a_{2n} \\ \vdots & \vdots & \vdots & \vdots & \vdots \\ a_{n1} & \cdots & a_{nk} & \cdots & a_{nn} \end{pmatrix}$$

によって定められる．行列 A の第 k 列は(5)の $A\boldsymbol{u}_k$ の右辺に現われた係数 $a_{1k},a_{2k},\dots,a_{nk}$ を縦に並べたものであることに注意しよう．この行列 A を座標系 $\mathcal{U}$=《$\boldsymbol{u}_1\ \boldsymbol{u}_2\ \cdots\ \boldsymbol{u}_n$》に関する(または のもとでの) 1次変換 A の表現行列という．等式 (5) で示される変換 A と行列 A との関係を(行列の積の記法を用いて)次のように書き表わすことができる：

(7) $$[A\boldsymbol{u}_1\ A\boldsymbol{u}_2\ \cdots\ A\boldsymbol{u}_n]=[\boldsymbol{u}_1\ \boldsymbol{u}_2\ \cdots\ \boldsymbol{u}_n]A.$$

また逆に，(6)の行列 A が任意に与えられたとき，(5)と(4)によって定められる変換 A は $\boldsymbol{C}^n$ の1次変換になる．これを(座標系 $\mathcal{U}$のもとで) 行列 A から生じる1次変換という．本書では

1次変換はつねに太字の英大文字で，その表現行列は同じ文字の細字で表わすことにしている．容易にわかるように，$\boldsymbol{A}\neq\boldsymbol{B}$ と $A\neq B$ とは同等である．

【注 1】(7) は単なる形式的な記法ではなく，n 本の列ベクトルからなる3つの n 次行列 $[\boldsymbol{A}\boldsymbol{u}_1\boldsymbol{A}\boldsymbol{u}_2\ \dots\ \boldsymbol{A}\boldsymbol{u}_n]$，$[\boldsymbol{u}_1\boldsymbol{u}_2\ \dots\ \boldsymbol{u}_n]$ と A との間に成り立つ等式として実質的な意味をもっていることに注意しよう．一般に，与えられた行列 A と可換な任意の正則行列を U とするとき，U の n 個の列ベクトル $\boldsymbol{u}_1,\boldsymbol{u}_2,\ \dots,\boldsymbol{u}_n$ を $\boldsymbol{C}^n$ の座標系に取って，この座標系のもとで A から生じる1次変換を $\boldsymbol{A}$ とすれば，(7) により $\boldsymbol{A}\boldsymbol{u}_k=A\boldsymbol{u}_k$ $(k=1,2,\ \dots,n)$ となるから，1次変換 $\boldsymbol{A}$ と行列 A を区別する必要はない．とくに，$\boldsymbol{C}^n$ の自然座標系 $\langle\!\langle \boldsymbol{e}_1\ \boldsymbol{e}_2\ \dots\ \boldsymbol{e}_n\rangle\!\rangle$ のもとで任意の行列 A から生じる1次変換 $\boldsymbol{A}$ と A とを同一視することができる．なお，$\boldsymbol{C}^n$ の任意の1次変換 $\boldsymbol{L}$ を (5) の両辺に作用させれば，$[\boldsymbol{L}\boldsymbol{A}\boldsymbol{u}_1\ \boldsymbol{L}\boldsymbol{A}\boldsymbol{u}_2\ \dots\ \boldsymbol{L}\boldsymbol{A}\boldsymbol{u}_n]=[\boldsymbol{L}\boldsymbol{u}_1\ \boldsymbol{L}\boldsymbol{u}_2\ \dots\ \boldsymbol{L}\boldsymbol{u}_n]A$ と書くことができることも注意しておこう．これも有用な等式であり，あとで利用される．

つぎに，$\boldsymbol{A}\boldsymbol{x}=\boldsymbol{y}$ のとき，ある座標系 $\mathcal{U}=\langle\!\langle \boldsymbol{u}_1\ \boldsymbol{u}_2\ \dots\ \boldsymbol{u}_n\rangle\!\rangle$ に関する $\boldsymbol{x}$ および $\boldsymbol{y}$ の座標をそれぞれ $[x_k]$，$[y_k]$ とすれば，

(8) $$\boldsymbol{x}=x_1\boldsymbol{u}_1+x_2\boldsymbol{u}_2+\dots+x_n\boldsymbol{u}_n,\quad \boldsymbol{y}=y_1\boldsymbol{u}_1+y_2\boldsymbol{u}_2+\dots+y_n\boldsymbol{u}_n$$

であるから，$\boldsymbol{A}$ の線形性と (5) により次式が得られる：

$$\boldsymbol{A}\boldsymbol{x}=\sum_{k=1}^{n}x_k\boldsymbol{A}\boldsymbol{u}_k=\sum_{k=1}^{n}x_k\Big(\sum_{i=1}^{n}a_{ik}\boldsymbol{u}_i\Big)=\sum_{k=1}^{n}\sum_{i=1}^{n}x_ka_{ik}\boldsymbol{u}_i=\sum_{i=1}^{n}\Big(\sum_{k=1}^{n}a_{ik}x_k\Big)\boldsymbol{u}_i.$$

この式が (8) の $\boldsymbol{y}$ に等しいのであるから，$\boldsymbol{u}_1,\boldsymbol{u}_2,\ \dots,\boldsymbol{u}_n$ の1次独立性によって，

(9) $$y_i=\sum_{k=1}^{n}a_{ik}x_k\quad (i=1,2,\ \dots,n)$$

でなければならない．行列の記法を用いれば，等式 $\boldsymbol{y}=\boldsymbol{A}\boldsymbol{x}$ は $\boldsymbol{x}$ の座標 $[x_k]$ と $\boldsymbol{y}$ の座標 $[y_k]$ の間に成り立つ関係式として次の形に表わされる：

(10) $$\begin{pmatrix}y_1\\y_2\\\vdots\\y_n\end{pmatrix}=A\begin{pmatrix}x_1\\x_2\\\vdots\\x_n\end{pmatrix}.$$

これから明らかなように，1次変換 $\boldsymbol{A}$ は（ある1つの座標系のもとで）座標 $[x_k]$ をもつ元 $\boldsymbol{x}$ を等式 (9) で定められる座標 $[y_k]$ をもつ元 $\boldsymbol{y}$ にうつす写像であり，y_k $(k=1,\ \dots,n)$ は x_1, $x_2,\ \dots,x_n$ の同次1次式である．線形性 (3) をもつ変換を1次変換とよぶ理由はここにある．

C] 座標系の変更にともなう座標の変化．$\boldsymbol{A}$ を $\boldsymbol{C}^n$ の1次変換とし，$\boldsymbol{C}^n$ の2つの座標系を $\mathcal{U}=\langle\!\langle \boldsymbol{u}_1\ \boldsymbol{u}_2\ \dots\ \boldsymbol{u}_n\rangle\!\rangle$ と $\tilde{\mathcal{U}}=\langle\!\langle \tilde{\boldsymbol{u}}_1\ \tilde{\boldsymbol{u}}_2\ \dots\ \tilde{\boldsymbol{u}}_n\rangle\!\rangle$ としよう（仮に前者を旧座標系，後者を新座標系とよぼう）．いま，新座標系 $\tilde{\mathcal{U}}$ は旧座標系 $\mathcal{U}$ によって次のように表わされているとしよう：

(11) $$\begin{cases}\tilde{\boldsymbol{u}}_1=s_{11}\boldsymbol{u}_1+s_{21}\boldsymbol{u}_2+\ \dots\ +s_{n1}\boldsymbol{u}_n\\ \quad\vdots\\ \tilde{\boldsymbol{u}}_k=s_{1k}\boldsymbol{u}_1+s_{2k}\boldsymbol{u}_2+\ \dots\ +s_{nk}\boldsymbol{u}_n\\ \quad\vdots\\ \tilde{\boldsymbol{u}}_n=s_{1n}\boldsymbol{u}_1+s_{2n}\boldsymbol{u}_2+\ \dots\ +s_{nn}\boldsymbol{u}_n\end{cases}\qquad (s_{jk}\in\boldsymbol{C}).$$

この関係は

$$S=\begin{pmatrix} s_{11} & \cdots & s_{1k} & \cdots & s_{1n} \\ s_{21} & \cdots & s_{2k} & \cdots & s_{2n} \\ \vdots & \vdots & \vdots & \vdots & \vdots \\ s_{n1} & \cdots & s_{nk} & \cdots & s_{nn} \end{pmatrix}$$

とおけば（ここでも行列 S の第 k 列は（11）の $\tilde{\boldsymbol{u}}_k$ の右辺に現われている係数 $s_{1k}, s_{2k}, \dots, s_{nk}$ を縦に並べたものであることに注意），（7）の形の記法によって次のように書き表わされる：

(12) $$[\tilde{\boldsymbol{u}}_1\, \tilde{\boldsymbol{u}}_2 \dots \tilde{\boldsymbol{u}}_n] = [\boldsymbol{u}_1\, \boldsymbol{u}_2\, \dots \boldsymbol{u}_n]S.$$

このとき，S を旧座標系 $\mathcal{U}$ から新座標系 $\tilde{\mathcal{U}}$ への変更の行列という．いま，新座標系 $\tilde{\mathcal{U}}$ から旧座標系 $\mathcal{U}$ への変更の行列を $\tilde{S}$ とすれば $[\boldsymbol{u}_1\, \boldsymbol{u}_2 \dots \boldsymbol{u}_n] = [\tilde{\boldsymbol{u}}_1\, \tilde{\boldsymbol{u}}_2 \dots \tilde{\boldsymbol{u}}_n]\tilde{S}$ であるが，この等式の右辺に（12）を代入して

$$[\boldsymbol{u}_1\, \boldsymbol{u}_2 \dots \boldsymbol{u}_n] = [\boldsymbol{u}_1\, \boldsymbol{u}_2 \dots \boldsymbol{u}_n]S\tilde{S}$$

が得られる．この等式から $\boldsymbol{u}_1, \boldsymbol{u}_2, \dots, \boldsymbol{u}_n$ の 1 次独立性（あるいは行列 $[\boldsymbol{u}_1\, \boldsymbol{u}_2 \dots \boldsymbol{u}_n]$ の正則性）によって，$S\tilde{S}=I$（単位行列）でなければならない．この等式の両辺の行列式をとることにより，$\det(S\tilde{S}) = (\det S)(\det\tilde{S}) = \det I = 1$ となるから，S も $\tilde{S}$ も正則な行列で $\tilde{S}=S^{-1}$ となることがわかる．また，任意の正則行列 S に対して，座標系 $\mathcal{U}$ と（11）によって定義されるベクトル $\tilde{\boldsymbol{u}}_1, \tilde{\boldsymbol{u}}_2, \dots, \tilde{\boldsymbol{u}}_n$ は 1 次独立になるから，これから $\boldsymbol{C}^n$ の 1 つの座標系がつくられる．

さて，座標系 $\mathcal{U}$，$\tilde{\mathcal{U}}$ が（11）によって結ばれているとしよう．$\mathcal{U}$，$\tilde{\mathcal{U}}$ に関するベクトル $\boldsymbol{x} \in \boldsymbol{C}^n$ の座標をそれぞれ $[x_k]$，$[\tilde{x}_k]$ とすれば，（11）より次式が得られる：

$$\boldsymbol{x} = \sum_{j=1}^{n} \tilde{x}_j \tilde{\boldsymbol{u}}_j = \sum_{j=1}^{n} \tilde{x}_j \sum_{k=1}^{n} s_{kj}\boldsymbol{u}_k = \sum_{j=1}^{n}\sum_{k=1}^{n} s_{kj}\tilde{x}_j \boldsymbol{u}_k = \sum_{k=1}^{n}\Big(\sum_{j=1}^{n} s_{kj}\tilde{x}_j\Big)\boldsymbol{u}_k.$$

一方，$\boldsymbol{x} = \sum_{k=1}^{n} x_k \boldsymbol{u}_k$ であるから，$\{\boldsymbol{u}_k\}$ の 1 次独立性によって上の等式から次式が得られる：

$$x_k = \sum_{j=1}^{n} s_{kj}\tilde{x}_j \quad (k=1, 2, \dots, n).$$

この等式を行列の記法によって表わせば，次のようになる：

(13) $$\begin{pmatrix} x_1 \\ x_2 \\ \vdots \\ x_n \end{pmatrix} = S\begin{pmatrix} \tilde{x}_1 \\ \tilde{x}_2 \\ \vdots \\ \tilde{x}_n \end{pmatrix}, \text{あるいは} \begin{pmatrix} \tilde{x}_1 \\ \tilde{x}_2 \\ \vdots \\ \tilde{x}_n \end{pmatrix} = S^{-1}\begin{pmatrix} x_1 \\ x_2 \\ \vdots \\ x_n \end{pmatrix}.$$

この 2 つの等式から明らかなように，旧座標系 $\mathcal{U}$ から新座標系 $\tilde{\mathcal{U}}$ への変更の行列 S は（13）の第 1 式の形でベクトル $\boldsymbol{x}$ の新座標から旧座標への変換式を（したがって当然，S^{-1} は（13）の第 2 式の形でベクトル $\boldsymbol{x}$ の旧座標から新座標への変換式を）与えている．それゆえ，座標系の変更は 1 つの正則行列 S を与えて（13）によって座標の変換式を定めることと同等である．

D］ 座標系の変更にともなう表現行列の変化．ここで，新座標系 $\tilde{\mathcal{U}}$ のもとでの 1 次変換 $\boldsymbol{A}$ の表現行列 $\tilde{A}$ と旧座標系 $\mathcal{U}$ のもとでの $\boldsymbol{A}$ の表現行列 A との関係を求めてみよう．いま，

$\mathcal{U}$, $\tilde{\mathcal{U}}$ に関する $\boldsymbol{x}$ の座標をそれぞれ $[x_k]$, $[\tilde{x}_k]$ とし，$\boldsymbol{Ax}=\boldsymbol{y}$ の座標をそれぞれ $[y_k]$, $[\tilde{y}_k]$ とすれば，(10) によって次式が得られる：

(14) $$[y_k]=A[x_k], \quad [\tilde{y}_k]=\tilde{A}[\tilde{x}_k].$$

ところが，(13) の第 2 式から $[\tilde{y}_k]=S^{-1}[y_k]$ であるから，この等式の右辺に (14) の第 1 式を代入すれば，$[\tilde{y}_k]=S^{-1}A[x_k]$ が得られ，この等式の右辺に (13) の第 1 式を代入すれば，$[\tilde{y}_k]=S^{-1}AS[\tilde{x}_k]$ となる．ゆえに，この等式と (14) の第 2 式から次の等式が得られる：

$$\tilde{A}[\tilde{x}_k]=S^{-1}AS[\tilde{x}_k].$$

この等式は $\boldsymbol{C}^n$ のすべての列ベクトル $[\tilde{x}_k]$ に対して成り立つから，$[\tilde{x}_k]$ として順次に $\boldsymbol{C}^n$ の自然基底（列ベクトル）$\boldsymbol{e}_1, \boldsymbol{e}_2, \dots, \boldsymbol{e}_n$ を取れば，

(15) $$\tilde{A}=S^{-1}AS$$

となることがわかる．これはしばしば利用される重要な等式なので定理として記しておこう．

定理 1．2 つの座標系 $\mathcal{U}$, $\tilde{\mathcal{U}}$ に関する 1 次変換 $\boldsymbol{A}$ の表現行列をそれぞれ A, $\tilde{A}$ とするとき，$\mathcal{U}$ から $\tilde{\mathcal{U}}$ への変更の行列が S であれば（(11)，(12) を見よ），$\tilde{A}=S^{-1}AS$ である．

【注 2】 もちろん，個々のベクトルの座標を利用せずに等式 (15) を導くこともできる．この場合には，$\boldsymbol{C}^n$ の 2 つの座標系 $\mathcal{U}=\langle\!\langle \boldsymbol{u}_1 \boldsymbol{u}_2 \dots \boldsymbol{u}_n \rangle\!\rangle$, $\tilde{\mathcal{U}}=\langle\!\langle \tilde{\boldsymbol{u}}_1 \tilde{\boldsymbol{u}}_2 \dots \tilde{\boldsymbol{u}}_n \rangle\!\rangle$ に関する 1 次変換 $\boldsymbol{A}$ の表現行列をそれぞれ A, $\tilde{A}$ とすれば，(7) の記法によって，

$$[\boldsymbol{Au}_1 \boldsymbol{Au}_2 \dots \boldsymbol{Au}_n]=[\boldsymbol{u}_1 \boldsymbol{u}_2 \dots \boldsymbol{u}_n]A, \quad [\boldsymbol{A}\tilde{\boldsymbol{u}}_1 \boldsymbol{A}\tilde{\boldsymbol{u}}_2 \dots \boldsymbol{A}\tilde{\boldsymbol{u}}_n]=[\tilde{\boldsymbol{u}}_1 \tilde{\boldsymbol{u}}_2 \dots \tilde{\boldsymbol{u}}_n]\tilde{A}.$$

と書くことができるから，この 2 つの等式と (12) を利用して (15) を導けばよい．その方法は，次の§24 の (8) 以下の議論と同様であるから，等式 (15) の証明は読者にまかせよう．

E］ 1 次変換どうしの演算と表現行列．ここでは 1 次変換の和，スカラー倍および積を定義して，それらの表現行列について考察する．

イ）．$\boldsymbol{C}^n$ の 2 つの 1 次変換 $\boldsymbol{A}, \boldsymbol{B}$ に対して，その和 $\boldsymbol{A}+\boldsymbol{B}$ を

(16) $$(\boldsymbol{A}+\boldsymbol{B})\boldsymbol{x}=\boldsymbol{Ax}+\boldsymbol{Bx} \quad (\boldsymbol{x}\in\boldsymbol{C}^n)$$

と定義すれば，$\boldsymbol{A}+\boldsymbol{B}$ はまた $\boldsymbol{C}^n$ の 1 次変換になる．実際，任意の $\boldsymbol{x}, \boldsymbol{y}\in\boldsymbol{C}^n$ と $\alpha, \beta\in\boldsymbol{C}$ に対して，定義式 (16) と $\boldsymbol{A}, \boldsymbol{B}$ の線形性によって

$$\begin{aligned}(\boldsymbol{A}+\boldsymbol{B})(\alpha\boldsymbol{x}+\beta\boldsymbol{y})&=\boldsymbol{A}(\alpha\boldsymbol{x}+\beta\boldsymbol{y})+\boldsymbol{B}(\alpha\boldsymbol{x}+\beta\boldsymbol{y})=(\alpha\boldsymbol{Ax}+\beta\boldsymbol{Ay})+(\alpha\boldsymbol{Bx}+\beta\boldsymbol{By})\\&=\alpha(\boldsymbol{Ax}+\boldsymbol{Bx})+\beta(\boldsymbol{Ay}+\boldsymbol{By})=\alpha(\boldsymbol{A}+\boldsymbol{B})\boldsymbol{x}+\beta(\boldsymbol{A}+\boldsymbol{B})\boldsymbol{y}\end{aligned}$$

となるからである．いま，$\boldsymbol{C}^n$ の座標系 $\langle\!\langle \boldsymbol{u}_1 \boldsymbol{u}_2 \dots \boldsymbol{u}_n \rangle\!\rangle$ のもとでの，$\boldsymbol{A}, \boldsymbol{B}$ の表現行列をそれぞれ A, B とすれば，(7) の形の記法によって次の等式が成り立つ：

(17) $$[\boldsymbol{Au}_1 \boldsymbol{Au}_2 \dots \boldsymbol{Au}_n]=[\boldsymbol{u}_1 \boldsymbol{u}_2 \dots \boldsymbol{u}_n]A, \quad [\boldsymbol{Bu}_1 \boldsymbol{Bu}_2 \dots \boldsymbol{Bu}_n]=[\boldsymbol{u}_1 \boldsymbol{u}_2 \dots \boldsymbol{u}_n]B.$$

この 2 つの等式は $\boldsymbol{Au}_k, \boldsymbol{Bu}_k, \boldsymbol{u}_k$ $(1\leq k\leq n)$ を列ベクトルとする n 次行列の間で成り立つ等式であるから，(16)，(17) と行列の和の定義および分配法則により，次のような計算ができる：

$$[(\boldsymbol{A}+\boldsymbol{B})\boldsymbol{u}_1 (\boldsymbol{A}+\boldsymbol{B})\boldsymbol{u}_2 \dots (\boldsymbol{A}+\boldsymbol{B})\boldsymbol{u}_n]=[(\boldsymbol{Au}_1+\boldsymbol{Bu}_1)(\boldsymbol{Au}_2+\boldsymbol{Bu}_2) \dots (\boldsymbol{Au}_n+\boldsymbol{Bu}_n)]$$

$$=[A\boldsymbol{u}_1\, A\boldsymbol{u}_2 \cdots A\boldsymbol{u}_n]+[B\boldsymbol{u}_1\, B\boldsymbol{u}_2 \cdots B\boldsymbol{u}_n]=[\boldsymbol{u}_1\, \boldsymbol{u}_2 \cdots \boldsymbol{u}_n]A+[\boldsymbol{u}_1\, \boldsymbol{u}_2 \cdots \boldsymbol{u}_n]B$$
$$=[\boldsymbol{u}_1\, \boldsymbol{u}_2 \cdots \boldsymbol{u}_n](A+B)\ .$$

このことから，$\boldsymbol{A}+\boldsymbol{B}$ の表現行列は $A+B$ であることがわかる．

ロ）こんどは，任意の複素数 $\gamma \in \boldsymbol{C}$ に対して，1次変換 $\boldsymbol{A}$ の スカラー倍 $\gamma\boldsymbol{A}$ を

$$(18) \qquad (\gamma\boldsymbol{A})\boldsymbol{x}=\gamma(\boldsymbol{A}\boldsymbol{x}) \quad (\boldsymbol{x}\in \boldsymbol{C}^n)$$

と定義すれば，$\gamma\boldsymbol{A}$ も $\boldsymbol{C}^n$ の１次変換であることがわかる．実際，定義式(18)により

$$(\gamma\boldsymbol{A})(\alpha\boldsymbol{x}+\beta\boldsymbol{y})=\gamma\{\boldsymbol{A}(\alpha\boldsymbol{x}+\beta\boldsymbol{y})\}=\gamma(\alpha\boldsymbol{A}\boldsymbol{x}+\beta\boldsymbol{A}\boldsymbol{y})$$
$$=\alpha\{\gamma(\boldsymbol{A}\boldsymbol{x})\}+\beta\{\gamma(\boldsymbol{A}\boldsymbol{y})\}=\alpha(\gamma\boldsymbol{A})\boldsymbol{x}+\beta(\gamma\boldsymbol{A})\boldsymbol{y}$$

となるからである．このとき，行列のスカラー倍の定義に注意すれば，次式が得られる：

$$[(\gamma\boldsymbol{A})\boldsymbol{u}_1\,(\gamma\boldsymbol{A})\boldsymbol{u}_2 \cdots (\gamma\boldsymbol{A})\boldsymbol{u}_n]=[\gamma(\boldsymbol{A}\boldsymbol{u}_1)\,\gamma(\boldsymbol{A}\boldsymbol{u}_2)\cdots\gamma(\boldsymbol{A}\boldsymbol{u}_n)]=\gamma\,[\boldsymbol{A}\boldsymbol{u}_1\,\boldsymbol{A}\boldsymbol{u}_2\cdots\boldsymbol{A}\boldsymbol{u}_n]$$
$$=\gamma\{[\boldsymbol{u}_1\,\boldsymbol{u}_2 \cdots \boldsymbol{u}_n]A\}=[\boldsymbol{u}_1\,\boldsymbol{u}_2 \cdots \boldsymbol{u}_n](\gamma A)\ .$$

このことから，$\gamma\boldsymbol{A}$ の表現行列は γA であることがわかる．

ハ）$\boldsymbol{C}^n$ の２つの１次変換 $\boldsymbol{A}$, $\boldsymbol{B}$ に対して，積 $\boldsymbol{A}\boldsymbol{B}$ を次のように定義する：

$$(19) \qquad (\boldsymbol{A}\boldsymbol{B})\boldsymbol{x}=\boldsymbol{A}(\boldsymbol{B}\boldsymbol{x}) \quad (\boldsymbol{x}\in \boldsymbol{C}^n)\ .$$

このとき，$\boldsymbol{A}\boldsymbol{B}$ はまた $\boldsymbol{C}^n$ の１次変換になる．実際，定義式(19)と $\boldsymbol{B}$, $\boldsymbol{A}$ の線形性によって，

$$(\boldsymbol{A}\boldsymbol{B})(\alpha\boldsymbol{x}+\beta\boldsymbol{y})=\boldsymbol{A}(\boldsymbol{B}(\alpha\boldsymbol{x}+\beta\boldsymbol{y}))=\boldsymbol{A}(\alpha\boldsymbol{B}\boldsymbol{x}+\beta\boldsymbol{B}\boldsymbol{y})=\alpha\boldsymbol{A}(\boldsymbol{B}\boldsymbol{x})+\beta\boldsymbol{A}(\boldsymbol{B}\boldsymbol{y})$$
$$=\alpha(\boldsymbol{A}\boldsymbol{B})\boldsymbol{x}+\beta(\boldsymbol{A}\boldsymbol{B})\boldsymbol{y}$$

となるからである．ここで，座標系《$\boldsymbol{u}_1\,\boldsymbol{u}_2 \cdots \boldsymbol{u}_n$》のもとでの１次変換 $\boldsymbol{A}\boldsymbol{B}$ の表現行列を求めてみよう．それにはベクトル $(\boldsymbol{A}\boldsymbol{B})\boldsymbol{u}_1$, $(\boldsymbol{A}\boldsymbol{B})\boldsymbol{u}_2$, …, $(\boldsymbol{A}\boldsymbol{B})\boldsymbol{u}_n$ が基底ベクトル $\boldsymbol{u}_1$, $\boldsymbol{u}_2$, …, $\boldsymbol{u}_n$ によってどのように表わされるかを見ればよい．このため，(17)の第２の等式の両辺に１次変換 $\boldsymbol{A}$ を作用させて，【注1】の等式を（そこでの $\boldsymbol{L}$, $\boldsymbol{A}$ をそれぞれここでの $\boldsymbol{A}$, $\boldsymbol{B}$ と考えて）利用してから，(17)の第1の等式を用いれば，

$$[\boldsymbol{A}(\boldsymbol{B}\boldsymbol{u}_1)\,\boldsymbol{A}(\boldsymbol{B}\boldsymbol{u}_2)\cdots\boldsymbol{A}(\boldsymbol{B}\boldsymbol{u}_n)]=[\boldsymbol{A}\boldsymbol{u}_1\,\boldsymbol{A}\boldsymbol{u}_2\cdots\boldsymbol{A}\boldsymbol{u}_n]B=([\boldsymbol{u}_1\,\boldsymbol{u}_2 \cdots \boldsymbol{u}_n]A)B$$

と書けるから，あとは行列の積に関する結合法則によって，けっきょく次の等式が得られる：

$$[(\boldsymbol{A}\boldsymbol{B})\boldsymbol{u}_1\,(\boldsymbol{A}\boldsymbol{B})\boldsymbol{u}_2 \cdots (\boldsymbol{A}\boldsymbol{B})\boldsymbol{u}_n]=[\boldsymbol{u}_1\,\boldsymbol{u}_2 \cdots \boldsymbol{u}_n](AB)\ .$$

この等式は座標系《$\boldsymbol{u}_1\,\boldsymbol{u}_2 \cdots \boldsymbol{u}_n$》のもとでの $\boldsymbol{A}\boldsymbol{B}$ の表現行列が行列の積 AB であることを示している．これから明らかなように，$\boldsymbol{A}$ が逆変換 $\boldsymbol{A}^{-1}$ をもてば $\boldsymbol{A}\boldsymbol{A}^{-1}=\boldsymbol{I}$ であるから，$\boldsymbol{A}$ の表現行列を A とすれば $\boldsymbol{A}^{-1}$ の表現行列は A^{-1} である．上で述べたことを定理としておこう．

定理 2． $\boldsymbol{C}^n$ のある１つの座標系 $\mathcal{U}$ のもとで，１次変換 $\boldsymbol{A}$, $\boldsymbol{B}$ の表現行列がそれぞれ A, B ならば，（同じ座標系 $\mathcal{U}$ のもとで）１次変換 $\boldsymbol{A}+\boldsymbol{B}$, $\gamma\boldsymbol{A}$, $\boldsymbol{A}\boldsymbol{B}$ の表現行列はそれぞれ $A+B$, γA, AB である．とくに，$\boldsymbol{A}$ と $\boldsymbol{B}$ とが可換すなわち $\boldsymbol{A}\boldsymbol{B}=\boldsymbol{B}\boldsymbol{A}$ ならば $AB=BA$ である．また，$\boldsymbol{A}$ が逆変換 $\boldsymbol{A}^{-1}$ をもてば，その表現行列は A^{-1} である．

§ 24. 固有多項式と最小多項式.

A] 固有値と固有多項式. n 次行列 $A=[a_{jk}]$ ($a_{jk}\in C$) に対して,

$$(1)\qquad \begin{pmatrix} a_{11} & a_{12} & \cdots & a_{1n} \\ a_{21} & a_{22} & \cdots & a_{2n} \\ \vdots & \vdots & \cdots\cdots & \vdots \\ a_{n1} & a_{n2} & \cdots & a_{nn} \end{pmatrix} \begin{pmatrix} x_1 \\ x_2 \\ \vdots \\ x_n \end{pmatrix} = \lambda \begin{pmatrix} x_1 \\ x_2 \\ \vdots \\ x_n \end{pmatrix}$$

をみたす $\mathbf{0}$ でない列ベクトル $\boldsymbol{x}=[x_k]$ ($\in C^n$) が存在するとき, λ を行列 A の固有値, $\boldsymbol{x}$ を A の固有値 λ に属する固有ベクトルという. (1) は $(A-\lambda I)\boldsymbol{x}=\mathbf{0}$ (I は n 次の単位行列) と書き直されるから, これは $x_1, x_2, \ldots, x_n$ を未知数とする次のような同次連立1次方程式である:

$$(2)\qquad \begin{pmatrix} a_{11}-\lambda & a_{12} & \cdots & a_{1n} \\ a_{21} & a_{22}-\lambda & \cdots & a_{2n} \\ \vdots & \vdots & \cdots\cdots & \vdots \\ a_{n1} & a_{n2} & \cdots & a_{nn}-\lambda \end{pmatrix} \begin{pmatrix} x_1 \\ x_2 \\ \vdots \\ x_n \end{pmatrix} = \begin{pmatrix} 0 \\ 0 \\ \vdots \\ 0 \end{pmatrix}.$$

したがって, λ が行列 A の固有値であるというのは, 同次連立1次方程式 (2) が自明でない解 $\boldsymbol{x}={}^t(x_1, x_2, \ldots, x_n) \neq {}^t(0, 0, \ldots, 0)$ をもつことである. そのための必要十分条件は, λ が z の n 次方程式:

$$(3)\qquad \det(A-zI)=\det \begin{pmatrix} a_{11}-z & a_{12} & \cdots & a_{1n} \\ a_{21} & a_{22}-z & \cdots & a_{2n} \\ \vdots & \vdots & \cdots\cdots & \vdots \\ a_{n1} & a_{n2} & \cdots & a_{nn}-z \end{pmatrix} = 0$$

あるいは $\det(zI-A)=0$ の解となることである ([5], p. 72). このことから明らかなように, 任意の n 次行列 A は重複度も勘定に入れて全部で丁度 n 個の固有値をもつ. z の n 次多項式 $\det(zI-A)$ を A の固有多項式といい, 本書では全体を通して $\Phi_A(z)$ で表わしている: $\Phi_A(z)=\det(zI-A)$. また, $\Phi_A(z)=0$ を A の固有方程式という. C^n の1次変換 $\boldsymbol{A}$ の固有多項式 (固有値) とは, C^n のある1つの座標系 $\mathcal{U}$ に関する $\boldsymbol{A}$ の表現行列 A の固有多項式 (固有値) のことと定義する (まえの § の【注 2】を見られたい). この定義の妥当性は以下の理由による. 1次変換 $\boldsymbol{A}$ の表現行列 A は C^n の座標系 $\mathcal{U}$ の取りかたに依存するが, (3) の左辺の z の n 次の多項式は (したがって当然, 固有値も) 座標系に依存しないからである. 実際, まえの § 23 の D] で見たように, 別の座標系 $\tilde{\mathcal{U}}$ に関する $\boldsymbol{A}$ の表現行列を $\tilde{A}$ としたとき, $\mathcal{U}$ から $\tilde{\mathcal{U}}$ への座標系の変更の行列を S とすれば, $\tilde{A}=S^{-1}AS$ となり (§ 23 の定理 1), 良く知られた行列の積の行列式に関する定理によって, 次の等式が得られる:

$$\begin{aligned} \det(zI-\tilde{A}) &= \det(zI-S^{-1}AS)=\det(S^{-1}(zI-A)S)=\det S^{-1}\cdot\det(zI-A)\cdot\det S \\ &= (\det S)^{-1}\cdot\det(zI-A)\cdot\det S=\det(zI-A). \end{aligned}$$

これは, $\Phi_{\tilde{A}}(z)=\Phi_A(z)$ を意味する. いま述べたことを定理にしておこう.

定理 1. C^n の1次変換 $\boldsymbol{A}$ の固有多項式 $\Phi_A(z)$ ($=\det(zI-A)$) は, C^n のどのような座標系に関する $\boldsymbol{A}$ の表現行列 A に対しても不変である.

【注 1】 λ が 行列 $\boldsymbol{A}$ の固有値であれば，$A\boldsymbol{x}=\lambda\boldsymbol{x}$ をみたすベクトル $\boldsymbol{x}\neq\boldsymbol{0}$ が存在する．このとき，$A^2\boldsymbol{x}=A(A\boldsymbol{x})=A(\lambda\boldsymbol{x})=\lambda(A\boldsymbol{x})=\lambda^2\boldsymbol{x}$ となり，さらに一般に $k=3,4,\ldots$ に対して $A^k\boldsymbol{x}=\lambda^k\boldsymbol{x}$となるから，$z$ の任意の多項式 $p(z)$ に対して，$p(A)\boldsymbol{x}=p(\lambda)\boldsymbol{x}$ となる．ゆえに，$\boldsymbol{x}$ は行列$p(\boldsymbol{A})$ の固有値$p(\lambda)$ に属する固有ベクトル になる．

B］ 零化多項式と最小多項式．一般に，n 次（複素）行列 A に対して，ある多項式 $p(z)$ が存在して $p(A)=O$（n 次の零行列）となるとき，$p(z)$ を A の零化多項式という．いま，A の n^2 個の成分を一定の順序で一列に並べて，それを n^2 項の数ベクトル空間 $\boldsymbol{C}^{n^2}$ の元と考えれば，n^2+1 個の行列 $A^0=I, A, A^2, \ldots, A^{n^2}$ はどれも明らかに $\boldsymbol{C}^{n^2}$ の n^2 個の基底ベクトル $\boldsymbol{e}_1$，$\boldsymbol{e}_2$，…，$\boldsymbol{e}_{n^2}$ の 1 次結合として表わされるから，まえの §23 の補題によって $I, A, A^2, \ldots, A^{n^2}$ は必ず 1 次従属になる．ゆえに，たかだか n^2 次の複素係数の多項式 $p(z)$ が存在して $p(A)=O$ となる．したがって，任意の正方行列に対して，その零化多項式が存在する．1 次変換 の零化多項式とは，その 1 次変換の表現行列の零化多項式のことであるとする．

A の零化多項式のなかで次数が最小で，かつ最高次の係数が 1 に等しいものを A の最小多項式という．本書全体を通してこれを $\Psi_A(z)$ で表わしている．A の任意の零化多項式は A の最小多項式によって割り切れることに注意しよう．実際，$F(z)$ が A の零化多項式ならば，$F(z)$ を $\Psi_A(z)$ で割って $F(z)=q(z)\Psi_A(z)+R(z)$（$R(z)$ の次数$<\Psi_A(z)$ の次数）とすることができるが，ここで z に A を代入すれば等式 $R(A)=O$ が得られる．このとき，もしも $R(z)\neq 0$ であれば，$R(z)$ は $\Psi_A(z)$ よりも次数が小さい A の零化多項式になって不合理であるから，$R(z)\equiv 0$ でなければならない．ゆえに，$F(z)$ は $\Psi_A(z)$ で割り切れる．このことと最高次の係数が 1 ということから A の最小多項式はただ 1 つに限ることがわかる．

A と B とが相似な場合，たとえば $B=T^{-1}AT$（$\det T\neq 0$）のとき，$B^k=T^{-1}A^kT$（$k=0,1,2,\ldots$）に注意すれば，z の任意の多項式 $p(z)$ に対して，$p(B)=T^{-1}p(A)T$ となる．ゆえに，A の零化多項式は B の，逆に，B の零化多項式は A の零化多項式になるから，上で述べたことから，$\Psi_A(z)$ は $\Psi_B(z)$ で割り切れ，逆に $\Psi_B(z)$ は $\Psi_A(z)$ で割り切れる．ゆえに，A と B とが相似ならば，$\Psi_A(z)=\Psi_B(z)$ である．なお，$\Psi_A(z)=0$ を A の 最小方程式とよぶことがある．

C］ 行列係数の z の多項式（z－行列）．複素数を係数にもつ z の多項式 $a_{ij}(z)$（$i,j=1,\ldots,n$）を成分とする n 次行列 $A(z)$ をこれからは簡単に z－行列とよぶことにしよう．z－行列は複素定数行列を係数とする z の多項式の形に書き表わすことができる．たとえば，

$$\begin{pmatrix} -z^2+6i & (5+2i)z^2-6z & z^2-2+5i \\ (3-4i)z^2+7z & (1-i)z-8 & -6z+4 \\ 3z^2-4iz-5+3i & -2z^2+1 & (2-3i)z+2i \end{pmatrix}$$
$$=\begin{pmatrix} -1 & 5+2i & 1 \\ 3-4i & 0 & 0 \\ 3 & -2 & 0 \end{pmatrix} z^2 + \begin{pmatrix} 0 & -6 & 0 \\ 7 & 1-i & -6 \\ -4i & 0 & 2-3i \end{pmatrix} z + \begin{pmatrix} 6i & 0 & -2+5i \\ 0 & -8 & 4 \\ -5+3i & 1 & 2i \end{pmatrix}$$

と書き表わされる．このことから明らかなように，z - 行列 $A(z)$ の成分である z の多項式のうちでの最高次数を m とすれば，$A(z)$ は $m+1$ 個の複素定数行列 $A_0, A_1, \dots, A_m$ によって

$$A(z)=A_0z^m+A_1z^{m-1}+\dots+A_{m-1}z+A_m$$

と表わすことができる．ゆえに，z - 行列とは行列係数の z の多項式である．一般に (m,n) 型の z - 行列が考えられるが，この本で必要なのは $m=n$ の場合だけであるので，この場合に話を限ることにする．

2 つの z - 行列 $A(z)=[a_{ij}(z)]$ と $B(z)=[b_{ij}(z)]$ はすべての i, j について $a_{ij}(z)=b_{ij}(z)$ となるときに限って $A(z)=B(z)$ と定めること，さらにまた z - 行列に多項式 $p(z)$ を掛けること，2 つの z - 行列の加法と乗法は通常の行列と全く同様に定義される．

D］ z - 行列に対する剰余の定理と Hamilton - Cayley の定理．良く知られている剰余の定理は，z の任意の多項式 $p(z)$ と任意の複素数 α に対して，等式 $p(z)=(z-\alpha)q(z)+\gamma$ をみたすような多項式 $q(z)$ と複素数 γ が一意的に存在し，かつ $\gamma=p(\alpha)$ となることを主張するものであるが，この事実は z - 行列の場合に一般化され，次の形の剰余の定理が成り立つ：

定理 2．任意の z - 行列 $P(z)=\sum_{k=0}^{m}P_kz^k$ と定数行列 A に対して，次の等式 (4) を成り立たせるような，z - 行列 $Q(z)$ と定数行列 R がただひと組存在する．

(4) $$P(z)=(zI-A)Q(z)+R_l, \quad R_l=P_{(l)}(A)=\sum_{k=0}^{m}A^kP_k.$$

R, P の右下の l は左側剰余の left を意味する（$(zI-A)Q(z)$ と $\dots A^kP_k\dots$ の形に注意）．

証明．はじめに，$k=0,1,\dots,m$ に対して，次の等式が成り立つことに注意しよう．

(5) $$z^kI-A^k=(zI-A)(z^{k-1}I+z^{k-2}A+\dots+zA^{k-2}+A^{k-1}).$$

ここで，$Q_0(z)=O$（零行列），$Q_1(z)=I$, $Q_k(z)=z^{k-1}I+z^{k-2}A+\dots+zA^{k-2}+A^{k-1}$ $(k\geqq 2)$ とおいて，(5) の両辺に右から P_k を掛けて $k=0,1,2,\dots,m$ についての和をとれば，次のようになる：

(6) $$P(z)-\sum_{k=0}^{m}A^kP_k=(zI-A)\sum_{k=0}^{m}Q_k(z)P_k.$$

したがって，$Q(z)=\sum_{k=0}^{m}Q_k(z)P_k$, $R_l=P_{(l)}(A)=\sum_{k=0}^{m}A^kP_k$ とおけば，(6) からただちに (4) が得られる．また，(4) の他に等式 $P(z)=(zI-A)\tilde{Q}(z)+\tilde{R}_l$（$\tilde{R}_l$ は定数行列）が成り立ったとすると，この等式と (4) とから等式 $O=(zI-A)\{\tilde{Q}(z)-Q(z)\}+(\tilde{R}-R)$，すなわち

(7) $$(zI-A)\{\tilde{Q}(z)-Q(z)\}=R_l-\tilde{R}_l$$

が得られる．ここでもしも $\tilde{Q}(z)-Q(z)\neq O$ ならば (7) の左辺の行列の成分のうち少なくとも 1 つは z の 1 次以上の式になるが，これは (7) の右辺が定数行列であることに矛盾する．ゆえに $\tilde{Q}(z)-Q(z)=O$ でなければならない．これより $\tilde{R}_l=R_l$ となり，一意性も証明された．

【注 2】 上の証明と同様にして，等式 $P(z)=Q(z)(zI-A)+R_r$（R_r は定数行列）を示す

こともできる．この場合には，$Q(z)=\sum_{k=0}^{m} P_k Q_k(z)$ であり，$R_r=P_{(r)}(A)=\sum_{k=0}^{m} P_k A^k$ となる．

$f(z)$ が A の零化多項式ならば，$P(z)=f(z)I$ とおくとき，上の定理によって"剰余"$R=P(A)=f(A)I=O$ でなければならないから，$f(z)I=(zI-A)G(z)$ の形になる．また逆に，z のある多項式 $f(z)$ に対して，恒等式 $f(z)I=(zI-A)G(z)$ が成り立てば，明らかに $f(A)=O$ となり，$f(z)$ は A の零化多項式になる．このことから，次の系が成り立つ．

系．$f(z)$ が A の零化多項式であるための必要十分条件は，$f(z)I=(zI-A)G(z)$ となるような z - 行列 $G(z)$ が存在することである．

ところで，$zI-A$ の余因子行列 $\mathrm{adj}(zI-A)$ は明らかに z - 行列であり，等式

$$(zI-A)\,\mathrm{adj}(zI-A)=\Phi_A(z)I$$

が成り立つから（[5], p.58），上の系により，$\Phi_A(A)=O$ でなければならない．ゆえに，次の定理が得られる．

定理 3（Hamilton - Cayley）．行列 A の固有多項式 $\Phi_A(z)$ は A の零化多項式である．すなわち，$\Phi_A(A)=O$．

この定理と B] で述べたことから，A の固有多項式 $\Phi_A(z)$ は A の最小多項式 $\Psi_A(z)$ によって割り切れることになり，A の最小方程式 $\Psi_A(z)=0$ の解（根）はいずれも A の固有方程式 $\Phi_A(z)=0$ の解すなわち A の固有値になることがわかる．ところが逆に，A の固有値はすべて A の最小方程式の解になることもわかる．実際，λ を A の固有値とすれば，固有値の定義によって $A\boldsymbol{x}=\lambda\boldsymbol{x}$ をみたす列ベクトル $\boldsymbol{x}\neq\mathbf{0}$ が存在する．そうすれば，B] の直前の【注 1】によって，$\mathbf{0}=\Psi_A(A)\boldsymbol{x}=\Psi_A(\lambda)\boldsymbol{x}$ となるから，$\boldsymbol{x}\neq\mathbf{0}$ に注意して $\Psi_A(\lambda)=0$ でなければならないことがわかる．ゆえに，次の命題が得られる：

系．行列 A の固有方程式 $\Phi_A(z)=0$ の解すなわち A の固有値はいずれも A の最小方程式 $\Psi_A(z)=0$ の解である．したがって，A のすべての相異なる固有値を $\lambda_1, \lambda_2, \dots, \lambda_s$ とし，A の固有多項式を

$$\Phi_A(z)=(z-\lambda_1)^{n_1}(z-\lambda_2)^{n_2}\dots(z-\lambda_s)^{n_s}$$

とすれば，A の最小多項式は

$$\Psi_A(z)=(z-\lambda_1)^{m_1}(z-\lambda_2)^{m_2}\dots(z-\lambda_s)^{m_s},$$

$$\text{ただし，}1\leq m_1\leq n_1,\ 1\leq m_2\leq n_2,\ \dots,\ 1\leq m_s\leq n_s,$$

の形に表わされる．

E] 表現行列の同値類．まえの § の E] で見たように，$\boldsymbol{C}^n$ の 1 次変換に対しては，それらの和，スカラー倍のほかに積も定義された．$\boldsymbol{C}^n$ の 1 次変換の全体をここで便宜上 $\mathrm{Lin}(\boldsymbol{C}^n)$ で表わすことにしよう．そうすれば，容易に確かめられるように，任意の $\boldsymbol{P}, \boldsymbol{Q}, \boldsymbol{R}\in\mathrm{Lin}(\boldsymbol{C}^n)$ に対して次の諸性質が成り立つ：

$$(\boldsymbol{PQ})\boldsymbol{R}=\boldsymbol{P}(\boldsymbol{QR}),\quad \boldsymbol{P}(\boldsymbol{Q}+\boldsymbol{R})=\boldsymbol{PQ}+\boldsymbol{PR},\quad (\boldsymbol{P}+\boldsymbol{Q})\boldsymbol{R}=\boldsymbol{PR}+\boldsymbol{QR},\quad \boldsymbol{IP}=\boldsymbol{PI}$$

$$\gamma(\boldsymbol{PQ})=(\gamma\boldsymbol{P})\boldsymbol{Q}=\boldsymbol{P}(\gamma\boldsymbol{Q})\quad(\gamma\in\boldsymbol{C})$$

すなわち，Lin$(\boldsymbol{C}^n)$は$\boldsymbol{C}$上の多元環である．$\boldsymbol{C}^n$の座標系を1つ決めれば，$\boldsymbol{C}^n$における1次変換はn次行列で表現することができた．いま，座標系$\mathfrak{U}=\langle\!\langle \boldsymbol{u}_1 \boldsymbol{u}_2 \dots \boldsymbol{u}_n \rangle\!\rangle$のもとで，1次変換$\boldsymbol{A}$にその表現行列を$A$を対応させる写像を$\boldsymbol{\omega}$で表わすことにしよう．すなわち，

$$\boldsymbol{\omega} : \boldsymbol{A} \longmapsto A.$$

そうすれば，まえの§の定理2によって，任意の$\boldsymbol{A}, \boldsymbol{B}, \gamma \in C$に対して次式が成り立つ：

$$\boldsymbol{\omega}(\boldsymbol{A}+\boldsymbol{B}) = A+B,\quad \boldsymbol{\omega}(\gamma\boldsymbol{A}) = \gamma A\ (\gamma \in C),\quad \boldsymbol{\omega}(\boldsymbol{AB}) = AB.$$

このとき，$\boldsymbol{A} \neq \boldsymbol{B}$ならば$A \neq B$すなわち$\boldsymbol{\omega}(\boldsymbol{A}) \neq \boldsymbol{\omega}(\boldsymbol{B})$であり，任意の（複素）行列$X$に対して，$[X\boldsymbol{u}_1 X\boldsymbol{u}_2 \dots X\boldsymbol{u}_n] = [\boldsymbol{u}_1 \boldsymbol{u}_2 \dots \boldsymbol{u}_n]X$によって定められる1次変換$\boldsymbol{X}$を取れば$\boldsymbol{\omega}(\boldsymbol{X}) = X$となるから，$\boldsymbol{\omega}$は多元環Lin$(\boldsymbol{C}^n)$から$\mathfrak{M}_n(C)$への単射かつ全射である．したがって，$\boldsymbol{C}^n$の1次変換は$n$次行列の全体と同じだけあるということになる．しかし，この事実は$\boldsymbol{C}^n$の座標系$\mathfrak{U}$を固定して考えている場合の話である．まえの§23の定理1で見たように，2つの座標系$\mathfrak{U}=\langle\!\langle \boldsymbol{u}_1\ \boldsymbol{u}_2 \dots \boldsymbol{u}_n \rangle\!\rangle$，$\widetilde{\mathfrak{U}}=\langle\!\langle \tilde{\boldsymbol{u}}_1\ \tilde{\boldsymbol{u}}_2 \dots \tilde{\boldsymbol{u}}_n \rangle\!\rangle$に関する$\boldsymbol{C}^n$の1次変換$\boldsymbol{A}$の表現行列がそれぞれ$A, \widetilde{A}$のとき，$\mathfrak{U}$と$\widetilde{\mathfrak{U}}$とが

(8) $$[\tilde{\boldsymbol{u}}_1\ \tilde{\boldsymbol{u}}_2 \dots \tilde{\boldsymbol{u}}_n] = [\boldsymbol{u}_1\ \boldsymbol{u}_2 \dots \boldsymbol{u}_n]S$$

の関係で結ばれているならば，$\widetilde{A}=S^{-1}AS$すなわちAと$\widetilde{A}$は相似であった．

逆の場合，すなわち互いに相似な2つの行列はどのようにして同一の1次変換を引きおこすかを考えてみよう．いま，行列Aとこれに相似な行列$\widetilde{A}$があったとする．このとき，相似の定義から，ある正則行列Sを取ることによって，$\widetilde{A}=S^{-1}AS$とすることができる．ここで$\boldsymbol{C}^n$の座標系$\mathfrak{U}=\langle\!\langle \boldsymbol{u}_1 \boldsymbol{u}_2 \dots \boldsymbol{u}_n \rangle\!\rangle$を任意に取り，行列$S$と(8)式によって座標系$\widetilde{\mathfrak{U}}=\langle\!\langle \tilde{\boldsymbol{u}}_1\ \tilde{\boldsymbol{u}}_2 \dots \tilde{\boldsymbol{u}}_n \rangle\!\rangle$をつくる．このようにしたところで，座標系$\mathfrak{U}=\langle\!\langle \boldsymbol{u}_1\ \boldsymbol{u}_2 \dots \boldsymbol{u}_n \rangle\!\rangle$のもとで，行列$A$から生じる1次変換を$\boldsymbol{A}$，座標系$\widetilde{\mathfrak{U}}=\langle\!\langle \tilde{\boldsymbol{u}}_1\ \tilde{\boldsymbol{u}}_2 \dots \tilde{\boldsymbol{u}}_n \rangle\!\rangle$のもとで行列$\widetilde{A}$から生じる1次変換を$\widetilde{\boldsymbol{A}}$とすれば，

(9) $$[\boldsymbol{A}\boldsymbol{u}_1 \boldsymbol{A}\boldsymbol{u}_2 \dots \boldsymbol{A}\boldsymbol{u}_n] = [\boldsymbol{u}_1 \boldsymbol{u}_2 \dots \boldsymbol{u}_n]A,\quad [\widetilde{\boldsymbol{A}}\tilde{\boldsymbol{u}}_1 \widetilde{\boldsymbol{A}}\tilde{\boldsymbol{u}}_2 \dots \widetilde{\boldsymbol{A}}\tilde{\boldsymbol{u}}_n] = [\tilde{\boldsymbol{u}}_1\ \tilde{\boldsymbol{u}}_2 \dots \tilde{\boldsymbol{u}}_n]\widetilde{A}$$

である（(9)の第2式では$\widetilde{A}=S^{-1}AS$である）．このとき，じつは$\boldsymbol{A}$と$\widetilde{\boldsymbol{A}}$とが同じ1次変換になることがわかる．以下では，このことを示そう．等式(8)は（まえの§23の(11)の各$\tilde{\boldsymbol{u}}_k$に1次変換$\widetilde{\boldsymbol{A}}$を作用させて）$[\widetilde{\boldsymbol{A}}\tilde{\boldsymbol{u}}_1 \widetilde{\boldsymbol{A}}\tilde{\boldsymbol{u}}_2 \dots \widetilde{\boldsymbol{A}}\tilde{\boldsymbol{u}}_n] = [\widetilde{\boldsymbol{A}}\boldsymbol{u}_1 \widetilde{\boldsymbol{A}}\boldsymbol{u}_2 \dots \widetilde{\boldsymbol{A}}\boldsymbol{u}_n]S$と書けるから，これより$[\widetilde{\boldsymbol{A}}\boldsymbol{u}_1 \widetilde{\boldsymbol{A}}\boldsymbol{u}_2 \dots \widetilde{\boldsymbol{A}}\boldsymbol{u}_n] = [\widetilde{\boldsymbol{A}}\tilde{\boldsymbol{u}}_1 \widetilde{\boldsymbol{A}}\tilde{\boldsymbol{u}}_2 \dots \widetilde{\boldsymbol{A}}\tilde{\boldsymbol{u}}_n]S^{-1}$となるが，(9)の第2式に注意すれば，

(10) $$[\widetilde{\boldsymbol{A}}\boldsymbol{u}_1 \widetilde{\boldsymbol{A}}\boldsymbol{u}_2 \dots \widetilde{\boldsymbol{A}}\boldsymbol{u}_n] = [\widetilde{\boldsymbol{A}}\tilde{\boldsymbol{u}}_1 \widetilde{\boldsymbol{A}}\tilde{\boldsymbol{u}}_2 \dots \widetilde{\boldsymbol{A}}\tilde{\boldsymbol{u}}_n]S^{-1} = [\tilde{\boldsymbol{u}}_1\ \tilde{\boldsymbol{u}}_2 \dots \tilde{\boldsymbol{u}}_n]\widetilde{A}S^{-1}$$

となる．ここで$\widetilde{A}=S^{-1}AS$と(8)，(9)の第1式に注意すれば，(10)の右辺は次のようになる：

$$[\tilde{\boldsymbol{u}}_1\ \tilde{\boldsymbol{u}}_2 \dots \tilde{\boldsymbol{u}}_n]\widetilde{A}S^{-1} = [\tilde{\boldsymbol{u}}_1\ \tilde{\boldsymbol{u}}_2 \dots \tilde{\boldsymbol{u}}_n]S^{-1}A = [\boldsymbol{u}_1\ \boldsymbol{u}_2 \dots \boldsymbol{u}_n]A = [\boldsymbol{A}\boldsymbol{u}_1 \boldsymbol{A}\boldsymbol{u}_2 \dots \boldsymbol{A}\boldsymbol{u}_n].$$

けっきょく，(10)から等式$[\widetilde{\boldsymbol{A}}\boldsymbol{u}_1 \widetilde{\boldsymbol{A}}\boldsymbol{u}_2 \dots \widetilde{\boldsymbol{A}}\boldsymbol{u}_n] = [\boldsymbol{A}\boldsymbol{u}_1 \boldsymbol{A}\boldsymbol{u}_2 \dots \boldsymbol{A}\boldsymbol{u}_n]$が得られる．このことは$\widetilde{\boldsymbol{A}}\boldsymbol{u}_k = \boldsymbol{A}\boldsymbol{u}_k\ (k=1, 2, \dots, n)$を示しているから，$\widetilde{\boldsymbol{A}}$と$\boldsymbol{A}$は同一の1次変換である．

こうして，$\boldsymbol{C}^n$の座標系を適当に取ることによって，2つの相似な行列からは同じ1次変換が生じることがわかった．このことから，$\mathfrak{M}_n(C)$の中で2つの互いに相似な行列は同一の1次

変換を生じさせるという意味で本質的に同じものと考える．この事実を言い換えれば，C^n の 1 次変換として異なるものは互いに相似ではない行列から生じる 1 次変換であるということになる．それゆえ，本質的に同じものと考えられる行列を同類と考えるために，互いに相似な 2 つの行列 $A, B \in \mathfrak{M}_n(C)$ に対して，A と B は同値であると定義し，$A \sim B$ と書くことにする．このとき，$\sim$ は同値関係を与えることが容易に確かめられる．すなわち，次の同値律が成り立つ：

(i) $A \sim A$, (ii) $A \sim B$ ならば $B \sim A$, (iii) $A \sim B$ かつ $B \sim C$ ならば $A \sim C$.

任意の $X \in \mathfrak{M}_n(C)$ に対して，X と同値な元（行列）全体の集合 $[X] = \{Y \mid Y \sim X\}$ $(\subseteqq \mathfrak{M}_n(C))$ のことを X を含む同値類とよぶ．また，1 つの同値類に含まれる任意の元（行列）をその同値類の代表元とよぶ．もしも $X \sim Y$ ならば $[X] = [Y]$ である．なぜなら，$Z \in [X]$ とすると定義により $Z \sim X$ となるから，$X \sim Y$ と性質 (iii) により $Z \in [Y]$ すなわち $[X] \subseteqq [Y]$ が得られ，全く同様にして $[Y] \subseteqq [X]$ が得られるからである．このことから，2 つの同値類 $[X]$，$[Y]$ が 1 つでも共通な元をもてば $[X] = [Y]$ となることがわかる．実際，$Z \in [X] \cap [Y]$ とすると，$Z \sim X$ かつ $Z \sim Y$ であるから $[Z] = [X]$ かつ $[Z] = [Y]$ より $[X] = [Y]$ となる．したがって，$\mathfrak{M}_n(C)$ は共通な元をもたないような（すなわち，互いに素な）同値類の和集合として表わされることになる：$\mathfrak{M}_n(C) = \bigcup_{X \in \mathfrak{M}_n(C)} [X]$．このことを $\mathfrak{M}_n(C)$ は同値関係 $\sim$ によって類別された（あるいは，同値関係 $\sim$ による $\mathfrak{M}_n(C)$ の類別）という（同じ考え方が § 27 の B］でも見られる）．$\mathfrak{M}_n(C)$ の相異なる同値類に属する 2 つの行列は C^n の相異なる 2 つの 1 次変換を表現している．つまり，C^n の互いに異なる 1 次変換の全体と $\mathfrak{M}_n(C)$ の中の同値類の全体とが 1 対 1 に対応している．

【注 3】 ついでに，2 つの相異なる座標系 $\mathcal{U} = \langle\!\langle \boldsymbol{u}_1 \boldsymbol{u}_2 \dots \boldsymbol{u}_n \rangle\!\rangle$ と $\tilde{\mathcal{U}} = \langle\!\langle \tilde{\boldsymbol{u}}_1 \tilde{\boldsymbol{u}}_2 \dots \tilde{\boldsymbol{u}}_n \rangle\!\rangle$ が (8) の関係で結ばれているとき，$\mathcal{U}$，$\tilde{\mathcal{U}}$ のもとで同一の行列 A から生じる 1 次変換を $\boldsymbol{A}$, $\tilde{\boldsymbol{A}}$ とすれば，$\boldsymbol{A} = \tilde{\boldsymbol{A}}$ となるのは $AS = SA$ の場合である．これは殆んど明らかであろう．

【注 4】 行列 $A \in \mathfrak{M}_n(C)$ の Jordan 標準形 A_J は，A を含む同値類の中でその構造が最も良く解明され，理論と応用の面で重要な役割を演じる行列である．このあとの § 27 と § 28 では，A_J の形がどのようなものであるか，また $T^{-1}AT = A_J$ となるような正則行列 T はどのようにしてつくられるかについて詳しく述べることにする．Jordan 標準形が果たす重要な役割は第 3 章全体を通じて，あるいは § 28 で示した計算例からも容易に理解できるだろう．

§ 25. 行列の基本変形とSmith標準形.

A] 基本変形と可逆行列. はじめに，z-行列の基本変形について述べることにする.

定義 1. 1つの z-行列 $A(z)$ に次の3つの作業(**a**)~(**c**)のいずれかを行って，新しい z-行列をつくることを，$A(z)$ の 行(列)-基本操作 とよぶ.

(**a**) 1つの行(列)に0でない複素数 α を掛ける.

(**b**) 1つの行(列)に複素係数の多項式 $p(z)$ を掛けたものを，他の行(列)に加える.

(**c**) 2つの行(列)を交換する.

行(列)-基本操作の(**c**)は実は(**a**)と(**b**)によって実現されることが容易にわかるから，本質的なのは(**a**)と(**b**)であるが，便宜上 (**c**)も行(列)-基本操作の仲間に加える.

z-行列 $A(z)$ に行(列)-基本操作(**a**), (**b**), (**c**)を行うことは，$A(z)$ に左(右)からそれぞれ次の行列(**a′**), (**b′**), (**c′**)を掛けることに他ならないことに注意しよう.

$$(\mathbf{a}')\quad \begin{pmatrix} 1 & & & & & & \\ & \ddots & & & & \mathbf{0} & \\ & & 1 & & & & \\ & & & \alpha & & & \\ & & & & 1 & & \\ & \mathbf{0} & & & & \ddots & \\ & & & & & & 1 \end{pmatrix} \leftarrow i \quad (\text{α は第 i 列}),\qquad (\mathbf{b}')\quad \begin{pmatrix} 1 & & & & \\ & \ddots & & & \\ & & 1 & \cdots\ p(z) \cdots & \\ & & & \ddots & \\ & \mathbf{0} & & 1 & \\ & & & & \ddots\ 1 \end{pmatrix} \begin{matrix} \\ \\ \leftarrow i \\ \\ \leftarrow j \\ \\ \end{matrix} \quad (\text{第 i 列, 第 j 列}),$$

$$(\mathbf{c}')\quad \begin{pmatrix} 1 & & & & & & \\ & \ddots & & & & & \\ & & 0 & \cdots & 1 & \cdots & \\ & & \vdots & 1 & \vdots & & \\ & & \vdots & \ddots & \vdots & & \\ & & & & 1 & & \\ & & 1 & \cdots & 0 & \cdots & \\ & & & & & 1 & \\ & & & & & & \ddots\ 1 \end{pmatrix} \begin{matrix} \\ \\ \leftarrow i \\ \\ \\ \\ \leftarrow j \\ \\ \\ \end{matrix} \quad (\text{第 i 列, 第 j 列}).$$

(**a′**)は n 次単位行列において上から i 番目の1だけを α で置きかえたもの. (**b′**)は単位行列の (i, j) 成分 (ただし, $j \neq i$)の0を z の多項式 $p(z)$ に置きかえたもの. (**c′**)は単位行列の第 i 行(列)と第 j 行(列)を交換したものである. (**a′**)を $A(z)$ の左(右)から掛けると, $A(z)$ の第 i 行(列)が α 倍された行列が得られる. (**b′**)を $A(z)$ の左(右)から掛けると, $A(z)$ の第 j 行(第 i 列)に $p(z)$ を掛けたものを第 i 行(第 j 列)に加えた行列が得られる. (**c′**)を $A(z)$ の左(右)から掛けると，$A(z)$ の第 i 行(列)と第 j 行(列)を交換した行列が得られる. これら(**a′**),(**b′**),(**c′**)の3つの行列を基本行列とよぶ(§11,§13で定義した基本行列と混同するおそれはないだろう). 与えられた z-行列にいくつかの行(列)-基本操作を施すこと(すなわち,いくつかの基本行列をつぎつぎに左あるいは右から掛けること)を基本変形という. また，z-行列 $A(z)$ に基本変形を施して行列 $B(z)$ が得られるとき，$B(z)$ は $A(z)$ に対等であるという. この対等という概念は次の同値律をみたしていることが容易にたしかめられる. すなわち，

$A(z)$ と $B(z)$ が対等なことを，$A(z) \sim B(z)$ と書くことにすれば，

(i)　$A(z) \sim A(z)$（反射律），

(ii)　$A(z) \sim B(z)$ ならば $B(z) \sim A(z)$（対称律），

(iii)　$A(z) \sim B(z)$，$B(z) \sim C(z)$ ならば $A(z) \sim C(z)$（推移律）

が成り立つ．(ii) と (iii) により，1 つの z-行列に対等な 2 つの行列はまた互いに対等である．

【注 1】 基本行列 (**a′**)，(**b′**)，(**c′**) の行列式はそれぞれ $\alpha(\neq 0)$，1，-1 に等しいから，いくつかの基本行列の積として得られる z-行列の行列式は明らかに z を含まず，0 でない定数になる．n 次行列 (**a′**)，(**b′**)，(**c′**) をそれぞれ $K_n(i;\alpha)$，$K_n(i,j;p(z))$，$K_n(i,j)$ で表わせば，これらの逆行列は，

$$K_n(i;\alpha)^{-1}=K_n(i;\alpha^{-1}),\quad K_n(i,j;p(z))^{-1}=K_n(i,j;-p(z)),\quad K_n(i,j)^{-1}=K_n(i,j)$$

となるから，基本行列の逆行列はまた基本行列であることがわかる．

定義 2．行列式が z を含まず 0 ではない定数となるような z-行列を可逆行列という．基本行列は可逆行列である．可逆という言葉の根拠は次の定理によって明らかであろう．

定理 1．z-行列 $P(z)$ が可逆行列であるための必要十分条件は $P(z)\tilde{P}(z)=\tilde{P}(z)P(z)=I$（単位行列）となるような z-行列 $\tilde{P}(z)$ が存在することである（このとき，$\tilde{P}(z)=P(z)^{-1}$）．

証明．（必要性）$P(z)$ の余因子行列 $\mathrm{adj}\,P(z)$（[5]，p.59）の各成分はいずれも $P(z)$ の $n-1$ 次の小行列式であるから，$\mathrm{adj}\,P(z)$ は明らかに z-行列である．$P(z)$ が可逆行列ならば，$\det P(z)=c\neq 0$ であるから，z-行列 $\tilde{P}(z)=\frac{1}{c}\mathrm{adj}\,P(z)$ は $P(z)$ の逆行列になる．

（十分性）$P(z)$ が逆行列 $P(z)^{-1}$ をもち，それが z-行列であれば，$P(z)P(z)^{-1}=I$ の両辺の行列式を取ると $\det P(z)\cdot\det P(z)^{-1}=1$ となるが，この等式の左辺は z の 2 つの多項式の積であるから，$\det P(z)$ は（$\det P(z)^{-1}$ も）0 でない定数でなければならない．すなわち $P(z)$ は可逆行列である．

B] 基本変形と単因子．次の定理は z-行列の理論において基本的な役割を果たす．

定理 2．任意の z-行列 $A(z)$ は次の形の対角行列 $S(z)$ と対等である：$A(z)\sim S(z)$．

(1)
$$S(z)=\begin{pmatrix} e_1(z) & 0 & & & & \\ 0 & e_2(z) & & & \text{\Large 0} & \\ & & \ddots & & & \\ & & & e_r(z) & & \\ & \text{\Large 0} & & & 0 & \\ & & & & & \ddots \\ & & & & & & 0 \end{pmatrix}.$$

ここで，多項式 $e_k(z)$ $(k=1,2,\dots,r)$ は次の性質をもつ：

（イ）$e_k(z)$ $(1\leq k<r)$ は $e_{k+1}(z)$ を割り切る．

（ロ）$e_k(z)$ $(1\leq k\leq r)$ の最高次の係数は 1 に等しい．

$e_1(z), e_2(z), \dots, e_r(z)$ を z-行列 $A(z)$ の単因子(elementary divisor)という.

証明. [第1段] 与えられた z-行列 $A(z)=[a_{ij}(z)]$ の 0 と異なる成分のうちで，z に関する次数が最小なもの(の1つ)を $a_{ij}(z)$ としよう. このとき，行あるいは列の交換(基本操作(**c**))によって $a_{ij}(z)$ を $(1,1)$ 成分にもつ行列をつくることができる. その行列の第1行，第1列の成分をそれぞれ $a_{1j}(z)$, $a_{i1}(z)$ と書き改めて，これらを $a_{11}(z)$ で割ったとき，

$$a_{i1}(z)=a_{11}(z)q_{i1}(z)+r_{i1}(z),\quad a_{1j}(z)=a_{11}(z)q_{1j}(z)+r_{1j}(z)$$
$$(i=2,3,\dots,n;\ j=2,3,\dots,n)$$

となったとしよう. ここで，剰余 $r_{i1}(z)$, $r_{1j}(z)$ $(i,j=2,3,\dots,n)$ の中に 0 でないものがあれば，それをたとえば $r_{i1}(z)\neq 0$ とするとき，第1行に $q_{i1}(z)$ を掛けたものを第 i 行から引いて(基本操作(**b**)により)得られる行列の $(i,1)$ 成分は $a_{11}(z)$ よりも低次の $r_{i1}(z)$ になる. そうすれば，基本操作(**c**)によって $(1,1)$ 成分を $r_{i1}(z)$ に置き換えることができる. このような作業を何回か続ければ，その結果得られる行列の $(1,1)$ 成分で第1行あるいは第1列の成分を割ったときの剰余がすべて 0 となるようにできる. したがって，第1行(列)に適当な z の多項式または数を掛けたものを他の行(列)から引くこと(基本操作(**b**))を繰り返せば，次の形の行列が得られる:

(2)
$$\begin{pmatrix} \tilde{a}_{11}(z) & 0 & \cdots & 0 \\ 0 & \tilde{a}_{22}(z) & \cdots & \tilde{a}_{2n}(z) \\ \vdots & \vdots & \cdots & \vdots \\ 0 & \tilde{a}_{n2}(z) & \cdots & \tilde{a}_{nn}(z) \end{pmatrix}.$$

このとき，$\tilde{a}_{11}(z)$ の最高次の係数は 1 にする(基本操作(**a**)). つぎに，点線の枠で囲まれた $n-1$ 次の行列の成分 $\tilde{a}_{ij}(z)$ $(i,j=2,3,\dots,n)$ の少なくとも1つが $\tilde{a}_{11}(z)$ で割り切れないようであれば，この割り切れない成分を含む列を第1列に加えること(基本操作(**b**))によって，行列(2)が得られる以前の状態の行列になるから，そこで述べた方法によって，$\tilde{a}_{11}(z)$ をこれよりも低次の多項式で置き換えることができる. このような作業を必要とあれば何回か続けて，ついには(2)の点線で囲まれた $n-1$ 次の行列のすべての成分が n 次行列の $(1,1)$ 成分 $e_1(z)$ (基本操作(**a**)により最高次の係数は 1 にしてある)で割り切れるような行列

(3)
$$\begin{pmatrix} e_1(z) & 0 & \cdots & 0 \\ 0 & b_{22}(z) & \cdots & b_{2n}(z) \\ \vdots & \vdots & \cdots & \vdots \\ 0 & b_{n2}(z) & \cdots & b_{nn}(z) \end{pmatrix}.$$

が得られる.

[第2段] こんどは，(3)の点線で囲まれた $n-1$ 次の行列に対して，第1段で述べたのと同様な作業を行う. すなわち，0 と異なる $b_{ij}(z)$ $(i,j=2,\dots,n)$ のなかで最低次のもの(の1つ)を $\tilde{b}_{22}(z)$ とし，これで $b_{22}(z)$ を置き換えて(基本操作(**c**))得られる行列の $(i,2)$

成分，$(2, k)$ 成分を $\tilde{b}_{22}(z)$ で割ったときの剰余をそれぞれ $\tilde{r}_{i2}(z), \tilde{r}_{2k}(z)$ $(i, k=3, \ldots, n)$ とする．$e_1(z)$ は (3) の点線の枠内のすべての成分を割り切っていたのであるから，これらの剰余の中で 0 でないものがあれば，それはまた $e_1(z)$ でも割り切れることになる（たとえば，$b_{i2}(z)=\tilde{q}_{i2}(z)\tilde{b}_{22}(z)+\tilde{r}_{i2}(z)$ のとき，$e_1(z)$ は $b_{i2}(z)$ と $\tilde{b}_{22}(z)$ を割り切るから）．ゆえに結局，第 1 段と同様な作業を続けることによって，$(2, 2)$ 成分 $e_2(z)$（最高次の係数は 1 にする）がすべての $c_{ij}(z)$ $(i, j=3, \ldots, n)$ を割り切るような，次の形の行列が得られる：

$$\begin{pmatrix} e_1(z) & 0 & 0 & \cdots\cdots & 0 \\ 0 & e_2(z) & 0 & \cdots\cdots & 0 \\ 0 & 0 & c_{33}(z) & \ldots & c_{3n}(z) \\ \vdots & \vdots & \vdots & \cdots\cdots & \vdots \\ 0 & 0 & c_{n3}(z) & \ldots & c_{nn}(z) \end{pmatrix}.$$

もちろん，ここで $e_1(z)$ は $e_2(z)$ を割り切っている．こうしたところで，こんどは点線の枠内の $n-2$ 次の行列に対してまた第 1 段と同様の作業を続けることによって，すべて基本操作だけで（すなわち $A(z)$ の基本変形によって），ついには (1) の形の行列で性質（イ），（ロ）をもつものが得られることがわかる．

C] Smith 標準形．z-行列 $A(z)$ の単因子 $e_1(z), e_2(z), \ldots, e_r(z)$ は基本変形のやりかたによらず，$A(z)$ によって一意的に決まることが次の D] で証明される．その個数 r を $A(z)$ の階数 (rank) という．定理 2 の (1) は $A(z)$ の Smith 標準形とよばれている．

定理 3．n 次の可逆行列 $P(z)$ の Smith 標準形は n 次の単位行列 I に一致する．すなわち，可逆行列は単位行列と対等である：$P(z) \sim I$．

証明．$P(z)$ の Smith 標準形を $S(z)$ とすれば，定理 2 により $P(z) \sim S(z)$ であるから，いくつかの基本行列 $U_1(z), U_2(z), \ldots, U_l(z)$；$V_1(z), V_2(z), \ldots, V_m(z)$ を取って（これらの中には z を含まないものもあり得る），$S(z)=U_1(z)U_2(z)\ldots U_l(z)P(z)V_1(z)V_2(z)\ldots V_m(z)$ と書くことができる．$U_i(z)$，$V_j(z)$ $(1 \leq i \leq l, 1 \leq j \leq m)$ の行列式は 0 でない定数であり，また，可逆行列 $P(z)$ の行列式も同様であるから，$S(z)$ の行列式も 0 でない定数となる．ゆえに，$S(z)$ を (1) の形とすれば，明らかに $r=n$ かつ（$e_j(z)$ の最高次の係数が 1 であるから）$e_1(z)=e_2(z)=\ldots=e_n(z)=1$ でなければならない．ゆえに，$S(z)=I$ となる．

系 1．z-行列 $P(z)$ が可逆行列であるための必要十分条件は $P(z)$ が基本行列の積として表わされることである．

証明．定理 3 とその証明の中の記号をそのまま利用する．$P(z)$ が可逆行列であれば $P(z) \sim S(z)=I$ であるから，

$$P(z)=U_l^{-1}(z)\ldots U_1^{-1}(z)V_m^{-1}(z)\ldots V_1^{-1}(z)$$

と書くことができるが，【注 1】で見たように，$U_l^{-1}(z), V_j^{-1}(z)$ はすべて基本行列であるから，たしかに $P(z)$ は基本行列の積になる．逆に，基本行列の行列式は z を含まず，0 でない定数であるから，それらの積 $P(z)$ の行列式も同様であり，定義 2 により $P(z)$ は可逆行列である．

系 2．2つの z-行列 $A(z), B(z)$ に対して，次の3つの条件は同等である．

（イ）$A(z) \sim B(z)$．（ロ）両者の Smith 標準形（したがって，階数と単因子）が等しい．

（ハ）可逆行列 $P(z), Q(z)$ が存在して，$B(z)=P(z)A(z)Q(z)$ と表わされる．

証明．定理2と対等 ~ の性質（対称律と推移律）によって，（イ）と（ロ）が同等なことは明らかであるから，（イ）と（ハ）が同等なことを示そう．$A(z) \sim B(z)$ ならば，対等の定義から，いくつかの基本行列（簡単のため z を省略した）$U_1, U_2, \dots, U_l; V_1, V_2, \dots, V_m$ によって，$B(z)=U_1U_2\cdots U_lA(z)V_1V_2\cdots V_m$ と書けるから，$P(z)=U_1U_2\cdots U_l$, $Q(z)=V_1V_2\cdots V_m$ とおけば，系1によって，$P(z), Q(z)$ は可逆行列で $B(z)=P(z)A(z)Q(z)$ となる．逆に，（ハ）が成り立っていれば，系1によって可逆行列 $P(z), Q(z)$ はいずれも基本行列の積であるから，$B(z)$ は $A(z)$ の基本変形であり，$B(z) \sim A(z)$ となる．

例 1．行列 $A=\begin{pmatrix} 7 & 4 & -10 \\ 6 & 5 & -10 \\ 6 & 4 & -9 \end{pmatrix}$ に対して，$zI-A$ の単因子と Smith 標準形を求めてみよう．

$$zI-A=\begin{pmatrix} z-7 & -4 & 10 \\ -6 & z-5 & 10 \\ -6 & -4 & z+9 \end{pmatrix} \xrightarrow{(イ)} \begin{pmatrix} z-1 & -z+1 & 0 \\ -6 & z-5 & 10 \\ 0 & -z+1 & z-1 \end{pmatrix} \xrightarrow{(ロ)} \begin{pmatrix} z-1 & 0 & 0 \\ -6 & z-11 & 10 \\ 0 & -z+1 & z-1 \end{pmatrix}$$

$$\xrightarrow{(ハ)} \begin{pmatrix} z-1 & 0 & 0 \\ -6 & z-1 & 10 \\ 0 & 0 & z-1 \end{pmatrix} \xrightarrow{(ニ)} \begin{pmatrix} 6z-6 & 0 & 0 \\ -6 & z-1 & 10 \\ 0 & 0 & z-1 \end{pmatrix} \xrightarrow{(ホ)} \begin{pmatrix} 0 & (z-1)^2 & 10(z-1) \\ -6 & z-1 & 10 \\ 0 & 0 & z-1 \end{pmatrix}$$

$$\xrightarrow{(ヘ)} \begin{pmatrix} 0 & (z-1)^2 & 10(z-1) \\ 1 & 0 & 10 \\ 0 & 0 & z-1 \end{pmatrix} \xrightarrow{(ト)} \begin{pmatrix} 0 & (z-1)^2 & 0 \\ 1 & 0 & 0 \\ 0 & 0 & z-1 \end{pmatrix} \xrightarrow{(チ)} \begin{pmatrix} 1 & 0 & 0 \\ 0 & (z-1)^2 & 0 \\ 0 & 0 & z-1 \end{pmatrix}$$

$$\xrightarrow{(リ)} \begin{pmatrix} 1 & 0 & 0 \\ 0 & z-1 & 0 \\ 0 & 0 & (z-1)^2 \end{pmatrix} \quad \text{(Smith 標準形)}.$$

【説明】（イ）：第2行を第1行と第3行から引いた．（ロ）：第1列を第2列に加えた．（ハ）：第3列を第2列に加えた．（ニ）：第1行に6を掛けた．（ホ）：第2行に $z-1$ を掛けて第1行に加えた．（ヘ）：第1列を -6 で割ってから，$z-1$ を掛けて第2列から引いた．（ト）：第1列に -10 を掛けて第3列に加え，第3行に -10 を掛けて第1行に加えた．（チ）：第1行と第2行を交換した．（リ）：第2列（行）と第3列（行）を交換してから，第2行（列）と第3行（列）を交換した．このようにして，$zI-A$ の単因子は

$$e_1(z)=1,\ e_2(z)=z-1,\ e_3(z)=(z-1)^2$$

であることがわかる．基本変形の簡単な具体例は§8の例7でも見られる．

例 2．2つの対角行列 $A_1(z)=I_{n_1}\oplus[f_1(z)]$，$A_2(z)=I_{n_2}\oplus[f_2(z)]$ において，z の多項式 $f_1(z)$ と $f_2(z)$（最高次の係数はともに1とする）の最大公約多項式を $d(z)$ とし，$f_1(z)=g_1(z)d(z)$，$f_2(z)=g_2(z)d(z)$ とすれば，行列の直和 $A(z)=A_1(z)\oplus A_2(z)$ の単因子は次のようになる（$n=n_1+n_2+2$ とおく）：

$$\underbrace{1, 1, \dots, 1}_{n-2\text{ 個}}, d(z), g_1(z)g_2(z)d(z).$$

このことから明らかなように，とくに $f_1(z)$ と $f_2(z)$ が互いに素な場合には，$A(z)$ の単因子は

次のようになることがわかる：

$$\underbrace{1, 1, \ldots, 1}_{n-1\text{個}}, f_1(z)f_2(z)\,.$$

証明．$A_1(z)$，$A_2(z)$ の形から，$A(z)$ の行の交換と列の交換を行うだけで

(4) $$A(z) \xrightarrow{\text{基本変形}} I_{n_1} \oplus I_{n_2} \oplus [f_1(z)] \oplus [f_2(z)]\,.$$

となることがわかる．仮定より，代数学の良く知られた定理により，z の 2 つの多項式 $a_1(z)$，$a_2(z)$ を適当に取ることによって，$d(z) = a_1(z)f_1(z) + a_2(z)f_2(z)$ と書き表わすことができる．このとき，(4) の矢印の右にある行列の右下隅の最後の 2 行 2 列の 2 次の行列は基本変形によって次のようになる：

$$\begin{pmatrix} f_1 & 0 \\ 0 & f_2 \end{pmatrix} \xrightarrow{(1)} \begin{pmatrix} f_1 & a_1f_1 \\ 0 & f_2 \end{pmatrix} \xrightarrow{(2)} \begin{pmatrix} f_1 & a_1f_1 + a_2f_2 \\ 0 & f_2 \end{pmatrix} = \begin{pmatrix} f_1 & d \\ 0 & f_2 \end{pmatrix} \xrightarrow{(3)} \begin{pmatrix} 0 & d \\ -g_1f_2 & f_2 \end{pmatrix}$$

$$\xrightarrow{(4)} \begin{pmatrix} 0 & d \\ -g_1f_2 & 0 \end{pmatrix} \xrightarrow{(5)} \begin{pmatrix} d & 0 \\ 0 & g_1f_2 \end{pmatrix} = \begin{pmatrix} d & 0 \\ 0 & g_1g_2d \end{pmatrix}.$$

この変形の仕方は見ればわかる通り，まず第 1 列に $a_1(z)$ を掛けたものを第 2 列に加え ((1))，つぎに第 2 行に $a_2(z)$ を掛けたものを第 1 行に加え ((2))，第 2 列に $-g_1(z)$ を掛けたものを第 1 列に加え ((3))，第 1 行に $-g_2(z)$ を掛けたものを第 2 行に加え ((4))，最後に第 1 列に -1 をかけてから列の交換をして f_2 を g_2 と d との積に書き直したものである ((5))．

D］ 行列式因子と単因子．z-行列 $A(z)$ の階数を r とする．$A(z)$ のすべての k 次小行列式 ($1 \leq k \leq r$) の最大公約多項式（最高次の係数は 1 とする）を $A(z)$ の k 次行列式因子 とよんで $d_k(z)$ ($k = 1, 2, \ldots, r$) で表わす．

定理 4．2 つの z-行列 $A(z)$ と $B(z)$ とが対等ならば，両者の行列式因子は一致する．

証明．$A(z) \sim B(z)$ ならば，定理 3 の系 2 により両者の階数は等しいから，その階数を r とし，$A(z), B(z)$ の行列式因子をそれぞれ $d_k(z)$，$d_k'(z)$ ($k = 1, 2, \ldots, r$) としよう．定理 3 の系 2 の (ハ) により，適当な可逆行列 $P(z), Q(z)$ によって $B(z) = P(z)A(z)Q(z)$ と書けるから，行列式の良く知られた定理によって，$B(z)$ の k 次の小行列式は $A(z)$ の k 次の小行列式の（z の多項式を係数とする）1 次結合になる（この § の終わりの【注 4】参照）．これより，$A(z)$ の k 次の行列式因子 $d_k(z)$ は $B(z)$ のすべての k 次の小行列式の公約式となるから，当然，$d_k(z)$ は $d_k'(z)$ を割り切る．逆に，$A(z) = P(z)^{-1}B(z)Q(z)^{-1}$ と書けるから，上の議論と全く同様にして，$d_k'(z)$ は $d_k(z)$ を割り切ることがわかる．両者の最高次の係数は 1 であるから，$d_k(z) = d_k'(z)$ ($k = 1, 2, \ldots, r$) でなければならない．

さて，z-行列 $A(z)$ の Smith 標準形を (1) の $S(z)$ とすれば，定理 2 によって $A(z) \sim S(z)$ であるから，定理 4 により $A(z)$ の k 次行列式因子 $d_k(z)$ は $S(z)$ の k 次行列式因子に一致しなければならない．このことと単因子の性質（定理 2 の (イ)）から，

(5) $$d_k(z) = e_1(z)e_2(z)\ldots e_k(z) \quad (1 \leq k \leq r)\,.$$

となることがわかる．この等式からただちに次式が得られる（ただし，$d_0(z) = 1$ と定める）：

(6) $$e_k(z)=\frac{d_k(z)}{d_{k-1}(z)} \quad (1 \leqq k \leqq r).$$

$d_k(z)$ は行列 $A(z)$ によって一意的に定まるから，(6) より単因子 $e_k(z)$ $(1 \leqq k \leqq r)$ も一意的に定まることがわかる．ゆえに，$A(z)$ の単因子は基本変形の仕方には依存しないで決まる．

系．2つの z-行列が対等なための必要十分条件は，両者の単因子が一致することである．

証明．(必要性) $A(z) \sim B(z)$ ならば，定理 4 より $A(z)$ と $B(z)$ の双方の行列式因子が一致するから，(6) から両者の単因子は一致する．(十分性) $A(z)$ と $B(z)$ の単因子が一致すれば，両者はそれぞれ同一の Smith 標準形と対等になるから，$A(z) \sim B(z)$ である．

【注 2】z-行列 $A(z)$ の Smith 標準形を (1) の $S(z)$ とすれば，定理2と定理3の系2により，適当に可逆行列 $P(z), Q(z)$ を取って $A(z)=P(z)S(z)Q(z)$ と表わせるから，$\det A(z) = c\det S(z)$ $(c \neq 0)$ となる．ゆえに，$A(z)$ が n 次の行列ならば，$\det A(z) \neq 0$ と r (単因子の個数) $=n$ とは同等であることに注意しよう．

n 次の定数行列 A に対して z-行列 $zI-A$ を A の 特性行列 という．$\det(zI-A) \neq 0$ であるから，$zI-A$ の Smith 標準形を (1) の $S(z)$ とすれば，上の【注 2】により $zI-A$ は n 個の単因子 $e_1(z), e_2(z), \ldots, e_n(z)$ をもち，

$$\Phi_A(z)=\det(zI-A)=c\det S(z)=ce_1(z)e_2(z)\ldots e_n(z) \quad (c \text{ は } 0 \text{ でない定数})$$

となる．ここで $\Phi_A(z)$, $e_1(z)$, … $e_n(z)$ の最高次の係数は1であることに注意すれば，$c=1$ でなければならないことがわかる．すなわち，次式が得られる：

(7) $$e_1(z)e_2(z)\ldots e_n(z)=\Phi_A(z).$$

次の 2 つの例では (6) によって行列の単因子が求められる．

例 3．p 次の行列 $A=\begin{pmatrix} \lambda & 1 & 0 & \cdots\cdots & 0 \\ 0 & \lambda & 1 & \text{\Large 0} & 0 \\ 0 & 0 & \lambda & \ddots & \vdots \\ \vdots & \vdots & \text{\Large 0} & \ddots & 1 \\ 0 & 0 & \cdots\cdots & 0 & \lambda \end{pmatrix}$ $(\lambda \in \boldsymbol{C})$ の単因子は $e_1(z)=e_2(z)=\ldots= e_{p-1}(z)=1$, $e_p(z)=(z-\lambda)^p$ である．実際，A の特性行列 zI_p-A の対角線上の成分はすべて $z-\lambda$ であり，対角線の一本上の準対角線上の成分はすべて -1 であるから，-1 を対角成分にもつ $p-1$ 次までの小行列式の値は ±1 である．ゆえに，zI_p-A の $p-1$ 個の行列式因子はすべて 1 であり，p 次の行列式因子は明らかに $\det(zI-A)=(z-\lambda)^p$ となるからである．

例 4．p_k $(k=1,\ldots,s)$ は正の整数であって，$\alpha_1, \alpha_2, \ldots, \alpha_s$ が互いに相異なるとき，s 次の対角型の z-行列

$$A(z)=\begin{pmatrix} (z-\alpha_1)^{p_1} & 0 & 0 & 0 \cdots\cdots\cdots & 0 \\ 0 & (z-\alpha_2)^{p_2} & 0 & 0 \cdots\cdots\cdots & 0 \\ \vdots & \vdots & \ddots & \ddots & \vdots \\ 0 & 0 & \cdots\cdots & (z-\alpha_{s-1})^{p_{s-1}} & 0 \\ 0 & 0 & \cdots\cdots & 0 & (z-\alpha_s)^{p_s} \end{pmatrix}$$

の単因子は $e_1(z)=e_2(z)=\ldots=e_{s-1}(z)=1$, $e_s(z)=\prod_{k=1}^{s}(z-\alpha_k)^{p_k}$ である．実際，$i \neq j$ のと

き $\alpha_i \neq \alpha_j$ であるから，明らかに $A(z)$ の $s-1$ 次までのすべての行列式因子は 1 である．最後の s 次の行列式因子は $A(z)$ の行列式であるから，それは明らかに対角成分 $(z-\alpha_k)^{p_k}$ $(1 \leq k \leq s)$ の積である．

ここで，このあとの § 27 で必要になる重要な命題を証明しておこう．

定理 5．n 次定数行列 A, B が相似である（すなわち，ある正則行列 T が存在して $B=T^{-1}AT$ となる）ための必要十分な条件は $zI-A$ と $zI-B$ の単因子が一致することである．

証明．$B=T^{-1}AT$ ならば，明らかに $zI-B=T^{-1}(zI-A)T$ となり，しかも T は可逆行列であるから，$zI-A$ と $zI-B$ は対等になる．ゆえに，定理 3 の系 2 により両者の単因子は一致する．逆を証明しよう．$zI-A$ と $zI-B$ との単因子が一致すれば，両者は同一の Smith 標準形に対等になるから，$zI-A$ と $zI-B$ は対等になる．したがって，定理 3 の系 2 によって，2 つの可逆行列 $P(z), Q(z)$ を取って $(zI-B)=P(z)(zI-A)Q(z)$ と書くことができるが，このとき z-行列 $\tilde{P}(z)=P(z)^{-1}$ が存在するから（定理 1），次式が得られる：

(8) $$\tilde{P}(z)(zI-B)=(zI-A)Q(z).$$

また，まえの § 24 の定理 2 とそのあとの【注 2】によって，次の等式が成り立つ：

(9) $$\tilde{P}(z)=(zI-A)P_1(z)+R_1,\ Q(z)=Q_1(z)(zI-B)+R_2 \quad (R_1, R_2 \text{ は定数行列}).$$

この 2 つの式を(8)に代入して整頓すれば，

$$(zI-A)\{P_1(z)-Q_1(z)\}(zI-B)=(zI-A)R_2-R_1(zI-B)$$

となる．この等式において，$P_1(z)-Q_1(z) \neq O$ ならば，左辺の行列の成分の中には z に関して 2 次以上の多項式が現われるが，右辺の行列の成分はすべてたかだか z の 1 次式であるから，不合理である．したがって，$P_1(z)-Q_1(z)=0$ でなければならず，次式が得られる：

$$(zI-A)R_2=R_1(zI-B) \text{ あるいは } z(R_2-R_1)=AR_2-R_1B.$$

ここでまた，第 2 の等式の左辺と右辺の成分の z の次数を考えれば，$R_2-R_1=O$ でなければならないことがわかる．これより，$R_1=R_2$ かつ $R_1B=AR_1$ となる．ゆえに，あとは R_1 が正則なことを示すことができれば，$B=R_1^{-1}AR_1$ となって定理は証明されたことになる．したがって，$\det R_1 \neq 0$ となることを示そう．このため，ふたたびまえの § の定理 2 を用いて，

(10) $$P(z)=(zI-B)S(z)+R \quad (R \text{ は定数行列})$$

と書き表わす．そうすれば，$\tilde{P}(z)=P(z)^{-1}$ であったから，(10)，(8)と(9)の第 1 の等式によって次の等式が得られる：

$$I=\tilde{P}(z)P(z)=\tilde{P}(z)\{(zI-B)S(z)+R\}=\tilde{P}(z)(zI-B)S(z)+\tilde{P}(z)R$$
$$=(zI-A)Q(z)S(z)+(zI-A)P_1(z)R+R_1R=(zI-A)\{Q(z)S(z)+P_1(z)R\}+R_1R.$$

この最右辺の行列の成分の z の次数を考えれば，この等式が成り立つためには中括弧 $\{\ \}$ の中の行列は零行列でなければならない．ゆえに，$R_1R=I$ すなわち $\det R_1 \neq 0$ が示された．

E] 単因子と最小多項式．次の定理は行列の最小多項式が基本変形によって求められることを示している．

定理 6．n 次の定数行列 A の最小多項式 $\Psi_A(z)$ は A の 特性行列 $zI-A$ の単因子 $e_n(z)$ に等しい．すなわち，$\Psi_A(z)=e_n(z)$．

証明 ．$zI-A$ の $n-1$ 次行列式因子 $d_{n-1}(z)$ は $zI-A$ のすべての $n-1$ 次の小行列式の最大公約多項式であるから，それは $zI-A$ の余因子行列 $\mathrm{adj}(zI-A)$ のすべての成分の最大公約多項式に他ならない．ゆえに，ある z-行列 $G(z)$ によって次のように書き表わされる：

(11)
$$\mathrm{adj}(zI-A)=d_{n-1}(z)G(z)\ .$$

ここで $G(z)$ の n^2 個の成分の最大公約式は 1 である．他方，余因子行列の周知の性質により，

(12)
$$(zI-A)\,\mathrm{adj}(zI-A)=\left\{\mathrm{adj}(zI-A)\right\}(zI-A)=\Phi_A(z)I$$

であるから，この式の左辺に(11)を代入すれば，次の等式が得られる：

(13)
$$d_{n-1}(z)(zI-A)G(z)=\Phi_A(z)I\ .$$

これより，$\Phi_A(z)$ は $d_{n-1}(z)$ で割り切れることがわかる．すなわち，ある多項式 $f(z)$ によって次のように書き表わすことができる：

(14)
$$\Phi_A(z)=d_{n-1}(z)f(z)\ .$$

ゆえに，(13)の両辺を $d_{n-1}(z)$ で割って次式が得られる：

(15)
$$(zI-A)G(z)=f(z)I\ .$$

これより，まえの§の定理 2 の系によって，$f(z)$ は A の零化多項式になることがわかるから，$f(z)$ は A の最小多項式 $\Psi_A(z)$ で割り切れねばならない．すなわち，ある多項式 $g(z)$ によって，

(16)
$$f(z)=g(z)\Psi_A(z)$$

と書き表わすことができる．また，$\Psi_A(A)=O$ であるから，ふたたびまえの§の定理 2 の系により，ある z-行列 $H(z)$ によって

(17)
$$\Psi_A(z)I=(zI-A)H(z)$$

と書かれる．したがって，等式(15)は(16)と(17)により次のように書き換えられる：

$$(zI-A)G(z)=g(z)(zI-A)H(z)\ .$$

この両辺に左から $\mathrm{adj}(zI-A)$ を掛ければ，(12)により $\Phi_A(z)G(z)=g(z)\Phi_A(z)H(z)$ となるから，この両辺を $\Phi_A(z)$ で割って，

(18)
$$G(z)=g(z)H(z)$$

となる．ところが，z-行列 $G(z)$ のすべての成分の最大公約多項式は 1 であるから，(18)より $g(z)$ は定数でなければならない．他方，$\Phi_A(z)$，$d_{n-1}(z)$ の最高次の係数は 1 であるから，(14)から $f(z)$ も同様である．さらに，$\Psi_A(z)$ の最高次の係数もまた 1 であるから，(16)より $g(z)=1$ かつ $f(z)=\Psi_A(z)$ でなければならない．ゆえに，(14)は次のように書き表わされる：

(#)
$$\Phi_A(z)=d_{n-1}(z)\Psi_A(z)\quad \text{あるいは}\quad \Psi_A(z)=\frac{\Phi_A(z)}{d_{n-1}(z)}.$$

これは A の固有多項式と最小多項式との密接な関係を示す重要な等式であるが，ここで第 2 の等式の右辺は(7)と(5)とから $e_n(z)$ に等しい．すなわち，$\Psi_A(z)=e_n(z)$ が得られる．

この定理からも，§19 の例での $(A+I)^k$ の最小多項式が $z(z-2^k)^2$ であることがわかる．

つぎに，しばしば利用される有用な命題を例としてあげておこう（§11 の例 2 でも利用した）．

例 5．n 次行列

$$A=\begin{pmatrix} 0 & 1 & 0 & 0 & 0 \\ 0 & 0 & 1 & 0 & 0 \\ \vdots & \vdots & \ddots & \ddots & \vdots \\ 0 & 0 & \cdots & 0 & 1 \\ -a_{n-1} & -a_{n-2} & \cdots & -a_1 & -a_0 \end{pmatrix}$$

の固有多項式と最小多項式は一致し，$\Phi_A(z)=\Psi_A(z)=z^n+a_0z^{n-1}+\dots+a_{n-2}z+a_{n-1}$ となる．

これを見るには A の特性行列

$$zI-A=\begin{pmatrix} z & -1 & 0 & 0 & 0 \\ 0 & z & -1 & 0 & 0 \\ \vdots & \vdots & \ddots & \ddots & \vdots \\ 0 & 0 & \cdots & z & -1 \\ a_{n-1} & a_{n-2} & \cdots & a_1 & z+a_0 \end{pmatrix} \tag{19}$$

の最後の単因子 $e_n(z)$ を求めればよい．行列 (19) の第 n 列に z を掛けたものを第 $n-1$ 列に加え，こうして得られた行列の第 $n-1$ 列に z を掛けたものを第 $n-2$ 列に加え，…と同じ作業をつづけていくと，最後に次の形の行列が得られる：

$$\begin{pmatrix} 0 & -1 & 0 & 0 & 0 \\ 0 & 0 & -1 & \vdots & 0 \\ \vdots & \vdots & \ddots & \ddots & \vdots \\ 0 & 0 & \cdots & 0 & -1 \\ p_n(z) & p_{n-1}(z) & \cdots & p_2(z) & p_1(z) \end{pmatrix} \quad (\text{ただし，} p_k(z)=z^k+a_0z^{k-1}+a_1z^{k-2}+\dots+a_{k-1}).$$

この行列の第 $1,2,\dots,n-1$ 行にそれぞれ $p_{n-1}(z),p_{n-2}(z),\dots,p_1(z)$ を掛けたものを第 n 行に加えてから，第 n 行を除く各行に -1 を掛け，つぎに列の交換を $n-1$ 回行って第 1 列を第 n 列にもってくれば，(19) は基本変形によって次の行列になることがわかる：

$$\begin{pmatrix} 1 & 0 & 0 & \cdots & 0 \\ 0 & 1 & 0 & & 0 \\ 0 & 0 & 1 & O & \vdots \\ \vdots & \vdots & \vdots & \ddots\ 1 & 0 \\ 0 & 0 & 0 & \cdots\ 0 & p_n(z) \end{pmatrix}.$$

この行列の $n-1$ 次までの行列式因子はすべて 1 であることは明らかであるから，定理 4 と (6) により，$zI-A$ の単因子は次のようになる：

$$e_1(z)=e_2(z)=\dots=e_{n-1}(z)=1,\ e_n(z)=p_n(z)=z^n+a_0z^{n-1}+\dots+a_{n-2}z+a_{n-1}.$$

ゆえに，定理 6 によって A の最小多項式 $\Psi_A(z)$ は $p_n(z)$ に等しく，(7) によって固有多項式 $\Phi_A(z)$ も $p_n(z)$ に等しい．

F] 単因子と単純単因子．n 次の定数行列 A の固有多項式 $\Phi_A(z)$，最小多項式 $\Psi_A(z)$ をそれぞれまえの§24 の定理 3 の系で見たものと同じとし，$zI-A$ の単因子を $e_1(z),e_2(z),\dots,e_n(z)$ としよう．定理 6 から $e_n(z)=\Psi_A(z)$ であり，$e_k(z)$ は $e_{k+1}(z)$ $(1\leqq k\leqq n-1)$ を割り切るから（定理 2 の (イ)），各単因子は次のように 1 次因子のベキ積として表わされる：

(20) $$e_k(z)=\prod_{j=1}^{s}(z-\lambda_j)^{p_{kj}} \quad (k=1,2,\dots,n)$$

(21) ただし，$0\leq p_{1j}\leq p_{2j}\leq\cdots\leq p_{n-1,j}\leq p_{nj}$，$1\leq p_{nj}=m_j$ $(j=1,2,\dots,s)$．

因数分解の式(20)において，指数 p_{kj} が 0 ではないような因数

$$(z-\lambda_j)^{p_{kj}} \quad (p_{kj}\neq 0)$$

を行列 A の固有値 λ_j を含む単純単因子(simple elementary divisor)と名づける．簡便のため，本書では $zI-A$ の Smith 標準形，単因子，単純単因子をそれぞれ A の Smith 標準形，A の単因子，A の単純単因子とよぶこともある．

【注 3】 単因子の性質(定理 2 の(イ))から容易にわかるように，一般に z-行列 $B(z)$ の階数とすべての単純単因子がわかれば，この行列のすべての単因子が求められる(次の例6)．n 次定数行列 A, B の特性行列の階数はともに n であるから，A, B の単純単因子が集合として一致していれば，両者の単因子も一致し，定理 5 によって A と B とは相似になる．

例 6．7 次の z-行列 $B(z)$ の階数が 5 で，その単純単因子が

(22) $$z^2,\ z^2,\ z,\ (z+1)^3,\ (z+1)^2,\ z+1,\ (z-2)^3,\ z-2,\ z-2$$

であるとき，$B(z)$ の単因子を求めてみよう．$B(z)$ の階数は 5 であるから，最後の単因子 $e_5(z)$ はすべての単純単因子の最小公倍多項式でなければならない．すなわち，$e_5(z)=z^2(z+1)^3(z-2)^3$ である．これに使われた単純単因子を(22)から消して，残ったものの最小公倍多項式をつくると $z^2(z+1)^2(z-2)$ となる．これが $e_4(z)$ である．同様にして，$e_3(z)=z(z+1)(z-2)$ でなければならない．これで(22)の単純単因子はすべて使われたから，$e_2(z)=e_1(z)=1$ となる．ゆえに，$B(z)$ の Smith 標準形は次のようになる：

$$\begin{pmatrix}
1 & 0 & 0 & 0 & 0 & 0 & 0\\
0 & 1 & 0 & 0 & 0 & 0 & 0\\
0 & 0 & z(z+1)(z-2) & 0 & 0 & 0 & 0\\
0 & 0 & 0 & z^2(z+1)^2(z-2) & 0 & 0 & 0\\
0 & 0 & 0 & 0 & z^2(z+1)^3(z-2)^3 & 0 & 0\\
0 & 0 & 0 & 0 & 0 & 0 & 0\\
0 & 0 & 0 & 0 & 0 & 0 & 0
\end{pmatrix}.$$

最後に，2 つの行列 A_1，A_2 の直和 $A=A_1\oplus A_2$ の単純単因子について述べておこう．

定理 7．行列 $A=A_1\oplus A_2$ のすべての単純単因子は，A_1 のすべての単純単因子と A_2 のすべての単純単因子を合併して得られる．

証明．A, A_1, A_2 の次数をそれぞれ n, n_1, n_2 とすれば $n=n_1+n_2$ であるから，k 次の単位行列を I_k で表わすことにすれば，$zI_n-A=(zI_{n_1}-A_1)\oplus(zI_{n_2}-A_2)$ となる．ゆえに，行列の直和の行列式に関する良く知られた定理によって，A の固有多項式は A_1, A_2 の固有多項式の積になる：$\Phi_A(z)=\Phi_{A_1}(z)\Phi_{A_2}(z)$．したがって，$A$ のすべての相異なる固有値を $\lambda_1,\lambda_2,\dots,\lambda_s$ とすれば，これらの中に A_1, A_2 のすべての固有値が含まれていることになる．このことから，A_1, A_2 の単因子をそれぞれ $e_k^{(1)}(z)$ $(1\leq k\leq n_1)$, $e_l^{(2)}(z)$ $(1\leq l\leq n_2)$ とすれば，これらの単因子

は次の形に因数分解されているとしてよい：

$$e_k^{(1)}(z)=\prod_{j=1}^{s}(z-\lambda_j)^{p_{kj}^{(1)}}, \quad e_l^{(2)}(z)=\prod_{j=1}^{s}(z-\lambda_j)^{p_{lj}^{(2)}} .$$

ただし，単因子の性質（定理１の（イ））からベキ指数の間には次の関係がある：

$$0 \leqq p_{1j}^{(i)} \leqq p_{2j}^{(i)} \leqq \cdots \leqq p_{n_i j}^{(i)} \quad (i=1,2; j=1,2,\ldots,s)$$

定理を証明するには，たとえば，λ_1 を含む A の単純単因子の全体が A_1 と A_2 の λ_1 を含む単純単因子の全体に一致することを示せばよい．そのために，指数 $p_{k1}^{(1)}$ $(1 \leqq k \leqq n_1)$，$p_{l1}^{(2)}$ $(1 \leqq l \leqq n_2)$ の中で０でないものだけを全部取り出して，それらを大きさの順に並べたものを $(1 \leqq) p_1 \leqq p_2 \leqq \cdots \leqq p_m$ とする．そうすれば，A_1 と A_2 の単純単因子のうちで λ_1 を含むものは

(23) $$(z-\lambda_1)^{p_1}, (z-\lambda_1)^{p_2}, \ldots, (z-\lambda_1)^{p_m}$$

で尽くされている，ということになる．

さて，$zI_n - A$ は基本変形によって，次のような対角行列（A_1, A_2 の Smith 標準形の直和）に移される（定理２）：

$$e_1^{(1)}(z) \oplus e_2^{(1)}(z) \oplus \cdots \oplus e_{n_1}^{(1)}(z) \oplus e_1^{(2)}(z) \oplus e_2^{(2)}(z) \oplus \cdots \oplus e_{n_2}^{(2)}(z) .$$

したがって，この行列にさらに基本変形（何回かの行の交換と列の交換）を行って n 個の単因子を並べ換え，次の形の対角行列にまで移すことができる：

(24) $$(z-\lambda_1)^{p_1}f_1(z) \oplus (z-\lambda_1)^{p_2}f_2(z) \oplus \cdots \oplus (z-\lambda_1)^{p_m}f_m(z) \oplus \oplus g_1(z) \oplus g_2(z) \oplus \cdots \oplus g_r(z) \quad (m+r=n) .$$

ただし，ここで $f_i(z)$ $(1 \leqq i \leqq m)$，$g_j(z)$ $(1 \leqq j \leqq r)$ はいずれも $z-\lambda_2, \ldots, z-\lambda_s$ のベキ積（その中にはベキ指数が０のものもある）であり，これらは明らかに $z-\lambda_1$ とは素な z の多項式である．いま，(24) の k 次の行列式因子（D］の定義参照）を $d_k(z)$ $(1 \leqq k \leqq n)$ で表わせば，とくに $d_n(z)$ は (24) の行列式そのものであるから，

$$d_n(z)=(z-\lambda_1)^{p_1+p_2+\cdots+p_m}\prod_{i=1}^{m}f_i(z)\prod_{j=1}^{r}g_j(z)$$

となる．つぎに，(24) の０でない $n-1$ 次の小行列式はすべて (24) の $n-1$ 個の対角要素の積として得られるから，それらはすべて

(25) $$(z-\lambda_1)^{p_1}f_1(z), (z-\lambda_1)^{p_2}f_2(z), \ldots, (z-\lambda_1)^{p_m}f_m(z), g_1(z), g_2(z), \ldots, g_r(z)$$

の中から１個だけを除いた残り全部の積である．ところが，(25) の最後の r 個の $g_i(z)$ の中から１個だけを除いた残りの $n-1$ 個の積はどれも明らかに $(z-\lambda_1)^{p_1+p_2+\cdots+p_m}$ を共通因数としてもつ．また，ここで $p_1 \leqq p_2 \leqq \cdots \leqq p_m$ に注意すれば，(25) の最初の m 個の中から１個だけを除いた残りの $n-1$ 個の積はすべて $(z-\lambda_1)^{p_1+p_2+\cdots+p_{m-1}}$ を共通因数としてもつ．ゆえに，対角行列 (24) の $n-1$ 次行列式因子 $d_{n-1}(z)$ は次の形に書き表わされることがわかる：

$$d_{n-1}(z)=(z-\lambda_1)^{p_1+p_2+\cdots+p_{m-1}}F_{n-1}(z) .$$

ただし，$F_{n-1}(z)$ は $z-\lambda_2, \ldots, z-\lambda_s$ のベキ積である（もちろん，そのベキ指数が０のものもある）．全く同様に考えて，(24) の $n-2$ 次以下の行列式因子は次の形であることがわかる：

$$d_{n-2}(z)=(z-\lambda_1)^{p_1+p_2+\cdots+p_{m-2}}F_{n-2}(z),\ \dots,\ d_{n-m+1}(z)=(z-\lambda_1)^{p_1}F_{n-m+1}(z),$$
$$d_{n-k}(z)=F_{n-k}(z)\ (m\leqq k\leqq n).$$
ここでも，$F_l(z)$ $(n-2\geqq l\geqq 0)$ は $z-\lambda_2, \dots, z-\lambda_s$ のベキ積である $(F_0(z)=1)$．ゆえに，(24) の単因子を $e_k(z)$ $(1\leqq k\leqq n)$ とすれば，(6) (191ページ) によって，これらは次の形であることがわかる：

(26) $$e_n(z)=(z-\lambda_1)^{p_m}G_n(z),\ e_{n-1}(z)=(z-\lambda_1)^{p_{m-1}}G_{n-1}(z),\ \dots,$$
$$e_{n-m+1}(z)=(z-\lambda_1)^{p_1}G_{n-m+1}(z),\ e_{n-k}(z)=G_{n-k}(z)\ (m\geqq k\geqq n-1).$$
もちろん，$G_k(z)$ $(n\geqq k\geqq 1)$ は $z-\lambda_2, z-\lambda_3, \dots, z-\lambda_s$ のベキ積であるが，zI_n-A は行列 (24) と対等であったから，定理 4 の系によって，行列 $A=A_1\oplus A_2$ の単因子は行列 (24) の単因子 (26) と一致する．ここで，(26) の中から λ_1 を含む単純単因子を書き出せば，それらは明らかに
$$(z-\lambda_1)^{p_m},\ (z-\lambda_1)^{p_{m-1}},\ \dots,\ (z-\lambda_1)^{p_1}$$
だけであり，これらはたしかに A_1, A_2 の λ_1 を含む単純単因子の全体 (23) に他ならない．
λ_k $(k\neq 1)$ を含む単純単因子についても定理は同様に証明される．

【注 4】 $B(z)=P(z)A(z)Q(z)$ の l 次小行列式が $A(z)$ の l 次小行列式の 1 次結合として表わされることは次のようにして証明される．

$P(z)=[p_{ij}(z)]$ $(i,j=1,\dots,n)$ とし，$A(z)$ の第 k 行を $\boldsymbol{a}_k(z)$ で表わせば，$P(z)A(z)$ の第 $i_1, i_2, \dots, i_l$ 行はそれぞれ次のようになる：
$$\sum_{k=1}^{n}p_{i_1k}(z)\boldsymbol{a}_k(z),\ \sum_{k=1}^{n}p_{i_2k}(z)\boldsymbol{a}_k(z),\ \dots,\ \sum_{k=1}^{n}p_{i_lk}(z)\boldsymbol{a}_k(z).$$
ゆえに，
$$\boldsymbol{a}_k^{(j_1j_2\cdots j_l)}(z)=(a_{kj_1}(z), a_{kj_2}(z), \dots, a_{kj_l}(z))\quad (k=1,2,\dots,n)$$
とおけば (これは，z-行列 $A(z)$ の第 k 行の第 $j_1, j_2, \dots, j_l$ 成分を第 $1, 2, \dots, l$ 成分とする l 項の行ベクトルである)，$P(z)A(z)$ の第 $i_1, i_2, \dots, i_l$ 行と第 $j_1, j_2, \dots, j_l$ 列とでつくられる l 次の小行列式は次のようになる：
$$\det\begin{pmatrix}\sum_{k=1}^{n}p_{i_1k}(z)\boldsymbol{a}_k^{(j_1j_2\cdots j_l)}(z)\\ \sum_{k=1}^{n}p_{i_2k}(z)\boldsymbol{a}_k^{(j_1j_2\cdots j_l)}(z)\\ \vdots\\ \sum_{k=1}^{n}p_{i_lk}(z)\boldsymbol{a}_k^{(j_1j_2\cdots j_l)}(z)\end{pmatrix}=\sum_{\substack{1\leqq k_1\leqq n\\ 1\leqq k_2\leqq n\\ \vdots\\ 1\leqq k_l\leqq n}}\det\begin{pmatrix}p_{i_1k_1}(z)\boldsymbol{a}_{k_1}^{(j_1j_2\cdots j_l)}(z)\\ p_{i_2k_2}(z)\boldsymbol{a}_{k_2}^{(j_1j_2\cdots j_l)}(z)\\ \vdots\\ p_{i_lk_l}(z)\boldsymbol{a}_{k_l}^{(j_1j_2\cdots j_l)}(z)\end{pmatrix}$$
$$=\sum_{\substack{1\leqq k_1\leqq n\\ 1\leqq k_2\leqq n\\ \vdots\\ 1\leqq k_l\leqq n}}p_{i_1k_1}(z)p_{i_2k_2}(z)\cdots p_{i_lk_l}(z)\det\begin{pmatrix}\boldsymbol{a}_{k_1}^{(j_1j_2\cdots j_l)}(z)\\ \boldsymbol{a}_{k_2}^{(j_1j_2\cdots j_l)}(z)\\ \vdots\\ \boldsymbol{a}_{k_l}^{(j_1j_2\cdots j_l)}(z)\end{pmatrix}.$$

この最後の式（未整理のLaplaceの展開定理）は$P(z)A(z)$の第$i_1, i_2, \dots, i_l$行と第$j_1, j_2, \dots, j_l$列とでつくられるl次小行列式が$A(z)$のいくつかのl次小行列式の（$P(z)$の成分であるl個のzの多項式の積を係数とする）1次結合であることを示している．同様な議論を$B(z)=\{P(z)A(z)\}Q(z)$に適用して，$B(z)$のl次小行列式は$P(z)A(z)$のl次小行列式の（$Q(z)$の成分であるl個のzの多項式の積を係数とする）1次結合であることが示される．したがって，$B(z)=P(z)A(z)Q(z)$のl次小行列式はたしかに$A(z)$のl次小行列式の（$P(z)$および$Q(z)$の成分のいくつかの積である多項式を係数とする）1次結合であることがわかる．

【注5】 行列Aのすべての単純単因子を

$$(z-\mu_1)^{p_1}, (z-\mu_2)^{p_2}, \dots, (z-\mu_s)^{p_s} \tag{27}$$

とすれば，一般にこれらs個の固有値$\mu_1, \mu_2, \dots, \mu_s$の中には同じものがいくつも重複して現われる．しかし，(27)の単純単因子が互いに素である場合には，$e_1(z)=e_2(z)=\dots=e_{n-1}(z)=1$，$e_n(z)=(z-\mu_1)^{p_1}(z-\mu_2)^{p_2}\dots(z-\mu_s)^{p_s}$でなければならない．したがって，(7)により$\Phi_A(z)=e_n(z)$となり，定理6によって$e_n(z)=\Psi_A(z)$となるから，$\mu_1, \mu_2, \dots, \mu_s$が$A$の互いに異なる固有値ならば，$A$の固有多項式と最小多項式は一致する：$\Psi_A(z)=\Phi_A(z)$．

§ 26. 固有空間と一般固有空間.

A] 部分空間の直和. n 項の数ベクトル空間 C^n の部分空間 $\mathfrak{M}_1, \mathfrak{M}_2, \dots, \mathfrak{M}_s$ があって，C^n の任意のベクトル $\boldsymbol{x}$ が一意的に

(1) $$\boldsymbol{x} = \boldsymbol{x}_1 + \boldsymbol{x}_2 + \dots + \boldsymbol{x}_s,\ \text{ただし}\ \boldsymbol{x}_k \in \mathfrak{M}_k\ (k=1,2,\dots,s)$$

と表わされるとき，C^n は $\mathfrak{M}_1, \mathfrak{M}_2, \dots, \mathfrak{M}_s$ の直和(direct sum)であるといい，

(2) $$C^n = \mathfrak{M}_1 \oplus \mathfrak{M}_2 \oplus \dots \oplus \mathfrak{M}_s\ \text{あるいは}\ C^n = \sum_{k=1}^{s} \oplus \mathfrak{M}_k$$

と書く. このとき，$\boldsymbol{x}_k$ を $\boldsymbol{x}$ の $\mathfrak{M}_k$-成分という. 直和の定義から明らかなように，C^n の零ベクトルは $0 = \sum_{k=1}^{s} 0$ という形の表わしかたしかできないから，$\boldsymbol{x}_k \in \mathfrak{M}_k\ (\boldsymbol{x}_k \neq 0)\ (k=1,2,\dots,s)$ ならば，$\boldsymbol{x}_1, \boldsymbol{x}_2, \dots, \boldsymbol{x}_s$ は必ず 1 次独立になる. C^n の元 $\boldsymbol{x}$ を(1)の形に表わしたとき，$\boldsymbol{x}$ にその $\mathfrak{M}_k$-成分 $\boldsymbol{x}_k$ を対応させる写像 $P_k : \boldsymbol{x} \longmapsto \boldsymbol{x}_k$ が考えられる. これを C^n の直和分解(2)に対応する部分空間 $\mathfrak{M}_k$ への射影という. (1)の表わしかたの一意性から明らかなように，射影 $P_k\ (k=1,2,\dots,s)$ は C^n の 1 次変換である. このあと必要になる次の定理を証明しよう.

定理 1. C^n の直和分解(2)の部分空間 $\mathfrak{M}_k$ への射影を $P_k\ (k=1,2,\dots,s)$ とするとき，次の等式(3)が成り立つ.

(3) $$\sum_{k=1}^{s} P_k = I\ (\text{恒等変換})\ \text{かつ}\ P_j P_k = \delta_{jk} P_k\quad (\delta_{jk}\ \text{はクロネッカーの記号}).$$

逆に，等式(3)をみたすような C^n の 1 次変換 $P_k\ (k=1,2,\dots,s)$ があるとき，$\mathfrak{M}_k = \left\{ P_k \boldsymbol{x} \,\middle|\, \boldsymbol{x} \in C^n \right\} (= P_k(C^n))$ とおけば，C^n は(2)の形の直和に書き表わされる.

証明. (前半) 任意の $\boldsymbol{x} \in C^n$ が一意的に(1)の形に表わされていれば，射影 P_k の定義によって $P_k \boldsymbol{x} = \boldsymbol{x}_k\ (1 \leq k \leq s)$ であり，$\boldsymbol{x} = \sum_{k=1}^{s} \boldsymbol{x}_k = \sum_{k=1}^{s} P_k \boldsymbol{x} = \left(\sum_{k=1}^{s} P_k \right) \boldsymbol{x}$ となる. ここで $\boldsymbol{x}$ は任意であったから，$\sum_{k=1}^{s} P_k = I$ でなければならない. これで(3)の第 1 式が示された. 次に，ふたたび(1)の表わしかたの一意性から，とくに $\boldsymbol{x}_k\ (\in \mathfrak{M}_k)$ を(1)の形に書き表わすときは，

(4) $$\boldsymbol{x}_k = 0 + \dots + 0 + \boldsymbol{x}_k + 0 + \dots + 0$$

という表わしかたしかできないはずであるから，$P_k \boldsymbol{x}_k = \boldsymbol{x}_k$ である. ゆえに，任意の $\boldsymbol{x} \in C^n$ に対して，$(P_k)^2 \boldsymbol{x} = P_k(P_k \boldsymbol{x}) = P_k \boldsymbol{x}_k = \boldsymbol{x}_k = P_k \boldsymbol{x}$ すなわち $P_k^2 = P_k$ が得られる. また，(4)から明らかなように，$j \neq k$ のとき $P_j \boldsymbol{x}_k = 0$ であるから，$(P_j P_k)\boldsymbol{x} = P_j(P_k \boldsymbol{x}) = P_j \boldsymbol{x}_k = 0$ となる. したがって，$j \neq k$ のときには $P_j P_k = O$ でなければばらない. これで(3)の第 2 式も示された.

(後半). (3)をみたす C^n の 1 次変換 $P_k\ (1 \leq k \leq s)$ があるとしよう. このとき，任意の $\boldsymbol{x} \in C^n$ に対して $\boldsymbol{x}_k = P_k \boldsymbol{x}$ とおけば，定義により $\mathfrak{M}_k = P_k(C^n)$ であるから $\boldsymbol{x}_k \in \mathfrak{M}_k\ (1 \leq k \leq s)$

となる．ゆえに，(3)の第 1 式によって

$$\boldsymbol{x}=I\boldsymbol{x}=\left(\sum_{k=1}^{s}P_k\right)\boldsymbol{x}=\sum_{k=1}^{s}P_k\boldsymbol{x}=\sum_{k=1}^{s}\boldsymbol{x}_k\quad(\boldsymbol{x}_k\in\mathfrak{M}_k)$$

となり，$\boldsymbol{x}$ は(1)の形に書くことができる．また，$\boldsymbol{x}$ が(1)の他に

(5) $$\boldsymbol{x}=\sum_{k=1}^{s}\boldsymbol{x}'_k\quad(\boldsymbol{x}'_k\in\mathfrak{M}_k)$$

と表わされていれば，$\mathfrak{M}_k$ の定義からある $\boldsymbol{y}_k\in\boldsymbol{C}^n$ により $\boldsymbol{x}'_k=P_k\boldsymbol{y}_k\ (1\leqq k\leqq s)$ と書けるから，等式 (5) の両辺に P_j を施したとき，(3)の第 2 式によって，

(6) $$P_j\boldsymbol{x}=\sum_{k=1}^{s}P_j\boldsymbol{x}'_k=\sum_{k=1}^{s}P_j(P_k\boldsymbol{y}_k)=\sum_{k=1}^{s}(P_jP_k)\boldsymbol{y}_k=\sum_{k=1}^{s}\delta_{jk}P_k\boldsymbol{y}_k=P_j\boldsymbol{y}_j=\boldsymbol{x}'_j\quad(j=1,2,\dots,s)$$

となる．ところが，$P_j\boldsymbol{x}=\boldsymbol{x}_j$ であったから，等式(6)は $\boldsymbol{x}_j=\boldsymbol{x}'_j\ (1\leqq j\leqq s)$ を意味し，(1)の表わしかたは一意的であることがわかる．ゆえに，$\boldsymbol{C}^n$は(2)の形に表わせる．

B] 一般固有空間による $\boldsymbol{C}^n$ の直和分解．$\boldsymbol{A}$ を $\boldsymbol{C}^n$ の 1 次変換とし，λ を $\boldsymbol{A}$ の固有値の 1 つとするとき，λ に属する固有空間(eigenspace)

$$\mathfrak{N}(\lambda)=\left\{\boldsymbol{x}\,\middle|\,(\boldsymbol{A}-\lambda\boldsymbol{I})\boldsymbol{x}=0,\ \boldsymbol{x}\in\boldsymbol{C}^n\right\}$$

は明らかに $\boldsymbol{C}^n$ の部分空間である．これは，$\boldsymbol{A}$ の固有値 λ に属する固有ベクトルの全体に $\boldsymbol{C}^n$ の零ベクトル $\boldsymbol{0}$ をつけ加えて得られる部分空間に他ならない．これに対して，$\boldsymbol{C}^n$ の部分空間：

(7) $$\widetilde{\mathfrak{N}}(\lambda)=\left\{\boldsymbol{x}\,\middle|\,\text{ある正の整数 } k \text{ に対して}(\boldsymbol{A}-\lambda\boldsymbol{I})^k\boldsymbol{x}=0,\ \boldsymbol{x}\in\boldsymbol{C}^n\right\}$$

を $\boldsymbol{A}$ の固有値 λ に属する一般固有空間(general eigenspace)と名づける．ここでさらに，

(8) $$\mathfrak{N}(\lambda;k)=\left\{\boldsymbol{x}\,\middle|\,(\boldsymbol{A}-\lambda\boldsymbol{I})^k\boldsymbol{x}=0,\ \boldsymbol{x}\in\boldsymbol{C}^n\right\}\quad(k=1,2,\dots)$$

とおけば，$\mathfrak{N}(\lambda)=\mathfrak{N}(\lambda;1)$ であり，かつ明らかに

(9) $$\widetilde{\mathfrak{N}}(\lambda)=\mathfrak{N}(\lambda;1)\cup\mathfrak{N}(\lambda;2)\cup\dots=\bigcup_{k=1}^{\infty}\mathfrak{N}(\lambda;k)$$

となる．ところが，

(10) $$\mathfrak{N}(\lambda;1)\subseteqq\mathfrak{N}(\lambda;2)\subseteqq\dots\subseteqq\mathfrak{N}(\lambda;k)\subseteqq\mathfrak{N}(\lambda;k+1)\subseteqq\cdots\cdots$$

であるから，$\boldsymbol{C}^n$の次元が有限$(=n)$なことに注意すれば，(λ に依存する)ある正の整数 k_λ が存在して，すべての整数 $k\geqq k_\lambda$ に対して，

$$\mathfrak{N}(\lambda;k)=\mathfrak{N}(\lambda;k_\lambda)$$

とならなければならない．このことと(9)，(10)から，次の等式が成り立つことがわかる：

(11) $$k\geqq k_\lambda \text{ ならば } \widetilde{\mathfrak{N}}(\lambda)=\mathfrak{N}(\lambda;k).$$

さて，$\boldsymbol{C}^n$ の 1 次変換 $\boldsymbol{A}$ の表現行列を A とし，そのすべての相異なる固有値を $\lambda_1,\lambda_2,\dots,\lambda_s$，固有多項式 $\Phi_A(z)$ と最小多項式 $\Psi_A(z)$ をそれぞれ

(12) $$\Phi_A(z)=(z-\lambda_1)^{n_1}(z-\lambda_2)^{n_2}\dots(z-\lambda_s)^{n_s}$$

(13) $$\Psi_A(z)=(z-\lambda_1)^{m_1}(z-\lambda_2)^{m_2}\dots(z-\lambda_s)^{m_s}$$

としよう．このとき，$1 \leqq m_1 \leqq n_1$，$1 \leqq m_2 \leqq n_2$，…，$1 \leqq m_s \leqq n_s$ である（§24 の定理3の系）．ここで，次の重要な定理を証明しよう．

定理 2． $\boldsymbol{C}^n$ の 1 次変換 $\boldsymbol{A}$ の最小多項式 $\Psi_{\boldsymbol{A}}(z)$ が(13)で与えられているとき，$\boldsymbol{C}^n$ は s 個の部分空間 $\mathcal{N}(\lambda_j\,;m_j)$ $(1 \leqq j \leqq s)$ の直和になる．すなわち，次式が成り立つ：

(14) $$\boldsymbol{C}^n = \mathcal{N}(\lambda_1\,;m_1) \oplus \mathcal{N}(\lambda_2\,;m_2) \oplus \cdots \oplus \mathcal{N}(\lambda_s\,;m_s)\,.$$

証明．$i \neq j$ のとき，$\lambda_i \neq \lambda_j$ であるから，$\Psi_j(z) = \prod_{i \neq j}(z-\lambda_i)^{m_i}$ とおけば，多項式 $\Psi_1(z)$，…，$\Psi_s(z)$ の最大公約式は 1 である．したがって，代数学で良く知られた定理（[4]の分冊 I の定理 1.21 の(2)）によって，適当な多項式 $p_j(z)$ $(j=1, \ldots, s)$ を取って，次の等式が恒等的に成り立つようにできる：

$$\sum_{j=1}^{s} p_j(z)\Psi_j(z) = 1\,.$$

そうすれば，$\sum_{j=1}^{s} p_j(\boldsymbol{A})\Psi_j(\boldsymbol{A}) = \boldsymbol{I}$ となるから，ここで

$$P_j = p_j(\boldsymbol{A})\Psi_j(\boldsymbol{A}) \quad (j=1, \ldots, s)$$

とおけば，P_j は 1 次変換 $\boldsymbol{A}$ の多項式として $\boldsymbol{C}^n$ の 1 次変換であり，等式

(15) $$\sum_{j=1}^{s} P_j = I$$

が得られる．また，$i \neq j$ ならば $\Psi_i(z)\Psi_j(z)$ は明らかに $\boldsymbol{A}$ の最小多項式 $\Psi_{\boldsymbol{A}}(z)$ によって割り切れるから，$\Psi_i(z)\Psi_j(z)$ は A の零化多項式になり，$\Psi_i(\boldsymbol{A})\Psi_j(\boldsymbol{A}) = \boldsymbol{O}$ となる．このことと，$\boldsymbol{A}$ の多項式はすべて互いに可換なことに注意すれば，$i \neq j$ のとき，次の等式が得られる：

$$P_iP_j = \left\{p_i(\boldsymbol{A})\Psi_i(\boldsymbol{A})\right\}\left\{p_j(\boldsymbol{A})\Psi_j(\boldsymbol{A})\right\} = p_i(\boldsymbol{A})p_j(\boldsymbol{A})\left\{\Psi_i(\boldsymbol{A})\Psi_j(\boldsymbol{A})\right\} = \boldsymbol{O} \quad (i \neq j)\,.$$

さらに，この等式に注意して，(15)の両辺に P_i をほどこせば，等式 $P_i^2 = P_i$ が得られる．これで，P_1，…，P_s は定理 1 の条件(3)をみたしていることがわかった．したがって，$V_j = P_j(\boldsymbol{C}^n) = \left\{P_j\boldsymbol{x} \mid \boldsymbol{x} \in \boldsymbol{C}^n\right\}$ とおけば，V_j は明らかに $\boldsymbol{C}^n$ の部分空間であり，定理 1 によって $\boldsymbol{C}^n$ は s 個の部分空間 V_j $(1 \leqq j \leqq s)$ の直和として

$$\boldsymbol{C}^n = V_1 \oplus V_2 \oplus \cdots \oplus V_s$$

の形に表わされる．このとき，$V_j = \mathcal{N}(\lambda_j\,;m_j)$ となることを示そう．

$\boldsymbol{x} \in V_j$ ならば，V_j の定義によって $\boldsymbol{x} = P_j\boldsymbol{y}$ となるような $\boldsymbol{y} \in \boldsymbol{C}^n$ を取ることができる．この等式の両辺に P_j を作用させれば，$P_j^2 = P_j$ より等式 $P_j\boldsymbol{x} = P_j^2\boldsymbol{y} = P_j\boldsymbol{y} = \boldsymbol{x}$ が得られる．他方，P_j の定義によって，$P_j\boldsymbol{x} = p_j(\boldsymbol{A})\Psi_j(\boldsymbol{A})\boldsymbol{x}$ であるから，これら 2 つの式から $\boldsymbol{x} = p_j(\boldsymbol{A})\Psi_j(\boldsymbol{A})\boldsymbol{x}$ が得られる．ゆえに，次の等式が成り立つ：

$$\begin{aligned}(\boldsymbol{A}-\lambda_j\boldsymbol{I})^{m_j}\boldsymbol{x} &= (\boldsymbol{A}-\lambda_j\boldsymbol{I})^{m_j}p_j(\boldsymbol{A})\Psi_j(\boldsymbol{A})\boldsymbol{x} = p_j(\boldsymbol{A})\left\{(\boldsymbol{A}-\lambda_j\boldsymbol{I})^{m_j}\Psi_j(\boldsymbol{A})\right\}\boldsymbol{x} \\ &= p_j(\boldsymbol{A})\Psi_{\boldsymbol{A}}(\boldsymbol{A})\boldsymbol{x} = \boldsymbol{O}\boldsymbol{x} = \boldsymbol{0}\,.\end{aligned}$$

これは $\boldsymbol{x} \in \mathcal{N}(\lambda_j\,;m_j)$ を意味するから，$V_j \subseteqq \mathcal{N}(\lambda_j\,;m_j)$ となることがわかった．

逆に，$\boldsymbol{x}\in\mathcal{N}(\lambda_j\,;m_j)$ ならば，定義式(8)によって $(\boldsymbol{A}-\lambda_j\boldsymbol{I})^{m_j}\boldsymbol{x}=\boldsymbol{0}$ であるから，$i\neq j$ のときには $\Psi_i(z)=\left\{\prod_{k\neq i,j}(z-\lambda_k)^{m_k}\right\}(z-\lambda_j)^{m_j}$ と書けることに注意すれば，

$$P_i\boldsymbol{x}=p_i(\boldsymbol{A})\Psi_i(\boldsymbol{A})\boldsymbol{x}=\left\{p_i(\boldsymbol{A})\prod_{k\neq i,j}(\boldsymbol{A}-\lambda_k\boldsymbol{I})^{m_k}\right\}(\boldsymbol{A}-\lambda_j\boldsymbol{I})^{m_j}\boldsymbol{x}=\boldsymbol{0}\quad(i\neq j)$$

となる．これより，$\boldsymbol{x}=\left(\sum_{i=1}^{s}P_i\right)\boldsymbol{x}=\sum_{i=1}^{s}P_i\boldsymbol{x}=P_j\boldsymbol{x}\in P_j(\boldsymbol{C}^n)=V_j$ となり，$\mathcal{N}(\lambda_j\,;m_j)\subseteqq V_j$ が得られる．以上で $V_j=\mathcal{N}(\lambda_j\,;m_j)$ が示された．ゆえに，直和分解(14)が成り立つ．

つぎの定理は基本的に重要である．

定理 3．$\boldsymbol{C}^n$の部分空間 $\mathcal{N}(\lambda_j\,;m_j)$ の次元は $\boldsymbol{A}$ の固有方程式 $\Phi_A(z)=0$ の解(根)としての λ_j の重複度 n_j (すなわち固有値 λ_j の代数的重複度)に等しい：$\dim\mathcal{N}(\lambda_j\,;m_j)=n_j$．

証明．まえの定理 2 により $\boldsymbol{C}^n$ は次のように直和分解される：

$$\boldsymbol{C}^n=\mathcal{N}(\lambda_1\,;m_1)\oplus\mathcal{N}(\lambda_2\,;m_2)\oplus\dots\oplus\mathcal{N}(\lambda_s\,;m_s)\,.$$

いま，部分空間 $\mathcal{N}(\lambda_j\,;m_j)$ の次元を $q_j\ (j=1,2,\dots,s)$ とし，$\mathcal{N}(\lambda_j\,;m_j)$ における座標系を $\mathcal{U}_j=\langle\!\langle \boldsymbol{u}_1^{(j)}\,\boldsymbol{u}_2^{(j)}\dots\boldsymbol{u}_{q_j}^{(j)}\rangle\!\rangle$ としよう．このとき，s 組の座標系 $\mathcal{U}_j\ (j=1,2,\dots,s)$ を全部集めて，$\boldsymbol{C}^n$の $q_1+q_2+\dots+q_s\,(=n)$ 個のベクトルからなる座標系：

$$\mathcal{U}=\langle\!\langle \boldsymbol{u}_1^{(1)}\,\boldsymbol{u}_2^{(1)}\dots\boldsymbol{u}_{q_1}^{(1)}\,;\boldsymbol{u}_1^{(2)}\,\boldsymbol{u}_2^{(2)}\dots\boldsymbol{u}_{q_2}^{(2)}\,;\,\dots\dots\,;\boldsymbol{u}_1^{(s)}\,\boldsymbol{u}_2^{(s)}\dots\boldsymbol{u}_{q_s}^{(s)}\rangle\!\rangle$$

がつくられる．$\mathcal{N}(\lambda;k)$ の定義から明らかなように，$\boldsymbol{x}\in\mathcal{N}(\lambda_j\,;m_j)$ ならば $\boldsymbol{A}\boldsymbol{x}\in\mathcal{N}(\lambda_j\,;m_j)$ となるから，$\mathcal{N}(\lambda_j\,;m_j)$ は $\boldsymbol{A}$ の<u>不変部分空間</u>であり，$\mathcal{N}(\lambda_j\,;m_j)$ 上への $\boldsymbol{A}$ の<u>制限</u> $\boldsymbol{A}_j$ を考えることができる．そうすれば，任意の $\boldsymbol{x}\in\mathcal{N}(\lambda_j\,;m_j)$ に対して $\boldsymbol{0}=(\boldsymbol{A}-\lambda_j\boldsymbol{I})^{m_j}\boldsymbol{x}=(\boldsymbol{A}_j-\lambda_j\boldsymbol{I})^{m_j}\boldsymbol{x}$ となるから，$(z-\lambda_j)^{m_j}$ は $\boldsymbol{A}_j$ の零化多項式になるが，$\boldsymbol{A}_j$ の最小多項式は $\boldsymbol{A}_j$ のすべての固有値を含みかつ零化多項式を割り切るから，$\boldsymbol{A}_j$ の固有値は λ_j だけであることがわかる．ゆえに，座標系 $\mathcal{U}_j$ のもとでの $\boldsymbol{A}_j$ の表現行列を A_j とすれば(これは q_j 次の行列である)，その固有多項式は $\det(zI_{q_j}-A_j)=(z-\lambda_j)^{q_j}$ である：$\Phi_{A_j}(z)=(z-\lambda_j)^{q_j}$．また，$\boldsymbol{C}^n$の座標系 $\mathcal{U}$ のもとでの $\boldsymbol{A}$ の表現行列 A は明らかに次のような形の対角型ブロック行列(§ 17 のはじめの定義を参照されたい)になる：

$$A=\begin{pmatrix}A_1 & O & \dots & O\\ O & A_2 & \vdots & O\\ \vdots & \vdots & \ddots & \vdots\\ O & O & \dots & A_s\end{pmatrix}\quad(A_j\text{ は }q_j\text{ 次の行列})\,.$$

ゆえに，良く知られた行列式の定理によって，行列 A の固有多項式は次式で与えられる：

$$\Phi_A(z)=\prod_{j=1}^{s}\Phi_{A_j}(z)=\prod_{j=1}^{s}(z-\lambda_j)^{q_j}\,.$$

この式と(12)とから，$q_j=n_j\ (j=1,\dots,s)$ でなければならないことがわかる．

定理 2 の証明において，最小多項式 $\Psi_A(z)$ と多項式 $\Psi_j(z)\ (j=1,2,\dots,s)$ をそれぞれ固有多項式 $\Phi_A(z)$ と多項式 $\Phi_j(z)=\prod_{i\neq j}^{s}(z-\lambda_i)^{n_i}$ に置き換えれば，次の等式が証明できる：

(16) $$C^n=\mathcal{N}(\lambda_1;n_1)\oplus\mathcal{N}(\lambda_2;n_2)\oplus\cdots\oplus\mathcal{N}(\lambda_s;n_s).$$

この等式と(10)から得られる包含関係$\mathcal{N}(\lambda_i;m_i)\subseteqq\mathcal{N}(\lambda_i;n_i)$およびこれから得られる次元に関する不等式$\dim\mathcal{N}(\lambda_i;m_i)\leqq\dim\mathcal{N}(\lambda_i;n_i)$ $(i=1,2,\ldots,s)$と直和分解式(14)により，$\mathcal{N}(\lambda_i;m_i)=\mathcal{N}(\lambda_i;n_i)=\widetilde{\mathcal{N}}(\lambda_i)$ $(i=1,2,\ldots,s)$でなければならないことがわかる．

定理 4．C^nの1次変換$\boldsymbol{A}$から得られる部分空間$\mathcal{N}(\lambda_i;m_i)$と$\mathcal{N}(\lambda_i;n_i)$はともに$\boldsymbol{A}$の固有値$\lambda_i$に属する一般固有空間$\widetilde{\mathcal{N}}(\lambda_i)$に一致する．

この定理と定理2および定理3により次の命題が得られる：

系 1．C^nは，その1次変換$\boldsymbol{A}$のすべての相異なる固有値λ_i $(i=1,2,\ldots,s)$に属する一般固有空間$\widetilde{\mathcal{N}}(\lambda_i)$の直和として次の形に表わされる：

$$C^n=\widetilde{\mathcal{N}}(\lambda_1)\oplus\widetilde{\mathcal{N}}(\lambda_2)\oplus\cdots\oplus\widetilde{\mathcal{N}}(\lambda_s).$$

またここで，$\widetilde{\mathcal{N}}(\lambda_i)$の次元は$\lambda_i$の代数的重複度$n_i$に等しい：$\dim\widetilde{\mathcal{N}}(\lambda_i)=n_i$．

【注 1】§19で見たように，固有値λ_iの幾何的重複度m_iは等式$\widetilde{\mathcal{N}}(\lambda_i)=\mathcal{N}(\lambda_i;k)$を成り立たせる最小の正の整数$k$として特徴づけられる．なお，定理4により，一般固有空間$\widetilde{\mathcal{N}}(\lambda_i)$を(7)によらないで$\mathcal{N}(\lambda_i;m_i)$または$\mathcal{N}(\lambda_i;n_i)$によって定義することもある．

定理 5．C^nの1次変換$\boldsymbol{A}$の表現行列Aが対角行列となるための必要十分条件は，Aの最小多項式が相異なる1次因子の積に分解されることである(§6，例1参照)．

証明．(必要性) C^nのある座標系$\mathcal{U}$のもとで$\boldsymbol{A}$の表現行列Aが対角行列であれば，対角成分のうちで等しいものどうしをまとめて

(17) $$A=\begin{pmatrix}\lambda_1I_{q_1} & 0 & \cdots\cdots & 0\\ 0 & \lambda_2I_{q_2} & \text{\Large O} & \vdots\\ \vdots & & \ddots & 0\\ 0 & \cdots\cdots & 0 & \lambda_sI_{q_s}\end{pmatrix}\quad(\text{ただし，}i\neq j\text{ ならば }\lambda_i\neq\lambda_j)$$

と考えてよい(それには，必要とあれば$\mathcal{U}$に属する基底ベクトルどうしを適当に交換して得られる座標系を改めて$\mathcal{U}$とする)．このとき，(17)から明らかなように，$\lambda_1,\lambda_2,\ldots,\lambda_s$は$A$の相異なる固有値のすべてであることに注意．$I$を$n$次の単位行列とすれば

$$A-\lambda_iI=\left(\sum_{j=1}^{s}\oplus\lambda_jI_{q_j}\right)-\lambda_iI=(\lambda_1-\lambda_i)I_{q_1}\oplus\cdots\oplus 0I_{q_i}\oplus\cdots\oplus(\lambda_s-\lambda_i)I_{q_s}$$

となるから，$A-\lambda_iI$を(s,s)型のブロック行列(§17参照)と考えたとき，その(i,i)ブロックはq_i次の零行列である．ゆえに，$\Phi(z)=\prod_{i=1}^{s}(z-\lambda_i)$とおけば，対角型ブロック行列どうしの積の計算法(§17参照)によって$\Phi(A)=\prod_{i=1}^{s}(A-\lambda_iI)=O$となることがわかる．したがって，$\Phi(z)$は$A$の零化多項式であり，$\Phi(z)$は(13)の形の$A$の最小多項式で割り切れることになる(§24のB])．このことから，Aの最小多項式は$\Phi(z)$でなければならない．ゆえに，たしかにAの最小多項式は相異なる1次因子の積である．

（十分性）A の最小多項式 $\Psi_A(z)$ が相異なる 1 次因子の積であれば，これは（13）において $m_j=1\ (j=1,2,\dots,s)$ を意味する．ゆえに，$\boldsymbol{C}^n$ の直和分解（14）は

$$\boldsymbol{C}^n=\sum_{j=1}^{s}\oplus\mathcal{N}(\lambda_j\,;1)$$

となるが，$\mathcal{N}(\lambda_j\,;1)=\left\{\boldsymbol{x}\in\boldsymbol{C}^n\,\middle|\,A\boldsymbol{x}=\lambda_j\boldsymbol{x}\right\}$ であり，その次元は定理 3 によって n_j であるから，$\mathcal{N}(\lambda_j\,;1)$ の中に固有値 λ_j に属する n_j 個の固有ベクトル $\boldsymbol{u}_k^{(j)}\ (k=1,2,\dots,n_j)$ からなる座標系 $\mathcal{U}_j$ を取ることができる．このとき，$A\boldsymbol{u}_k^{(j)}=\lambda_j\boldsymbol{u}_k^{(j)}\,(k=1,2,\dots,n_j\,;j=1,2,\dots,s)$ であるから，$\boldsymbol{C}^n$ の $n_1+n_2+\dots+n_s\,(=n)$ 個のベクトルからなる座標系：

$$\mathcal{U}=《\boldsymbol{u}_1^{(1)}\boldsymbol{u}_2^{(1)}\dots\boldsymbol{u}_{n_1}^{(1)},\ \dots\dots,\ \boldsymbol{u}_1^{(s)}\boldsymbol{u}_2^{(s)}\dots\boldsymbol{u}_{n_s}^{(s)}》$$

のもとでは．$\boldsymbol{A}$ の表現行列 A は明らかに（17）の形の対角行列（ただし，$q_j=n_j$）になる．

C］商線形空間．ここで，つぎの §27 で必要になる商線形空間について簡単に述べておく．

$\mathcal{N}$，$\mathcal{M}$ がともに $\boldsymbol{C}^n$ の部分空間であって，$\mathcal{N}\supseteqq\mathcal{M}$ とする．$\mathcal{N}$ の 2 つの元 $\boldsymbol{x}$，$\boldsymbol{y}$ に対して $\boldsymbol{x}-\boldsymbol{y}\in\mathcal{M}$ となるとき，$\boldsymbol{x}$ と $\boldsymbol{y}$ は $\mathcal{M}$ を法として同値であるといい，$\boldsymbol{x}\sim\boldsymbol{y}\,(\mathrm{mod}\,\mathcal{M})$ と書くが，以下，簡単のため mod $\mathcal{M}$ と書くのを省略する．容易にわかるように，次の同値律が成り立つ：

(i) $\boldsymbol{x}\sim\boldsymbol{x}$，(ii) $\boldsymbol{x}\sim\boldsymbol{y}$ ならば $\boldsymbol{y}\sim\boldsymbol{x}$，(iii) $\boldsymbol{x}\sim\boldsymbol{y}$ かつ $\boldsymbol{y}\sim\boldsymbol{z}$ ならば $\boldsymbol{x}\sim\boldsymbol{z}$．

任意の $\boldsymbol{x}\in\mathcal{N}$ に対して，$\boldsymbol{x}$ と同値な $\mathcal{N}$ の元全体の集合 $\left\{\boldsymbol{u}\in\mathcal{N}\,\middle|\,\boldsymbol{x}\sim\boldsymbol{u}\right\}$ を（$\mathcal{M}$ を法とする）$\boldsymbol{x}$ の同値類とよび，これを $[\boldsymbol{x}]$ で表わす．また，$\boldsymbol{x}$ を同値類 $[\boldsymbol{x}]$ の代表元という．$\boldsymbol{x}\sim\boldsymbol{y}$ ならば $[\boldsymbol{x}]=[\boldsymbol{y}]$ となることがわかる．実際，$\boldsymbol{u}\in[\boldsymbol{x}]$ とすれば $\boldsymbol{x}\sim\boldsymbol{u}$ であるから，仮定 $\boldsymbol{x}\sim\boldsymbol{y}$ と (ii) と (iii) から $\boldsymbol{u}\sim\boldsymbol{y}$ すなわち $\boldsymbol{u}\in[\boldsymbol{y}]$ より $[\boldsymbol{x}]\subseteqq[\boldsymbol{y}]$ が得られ，全く同様にして $[\boldsymbol{y}]\subseteqq[\boldsymbol{x}]$ が得られるからである．このことから，1 つの同値類の任意の元がその同値類の代表元になり得る．2 つの同値類 $[\boldsymbol{x}]$ と $[\boldsymbol{y}]$ は集合として完全に一致するか，または共通の元を全くもたないかのいずれかである．なぜなら，$\boldsymbol{a}\in[\boldsymbol{x}]\cap[\boldsymbol{y}]$ ならば $\boldsymbol{a}\in[\boldsymbol{x}]$，$\boldsymbol{a}\in[\boldsymbol{y}]$ であるから，いま見たように $[\boldsymbol{a}]=[\boldsymbol{x}]$ かつ $[\boldsymbol{a}]=[\boldsymbol{y}]$ となるからである．ゆえに，$\mathcal{N}$ の同値類全体の集合 $\left\{[\boldsymbol{x}]\,\middle|\,\boldsymbol{x}\in\mathcal{N}\right\}$ を考えれば，$\mathcal{N}$ は集合として互いに素な同値類に分割される（$\mathcal{N}=\bigcup_{\boldsymbol{x}\in\mathcal{N}}[\boldsymbol{x}]$）．これを，同値関係 $\sim$ による $\mathcal{N}$ の類別とよんで $\mathcal{N}/\mathcal{M}$ で表わし，$\mathcal{M}$ を法とする（または単に同値関係 $\sim$ に関する）$\mathcal{N}$ の商集合と名づける．このとき，同値類に対してスカラー乗法と加法を次のように定義することによって，$\mathcal{N}/\mathcal{M}$ は（複素）線形空間になる．

(18) $\qquad \alpha[\boldsymbol{x}]=[\alpha\boldsymbol{x}]\ (\alpha\in\boldsymbol{C})$，$\quad [\boldsymbol{x}]+[\boldsymbol{y}]=[\boldsymbol{x}+\boldsymbol{y}]$．

2 種の算法に関するこの定義は，同値類 $[\boldsymbol{x}]$，$[\boldsymbol{y}]$ からの代表元の取りかたによらないことが容易にわかる．検証は読者に任せよう．こうして，$\mathcal{N}/\mathcal{M}$ は（複素）商線形空間になる．$\mathcal{M}$ の任意の元 $\boldsymbol{w}$ に対して，明らかに $\boldsymbol{w}\sim 0$ となるから $[\boldsymbol{w}]=[0]$ であり，$[\boldsymbol{w}]$ は $\mathcal{N}/\mathcal{M}$ の零元としての役割をはたす．なお，$\mathcal{N}/\mathcal{M}$ におけるスカラー乗法と加法の定義（18）から明らかなように，$\alpha_1[\boldsymbol{x}_1]+\alpha_2[\boldsymbol{x}_2]+\dots+\alpha_k[\boldsymbol{x}_k]=[0]$ は $\alpha_1\boldsymbol{x}_1+\alpha_2\boldsymbol{x}_2+\dots+\alpha_k\boldsymbol{x}_k\in\mathcal{M}$ を意味する．

定理 6. $\mathfrak{N} \supseteqq \mathfrak{M}$ の次元をそれぞれ p, q とすれば，$\mathfrak{N}/\mathfrak{M}$ の次元は $p-q$ である．

証明．$\mathfrak{M}$ の基底を $\boldsymbol{u}_1, \boldsymbol{u}_2, \dots, \boldsymbol{u}_q$ とすれば，これらに $p-q$ 個のベクトル $\boldsymbol{u}_{q+1}, \dots, \boldsymbol{u}_p$ をつけ加えて $\mathfrak{N}$ の基底 $\boldsymbol{u}_1, \boldsymbol{u}_2, \dots, \boldsymbol{u}_p$ をつくることができる．そうすれば，任意の $\boldsymbol{x} \in \mathfrak{N}$ は

$$\boldsymbol{x} = \alpha_1 \boldsymbol{u}_1 + \dots + \alpha_q \boldsymbol{u}_q + \alpha_{q+1} \boldsymbol{u}_{q+1} + \dots + \alpha_p \boldsymbol{u}_p \quad (\alpha_j \in \boldsymbol{C})$$

と一意的に表わされる．ここで $\alpha_1 \boldsymbol{u}_1 + \dots + \alpha_q \boldsymbol{u}_q \in \mathfrak{M}$ に注意すれば $\boldsymbol{x} \sim \alpha_{q+1} \boldsymbol{u}_{q+1} + \dots + \alpha_p \boldsymbol{u}_p$ となるから，$[\boldsymbol{x}] = \alpha_{q+1}[\boldsymbol{u}_{q+1}] + \dots + \alpha_p[\boldsymbol{u}_p]$ と表わされる．もしもこの表わしかたのほかに，$[\boldsymbol{x}] = \alpha'_{q+1}[\boldsymbol{u}_{q+1}] + \dots + \alpha'_p[\boldsymbol{u}_p]$ という別の表わしかたがあったとすると，辺々引き算をして $[0] = \sum_{i=q+1}^{p} (\alpha_i - \alpha'_i)[\boldsymbol{u}_i] = \sum_{i=q+1}^{p} [(\alpha_i - \alpha'_i)\boldsymbol{u}_i] = \left[\sum_{i=q+1}^{p} (\alpha_i - \alpha'_i)\boldsymbol{u}_i\right]$ となるから，この等式は $\sum_{i=q+1}^{p} (\alpha_i - \alpha'_i)\boldsymbol{u}_i \in \mathfrak{M}$ を意味する．これより $\sum_{i=q+1}^{p} (\alpha_i - \alpha'_i)\boldsymbol{u}_i = \sum_{j=1}^{q} \beta_j \boldsymbol{u}_j \ (\beta_j \in \boldsymbol{C})$ という形に書けて $\sum_{j=1}^{q} \beta_j \boldsymbol{u}_j + \sum_{i=q+1}^{p} (\alpha'_i - \alpha_i)\boldsymbol{u}_i = 0$ となるが，$\boldsymbol{u}_1, \boldsymbol{u}_2, \dots, \boldsymbol{u}_p$ の 1 次独立性によって $\alpha'_i = \alpha_i$ $(i = q+1, \dots, p)$ でなければならない．これで $\mathfrak{N}/\mathfrak{M}$ の任意の元 $[\boldsymbol{x}]$ は一意的に $p-q$ 個の $[\boldsymbol{u}_{q+1}], \dots, [\boldsymbol{u}_p]$ の 1 次結合として表わされることがわかった．ゆえに，$[\boldsymbol{u}_{q+1}], \dots, [\boldsymbol{u}_p]$ は $\mathfrak{N}/\mathfrak{M}$ の基底になる．このことは $\mathfrak{N}/\mathfrak{M}$ の次元が $p-q$ であることを示している．

定義．$\mathfrak{N}(\supseteqq \mathfrak{M})$ の元 $\boldsymbol{h}_1, \boldsymbol{h}_2, \dots, \boldsymbol{h}_r$ が $\mathfrak{M}$ を法として 1 次独立 であるというのは，商線形空間 $\mathfrak{N}/\mathfrak{M}$ の元としての $[\boldsymbol{h}_1], [\boldsymbol{h}_2], \dots, [\boldsymbol{h}_r]$ が通常の意味で 1 次独立になること，すなわち，ある数 $\alpha_1, \alpha_2, \dots, \alpha_r$ に対して，

(19) $\qquad \alpha_1[\boldsymbol{h}_1] + \alpha_2[\boldsymbol{h}_2] + \dots + \alpha_r[\boldsymbol{h}_r] = [0]$ ならば，$\alpha_1 = \alpha_2 = \dots = \alpha_r = 0$

となることである．(19) の左辺は $[\alpha_1 \boldsymbol{h}_1 + \alpha_2 \boldsymbol{h}_2 + \dots + \alpha_r \boldsymbol{h}_r]$ と書けるから，$\boldsymbol{h}_1, \boldsymbol{h}_2, \dots, \boldsymbol{h}_r$ が $\mathfrak{M}$ を法として 1 次独立であるということは，ある数 $\alpha_1, \alpha_2, \dots, \alpha_r$ に対して，

$$\alpha_1 \boldsymbol{h}_1 + \alpha_2 \boldsymbol{h}_2 + \dots + \alpha_r \boldsymbol{h}_r \in \mathfrak{M} \text{ ならば } \alpha_i = 0 \quad (1 \leqq i \leqq r)$$

となることである，と言い換えることができる．ゆえに，$\mathfrak{N}$ の元 $\boldsymbol{h}_1, \dots, \boldsymbol{h}_r$ が $\mathfrak{M}$ を法として 1 次独立のとき，$\alpha_1, \dots, \alpha_r$ の中に少なくとも 1 つ 0 でないものがあれば，$\alpha_1 \boldsymbol{h}_1 + \dots + \alpha_r \boldsymbol{h}_r \notin \mathfrak{M}$ となる．これより当然，$\alpha_1 \boldsymbol{h}_1 + \dots + \alpha_r \boldsymbol{h}_r \neq 0$ であり，$\boldsymbol{h}_1, \dots, \boldsymbol{h}_r$ は通常の意味で 1 次独立になる．しかし，逆は正しくない．たとえば，$\mathfrak{M}$ に含まれる任意の 1 次独立なベクトル系は明らかに $\mathfrak{M}$ を法として 1 次独立ではない．

§ 27. Jordan 標準形の構築.

ここでは Jordan 標準形の 2 通りの構築法について述べることにする. 1つは代数的な方法であり，もう 1つは幾何学的な方法といわれるものである.

A］ 単純単因子による標準形の構築. まえの § と同様に，n 次の定数行列 A のすべての相異なる固有値を $\lambda_1, \lambda_2, \dots, \lambda_s$ とし，固有多項式 $\Phi_A(z)$ と最小多項式 $\Psi_A(z)$ をそれぞれ

$$\Phi_A(z)=(z-\lambda_1)^{n_1}(z-\lambda_2)^{n_2}\dots(z-\lambda_s)^{n_s},$$

$$\Psi_A(z)=(z-\lambda_1)^{m_1}(z-\lambda_2)^{m_2}\dots(z-\lambda_s)^{m_s}$$

とする. このとき，§24 の定理3の系により，

$$1 \leqq m_1 \leqq n_1,\ 1 \leqq m_2 \leqq n_2,\ \dots,\ 1 \leqq m_s \leqq n_s$$

である. また，A の単因子（§ 25，B］）を $e_1(z), e_2(z), \dots, e_n(z)$ とすれば，$e_n(z)$ は A の最小多項式 $\Psi_A(z)$ に等しいから（§ 25，定理6），$e_n(z)=\Psi_A(z)$ であり，しかも § 25 の定理 2 の（イ）によって，$e_k(z)$ $(1 \leqq k \leqq n-1)$ は $e_{k+1}(z)$ を割り切っているので，

(1) $$e_k(z)=\prod_{j=1}^{s}(z-\lambda_j)^{p_{kj}} \quad (k=1,2,\dots,n),$$

(2) ただし，$(0 \leqq)\, p_{1j} \leqq p_{2j} \leqq \dots \leqq p_{n-1,j} \leqq p_{nj}$，$1 \leqq p_{nj}=m_j$ $(j=1,2,\dots,s)$

と書くことができる. また，これら単因子の積は A の固有多項式 $\Phi_A(z)$ に等しいから，

(3) $$\sum_{k=1}^{n} p_{kj}=n_j\ (j=1,2,\dots,s),\quad \sum_{j=1}^{s} n_j=n$$

である. 因数分解の式(1)において，指数 p_{kj} が 0 ではないような因数

(4) $$(z-\lambda_j)^{p_{kj}} \quad (p_{kj} \geqq 1)$$

を λ_j を含む単純単因子 (elementary divisor) と名づけることは § 25 の F］で述べた.

さて，1 個の単純単因子(4)に対して p_{kj} 次の行列 $J(\lambda_j, p_{kj})$ を次のように定義する：

(5) $$J(\lambda_j, p_{kj})=\lambda_j I_{p_{kj}}+N_{p_{kj}}=\begin{cases} [\lambda_j] & (p_{kj}=1 \text{ のとき}), \\ \begin{pmatrix} \lambda_j & 1 & \dots & 0 \\ 0 & \lambda_j & \ddots & \vdots \\ \vdots & \vdots & \ddots & 1 \\ 0 & 0 & \cdots & \lambda_j \end{pmatrix} & (p_{kj}>1 \text{ のとき}). \end{cases}$$

ここで，$I_{p_{kj}}$ は p_{kj} 次の単位行列，$N_{p_{kj}}$ は対角線より一本上の準対角線上の要素はすべて 1 に等しく，その他の要素はすべて 0 であるような p_{kj} 次の行列である（ただし，$N_1=[0]$）.

行列 (5) を，固有値 λ_j に属する Jordan 細胞という. また，λ_j に属する Jordan 細胞全部の行列としての直和は，(3)から明らかなように n_j 次の対角型ブロック行列になる. これを λ_j に対応する Jordan 区画とよび，$J(\lambda_j)$ で表わすことにする. したがって，A の固有値 λ_j を含む単純単因子のベキ指数の列(2)において 0 ではない最初の指数が k_j 番目にあるとすれば，$J(\lambda_j)$ は $n-k_j+1$ 個の Jordan 細胞の直和であり，次のように書ける.

(6) $$J(\lambda_j)=\sum_{i=k_j}^{n}\oplus J(\lambda_j,\ p_{ij})\ .$$

このとき，A の各固有値に対応する Jordan 区画全部の直和：

(7) $$A_J=\sum_{j=1}^{s}\oplus J(\lambda_j)$$

を 行列 A（あるいは A から生じる $\boldsymbol{C}^n$ の 1 次変換 $\boldsymbol{A}$ ）の Jordan 標準形 と名づける．明らかに，A の Jordan 細胞は A の単純単因子だけによって定まるから，A の Jordan 標準形はこれを構成する Jordan 細胞の並び順を無視すれば一意的である．

【注 1】§ 25 の定理 5 によって 2 つの相似な行列の単因子は一致するから，単純単因子も全体として一致し，Jordan 細胞の並び順を無視すればJordan 標準形も一致する．$\boldsymbol{C}^n$ の 1 次変換 $\boldsymbol{A}$ の表現行列は座標系の変更によって相似な行列に移されること（§ 23，定理 1）に注意すれば，$\boldsymbol{C}^n$のある 1 つの（任意の）座標系のもとでの 1 次変換 $\boldsymbol{A}$ の表現行列の Jordan 標準形を 1 次変換 $\boldsymbol{A}$ の Jordan 標準形 とよぶことができる．

例 1．ある 9 次の行列 A の単因子が $e_1(z)=e_2(z)=e_3(z)=e_4(z)=e_5(z)=e_6(z)=1$，$e_7(z)=z+1$，$e_8(z)=(z+1)^2(z-5)$，$e_9(z)=(z+1)^2(z-5)^3$ であるとき，単純単因子をベキ指数の小さいものから書くと $z+1$，$z-5$，$(z+1)^2$，$(z+1)^2$，$(z-5)^3$ であるから，行列 A（あるいは，A から生じる $\boldsymbol{C}^9$ の 1 次変換 $\boldsymbol{A}$）の Jordan 標準形 A_J は次のようになる：

$$A_J=[-1]\oplus[5]\oplus\begin{pmatrix}-1 & 1\\ 0 & -1\end{pmatrix}\oplus\begin{pmatrix}-1 & 1\\ 0 & -1\end{pmatrix}\oplus\begin{pmatrix}5 & 1 & 0\\ 0 & 5 & 1\\ 0 & 0 & 5\end{pmatrix}.$$

次の定理を証明するのがこの A] の目的である．

定理 1．任意の正方行列 A はその Jordan 標準形 A_J と相似である．すなわち，適当に正則行列 T をえらぶことによって，$T^{-1}AT=A_J$ とすることができる．Jordan 標準形はその中の Jordan 細胞の並び順を無視すれば一意的である．

証明．A_J の単因子が A の単因子（1）と一致することを示すことができれば，§ 25 の定理 5 によって，証明が終わる．ゆえに，A_J の Smith 標準形が A のそれと一致することを示せばよい．(7) と (6) に注意すれば，

$$zI_n-A_J=\sum_{j=1}^{s}\oplus\left\{zI_{n_j}-J(\lambda_j)\right\},\quad zI_{n_j}-J(\lambda_j)=\sum_{i=k_j}^{n}\oplus\left\{zI_{p_{ij}}-J(\lambda_j,\ p_{ij})\right\}$$

であるから，まず，n_j 次の z - 行列 $zI_{n_j}-J(\lambda_j)$ の単因子からしらべることにしよう．§ 25 の例 3 で見たように，$zI_{p_{ij}}-J(\lambda_j,\ p_{ij})$ の単因子は次のようになる：

(8) $$1,\ 1,\ \dots,\ 1,\ (z-\lambda_j)^{p_{ij}}\quad(\,1 \text{ は } p_{ij}-1 \text{ 個並んでいる}).$$

ゆえに $zI_{p_{ij}}-J(\lambda_j,\ p_{ij})$ は，基本変形によって，(8) を対角成分にもつ次の形の Smith 標準形

(9) $$S_i(z\,;\lambda_j)=[1]\oplus[1]\oplus\dots\oplus[1]\oplus(z-\lambda_j)^{p_{ij}}$$

に移される．そうすれば，$zI_{n_j}-J(\lambda_j)$ は基本変形によって，$n-k_j+1$ 個の Smith 標準形

$S_i(z;\lambda_j)$ $(k_j \leqq i \leqq n)$ の直和 $\sum_{i=k_j}^{n} \oplus S_i(z;\lambda_j)$ に移され，次のようになる：

$$zI_{n_j} - J(\lambda_j) \xrightarrow{\text{基本変形}} \sum_{i=k_j}^{n} \oplus S_i(z;\lambda_j) .$$

ここで得られた最後の行列にさらに基本変形（行の交換と列の交換）を施し，各 $S_i(z;\lambda_j)$ の対角線上にある $p_{ij}-1$ 個の 1（(9) を見よ）を全部初めにまとめて対角線上に並べ，そのあとに $(z-\lambda_j)^{p_{ij}}$ $(i=k_j, k_j+1, \ldots, n)$ を並べてできる n_j 次の対角行列を $S(z;\lambda_j)$ とすれば，

$$\sum_{i=k_j}^{n} \oplus S_i(z;\lambda_j) \xrightarrow{\text{基本変形}} S(z;\lambda_j) = [1] \oplus [1] \oplus \ldots \oplus [1] \oplus \sum_{i=k_j}^{n} \oplus (z-\lambda_j)^{p_{ij}}$$

となる．ゆえに，A の Jordan 標準形 A_J の特性行列 $zI - A_J = \sum_{j=1}^{s} \oplus \left\{ zI_{n_j} - J(\lambda_j) \right\}$ は基本変形により，$S(z;\lambda_j)$ $(j=1, 2, \ldots, s)$ の直和 $S(z)$ にまで移され，次のようになる：

$$zI - A_J \xrightarrow{\text{基本変形}} S(z) = \sum_{j=1}^{s} \oplus S(z;\lambda_j) .$$

(3) の第 1 式から対角行列 $S(z;\lambda_j)$ では 1 が対角線上に $\sum_{i=k_j}^{n} (p_{ij}-1) = n_j - n + k_j - 1$ 個並んでいることがわかるから，(3) の第 2 式から対角型ブロック行列 $S(z)$ に含まれている 1 の個数は

(10) $$\sum_{j=1}^{s} (n_j - n + k_j - 1) = n - (n+1)s + \sum_{j=1}^{s} k_j$$

である．$S(z;\lambda_j)$ の対角線上には 1 のほかに λ_j を含むすべての単純単因子が並んでいるから，$S(z)$ にさらに基本変形（行の交換と列の交換）を施して，こんどは対角線上に（(10) で示した個数の 1 につづけて）1 以外のすべての単因子 $e_k(z)$ を構成するすべての単純単因子をつづけて並ばせることができる．したがってここで，単因子 $e_1(z), \ldots, e_n(z)$ の中で 1 ではない最初のものの番号を n_0 とし，$e_k(z)$ を構成するすべての単純単因子を対角成分とする対角行列：

(11) $$\widetilde{E}_k(z) = \begin{pmatrix} (z-\lambda_1)^{p_{k1}} & 0 & \cdots\cdots & 0 \\ 0 & (z-\lambda_2)^{p_{k2}} & \text{O} & \vdots \\ \vdots & \vdots & \ddots & 0 \\ 0 & 0 & \text{O} \cdots\cdots & (z-\lambda_s)^{p_{ks}} \end{pmatrix} \quad (k = n_0, n_0+1, \ldots, n)$$

を考えれば，明らかに，$S(z)$ は基本変形によって 次の形の対角行列に移される：

(12) $$[1] \oplus [1] \oplus \ldots \oplus [1] \oplus \sum_{k=n_0}^{n} \oplus \widetilde{E}_k(z) .$$

（この行列の [1] の個数も (10) で与えられることに注意．）見かけの上では，行列 (11) の次数は s であるが，$p_{ki}=0$ ならば (11) には λ_i を含む単純単因子は現われず，行列 (11) の次数は s よりも小さくなる．要するに，$e_k(z)$ が q 個 $(0<q \leqq s)$ の単純単因子から構成されていれば，(11) の次数は q である．§ 25 の例 4 により，行列 $\widetilde{E}_k(z)$ の単因子は

$$1, 1, \ldots, 1, e_k(z)$$

であるから，$\widetilde{E}_k(z)$ は基本変形によって次の形の行列に移る．

$$
(13)\qquad E_k(z)=\begin{pmatrix} 1 & 0 & \cdots & 0 & 0 \\ 0 & 1 & \cdots & 0 & 0 \\ \vdots & \vdots & \ddots & \vdots & \vdots \\ 0 & 0 & \cdots & 1 & 0 \\ 0 & 0 & \cdots & 0 & e_k(z) \end{pmatrix} \quad \left(\begin{array}{l}1\text{の個数}=[e_k(z)\text{に含まれて}\\ \text{いる単純単因子の個数}\,q]-1\end{array}\right).
$$

いままでの作業を振り返ると，次のようになる：

$$
(14)\qquad zI-A_J \xrightarrow{\text{基本変形}} S(z)=\sum_{j=1}^{s}\oplus S(z\,;\lambda_j) \xrightarrow{\text{基本変形}} [1]\oplus[1]\oplus\cdots[1]\oplus\sum_{k=n_0}^{n}\oplus E_k(z)\,.
$$

この図式(14)の終わりにある行列 $\sum_{k=n_0}^{n}\oplus E_k(z)$ の次数は A のすべての単純単因子の個数：

$$
\sum_{j=1}^{s}(n-k_j+1)=(n+1)s-\sum_{j=1}^{s}k_j
$$

に等しく，(13)から明らかなように，各 $E_k(z)$ は 1 以外の単因子を 1 個づつ含み，A の 1と異なる単因子の総数は $n-n_0+1$ であるから，対角型ブロック行列 $\sum_{k=n_0}^{n}\oplus E_k(z)$ に含まれている 1 は全部で $(n+1)s-\sum_{j=1}^{s}k_j-n+n_0-1$ 個ある．これに，(14)の[1]の個数((12)の[1]と同じ個数)を与える(10)を加えて，基本変形(14)の最後に得られた対角行列には丁度 n_0-1 個の 1 が含まれていることがわかる．この対角行列にさらに基本変形を施して，対角線上にこれら n_0-1 個の 1 を並べ，それにつづけて順に単因子 $e_{n_0}(z)$, $e_{n_0+1}(z)$, … , $e_n(z)$ を並べてから，1 を $e_1(z)$, $e_2(z)$, … , $e_{n_0-1}(z)$ に書き改めれば，ついに次の形の行列が得られる：

$$
\begin{pmatrix} e_1(z) & & & \\ & e_2(z) & & \mathbf{0} \\ & & \ddots & \\ \mathbf{0} & & & e_n(z) \end{pmatrix}.
$$

これは $zI-A$ の Smith 標準形であるから，これで $zI-A_J\sim zI-A$ が示された．

【注 2】 (i) $n_0=1$ すなわち $e_1(z)\neq 1$ ならば $s=1$ であり，n 個の単因子はすべて $z-\lambda_1$ に等しく，A_J は λ_1 を対角成分とする対角行列になる($\Phi_A(z)=(z-\lambda_1)^n$)．

(ii) $e_n(z)=\Psi_A(z)$ かつ $\Phi_A(z)=\prod_{i=1}^{n}e_i(z)$ であるから，$\Psi_A(z)=\Phi_A(z)$ ならば $e_1(z)=\cdots=e_{n-1}(z)=1$ でなければならない．ゆえにこの場合には $n_0=n$ である．逆に，$n_0=n$ ならば $e_1(z)=\cdots=e_{n-1}(z)=1$ であるから，$\Psi_A(z)=\Phi_A(z)$ となって $n_j=m_j$ $(j=1,2,\dots,s)$ でなければならない．したがって，λ_j を含む単純単因子は $(z-\lambda_j)^{m_j}$ だけであり，A の各固有値 λ_j に属する Jordan 細胞は次数が m_j のものただ 1 個しかない($\sum_{j=1}^{s}m_j=n$)．

(iii) n 次の行列 A の Jordan 標準形 A_J の直和成分である λ_j に属する Jordan 細胞 $J(\lambda_j, p_{ij})$ $(k_j\leq i\leq n)$ のなかで次数が l 以上のものの個数は次式で与えられる：

$$
\rho\left\{(A-\lambda_j I)^{l-1}\right\}-\rho\left\{(A-\lambda_j I)^{l}\right\}.
$$

ただし，$\rho\{*\}$ は行列 $*$ の階数(rank)を表わす．

(iii)の**証明**．定理1より，ある適当な正則行列 T をとれば $A_J=T^{-1}AT$ とすることができるから，$A_J-\lambda_jI=T^{-1}(A-\lambda_jI)T$ となり，一般に等式 $(A_J-\lambda_jI)^l=T^{-1}(A-\lambda_jI)^lT$ が成り立つ．このことから，両者の階数は等しいことがわかる：$\rho\{(A_J-\lambda_jI)^l\}=\rho\{(A-\lambda_jI)^l\}$．したがって，命題(iii)は A を A_J でおきかえたものについて証明すればよい．いま，λ_j に属する Jordan 細胞の総数を $\gamma(j)$ とし，そのなかで次数 i の細胞の個数を $q_i(\geq 0)$ としよう．(2)より $m_j\geq 1$ であるから $q_{m_j}\geq 1$ であり，しかも m_j は固有値 λ_j に属する Jordan 細胞の中での最大次数であるから，$i>m_j$ ならば $q_i=0$ であり，$\gamma(j)=\sum_{i=1}^{m_j}q_i$ と書くことができる．

とくに，l 次以上の Jordan 細胞 $J(\lambda_j, p)$ $(p\geq l)$ の個数は明らかに，次のようになる：

$$\gamma(j)-(q_1+q_2+\cdots+q_{l-1})\,.$$

ゆえに(iii)を証明するには，次の等式を示すことができればよい．

$$(15)\qquad \rho\{(A_J-\lambda_jI)^{l-1}\}-\rho\{(A_J-\lambda_jI)^l\}=\gamma(j)-(q_1+q_2+\cdots+q_{l-1})\,.$$

いま，λ_k に対応する Jordan 区画 $J(\lambda_k)$ において λ_k を μ でおきかえたものを $J_k(\mu)$ と書くことにすれば，(7)からわかるように $A_J-\lambda_jI=\sum_{k=1}^{s}\oplus J_k(\lambda_k-\lambda_j)=\left\{\sum_{k\neq j}\oplus J_k(\lambda_k-\lambda_j)\right\}\oplus J_j(0)$ となる．ゆえに，対角型ブロック行列どうしの積の計算法から明らかなように，$A_J-\lambda_jI$ のベキはこの対角型ブロック行列を構成する各対角ブロックのベキの直和になり，

$$(A_J-\lambda_jI)^l=\sum_{k\neq j}\oplus J_k(\lambda_k-\lambda_j)^l\oplus J_j(0)^l\quad(l=1,2,\dots)$$

となる．ここで，準対角線上に1が並び，他のすべての成分は0であるようなベキ零行列を便宜的に N-型行列とよぶことにすれば，$J_j(0)$ は $\gamma(j)$ 個の N-型行列の直和である．一般に m 次の N-型行列 N の l 乗 N^l における0-列（0ばかりを成分とする列ベクトル）の個数は，$1\leq l\leq m$ ならば l に等しく，$l>m$ ならばつねに m に等しい．ゆえに，$J_j(0)^l$ $(1\leq l\leq m_j)$ における0-列の個数は次のようになることがわかる（ただし，$q_0=0$）：

$$\begin{aligned}&lq_{m_j}+lq_{m_j-1}+\cdots+lq_l+(l-1)q_{l-1}+(l-2)q_{l-2}+\cdots+3q_3+2q_2+q_1\\&=l\gamma(j)-q_{l-1}-2q_{l-2}-\cdots-(l-3)q_3-(l-2)q_2-(l-1)q_1\,.\end{aligned}$$

ところが，$\sum_{k\neq j}\oplus J_k(\lambda_k-\lambda_j)$ の対角成分はすべて0と異なるから，$(A_J-\lambda_jI)^l$ の階数は $A_J-\lambda_jI$ の次数 n から $J_j(0)^l$ の0-列の個数を引いたものに等しい．したがって，次の2つの等式が成り立つことがわかる $(1\leq l\leq m_j)$：

$$\begin{aligned}\rho\{(A_J-\lambda_jI)^l\}&=n-l\gamma(j)+(l-1)q_1+(l-2)q_2+\cdots+2q_{l-2}+q_{l-1}\,,\\\rho\{(A_J-\lambda_jI)^{l-1}\}&=n-(l-1)\gamma(j)+(l-2)q_1+(l-3)q_2+\cdots+q_{l-2}\,.\end{aligned}$$

これよりただちに等式(15)が得られる．

B] Jordan 基底による標準形の構築．ここでは，幾何学的な立場から Jordan 標準形を構成する方法について述べよう．行列 A $(\neq O)$ から生じる $\boldsymbol{C}^n$ の1次変換を $\boldsymbol{A}$ とする．

簡単のために，1次変換 A の固有値の1つを λ として，$T=A-\lambda I$ とおく．いま，A の固有方程式 $\Phi_A(z)=0$ と最小方程式 $\Psi_A(z)=0$ の根としての λ の重複度をそれぞれ p，q とし，$k=0, 1, \ldots, q-1, q$ に対して $\mathcal{N}_k=\mathcal{N}(\lambda;k)=\left\{\boldsymbol{x}\,\middle|\,T^k\boldsymbol{x}=0, \boldsymbol{x}\in C^n\right\}$ とおけば，§26の定理3により，固有値 λ に属する一般固有空間 $\widetilde{\mathcal{N}}(\lambda)$ の次元は p に等しく，次の関係が成り立つ：

(16) $$\widetilde{\mathcal{N}}(\lambda)=\mathcal{N}_q \supseteqq \mathcal{N}_{q-1} \supseteqq \cdots \supseteqq \mathcal{N}_1 \supsetneqq \mathcal{N}_0=\{0\}.$$

ここで，商線形空間 $\mathcal{N}_q/\mathcal{N}_{q-1}$（まえの§26 の C］参照）の次元を r_q とし，その基底を

$$[\boldsymbol{w}_1^{(q)}],\ [\boldsymbol{w}_2^{(q)}],\ \ldots,\ [\boldsymbol{w}_{r_q}^{(q)}]$$

とすれば，$\boldsymbol{w}_1^{(q)}, \boldsymbol{w}_2^{(q)}, \ldots, \boldsymbol{w}_{r_q}^{(q)}$ は $\mathcal{N}_{q-1}$ を法として1次独立な $\mathcal{N}_q$ のベクトルである（$[\boldsymbol{w}]$ は $\boldsymbol{w}\in\mathcal{N}_q$ を含む $\mathcal{N}_q/\mathcal{N}_{q-1}$ の同値類である）．このとき，

(17) $$\boldsymbol{w}_i^{(q-1)}=T\boldsymbol{w}_i^{(q)}\quad(1\leqq i\leqq r_q)$$

とおけば，これらの r_q 個のベクトルは $\mathcal{N}_{q-1}$ に属し，かつ $\mathcal{N}_{q-2}$ を法として1次独立であることがわかる．実際，ある数 $\alpha_1, \ldots, \alpha_{r_q}$ に対して $\boldsymbol{x}=\sum_{i=1}^{r_q}\alpha_i\boldsymbol{w}_i^{(q-1)}\in\mathcal{N}_{q-2}$ であったとすれば，

$$0=T^{q-2}\boldsymbol{x}=\sum_{i=1}^{r_q}\alpha_i T^{q-2}\boldsymbol{w}_i^{(q-1)}=\sum_{i=1}^{r_q}\alpha_i T^{q-2}(T\boldsymbol{w}_i^{(q)})=\sum_{i=1}^{r_q}\alpha_i T^{q-1}\boldsymbol{w}_i^{(q)}=T^{q-1}\left(\sum_{i=1}^{r_q}\alpha_i\boldsymbol{w}_i^{(q)}\right)$$

であるから，$\sum_{i=1}^{r_q}\alpha_i\boldsymbol{w}_i^{(q)}$ は $\mathcal{N}_{q-1}$ に属する．ところが，$\boldsymbol{w}_1^{(q)}, \boldsymbol{w}_2^{(q)}, \ldots, \boldsymbol{w}_{r_q}^{(q)}$ は $\mathcal{N}_{q-1}$ を法として1次独立な $\mathcal{N}_q$ のベクトルであったから，$\alpha_i=0\ (1\leqq i\leqq r_q)$ でなければならない．ゆえに，$r_{q-1}=\dim\mathcal{N}_{q-1}/\mathcal{N}_{q-2}\geqq r_q$ である．ここでもしも $r_{q-1}>r_q$ となっていれば，(17)の r_q 個のベクトルを代表元とする $\mathcal{N}_{q-1}/\mathcal{N}_{q-2}$ の1次独立な元（同値類）

(18) $$[\boldsymbol{w}_1^{(q-1)}],\ [\boldsymbol{w}_2^{(q-1)}],\ \ldots,\ [\boldsymbol{w}_{r_q}^{(q-1)}]$$

に $\mathcal{N}_{q-1}/\mathcal{N}_{q-2}$ の $r_{q-1}-r_q$ 個の元 $[\boldsymbol{w}_{r_q+1}^{(q-1)}], [\boldsymbol{w}_{r_q+2}^{(q-1)}], \ldots, [\boldsymbol{w}_{r_{q-1}}^{(q-1)}]$ をつけ加えて，

(19) $$[\boldsymbol{w}_1^{(q-1)}],\ [\boldsymbol{w}_2^{(q-1)}],\ \ldots,\ [\boldsymbol{w}_{r_q}^{(q-1)}],\ [\boldsymbol{w}_{r_q+1}^{(q-1)}],\ [\boldsymbol{w}_{r_q+2}^{(q-1)}],\ \ldots,\ [\boldsymbol{w}_{r_{q-1}}^{(q-1)}]$$

が $\mathcal{N}_{q-1}/\mathcal{N}_{q-2}$ の基底となるようにする．もしも，$r_{q-1}=r_q$ ならば，この場合には(18)がこのままで $\mathcal{N}_{q-1}/\mathcal{N}_{q-2}$ の基底になっているので，ベクトル系 $\left\{\boldsymbol{w}_i^{(q-1)}\,\middle|\,1\leqq i\leqq r_{q-1}\right\}\ (\subseteqq\mathcal{N}_{q-1})$ は $\mathcal{N}_{q-2}$ を法として1次独立である．つぎに，

$$\boldsymbol{w}_i^{(q-2)}=T\boldsymbol{w}_i^{(q-1)}\quad(i=1, \ldots, r_q, r_q+1, \ldots, r_{q-1})$$

と定義すれば，これらの r_{q-1} 個のベクトルは $\mathcal{N}_{q-2}$ に属し $\mathcal{N}_{q-3}$ を法として1次独立であることが上と全く同様に証明される．さらにまた必要とあれば，(19)に $\mathcal{N}_{q-2}/\mathcal{N}_{q-3}$ のいくつかの同値類 $[\boldsymbol{w}_{r_{q-1}+1}^{(q-2)}], [\boldsymbol{w}_{r_{q-1}+2}^{(q-2)}], \ldots, [\boldsymbol{w}_{r_{q-2}}^{(q-2)}]$ をつけ加えて

$$[\boldsymbol{w}_1^{(q-1)}], \ldots, [\boldsymbol{w}_{r_q}^{(q-1)}],\ [\boldsymbol{w}_{r_q+1}^{(q-1)}], \ldots, [\boldsymbol{w}_{r_{q-1}}^{(q-1)}],\ [\boldsymbol{w}_{r_{q-1}+1}^{(q-2)}], [\boldsymbol{w}_{r_{q-1}+2}^{(q-2)}], \ldots, [\boldsymbol{w}_{r_{q-2}}^{(q-2)}]$$

が $\mathcal{N}_{q-2}/\mathcal{N}_{q-3}$ の基底になるようにする．もしも(19)がこのまま $\mathcal{N}_{q-2}/\mathcal{N}_{q-3}$ の基底になっていれば $r_{q-2}=r_{q-1}$ となる．同様な作業を $\mathcal{N}_1/\mathcal{N}_0=\mathcal{N}_1/\{0\}=\mathcal{N}_1$ の基底 $[\boldsymbol{w}_i^{(1)}]=\boldsymbol{w}_i^{(1)}$

$(1 \leqq i \leqq r_1)$が得られるまでつづける．このとき，$r_q \leqq r_{q-1} \leqq \cdots \leqq r_2 \leqq r_1$ であり，次のようなベクトル系がつくられる：

$$
(20)\quad \begin{cases}
\boldsymbol{w}_1^{(q)}, \ldots\ldots, \boldsymbol{w}_{r_q}^{(q)} \\
\boldsymbol{w}_1^{(q-1)}, \ldots\ldots, \boldsymbol{w}_{r_q}^{(q-1)}, \quad \boldsymbol{w}_{r_q+1}^{(q-1)}, \ldots\ldots, \boldsymbol{w}_{r_{q-1}}^{(q-1)} \\
\boldsymbol{w}_1^{(q-2)}, \ldots\ldots, \boldsymbol{w}_{r_q}^{(q-2)}, \quad \boldsymbol{w}_{r_q+1}^{(q-2)}, \ldots\ldots, \boldsymbol{w}_{r_{q-1}}^{(q-2)}, \ldots\ldots \\
\vdots \qquad \cdots\cdots \qquad \vdots \qquad \vdots \qquad \cdots\cdots \qquad \vdots \qquad \cdots\cdots \\
\boldsymbol{w}_1^{(1)}, \ldots\ldots, \boldsymbol{w}_{r_q}^{(1)}, \quad \boldsymbol{w}_{r_q+1}^{(1)}, \ldots\ldots, \boldsymbol{w}_{r_{q-1}}^{(1)}, \ldots\ldots\ldots, \boldsymbol{w}_{r_2+1}^{(1)}, \ldots, \boldsymbol{w}_{r_1}^{(1)}.
\end{cases}
$$

ここで下から数えてk番目の行は$\boldsymbol{w}_1^{(k)}, \ldots, \boldsymbol{w}_{r_q}^{(k)}, \boldsymbol{w}_{r_q+1}^{(k)}, \ldots, \boldsymbol{w}_{r_{q-1}}^{(k)}, \ldots, \boldsymbol{w}_{r_{k-1}+1}^{(k)}, \ldots, \boldsymbol{w}_{r_k}^{(k)}$であり，これらは$\mathcal{N}_k / \mathcal{N}_{k-1}$（ただし，$\mathcal{N}_1 / \mathcal{N}_0 = \mathcal{N}_1 / \{0\}$ は$\mathcal{N}_1$と同一視している）の元（同値類）の代表元であり，$r_k = \dim \mathcal{N}_k / \mathcal{N}_{k-1}$である（当然，通常の意味で１次独立である）．さらにまた，ベクトル系(20)のどのベクトルも，1次変換$\boldsymbol{T}$によって，そのすぐ下にあるベクトルに写されているから，次の等式が成り立っていることに注意しよう（$\boldsymbol{T}\boldsymbol{w}_i^{(1)} = \boldsymbol{0}, 1 \leqq i \leqq r_1$）：

$$
(21)\qquad \boldsymbol{T}^j \boldsymbol{w}_i^{(k)} = \begin{cases} \boldsymbol{w}_i^{(k-j)} & (1 \leqq i \leqq r_k ; 0 \leqq j < k. \text{ ただし，} \boldsymbol{T}^0 = \boldsymbol{I}) \\ \boldsymbol{0} & (1 \leqq i \leqq r_k ; j \geqq k). \end{cases}
$$

さて，ベクトル系(20)において最下行から第k行（r_k個のベクトル$\boldsymbol{w}_i^{(k)}$からなる行）までのベクトル全体の集合をΩ_kで表わせば，Ω_kは部分空間$\mathcal{N}_k$の基底になることがわかる．これを数学的帰納法によって証明しよう．$k=1$のときΩ_1はたしかに$\mathcal{N}_1$の基底である．

つぎに，Ω_k $(k \geqq 2)$が$\mathcal{N}_k$の基底であると仮定して，Ω_{k+1}が$\mathcal{N}_{k+1}$の基底になることを示そう．そのために，Ω_{k+1}に属するベクトルのある１次結合が$\boldsymbol{0}$になったとする．すなわち，$(r_{k+1} + r_k + \cdots + r_2 + r_1$ 個の）ある定数$\alpha_i^{(j)}$ $(j = 1, \ldots, k+1 ; i = 1, \ldots, r_j)$に対して，

$$
(22)\qquad \sum_{i=1}^{r_{k+1}} \alpha_i^{(k+1)} \boldsymbol{w}_i^{(k+1)} + \sum_{i=1}^{r_k} \alpha_i^{(k)} \boldsymbol{w}_i^{(k)} + \cdots\cdots\cdots + \sum_{i=1}^{r_2} \alpha_i^{(2)} \boldsymbol{w}_i^{(2)} + \sum_{i=1}^{r_1} \alpha_i^{(1)} \boldsymbol{w}_i^{(1)} = \boldsymbol{0}
$$

となったとする．ここで(22)の両辺に$\boldsymbol{T}^k$を施せば，(21)によって，(22)の第２の総和記号よりもあとにあるすべてのベクトルは$\boldsymbol{0}$に写されるから，次の等式が得られる：

$$
\sum_{i=1}^{r_{k+1}} \alpha_i^{(k+1)} \boldsymbol{w}_i^{(1)} = \boldsymbol{0}.
$$

この等式の左辺は１次独立なベクトル系Ω_1（これは$\boldsymbol{A}$の固有値λに属する固有空間$\mathcal{N}_1$の基底になっている）に属するベクトルの１次結合であるから，$\alpha_i^{(k+1)} = 0$ $(1 \leqq i \leqq r_{k+1})$でなければならない．そうなれば，(22)の左辺は$\Omega_k$に属するベクトルの１次結合であることがわかる．したがって，帰納法の仮定により，$\alpha_i^{(j)} = 0$ $(1 \leqq j \leqq k ; 1 \leqq i \leqq r_j)$となる．

これで，Ω_{k+1}は部分空間$\mathcal{N}_{k+1}$の中の１次独立なベクトル系であることが示された．つぎに，$\boldsymbol{x}$を$\mathcal{N}_{k+1}$に属する任意のベクトルとしよう．$[\boldsymbol{w}_1^{(k+1)}], [\boldsymbol{w}_2^{(k+1)}], \ldots, [\boldsymbol{w}_{r_{k+1}}^{(k+1)}]$は$\mathcal{N}_{k+1} / \mathcal{N}_k$の基底であったから，$\beta_1, \ldots, \beta_{r_{k+1}}$を適当に取って

$$[\boldsymbol{x}]=\beta_1[\boldsymbol{w}_1^{(k+1)}]+\beta_2[\boldsymbol{w}_2^{(k+1)}]+\dots+\beta_{r_{k+1}}[\boldsymbol{w}_{r_{k+1}}^{(k+1)}]$$

とすることができる．このことは $\boldsymbol{y}=\boldsymbol{x}-(\beta_1\boldsymbol{w}_1^{(k+1)}+\beta_2\boldsymbol{w}_2^{(k+1)}+\dots+\beta_{r_{k+1}}\boldsymbol{w}_{j+1}^{(k+1)})\in\mathcal{N}_k$ を意味しているから，$\boldsymbol{y}$ は Ω_k に属するベクトルの 1 次結合として表わすことができる．そうすれば当然，$\boldsymbol{x}$ は Ω_{k+1} に属するベクトルの 1 次結合として表わされることになる．以上で，Ω_{k+1} は $\mathcal{N}_{k+1}$ の基底であることがわかった．

ベクトル系 (20) は $r_{k+1}+1\leqq i\leqq r_k$ $(1\leqq k\leqq q$，ただし $r_{q+1}=0$ とおく) のとき，

$$T\boldsymbol{w}_i^{(k)}=\boldsymbol{w}_i^{(k-1)},\ T\boldsymbol{w}_i^{(k-1)}=\boldsymbol{w}_i^{(k-2)},\ \dots,\ T\boldsymbol{w}_i^{(2)}=\boldsymbol{w}_i^{(1)},\ T\boldsymbol{w}_i^{(1)}=0.$$

となることを示している．この関係を図式で見易くすれば，次のように表わされる：

$$\boldsymbol{w}_i^{(k)}\xrightarrow{T}\boldsymbol{w}_i^{(k-1)}\xrightarrow{T}\dots\xrightarrow{T}\boldsymbol{w}_i^{(2)}\xrightarrow{T}\boldsymbol{w}_i^{(1)}\xrightarrow{T}0\quad(\boldsymbol{w}^{(0)}=0)$$

ところが，$T=A-\lambda I$ であったから，ここで得られた k 個の等式を書き直すと次のようになる (ただし $r_{k+1}+1\leqq i\leqq r_k$)：

$$(23)\quad\begin{cases}(A-\lambda I)\boldsymbol{w}_i^{(k)}=\boldsymbol{w}_i^{(k-1)} & \text{すなわち}\quad A\boldsymbol{w}_i^{(k)}=\lambda\boldsymbol{w}_i^{(k)}+\boldsymbol{w}_i^{(k-1)}\ ,\\ (A-\lambda I)\boldsymbol{w}_i^{(k-1)}=\boldsymbol{w}_i^{(k-2)} & \text{すなわち}\quad A\boldsymbol{w}_i^{(k-1)}=\lambda\boldsymbol{w}_i^{(k-1)}+\boldsymbol{w}_i^{(k-2)}\ ,\\ \quad\vdots & \qquad\vdots\\ (A-\lambda I)\boldsymbol{w}_i^{(2)}=\boldsymbol{w}_i^{(1)} & \text{すなわち}\quad A\boldsymbol{w}_i^{(2)}=\lambda\boldsymbol{w}_i^{(2)}+\boldsymbol{w}_i^{(1)}\ ,\\ (A-\lambda I)\boldsymbol{w}_i^{(1)}=0 & \text{すなわち}\quad A\boldsymbol{w}_i^{(1)}=\lambda\boldsymbol{w}_i^{(1)}\ .\end{cases}$$

一般に，1 次独立なベクトル $\boldsymbol{u}_1,\boldsymbol{u}_2,\dots,\boldsymbol{u}_k$ が

$$A\boldsymbol{u}_1=\lambda\boldsymbol{u}_1,A\boldsymbol{u}_2=\lambda\boldsymbol{u}_2+\boldsymbol{u}_1,\dots,A\boldsymbol{u}_k=\lambda\boldsymbol{u}_k+\boldsymbol{u}_{k-1}$$

なる関係で結ばれているとき，$\boldsymbol{u}_1,\boldsymbol{u}_2,\dots,\boldsymbol{u}_k$ を固有値 λ に属する長さが k の上-Jordan 系列という．これに対して，

$$A\boldsymbol{v}_1=\lambda\boldsymbol{v}_1+\boldsymbol{v}_2,\dots,A\boldsymbol{v}_{k-1}=\lambda\boldsymbol{v}_{k-1}+\boldsymbol{v}_k,A\boldsymbol{v}_k=\lambda\boldsymbol{v}_k$$

なる関係で結ばれている 1 次独立なベクトル $\boldsymbol{v}_1,\boldsymbol{v}_2,\dots,\boldsymbol{v}_k$ を固有値 λ に属する長さが k の下-Jordan 系列という (上-，下-という接頭辞を付ける意味は，この先の (24) あるいは (25) を見れば明らかである)．したがって，(23) の関係をみたすベクトル列 $\boldsymbol{w}_i^{(k)},\boldsymbol{w}_i^{(k-1)},\dots,\boldsymbol{w}_i^{(1)}$ と $\boldsymbol{w}_i^{(1)},\boldsymbol{w}_i^{(2)},\dots,\boldsymbol{w}_i^{(k)}$ はそれぞれを A の固有値 λ に属する長さが k の 下-Jordan 系列と上-Jordan 系列であり，(20) は全部で r_1 本の Jordan 系列から成っていることになる ((20) から明らかなように，そこでは長さが 1 の Jordan 系列が r_1-r_2 個あり，固有空間の次元は r_1 である)．

【注3】説明をわかり易くするために，(20) では $r_q<r_{q-1}<\dots<r_2<r_1$ と解釈されるようにベクトル $\boldsymbol{w}_i^{(k)}(\in\mathcal{N}_k)$ を取って並べていったが，一般には $r_q\leqq r_{q-1}\leqq\dots\leqq r_2\leqq r_1$ の中のいくつかの個所で $r_{i-1}<r_i=r_{i+1}=\dots=r_j<r_{j+1}$ となることがあることにも注意しよう．このような場合に，(20) がどのような形になるかは容易に想像できよう．

上で述べたことがらをまとめると，次の定理が得られる．

定理 2. C^n の 1 次変換 A の固有値 λ_j に属する一般固有空間 $\widetilde{\mathfrak{n}}(\lambda_j)$ の中に何本かの Jordan 系列からなる基底を取ることができる.

この定理と § 26 の定理 4 の系 1 から，次の定理が得られる.

定理 3. C^n の 1 次変換 A があるとき，C^n の中に A の各固有値 λ_j $(j=1, 2, \dots, s)$ に属する Jordan 系列のみからなる基底を取ることができる.

A のすべての固有値に属するすべての Jordan 系列を一定の順序に並べて得られる C^n の基底を，<u>A から生じる Jordan 基底（座標系）</u>と名づける.

いま，1 本の Jordan 系列 $\boldsymbol{w}_i^{(k)}, \boldsymbol{w}_i^{(k-1)}, \dots, \boldsymbol{w}_i^{(1)}$（通常の意味で 1 次独立である）から生成される C^n の部分空間を $W^{(i)}$ とすれば，(23) から明らかなように $AW^{(i)} \subseteqq W^{(i)}$ であるから，A を $W^{(i)}$ の 1 次変換と考えることができる. このとき，$W^{(i)}$ の座標系 «$\boldsymbol{w}_i^{(1)}\ \boldsymbol{w}_i^{(2)} \dots \boldsymbol{w}_i^{(k)}$» のもとでの A の表現行列を $J_\lambda^{(i)}$ とすれば，これは k 次の行列であり，§ 23 の B] で述べた記法 (7) によって，(23) の関係は次のように書き表わすことができる：

$$(24)\quad [A\boldsymbol{w}_i^{(1)} A\boldsymbol{w}_i^{(2)} \dots A\boldsymbol{w}_i^{(k)}] = [\boldsymbol{w}_i^{(1)} \boldsymbol{w}_i^{(2)} \dots \boldsymbol{w}_i^{(k)}] J_\lambda^{(i)}, \text{ただし } J_\lambda^{(i)} = \begin{pmatrix} \lambda & 1 & 0 & \dots & 0 \\ 0 & \lambda & 1 & \ddots\ \mathbf{O} & \vdots \\ \vdots & 0 & \ddots & 1 & 0 \\ \vdots & \vdots & \mathbf{O} & \lambda & 1 \\ 0 & 0 & \dots & 0 & \lambda \end{pmatrix}.$$

また，座標系 «$\boldsymbol{w}_i^{(k)}\ \boldsymbol{w}_i^{(k-1)} \dots \boldsymbol{w}_i^{(1)}$» のもとでの A の表現行列は ${}^tJ_\lambda^{(i)}$ となる. すなわち，

$$(25)\quad [A\boldsymbol{w}_i^{(k)} A\boldsymbol{w}_i^{(k-1)} \dots A\boldsymbol{w}_i^{(1)}] = [\boldsymbol{w}_i^{(k)} \boldsymbol{w}_i^{(k-1)} \dots \boldsymbol{w}_i^{(1)}]\, {}^tJ_\lambda^{(i)}, \text{ただし } {}^tJ_\lambda^{(i)} = \begin{pmatrix} \lambda & 0 & \dots\dots & & 0 \\ 1 & \lambda & \ddots\ \mathbf{O} & & \vdots \\ 0 & 1 & \ddots & 0 & \vdots \\ \vdots & \vdots & \mathbf{O}\ \ddots & \lambda & 0 \\ 0 & 0 & \dots & 1 & \lambda \end{pmatrix}.$$

行列 $J_\lambda^{(i)}$ を<u>固有値 λ に属する上-Jordan 細胞</u>とよび，${}^tJ_\lambda^{(i)}$ を<u>下-Jordan 細胞</u>とよぶ. 上（下）-Jordan 細胞のみの直和として表されているようなJordan 標準形を <u>上（下）-Jordan 標準形</u> とよぶこともある. (20) から明らかなように，固有値 λ に属する Jordan 系列（すなわち Jordan 細胞）の総数は長さが 1 のものも含めて，(20) に見られるタテ列の個数 r_1 に他ならない（ここで次数 1 の細胞は $r_1 - r_2$ 個ある）. また，これら細胞の次数の総和は (20) にあるベクトルの総数すなわち，$\mathfrak{n}_q \left(=\widetilde{\mathfrak{n}}(\lambda)\right)$ の次元 p に等しい。

定理 3 によれば，C^n の中に 1 次変換 A から生じる Jordan 基底 $\mathcal{U}_J$ を取るとき，この基底のもとでの A の表現行列 A_J は，A の各固有値に対応する Jordan 区画 の（行列としての）直和になる. これを定理として述べておこう.

定理 4. C^n のある座標系 $\mathcal{U}$ のもとで，1 次変換 A の表現行列を A とし，A から生じる Jordan 基底（座標系）$\mathcal{U}_J$ のもとでの表現行列を A_J，座標系 $\mathcal{U}$ から座標系 $\mathcal{U}_J$ への変更の行列を P とすれば，$A_J = P^{-1}AP$ であり，A_J は上（下）- Jordan 細胞の直和になる.

§25の定理5によって，次の命題は明らかである：

定理 5．2つのn次定数行列A，Bが相似であるための必要十分条件は，両者のJordan標準形が（Jordan細胞の並び順は無視して）一致することである．

終わりに，もうすこし補足しておこう．

例 2．(i) $p=q$ の場合．(16)の所で述べたように，pは一般固有空間$\widetilde{\mathfrak{N}}(\lambda)$の次元であるから，(20)を見れば明らかなように，$p=r_q+r_{q-1}+\dots+r_2+r_1$となっている．したがって，$p=q$は$r_q=r_{q-1}=\dots=r_2=r_1=1$を意味し，(20)には長さが$p$の1本のJordan系列しかないことがわかる．他方，この場合は，$\dim\mathfrak{N}_k/\mathfrak{N}_{k-1}=1$ ($k=q, q-1, \dots, 2, 1$) となっていることを示し，$k=q, q-1, \dots, 2, 1$に対して$\dim\mathfrak{N}_k=k$である（§26の定理6を見られたい）．要するに，この場合は，$\boldsymbol{A}$は固有値λを含む単純単因子として$(z-\lambda)^p$をただ1個しかもたない事実に対応している．

(ii) $q=1$の場合．$\widetilde{\mathfrak{N}}(\lambda)=\mathfrak{N}_1$であるから，これは(20)は長さが1の$p$本のJordan系列，すなわち 固有値$\lambda$に属する$p(=\dim\mathfrak{N}_1)$個の固有ベクトルからなることを示している．このことは，$\boldsymbol{A}$が固有値λを含むp個の単純単因子$z-\lambda$をもっていることに対応する．

行列Aの固有多項式$\Phi_A(z)$と最小多項式$\Psi_A(z)$をこの§のはじめにあるものと同じものとすると，§26の定理4のあとの【注1】で述べたように，$n_i=\dim\widetilde{\mathfrak{N}}(\lambda_i)=\dim\mathfrak{N}_{m_i}$（(16)での記法）となるから，上の(i)の$p=q$は$n_i=m_i$を意味する．また，(ii)の$q=1$の場合には$r_1=p=n_i\,(=\dim\mathfrak{N}_1)$となる．

いま述べたことを定理としてまとめておこう（下の(ロ)は§26の定理5に対応する）．

定理 6．(イ) 1次変換$\boldsymbol{A}$の固有多項式$\Phi_A(z)$と最小多項式$\Psi_A(z)$とが一致していれば，すなわち$n_i=m_i$ ($i=1, 2, \dots, s$) ならば，$\boldsymbol{A}$の各固有値λ_i ($1\leqq i\leqq s$) に属するJordan細胞は1個だけであり，その次数は固有値の重複度$n_i\,(=m_i)$に等しい．ゆえに，$\boldsymbol{A}$のJordan標準形はこれらs個のJordan細胞の直和になる．

(ロ) $\boldsymbol{A}$の最小多項式$\Psi_A(z)$が相異なる1次因子の積であれば（すなわち$m_1=m_2=\dots=m_s=1$ならば），$\boldsymbol{C}^n$の基底として$\boldsymbol{A}$の固有ベクトルのみからなるものを取ることができる．したがって，この基底のもとでの$\boldsymbol{A}$の表現行列は$\boldsymbol{A}$の固有値を対角成分とする対角行列になる．また，この対角行列の中にある固有値λ_i ($1\leqq i\leqq s$) の個数はλ_iの重複度n_iに等しい．

【注4】n次行列Aの固有値λに属するJordan系列の全体は(20)にあるタテ列で尽くされているから，λを含むr個の単純単因子$(z-\lambda)^k$と長さがkのr本のJordan系列とは1対1に対応している．また，(20)から次のことが言える：

(a) 各Jordan系列は(20)の最下行の1次独立な1つ1つの固有ベクトルの上に立っているから，固有値λに属するJordan細胞の総数r_1はλに属する固有空間の次元$\dim\mathfrak{N}_1\,(=r_1)$に等しい．これは，固有方程式$\boldsymbol{Tx}=\boldsymbol{0}$すなわち$\boldsymbol{Ax}=\lambda\boldsymbol{x}$の解空間の次元（1次独立な解の最大個数）であり，次式が成り立つ：$r_1=n-\rho(A-\lambda I)$．

(b) k 次の Jordan 細胞は $r_k - r_{k+1}$ 個ある（ただし，$r_{q+1}=0$ とする）．ゆえに，もしも $r_k = r_{k+1}$ ($1 \leqq k \leqq q-1$) ならば，k 次の Jordan 細胞は存在しない．もっと一般に，

$$r_{k+1} < r_k = r_{k-1} = \cdots = r_{k-i+1} = r_{k-i} < r_{k-i-1} \quad (\text{ただし}, k-i-1 \geqq 1)$$

ならば，長さが $k-1, k-2, \ldots, k-i$ の Jordan 系列は存在しないから，これに応じて，次数が $k-1, k-2, \ldots, k-i$ の Jordan 細胞は現れない．この場合，次数が $k-i$ よりも小さいような Jordan 細胞の総数は高だか $r_1 - r_{k-i}$ である．とくに，$r_{k+1} < r_k = r_{k-1} = \cdots = r_2 = r_1$ ならば，長さが $k-1$ 以下の Jordan 系列は存在しないので，これに応じて次数 $k-1$ 以下の Jordan 細胞は現れない．

(c) 固有値 λ に属する Jordan 細胞のうちで l 次以上のものの総数を Γ_l とすれば，Ω_k の定義（(21) のすぐあと）と (20) を見ればわかるように，

$$\Gamma_l = (\Omega_l \text{ に含まれるベクトルの個数}) - (\Omega_{l-1} \text{ に含まれるベクトルの個数})$$

である．ところが，(21) のあとで証明したように Ω_l は部分空間 $\mathcal{N}_l$ の基底をなしているから，Ω_l に含まれるベクトルの個数は $\dim \mathcal{N}_l$ に等しい．しかし，$\mathcal{N}_l = \left\{ \boldsymbol{x} \in \boldsymbol{C}^n \,\middle|\, (A-\lambda I)^l \boldsymbol{x} = 0 \right\}$ であったから，$\dim \mathcal{N}_l = n - \rho\left\{(A-\lambda I)^l\right\}$ となる．ゆえに，次式が得られる：

$$\Gamma_l = \rho\left\{(A-\lambda I)^{l-1}\right\} - \rho\left\{(A-\lambda I)^l\right\}.$$

この事実はすでに A] の【注 2】の (iii) によっても示されている．

(d) 固有値 λ_j に属する一般固有空間 $\widetilde{\mathcal{N}}(\lambda_j)$ の次元は n_j であるから（まえの§の定理 4 の系 2），$\Psi_A(z) = \Phi_A(z)$ ならば $\dim \widetilde{\mathcal{N}}(\lambda_j) = m_j$ となる．他方，$\widetilde{\mathcal{N}}(\lambda_j) = \mathcal{N}(\lambda_j; m_j)$ であるから（§26 の定理 4），Jordan 系列の集合 (20)（$\lambda = \lambda_j$ と考えたとき）$q = m_j$ である．この 2 つの事実から，λ_j に属する Jordan 系列は長さが $m_j (= n_j)$ のものが 1 本しかないことがわかる．ゆえに，$\Psi_A(z) = \Phi_A(z)$ の場合には，λ_j に属する Jordan 細胞は次数が m_j のものが 1 個しかないことになる．これは A] の【注 2】の (ii) で述べたことに対応する．

§ 28. いくつかの簡単な例とまとめ.

この § では，まえの § 27 の A] と B] で説明した行列 A の Jordan 標準形 A_J を求める 2 通りの方法 ――単純単因子による方法と Jordan 系列による方法 ――をいくつかの例題によって説明する. また，読者はすでに第 1 章において，Jordan 標準形に頼らずに A^k ($k=1$, 2, …) と e^A を求める方法を学んだが，C] ではベキ級数によって与えられた関数 $f(z)$ に対して，Jordan 標準形 A_J を利用して，行列 $f(A)$ を求める方法を詳しく述べた. この方法と比較する意味で，D] では A の基幹行列によって A^k と e^A を求め，その簡便さをあらためて示した.

例 1. $A=\begin{pmatrix} 2 & -2 & 1 & -2 \\ -1 & 3 & -2 & 2 \\ 0 & 1 & 2 & 1 \\ 0 & -1 & 1 & 1 \end{pmatrix}$ の Jordan 標準形を求め，A^k と e^A を計算する.

A] 単純単因子による場合. 行列 A の単因子は (たとえば基本変形により) 1, 1, 1, $(z-2)^4$ であることがわかるから，A の単純単因子は $(z-2)^4$ ただ 1 個である. ゆえに，適当な正則行列 P を取ることにより，A の Jordan 標準形 $P^{-1}AP=A_J$ はただ 1 個の Jordan 細胞からなり，それは次のようになることがわかる (上 - Jordan 細胞を取った):

(1) $$A_J=\begin{pmatrix} 2 & 1 & 0 & 0 \\ 0 & 2 & 1 & 0 \\ 0 & 0 & 2 & 1 \\ 0 & 0 & 0 & 2 \end{pmatrix}.$$

この Jordan 標準形 A_J を用いて A^k ($k=1, 2, \dots$), e^A を計算するには，等式

(2) $$A^k=(PA_JP^{-1})^k=\underbrace{(PA_JP^{-1})(PA_JP^{-1})\dots(PA_JP^{-1})}_{k\text{ 個}}=PA_J^kP^{-1}.$$

と (A_J^k は $(A_J)^k$ のことである)，これから得られる次の等式を利用する:

(3) $$e^A=\sum_{k=0}^{\infty}\frac{A^k}{k!}=\sum_{k=0}^{\infty}\frac{PA_J^kP^{-1}}{k!}=P\Big(\sum_{k=0}^{\infty}\frac{A_J^k}{k!}\Big)P^{-1}=Pe^{A_J}P^{-1}.$$

このため，A を A_J に移す変換の行列 P を求めねばならない. P の第 1, 2, 3, 4 列をそれぞれ $\boldsymbol{p}_1, \boldsymbol{p}_2, \boldsymbol{p}_3, \boldsymbol{p}_4$ として $P=[\boldsymbol{p}_1\ \boldsymbol{p}_2\ \boldsymbol{p}_3\ \boldsymbol{p}_4]$ と書けば，$P^{-1}AP=A_J$ より次の等式が成り立つ:

$$A[\boldsymbol{p}_1\ \boldsymbol{p}_2\ \boldsymbol{p}_3\ \boldsymbol{p}_4]=[\boldsymbol{p}_1\ \boldsymbol{p}_2\ \boldsymbol{p}_3\ \boldsymbol{p}_4]A_J,\ \text{すなわち}$$

(4) $$A\boldsymbol{p}_1=2\boldsymbol{p}_1,\ A\boldsymbol{p}_2=2\boldsymbol{p}_2+\boldsymbol{p}_1,\ A\boldsymbol{p}_3=2\boldsymbol{p}_3+\boldsymbol{p}_2,\ A\boldsymbol{p}_4=2\boldsymbol{p}_4+\boldsymbol{p}_3.$$

これより，$(A-2I)\boldsymbol{p}_1=\boldsymbol{0}$, $(A-2I)\boldsymbol{p}_2=\boldsymbol{p}_1$, $(A-2I)\boldsymbol{p}_3=\boldsymbol{p}_2$, $(A-2I)\boldsymbol{p}_4=\boldsymbol{p}_3$ となるから，あとの式を順次にまえの式に代入することにより，次の等式が得られる.

(5) $$(A-2I)\boldsymbol{p}_4=\boldsymbol{p}_3,\ (A-2I)^2\boldsymbol{p}_4=\boldsymbol{p}_2,\ (A-2I)^3\boldsymbol{p}_4=\boldsymbol{p}_1,\ (A-2I)^4\boldsymbol{p}_4=\boldsymbol{0}.$$

これらの等式をみたす 1 次独立な $\boldsymbol{p}_1, \boldsymbol{p}_2, \boldsymbol{p}_3, \boldsymbol{p}_4$ を求めてみよう. このため，$A-2I$ の 3 次までのベキを求めれば，

(6) $$A-2I=\begin{pmatrix} 0 & -2 & 1 & -2 \\ -1 & 1 & -2 & 2 \\ 0 & 1 & 0 & 1 \\ 0 & -1 & 1 & -1 \end{pmatrix},\ (A-2I)^2=\begin{pmatrix} 2 & 1 & 2 & -1 \\ -1 & -1 & -1 & 0 \\ -1 & 0 & -1 & 1 \\ 1 & 1 & 1 & 0 \end{pmatrix},$$

$$(A-2I)^3=\begin{pmatrix}-1&0&-1&1\\1&0&1&-1\\0&0&0&0\\-1&0&-1&1\end{pmatrix}$$

となる．$(z-2)^4$ は A の最小多項式で（固有多項式でも）あるから，§25 の定理 6（または §24 の定理 3）によって $(A-2I)^4=O$ である．ゆえに，$\boldsymbol{p}_4$ としては $\boldsymbol{0}$ でない任意のベクトルを取れる．したがって，なるべく簡単に $\boldsymbol{p}_4={}^t(1,0,0,0)$ としよう．これと(5)，(6)から，順次に

$$\boldsymbol{p}_3={}^t(0,-1,0,0),\ \boldsymbol{p}_2={}^t(2,-1,-1,1),\ \boldsymbol{p}_1={}^t(-1,1,0,-1)$$

が得られる．このとき，$\boldsymbol{p}_4,\boldsymbol{p}_3,\boldsymbol{p}_2,\boldsymbol{p}_1$ が 1 次独立なことは(4)のすぐあとの関係式 $(A-2I)\boldsymbol{p}_k=\boldsymbol{p}_{k-1}$ $(1\leqq k\leqq 4$．ただし $\boldsymbol{p}_0=\boldsymbol{0})$ を利用して容易に確かめられる．こうして，行列 P が求められるが，さらに P の逆行列を求めると次のようになる：

(7)
$$P=\begin{pmatrix}-1&2&0&1\\1&-1&-1&0\\0&-1&0&0\\-1&1&0&0\end{pmatrix},\quad P^{-1}=\begin{pmatrix}0&0&-1&-1\\0&0&-1&0\\0&-1&0&-1\\1&0&1&-1\end{pmatrix}.$$

(2)によって A^k を計算するため，A_J^k を求めねばならない．このため，

$$A_J=2I+N,\ \text{ただし}\ I=\begin{pmatrix}1&0&0&0\\0&1&0&0\\0&0&1&0\\0&0&0&1\end{pmatrix},\quad N=\begin{pmatrix}0&1&0&0\\0&0&1&0\\0&0&0&1\\0&0&0&0\end{pmatrix}$$

と書き表わす．2 項係数 $\binom{k}{j}=\dfrac{k!}{j!(k-j)!}$ $(0\leqq j\leqq k)$ に対して，$0\leqq k<j$ のとき $\binom{k}{j}=0$ と約束すれば，$k\geqq 4$ のとき $N^k=O$（零行列）であるから，2 項定理により任意の $k\ (\geqq 0)$ に対して次式が得られる：

(8)
$$A_J^k=(2I+N)^k=2^kI+\binom{k}{1}2^{k-1}N+\binom{k}{2}2^{k-2}N^2+\binom{k}{3}2^{k-3}N^3$$
$$=\begin{pmatrix}2^k & k2^{k-1} & \frac{k(k-1)2^{k-2}}{2} & \frac{k(k-1)(k-2)2^{k-3}}{6}\\ 0 & 2^k & k2^{k-1} & \frac{k(k-1)2^{k-2}}{2}\\ 0&0&2^k&k2^{k-1}\\ 0&0&0&2^k\end{pmatrix}.$$

簡単のため，$a_k=2^k,\ b_k=k2^{k-1},\ c_k=\dfrac{k(k-1)}{2}2^{k-2},\ d_k=\dfrac{k(k-1)(k-2)}{6}2^{k-3}$ とおけば，(2)と(7)により，任意の整数 $k\geqq 0$ に対して，次のようになる：

(9)
$$A^k=PA_J^kP^{-1}=\begin{pmatrix}-1&2&0&1\\1&-1&-1&0\\0&-1&0&0\\-1&1&0&0\end{pmatrix}\begin{pmatrix}a_k&b_k&c_k&d_k\\0&a_k&b_k&c_k\\0&0&a_k&b_k\\0&0&0&a_k\end{pmatrix}\begin{pmatrix}0&0&-1&-1\\0&0&-1&0\\0&-1&0&-1\\1&0&1&-1\end{pmatrix}$$
$$=\begin{pmatrix}a_k+2c_k-d_k & -2b_k+c_k & b_k+2c_k-d_k & -2b_k-c_k+d_k\\ -b_k-c_k+d_k & a_k+b_k-c_k & -2b_k-c_k+d_k & 2b_k-d_k\\ -c_k & b_k & a_k-c_k & b_k+c_k\\ c_k-d_k & -b_k+c_k & b_k+c_k-d_k & a_k-b_k+d_k\end{pmatrix}.$$

つぎに，(3) によって e^A を計算するため，まず e^{A_J} を求める必要がある．(8) に注意すれば，この計算は次のようになる：

$$e^{A_J}=\sum_{k=0}^{\infty}\frac{A_J^k}{k!}=\sum_{k=0}^{\infty}\frac{2^k}{k!}I+\sum_{k=1}^{\infty}\frac{2^{k-1}}{1!(k-1)!}N+\sum_{k=2}^{\infty}\frac{2^{k-2}}{2!(k-2)!}N^2+\sum_{k=3}^{\infty}\frac{2^{k-3}}{3!(k-3)!}N^3$$

$$=e^2(I+\frac{1}{1!}N+\frac{1}{2!}N^2+\frac{1}{3!}N^3)=e^2\begin{pmatrix}1&1&\frac{1}{2}&\frac{1}{6}\\0&1&1&\frac{1}{2}\\0&0&1&1\\0&0&0&1\end{pmatrix}.$$

この結果と (3)，(7) から，次式が得られる：

(10)
$$e^A=Pe^{A_J}P^{-1}=e^2\begin{pmatrix}-1&2&0&1\\1&-1&-1&0\\0&-1&0&0\\-1&1&0&0\end{pmatrix}\begin{pmatrix}1&1&\frac{1}{2}&\frac{1}{6}\\0&1&1&\frac{1}{2}\\0&0&1&1\\0&0&0&1\end{pmatrix}\begin{pmatrix}0&0&-1&-1\\0&0&-1&0\\0&-1&0&-1\\1&0&1&-1\end{pmatrix}$$

$$=\frac{e^2}{6}\begin{pmatrix}11&-9&11&-14\\-8&9&-14&11\\-3&6&3&9\\2&-3&8&1\end{pmatrix}.$$

B] Jordan 系列による場合．例 1 の行列 A の最小多項式は $(z-2)^4$ であるから，2 は A のただ 1 つの固有値であり，この固有値に属する長さが 4 の Jordan 系列が少なくとも 1 本は存在する（まえの § の (20) 参照）．ところが，A の固有多項式も $(z-2)^4$ であるから，一般固有空間 $\widetilde{\mathfrak{N}}(2)$ の次元は 4 であり（§ 26，定理 3）$\widetilde{\mathfrak{N}}(2)=\boldsymbol{C}^4$ となる（このことは，$(A-2I)^4=O$（零行列）からも明らかである）．したがって，A から生じる Jordan 系列は 1 本しかないことがわかる．まえの § 27 の記号をそのまま使えば，$\lambda=2$，$q=p=4$，$r_q=1$，$T=A-2I$ であり，求める Jordan 系列は（$r_q=1$ であるから，$\boldsymbol{w}$ の右下の添え数は省略する）

$$\boldsymbol{w}^{(4)}\xrightarrow{T}\boldsymbol{w}^{(3)}\xrightarrow{T}\boldsymbol{w}^{(2)}\xrightarrow{T}\boldsymbol{w}^{(1)}\ （ただし，\boldsymbol{w}^{(4)}\notin\mathfrak{N}(2;3)）$$

として得られる．すなわち，次のようになる：

(11)
$$\boldsymbol{w}^{(3)}=T\boldsymbol{w}^{(4)},\ \boldsymbol{w}^{(2)}=T^2\boldsymbol{w}^{(4)},\ \boldsymbol{w}^{(1)}=T^3\boldsymbol{w}^{(4)}.$$

ゆえに，はじめに $\boldsymbol{w}^{(4)}$ として部分空間 $\mathfrak{N}(2;3)=\left\{\boldsymbol{x}\in\boldsymbol{C}^4\ \middle|\ (A-2I)^3\boldsymbol{x}=\boldsymbol{0}\right\}$ に含まれない任意のベクトルを採り，(11) によって $\boldsymbol{w}^{(3)}$, $\boldsymbol{w}^{(2)}$, $\boldsymbol{w}^{(1)}$ を求めればよい．このとき，ベクトル列 $\boldsymbol{w}^{(1)}$, $\boldsymbol{w}^{(2)}$, $\boldsymbol{w}^{(3)}$, $\boldsymbol{w}^{(4)}$ は 上 - Jordan 系列 であり，A を上 - Jordan 標準形 (1) に移す変換の行列は $W=[\boldsymbol{w}^{(1)}\boldsymbol{w}^{(2)}\boldsymbol{w}^{(3)}\boldsymbol{w}^{(4)}]$ である．したがって，たとえば $\boldsymbol{w}^{(4)}={}^t(1,0,0,0)$ と取れば，この場合は，W は当然 A] での行列 P と同じになる．ここであえて $\boldsymbol{w}^{(4)}={}^t(1,1,0,0)$ と取れば，$\boldsymbol{w}^{(3)}={}^t(-2,0,1,-1)$，$\boldsymbol{w}^{(2)}={}^t(3,-2,-1,2)$，$\boldsymbol{w}^{(1)}={}^t(-1,1,0,-1)$ となるから，このときは

$$W=[\boldsymbol{w}^{(1)}\boldsymbol{w}^{(2)}\boldsymbol{w}^{(3)}\boldsymbol{w}^{(4)}]=\begin{pmatrix}-1&3&-2&1\\1&-2&0&1\\0&-1&1&0\\-1&2&-1&0\end{pmatrix},\quad W^{-1}=\begin{pmatrix}1&-1&-1&-3\\1&-1&0&-2\\1&-1&1&-2\\1&0&1&-1\end{pmatrix}$$

である．$W^{-1}AW$ がたしかに(1)の A_J に等しくなることの検証は読者に任せよう．

なお，念のため $k=3,2,1$ に対して 同次方程式 $(A-2I)^k\boldsymbol{x}=\mathbf{0}$ を解いて，その解空間を求めれば次のようになる：

$$\begin{cases}\mathcal{N}_3=\mathcal{N}(2;3)=\mathscr{L}(\boldsymbol{e}_2,\boldsymbol{e}_1-\boldsymbol{e}_3,\boldsymbol{e}_1+\boldsymbol{e}_4) & (\dim\mathcal{N}(2;3)=3),\\ \mathcal{N}_2=\mathcal{N}(2;2)=\mathscr{L}(\boldsymbol{e}_1-\boldsymbol{e}_3,\boldsymbol{e}_1-\boldsymbol{e}_2+\boldsymbol{e}_4) & (\dim\mathcal{N}(2;2)=2),\\ \mathcal{N}_1=\mathcal{N}(2;1)=\mathscr{L}(\boldsymbol{e}_1-\boldsymbol{e}_2+\boldsymbol{e}_4) & (\dim\mathcal{N}(2;1)=1).\end{cases}$$

ここで $\mathscr{L}(\boldsymbol{a},\boldsymbol{b},\dots)$ はベクトル $\boldsymbol{a},\boldsymbol{b},\dots$ から生成される $\boldsymbol{C}^4$ の部分空間を表わし，$\boldsymbol{e}_1,\boldsymbol{e}_2,\boldsymbol{e}_3,\boldsymbol{e}_4$ は $\boldsymbol{C}^4$ の自然基底である．このことから，商線形空間 $\mathcal{N}_k/\mathcal{N}_{k-1}$ $(k=4,3,2)$ はいずれも1次元であることがわかる(§26，定理6)．この事実もまた $\boldsymbol{C}^4$ の Jordan 基底はただ1本の Jordan 系列からなることを裏付けている．

A] で求めたベクトル列 $\boldsymbol{p}_1,\boldsymbol{p}_2,\boldsymbol{p}_3,\boldsymbol{p}_4$ は(4)から明らかなように，A の唯一の固有値 2 に属する上-Jordan 系列である(まえの§の(22)のあとの定義を見られたい)．これに対して，ベクトル列 $\boldsymbol{p}_4,\boldsymbol{p}_3,\boldsymbol{p}_2,\boldsymbol{p}_1$ は下-Jordan 系列であるから，行列

$$P_-=[\boldsymbol{p}_4\ \boldsymbol{p}_3\ \boldsymbol{p}_2\ \boldsymbol{p}_1]=\begin{pmatrix}1&0&2&-1\\0&-1&-1&1\\0&0&-1&0\\0&0&1&-1\end{pmatrix}\quad と\quad P_-^{-1}=\begin{pmatrix}1&0&1&-1\\0&-1&0&-1\\0&0&-1&0\\0&0&-1&-1\end{pmatrix}$$

によって，A の下-Jordan 標準形

$$P_-^{-1}AP_-=\begin{pmatrix}2&0&0&0\\1&2&0&0\\0&1&2&0\\0&0&1&2\end{pmatrix}$$

が得られる．

例 2．5次の行列 $A=\begin{pmatrix}-4&1&3&-3&0\\-1&3&1&8&4\\-3&1&2&-3&0\\0&1&0&1&1\\1&-6&-1&-12&-7\end{pmatrix}$ の Jordan 標準形を求めてみよう．

行列 A の最小多項式は $(z+1)^3$ であることがわかる：$\Psi_A(z)=(z+1)^3$．ゆえに，A の固有値は -1 だけで，A は長さが3の Jordan 系列をもつことがわかる．ここでも，まえの§の B] の記号を用いることにして，$\boldsymbol{C}^n$ の自然基底のもとで A から生じる1次変換を $\boldsymbol{A}$ とすれば，$\lambda=-1$ であるから，$\boldsymbol{T}=\boldsymbol{A}+\boldsymbol{I}$ である(§23 の【注1】より $\boldsymbol{A}+\boldsymbol{I}=A+I$)．$\boldsymbol{T}^3=O$(零行列)であるから，$\boldsymbol{A}$ の一般固有空間 $\widetilde{\mathcal{N}}(\lambda)=\mathcal{N}_3=\{\boldsymbol{x}\in\boldsymbol{C}^5\mid\boldsymbol{T}^3\boldsymbol{x}=\mathbf{0}\}(=\boldsymbol{C}^5)$ は5次元である．

$$A+I=\begin{pmatrix}-3&1&3&-3&0\\-1&4&1&8&4\\-3&1&3&-3&0\\0&1&0&2&1\\1&-6&-1&-12&-6\end{pmatrix},\quad (A+I)^2=\begin{pmatrix}-1&1&1&2&1\\0&0&0&0&0\\-1&1&1&2&1\\0&0&0&0&0\\0&0&0&0&0\end{pmatrix},\quad (A+I)^3=O$$

となるから，同次方程式 $(A+I)^k\boldsymbol{x}=\mathbf{0}$ $(k=3,2,1)$ の解空間 $\mathcal{N}_k=\{\boldsymbol{x}\in\boldsymbol{C}^5\mid\boldsymbol{T}^k\boldsymbol{x}=\mathbf{0}\}$ は次の

ようになることがわかる（$e_1, e_2, \dots, e_5$ は C^5 の自然基底である）：

$$\begin{cases} \mathcal{N}_3 = C^5 & (\dim \mathcal{N}_3 = 5), \\ \mathcal{N}_2 = \mathcal{L}(e_1+e_2, e_1+e_3, 2e_1+e_4, e_1+e_5) & (\dim \mathcal{N}_2 = 4), \\ \mathcal{N}_1 = \mathcal{L}(e_1+e_3, 3e_2+e_4-5e_5) & (\dim \mathcal{N}_1 = 2). \end{cases}$$

（これら解空間の次元からも A は長さが 3 の Jordan 系列を 1 本しかもたないことがわかる）．ここで，なるべく簡単に $w_1^{(3)} = e_1 = {}^t(1,0,0,0,0)$ としよう．そうすれば，

$$w_1^{(2)} = Tw_1^{(3)} = (A+I)e_1 = {}^t(-3,-1,-3,0,1),$$
$$w_1^{(1)} = Tw_1^{(2)} = (A+I)^2 e_1 = {}^t(-1,0,-1,0,0)$$

として，1 本の Jordan 系列 $w_1^{(3)}, w_1^{(2)}, w_1^{(1)}$ が得られる．しかし，$\dim \mathcal{N}_2 = 4$，$\dim \mathcal{N}_1 = 2$ であるから，$\mathcal{N}_2$ の中に $\mathcal{N}_1$ を法として 1 次独立なもう 1 個のベクトル $w_2^{(2)}$ を取ることができる．そのためには，$\mathcal{N}_1$ に含まれていないような $\mathcal{N}_2$ のベクトルを取ればよい（§26 のおわりの【注 2】参照）．たとえば，$w_2^{(2)} = 2e_1 + e_4 = {}^t(2,0,0,1,0)$ とすれば（これは明らかに $w_1^{(2)}$ のスカラー倍ではない），$w_2^{(1)} = Tw_2^{(2)} = (A+I)(2e_1+e_4) = {}^t(-9,6,-9,2,-10)$ となって，もう 1 本の Jordan 系列 $w_2^{(2)}, w_2^{(1)}$ が得られる．このようにして，まえの §27 でつくったベクトル系 (20) のように，ここでは 2 本の Jordan 系列：

$$\begin{array}{lll} w_1^{(3)} & & \\ T\downarrow & & \\ w_1^{(2)}, & w_2^{(2)} \\ T\downarrow & T\downarrow \\ w_1^{(1)}, & w_2^{(1)} \end{array}$$

をつくることができる（$T = A + I$）．このとき，次の 2 つの等式が成り立つ（まえの §27 の (25) で $\lambda = -1$ とした場合に相当している）：

$$\begin{cases} [Aw_1^{(3)} Aw_1^{(2)} Aw_1^{(1)}] = [w_1^{(3)} w_1^{(2)} w_1^{(1)}] \begin{pmatrix} -1 & 0 & 0 \\ 1 & -1 & 0 \\ 0 & 1 & -1 \end{pmatrix}, \\ [Aw_2^{(2)} Aw_2^{(1)}] = [w_2^{(2)} w_2^{(1)}] \begin{pmatrix} -1 & 0 \\ 1 & -1 \end{pmatrix}. \end{cases}$$

そうすれば，この 2 つの等式から次式が得られる：

$$A[w_1^{(3)} w_1^{(2)} w_1^{(1)} w_2^{(2)} w_2^{(1)}] = [Aw_1^{(3)} Aw_1^{(2)} Aw_1^{(1)} Aw_2^{(2)} Aw_2^{(1)}]$$
$$= [w_1^{(3)} w_1^{(2)} w_1^{(1)} w_2^{(2)} w_2^{(1)}] \left(\begin{array}{ccc:cc} -1 & 0 & 0 & 0 & 0 \\ 1 & -1 & 0 & 0 & 0 \\ 0 & 1 & -1 & 0 & 0 \\ \hdashline 0 & 0 & 0 & -1 & 0 \\ 0 & 0 & 0 & 1 & -1 \end{array}\right).$$

この等式は，次の 2 つのことを示している：

イ）2 本の下 - Jordan 系列を並べて，C^5 の Jordan 基底 $w_1^{(3)}, w_1^{(2)}, w_1^{(1)}, w_2^{(2)}, w_2^{(1)}$ をつくれば，この基底に関し 1 次変換 $\boldsymbol{A}$ の表現行列 A_J は次のようになる：

$$A_J=\begin{pmatrix}-1&0&0&0&0\\1&-1&0&0&0\\0&1&-1&0&0\\0&0&0&-1&0\\0&0&0&1&-1\end{pmatrix}.$$

ロ）次の(12)の意味での（Aからその Jordan 標準形 A_J への）変換の行列は

$$W=[\boldsymbol{w}_1^{(3)}\,\boldsymbol{w}_1^{(2)}\,\boldsymbol{w}_1^{(1)}\,\boldsymbol{w}_2^{(2)}\,\boldsymbol{w}_2^{(1)}]=\begin{pmatrix}1&-3&-1&2&-9\\0&-1&0&0&6\\0&-3&-1&0&-9\\0&0&0&1&2\\0&1&0&0&-10\end{pmatrix}$$

であって，次の関係が成り立っている：

$$W^{-1}AW=A_J=\begin{pmatrix}-1&0&0&0&0\\1&-1&0&0&0\\0&1&-1&0&0\\0&0&0&-1&0\\0&0&0&1&-1\end{pmatrix}. \tag{12}$$

なお，Wの逆行列は，次のようになることがわかる：

$$W^{-1}=\frac{1}{4}\begin{pmatrix}4&-4&-4&-8&-4\\0&-10&0&0&-6\\0&39&-4&0&27\\0&2&0&4&2\\0&-1&0&0&-1\end{pmatrix}.$$

上の(12)がたしかに成り立つことの検証は読者に任せよう．

例 3．5次の行列 $B=\begin{pmatrix}1&0&2&-1&-1\\-1&0&-2&1&1\\-1&-1&-2&0&1\\1&0&0&-1&0\\2&2&-4&0&2\end{pmatrix}$ の Jordan 標準形を求めてみよう．

Bの単因子は（たとえば基本変形によって）$1, 1, 1, z, z^4$ であることがわかるから，単純単因子は z, z^4 の2個である．z^4 は B の最小多項式であるから，B は指数4のベキ零行列である．ゆえに，まえの§27のA］によれば，Bの下-Jordan 標準形 B_J は次の形であることがわかる（このあとも，記号はすべてまえの§27にしたがう）：

$$B_J=J(0;4)\oplus J(0;1)=\left(\begin{array}{cccc:c}0&0&0&0&0\\1&0&0&0&0\\0&1&0&0&0\\0&0&1&0&0\\ \hdashline 0&0&0&0&0\end{array}\right). \tag{13}$$

以下では，$\boldsymbol{C}^5$ の Jordan 基底を求め，変換の行列 W を定めよう．まえの§の記号を用いれば，$\lambda=0, T=B-0I=B, q=4, p=5, \mathcal{N}_k=\mathcal{N}(0;k)=\{\boldsymbol{x}\in\boldsymbol{C}^5 \mid B^k\boldsymbol{x}=\boldsymbol{0}\}\ (k=4,3,2,1)$ である．同次方程式 $B^k\boldsymbol{x}=\boldsymbol{0}\ (1\leqq k\leqq 4)$ の解空間は次のようになることがわかる：

$$\begin{cases} \mathcal{N}_4 = C^5, & (\dim \mathcal{N}_4 = 5), \\ \mathcal{N}_3 = \mathscr{L}(e_1 - e_2, e_3, e_4, e_5), & (\dim \mathcal{N}_3 = 4), \\ \mathcal{N}_2 = \mathscr{L}(e_1 - e_2, e_4, e_3 + 2e_5), & (\dim \mathcal{N}_2 = 3), \\ \mathcal{N}_1 = \mathscr{L}(e_1 - e_2 + e_4, e_3 + 2e_5), & (\dim \mathcal{N}_1 = 2). \end{cases}$$

(これら解空間の次元から B は長さが 2 以上の Jordan 系列を 1 本しかもたないことがわかる)．ゆえにここで，$\boldsymbol{w}^{(4)}$ として $\mathcal{N}_3$ に含まれないような C^5 の任意のベクトルを採ることができて（§26 の【注 2】），1 本の Jordan 系列は $\boldsymbol{w}_1^{(4)} \xrightarrow{B} \boldsymbol{w}_1^{(3)} \xrightarrow{B} \boldsymbol{w}_1^{(2)} \xrightarrow{B} \boldsymbol{w}_1^{(1)}$ の形で得られる．

$\boldsymbol{e}_1$ は明らかに $\mathcal{N}_3$ に含まれていないから，$\boldsymbol{w}_1^{(4)} = \boldsymbol{e}_1$ と取れば $\boldsymbol{w}_1^{(3)} = B\boldsymbol{w}_1^{(4)} = {}^t(1, -1, -1, 1, 2)$，$\boldsymbol{w}_1^{(2)} = B\boldsymbol{w}_1^{(3)} = {}^t(-4, 4, 4, 0, 8)$，$\boldsymbol{w}_1^{(1)} = B\boldsymbol{w}_1^{(2)} = {}^t(-4, 4, 0, -4, 0)$ となる．しかし，$\mathcal{N}_1$ の次元は 2 であるから，$\boldsymbol{w}_1^{(1)} = -4(\boldsymbol{e}_1 - \boldsymbol{e}_2 + \boldsymbol{e}_4)$ と独立な $\mathcal{N}_1$ の元，たとえば $\boldsymbol{e}_3 + 2\boldsymbol{e}_5 = {}^t(0, 0, 1, 0, 2)$ を取り，これを $\boldsymbol{w}_2^{(1)}$ とする．こうして，次のような，1 本は長さが 4 の，もう 1 本は長さが 1 の，2 本の Jordan 系列がつくられる：

$$\begin{array}{l} \boldsymbol{w}_1^{(4)} \\ B\downarrow \\ \boldsymbol{w}_1^{(3)} \\ B\downarrow \\ \boldsymbol{w}_1^{(2)} \\ B\downarrow \\ \boldsymbol{w}_1^{(1)}, \quad \boldsymbol{w}_2^{(1)} \quad . \end{array}$$

このとき，ベクトル列 $\boldsymbol{w}_1^{(4)}, \boldsymbol{w}_1^{(3)}, \boldsymbol{w}_1^{(2)}, \boldsymbol{w}_1^{(1)}$ は下 - Jordan 系列である．ここで，C^5 の Jordan 基底として $\boldsymbol{w}_1^{(4)}, \boldsymbol{w}_1^{(3)}, \boldsymbol{w}_1^{(2)}, \boldsymbol{w}_1^{(1)}, \boldsymbol{w}_2^{(1)}$ を採用すれば，B を B_J に移す変換の行列 W は次のようになる：

$$W = [\boldsymbol{w}_1^{(4)}\ \boldsymbol{w}_1^{(3)}\ \boldsymbol{w}_1^{(2)}\ \boldsymbol{w}_1^{(1)}\ \boldsymbol{w}_2^{(1)}] = \begin{pmatrix} 1 & 1 & -4 & -4 & 0 \\ 0 & -1 & 4 & 4 & 0 \\ 0 & -1 & 4 & 0 & 1 \\ 0 & 1 & 0 & -4 & 0 \\ 0 & 2 & 8 & 0 & 2 \end{pmatrix}.$$

ここで W の逆行列を計算すれば，次のようになることがわかる：

$$W^{-1} = \frac{1}{16}\begin{pmatrix} 16 & 16 & 0 & 0 & 0 \\ 0 & 0 & -8 & 0 & 4 \\ 0 & 4 & 0 & 4 & 0 \\ 0 & 0 & -2 & -4 & 1 \\ 0 & -16 & 8 & -16 & 4 \end{pmatrix}.$$

このとき，たしかに $W^{-1}BW = B_J = J(0; 4) \oplus J(0; 1)$ となることの検証は読者に任せよう．

【注 1】行列 A の Jordan 標準形を求める場合，単純単因子による方法で本質的な役割をはたしているのはいうまでもなく，A のすべての単純単因子である．これによってまず A_J の形を求めてから，関係式（4）によって変換の行列 P を求めている．それに対して，Jordan 系列による方法で本質的な役割をはたしているのは，行列 A の最小多項式とまえの §27 の（16）からつくられる商線形空間の列であり，これから Jordan 基底と共に標準形も求められていることに注意しよう．ここに2つの方法の違いがあり，それぞれに一長一短がある．しかし，一般に後者のほうが実用的であろう．

C］ 上の例1での e^A の計算から容易に推察されることであるが，ここで念のために，とくに関数 $f(z)$ が，行列 A のすべての固有値をその収束円の内部に含んでいるような z のベキ級数によって，

$$f(z)=\sum_{k=0}^{\infty}\alpha_k(z-z_0)^k \quad (|z-z_0|<r_0) \tag{14}$$

の形で与えられているとき，行列の関数 $f(A)$ が A の Jordan 標準形 A_J を利用してどのように求められるかを述べておこう．いま，A_J に含まれている1次（もし存在すれば）の Jordan 細胞全部の直和を D_0 で表わせば，D_0 は A のいくつかの固有値 $\lambda_1,\lambda_2,\dots,\lambda_l$（これらのうちには等しいものもあり得る；$0\leq l\leq n$）を対角要素とする対角行列である．$A_J$ の2次以上（もしも，存在すれば）のすべての Jordan 細胞を $J_1,J_2,\dots,J_h$ として，A の Jordan 標準形を改めて次のように書き表すことにしよう（§27，定理1）：

$$A_J=\begin{pmatrix} D_0 & & & O \\ & J_1 & & \\ & & \ddots & \\ O & & & J_h \end{pmatrix}=P^{-1}AP \tag{15}$$

そうすれば，(2)と同様に

$$(A-z_0I)^k=(PA_JP^{-1}-z_0I)^k=\{P(A_J-z_0I)P^{-1}\}^k=P(A_J-z_0I)^kP^{-1}$$

となる（I は A と同じ次数の単位行列）．このことからただちに，次の等式が得られる：

$$\begin{aligned} f(A)&=\sum_{k=0}^{\infty}\alpha_k(A-z_0I)^k=\sum_{k=0}^{\infty}\alpha_kP(A_J-z_0I)^kP^{-1} \\ &=P\Big\{\sum_{k=0}^{\infty}\alpha_k(A_J-z_0I)^k\Big\}P^{-1}=Pf(A_J)P^{-1}. \end{aligned} \tag{16}$$

ゆえに，行列 $f(A)$ の計算は $f(A_J)$ の計算に帰着される．いま，$D_0,J_1,J_2,\dots,J_h$ と同じ次数の単位行列をそれぞれ $I_0,I_1,I_2,\dots,I_h$ で表わすことにすれば，

$$I=\begin{pmatrix} I_0 & & & O \\ & I_1 & & \\ & & \ddots & \\ O & & & I_h \end{pmatrix},\quad A_J-z_0I=\begin{pmatrix} D_0-z_0I_0 & & & O \\ & J_1-z_0I_1 & & \\ & & \ddots & \\ O & & & J_h-z_0I_h \end{pmatrix}$$

となるから，対角型ブロック行列どうしの積の計算法によって，次式が得られる：

$$(A_J-z_0I_0)^k=\begin{pmatrix} (D_0-z_0I_0)^k & & & O \\ & (J_1-z_0I_1)^k & & \\ & & \ddots & \\ O & & & (J_h-z_0I_h)^k \end{pmatrix}.$$

これよりただちに，

$$f(A_J)=\sum_{k=0}^{\infty}\alpha_k(A_J-z_0I)^k=\sum_{k=0}^{\infty}\begin{pmatrix}\alpha_k(D_0-z_0I_0)^k & & & 0\\ & \alpha_k(J_1-z_0I_1)^k & & \\ & & \ddots & \\ 0 & & & \alpha_k(J_h-z_0I_h)^k\end{pmatrix}$$

$$=\begin{pmatrix}\sum_{k=0}^{\infty}\alpha_k(D_0-z_0I_0)^k & & & 0\\ & \sum_{k=0}^{\infty}\alpha_k(J_1-z_0I_1)^k & & \\ & & \ddots & \\ 0 & & & \sum_{k=0}^{\infty}\alpha_k(J_h-z_0I_h)^k\end{pmatrix}$$ すなわち，

(17) $$f(A_J)=\begin{pmatrix}f(D_0) & & & 0\\ & f(J_1) & & \\ & & \ddots & \\ 0 & & & f(J_h)\end{pmatrix}$$

となる(この等式はすでに§2の定理3の系3としても得られている)．したがって，ベキ級数(14)による $f(A_J)$ の計算は $f(D_0)$ ，$f(J_1)$ ，$f(J_2)$ ，…，$f(J_h)$ の計算に帰着される．ここで D_0 は $\lambda_1, \lambda_2, \ldots, \lambda_l$ を対角成分とする対角行列であることに注意すれば，$\alpha_k(D_0-z_0I_0)^k$ $(k=0,1,2,\ldots)$ は $\alpha_k(\lambda_1-z_0)^k, \alpha_k(\lambda_2-z_0)^k, \ldots, \alpha_k(\lambda_l-z_0)^k$ を対角要素とする対角行列である．ところが仮定より，A のすべての固有値はベキ級数(14)の収束域に含まれているのであるから，$\sum_{k=0}^{\infty}\alpha_k(\lambda_i-z_0)^k$ は $f(\lambda_i)$ に収束する．ゆえに，行列の級数 $\sum_{k=0}^{\infty}\alpha_k(D_0-z_0I_0)^k$ は $f(\lambda_1), f(\lambda_2), \ldots, f(\lambda_l)$ を対角要素とする対角行列に収束して，次の等式が成り立つ：

(18) $$f(D_0)=\sum_{k=0}^{\infty}\alpha_k(D_0-z_0I_0)^k=\begin{pmatrix}f(\lambda_1) & & & 0\\ & f(\lambda_2) & & \\ & & \ddots & \\ 0 & & & f(\lambda_l)\end{pmatrix}.$$

つぎに，行列 $f(J_1)$ ，$f(J_2)$ ，…，$f(J_h)$ を計算するのであるが，どれについても同様であるから，$J_1, J_2, \ldots, J_h$ のうちの1つを代表的に J で表わし，簡単に r 次の行列

(19) $$J=\lambda I+N$$

を考えよう．そうすれば，2項定理によって

(20) $$(J-z_0I)^k=\{(\lambda-z_0)I+N\}^k=\sum_{i=0}^{k}\frac{k!}{i!(k-i)!}(\lambda-z_0)^{k-i}N^i \quad (k=0,1,2,\ldots)$$

となる(ただし，$N^0=I$)．また，仮定により固有値 λ はベキ級数(14)の収束円内にあるから，(14)は $z=\lambda$ において何回でも項別微分が可能で，

(21) $$f^{(i)}(\lambda)=\sum_{k=i}^{\infty}\alpha_k k(k-1)\ldots(k-i+1)(\lambda-z_0)^{k-i}=\sum_{k=i}^{\infty}\alpha_k\frac{k!}{(k-i)!}(\lambda-z_0)^{k-i}$$

となる($f^{(0)}(\lambda)=f(\lambda)$)．(19)を(14)に代入し，2項係数についての規約：$0\leq k<i$ のとき

$\binom{k}{i}=0$ と，$i \geqq r$ ならば $N^i=O$ に注意すれば，(20) と (21) により次式が得られる：

$$
\begin{aligned}
(22) \qquad f(J) &= \sum_{k=0}^{\infty} \alpha_k (J - z_0 I)^k = \sum_{k=0}^{\infty} \alpha_k \sum_{i=0}^{k} \frac{k!}{i!(k-i)!}(\lambda - z_0)^{k-i} N^i \\
&= \sum_{i=0}^{\infty} \sum_{k=i}^{\infty} \alpha_k \frac{k!}{i!(k-i)!}(\lambda - z_0)^{k-i} N^i \\
&= \sum_{i=0}^{r-1} \frac{1}{i!} \sum_{k=i}^{\infty} \alpha_k \frac{k!}{(k-i)!}(\lambda - z_0)^{k-i} N^i = \sum_{i=0}^{r-1} \frac{f^{(i)}(\lambda)}{i!} N^i \\
&= \begin{pmatrix}
f(\lambda) & \dfrac{f'(\lambda)}{1!} & \dfrac{f^{(2)}(\lambda)}{2!} & \cdots\cdots & \dfrac{f^{(r-1)}(\lambda)}{(r-1)!} \\
0 & f(\lambda) & \dfrac{f'(\lambda)}{1!} & \cdots\cdots & \dfrac{f^{(r-2)}(\lambda)}{(r-2)!} \\
\vdots & & f(\lambda) & \ddots & \vdots \\
0 & & \text{\huge O} & \ddots & \dfrac{f'(\lambda)}{1!} \\
0 & & \cdots\cdots & & f(\lambda)
\end{pmatrix}.
\end{aligned}
$$

この行列 (22) は $f(z)$ の L-S 多項式を利用してすでに§ 2 の例 2 で得られたものである．

このように，$f(D_0)$ と $f(J_i)=\sum_{k=0}^{\infty}\alpha_k(J_i - z_0 I_i)^k$ ($i=1, 2, \ldots, h$) が求められるから，これらによって，(17) で得られた行列：

$$
f(A_J) = \begin{pmatrix}
f(D_0) & & & \\
& f(J_1) & & \text{\huge O} \\
& & \ddots & \\
\text{\huge O} & & & f(J_h)
\end{pmatrix}
$$

の形がわかる．すなわち，一般に $f(A_J)$ は (18) の形の対角行列と (22) の形のいくつかの行列の直和である．これと (16) によって $f(A)=Pf(A_J)P^{-1}$ が得られる．こうして，ベキ級数 (14) で与えられた関数 $f(z)$ が行列 A のすべての固有値をその収束円内に含む場合には，A の Jordan 標準形を利用することによって $f(A)$ を求めることができる．以上で見てきたように，Jordan 標準形によって $f(A)$ を計算する場合には，変換の行列 P とその逆行列 P^{-1} を求めた上で，$Pf(A_J)P^{-1}$ の計算しなければならないが，この作業は決して容易なものではない．なお，ベキ級数によって求められた行列 $f(A)$ が，$f(z)$ に対する L-S 多項式によって得られる行列 $L_f(A)$ (§ 4 の基本公式 (8) の $f(A)$) と同じものになることは，すでに§ 7 の例 3 において，確かめられている．

D] 基幹行列を利用して行列の累乗と指数関数を計算する場合．例 1 の行列 A に対して，A^k ($k=0, 1, 2, \ldots$) と e^A を求めてみよう．第 1 章の§ 4 の記号を用いることにする．A の最小多項式は $(z-2)^4$ であるから，A の基幹行列は 4 個ある．A の固有値は 2 だけであるから，通常は Z の右下に 2 個ある添え字のうち固有値を区別するための第 1 のものは省略し，これらの基幹行列を Z_1 (ベキ等行列)，Z_2 (主ベキ零行列)，Z_3，Z_4 とすれば，A のスペクトル上で定義された任意の（ここでは，$z=2$ において 3 回微分可能な）関数 $f(z)$ に対する基本公式（§4の(8)）は次のようになる：

$$f(A)=f(2)Z_1+f'(2)Z_2+f''(2)Z_3+f^{(3)}(2)Z_4. \tag{23}$$

いままで（第 1，2 章で）繰り返し述べてきた方法により Z_1,Z_2,Z_3,Z_4 を求めることにしよう．そのためには，(23) で $f(z)$ として順次に 1，z，z^2，z^3 を採ったときの 4 つの基本公式を連立させて，それから Z_1,Z_2,Z_3,Z_4 を求めればよい．すなわち，

$$\begin{cases} I=Z_1 \\ A=2Z_1+Z_2 \\ A^2=4Z_1+4Z_2+2Z_3 \\ A^3=8Z_1+12Z_2+12Z_3+6Z_4 \end{cases} \tag{24}$$

からつぎつぎに

$$Z_2=A-2I=\begin{pmatrix} 0 & -2 & 1 & -2 \\ -1 & 1 & -2 & 2 \\ 0 & 1 & 0 & 1 \\ 0 & -1 & 1 & -1 \end{pmatrix},\quad 2Z_3=A^2-4I-4Z_2=\begin{pmatrix} 2 & 1 & 2 & -1 \\ -1 & -1 & -1 & 0 \\ -1 & 0 & -1 & 1 \\ 1 & 1 & 1 & 0 \end{pmatrix}$$

$$6Z_4=A^3-8I-12Z_2-12Z_3=\begin{pmatrix} -1 & 0 & -1 & 1 \\ 1 & 0 & 1 & -1 \\ 0 & 0 & 0 & 0 \\ -1 & 0 & -1 & 1 \end{pmatrix}.$$

が得られる．したがって，(23) で $f(z)=z^k$ とおけば，次の等式が得られる：

$$\begin{aligned} A^k &= 2^kI+k2^{k-1}Z_2+k(k-1)2^{k-2}Z_3+k(k-1)(k-2)2^{k-3}Z_4 \\ &= 2^k\begin{pmatrix} 1 & 0 & 0 & 0 \\ 0 & 1 & 0 & 0 \\ 0 & 0 & 1 & 0 \\ 0 & 0 & 0 & 1 \end{pmatrix}+k2^{k-1}\begin{pmatrix} 0 & -2 & 1 & -2 \\ -1 & 1 & -2 & 2 \\ 0 & 1 & 0 & 1 \\ 0 & -1 & 1 & -1 \end{pmatrix}+\frac{k(k-1)}{2}2^{k-2}\begin{pmatrix} 2 & 1 & 2 & -1 \\ -1 & -1 & -1 & 0 \\ -1 & 0 & -1 & 1 \\ 1 & 1 & 1 & 0 \end{pmatrix} \\ &\quad +\frac{k(k-1)(k-2)}{6}2^{k-3}\begin{pmatrix} -1 & 0 & -1 & 1 \\ 1 & 0 & 1 & -1 \\ 0 & 0 & 0 & 0 \\ -1 & 0 & -1 & 1 \end{pmatrix}. \end{aligned}$$

これは，明らかに (9) で得られた行列に他ならない．

つぎに，(23) で $f(z)=e^z$ とおけば，ただちに次の等式が得られる：

$$\begin{aligned} e^A &= e^2I+e^2Z_2+e^2Z_3+e^2Z_4=e^2(I+Z_2+Z_3+Z_4) \\ &= \frac{e^2}{6}\begin{pmatrix} 11 & -9 & 11 & -14 \\ -8 & 9 & -14 & 11 \\ -3 & 6 & 3 & 9 \\ 2 & -3 & 8 & 1 \end{pmatrix}. \end{aligned}$$

これはたしかに (10) と同じ行列である．

この例からわかるように，基幹行列を利用して行列の関数を求める大きな利点は，行列の連立 1 次方程式 (24) を解く作業だけですべてが済まされ，Jordan 標準形も，さらには変換の行列とその逆行列を求める必要もないところにある．

なお，例 3 の行列 B は指数が 4 のベキ零行列であるから，e^B, B^k を計算するのにわざ

わざ B の基幹行列を求める必要はない．実際，この場合には，

$$B^2=\begin{pmatrix}-4 & -4 & 2 & 0 & -1\\ 4 & 4 & -2 & 0 & 1\\ 4 & 4 & 0 & 0 & 0\\ 0 & 0 & 2 & 0 & -1\\ 8 & 8 & 0 & 0 & 0\end{pmatrix},\quad B^3=\begin{pmatrix}-4 & -4 & 0 & 0 & 0\\ 4 & 4 & 0 & 0 & 0\\ 0 & 0 & 0 & 0 & 0\\ -4 & -4 & 0 & 0 & 0\\ 0 & 0 & 0 & 0 & 0\end{pmatrix},\quad B^k=O\,(k\geq 4)$$

であり，展開式 $e^z=\sum_{k=0}^{\infty}\frac{1}{k!}z^k$ を利用してただちに

$$e^B=I+B+\frac{1}{2!}B^2+\frac{1}{3!}B^3=\begin{pmatrix}-\frac{2}{3} & -\frac{8}{3} & 3 & -1 & -\frac{3}{2}\\ \frac{5}{3} & \frac{11}{3} & -3 & 1 & \frac{3}{2}\\ 1 & 1 & -1 & 0 & 1\\ \frac{1}{3} & -\frac{2}{3} & 1 & 0 & -\frac{1}{2}\\ 6 & 6 & -4 & 0 & 3\end{pmatrix}$$

が得られる．もちろん，あえて B の 4 個の基幹行列を求めれば

$$Z_1=I,\ Z_2=B,\ Z_3=\frac{1}{2}B^2,\ Z_4=\frac{1}{6}B^3$$

となることが容易にたしかめられる．

上と同様にして，例 2 の行列 A の基幹行列を求めて $A^k\,(k=0,1,2,\dots)$ と e^A を計算することは読者に任せよう．

【注 2】 一般に，正方行列の任意の累乗と指数関数を Jordan 標準形によらずに求めることができることは初版の参考書[4]の第 2 分冊 II の 227~228 ページと 262~263 ページにおいてもごく簡単に述べられている．

付　録

§ 29. 変係数の同次線形連立微分方程式の解の存在.

ここでは，§13の（へ）の（31）の変係数の同次線形n-連立微分方程式の解の存在定理を証明し，解のいくつかの性質を述べる.

定理（解の存在）. $A(t)$ は実数のある区間（無限区間でもよい）Q で定義され，そこで連続な n 次行列値関数，I は n 次単位行列とする. このとき，任意に取られた点 $t_0 \in Q$ に対して，つぎの初期値問題：

(1) $$\frac{dX}{dt} = A(t)X, \quad X(t_0) = I$$

の解 $X = X(t)$ がただ 1 つ存在する.

証明. 解の一意性は§13 の（へ）で証明したから，解の存在を逐次近似法によって証明しよう. このために，行列値関数 X_0, X_1, …, X_k, … を次のように定義する：

$$X_0(t) = I,$$

$$X_1(t) = I + \int_{t_0}^{t} A(\tau_1) X_0(\tau_1) d\tau_1 = I + \int_{t_0}^{t} A(\tau_1) d\tau_1,$$

$$X_2(t) = I + \int_{t_0}^{t} A(\tau_1) X_1(\tau_1) d\tau_1 = I + \int_{t_0}^{t} A(\tau_1) \left\{ I + \int_{t_0}^{\tau_1} A(\tau_2) d\tau_2 \right\} d\tau_1$$

$$= I + \int_{t_0}^{t} A(\tau_1) d\tau_1 + \int_{t_0}^{t} A(\tau_1) \int_{t_0}^{\tau_1} A(\tau_2) d\tau_2 d\tau_1,$$

$$\cdots\cdots, \cdots\cdots\cdots\cdots\cdots\cdots,$$

(2) $$X_k(t) = I + \int_{t_0}^{t} A(\tau_1) X_{k-1}(\tau_1) d\tau_1$$

$$= I + \int_{t_0}^{t} A(\tau_1) d\tau_1 + \int_{t_0}^{t} A(\tau_1) \int_{t_0}^{\tau_1} A(\tau_2) d\tau_2 d\tau_1 + \cdots\cdots,$$

$$\cdots\cdots\cdots\cdots\cdots\cdots\cdots\cdots$$

このとき，行列値関数の無限列 $X_k(t)$（$k = 1, 2, \ldots$）がある行列値関数 $X(t)$ に収束することが証明できれば，$X = X(t)$ が（1）の解になることがわかる. $X(t) = \lim_{k \to \infty} X_k(t)$ の存在を証明するまえに，まず，X が形式的に（1）の解であることを確かめよう. $X = X(t) = \lim_{k \to \infty} X_k(t)$ は形式的には次のような行列の無限級数：

(3) $$X(t) = I + \int_{t_0}^{t} A(\tau_1) d\tau_1 + \int_{t_0}^{t} A(\tau_1) \int_{t_0}^{\tau_1} A(\tau_2) d\tau_2 d\tau_1$$
$$+ \int_{t_0}^{t} A(\tau_1) \int_{t_0}^{\tau_1} A(\tau_2) \int_{t_0}^{\tau_2} A(\tau_3) d\tau_3 d\tau_2 d\tau_1 + \cdots\cdots$$

に他ならない（X_k はこの無限級数のはじめの $k+1$ 項の和である）. この等式の右辺を形式的

に項別に微分してみれば，

$$\frac{dX(t)}{dt}=A(t)+A(t)\int_{t_0}^{t}A(\tau_2)d\tau_2+A(t)\int_{t_0}^{t}A(\tau_2)\int_{t_0}^{\tau_2}A(\tau_3)d\tau_3d\tau_2+\cdots\cdots$$
$$=A(t)X(t)$$

となるから，たしかに X は初期条件 $X(t_0)=I$ をみたす方程式 (1) の形式的な解である．このことは，$X_k(t)$ の定義式 (2) の両辺を t で微分して得られる等式：

$$\frac{dX_k}{dt}=A(t)X_{k-1}\quad (X_k(t_0)=I)$$

において $k\to\infty$ とすることによっても推察されることである．

以下では，(3) の右辺が $A(t)=[a_{ij}(t)]$ $(i,j=1,2,\dots,n)$ の定義域 Q に含まれる任意の有限な閉区間において絶対かつ一様に収束することを示そう．そのためには (3) の右辺の各行列成分（通常のスカラー無限級数）に対して，収束する優級数を作ることができればよい．このため，2 つの関数 g, h を次のように定義する：

$$g(t)=\mathrm{Max}\{|a_{ij}(t)|\,;\ i,j=1,2,\dots,n\},\quad h(t)=\left|\int_{t_0}^{t}g(\tau)d\tau\right|\quad (t\in Q).$$

仮定によって各関数 $a_{ij}(t)$ は区間 Q において連続であるから，$g(t)$ もまた Q で連続である．実際，任意の $t_0\in Q$ における連続性は次のようにして示される．任意に与えられた $\varepsilon>0$ に対して，適当に $\delta>0$ を取ることによって，すべての $i,j=1,2,\dots,n$ につき，

$$|t-t_0|<\delta \text{ ならば，} \big||a_{ij}(t)|-|a_{ij}(t_0)|\big|\leqq|a_{ij}(t)-a_{ij}(t_0)|<\varepsilon$$

となるようにできる．これより，すべての i,j につき

$$|a_{ij}(t_0)|-\varepsilon<|a_{ij}(t)|<|a_{ij}(t_0)|+\varepsilon\quad(\text{ただし，}|t-t_0|<\delta)$$

が成り立つから，$g(t)$ の定義により

$$g(t_0)-\varepsilon<g(t)<g(t_0)+\varepsilon\quad(|t-t_0|<\delta\text{ のとき})$$

が得られる．これで $g(t)$ の連続性が示された．

つぎに，(3) の右辺で定義される行列値関数の各行列成分に対して収束する優級数を作るために，まず，(3) の右辺の第 2 項の (i,j) 成分の絶対値を評価しよう．以下，行列 $[*]$ の (i,j) 成分を $[*]_{ij}$ で表わすことにする．行列値関数の積分の定義（§ 12）から，

$$\left|\left[\int_{t_0}^{t}A(\tau_1)d\tau_1\right]_{ij}\right|=\left|\int_{t_0}^{t}a_{ij}(\tau_1)d\tau_1\right|$$

であるが，

イ）$t>t_0$ のとき：

$$\left|\int_{t_0}^{t}a_{ij}(\tau_1)d\tau_1\right|\leqq\int_{t_0}^{t}|a_{ij}(\tau_1)|d\tau_1\leqq\int_{t_0}^{t}g(\tau_1)d\tau_1=h(t),$$

ロ）$t<t_0$ のとき：

$$\left|\int_{t_0}^{t}a_{ij}(\tau_1)d\tau_1\right|\leqq\int_{t}^{t_0}|a_{ij}(\tau_1)|d\tau_1\leqq\int_{t}^{t_0}g(\tau_1)d\tau_1=\left|\int_{t_0}^{t}g(\tau_1)d\tau_1\right|=h(t)$$

となるから，すべての $t\in Q$ に対して次式が得られる：

$$\left|\left[\int_{t_0}^{t} A(\tau_1)d\tau_1\right]_{ij}\right| \leqq h(t) \quad (i, j=1, 2, \dots, n).$$

つぎに，(3) の右辺の第３項の (i, j) 成分の絶対値を評価してみよう．このときは

$$\left|\left[\int_{t_0}^{t} A(\tau_1)\int_{t_0}^{\tau_1} A(\tau_2)d\tau_2\,d\tau_1\right]_{ij}\right| = \left|\sum_{k=1}^{n}\int_{t_0}^{t} a_{ik}(\tau_1)\int_{t_0}^{\tau_1} a_{kj}(\tau_2)d\tau_2\,d\tau_1\right|$$

となる．この等式の右辺の総和記号下の各項の絶対値は

イ)′　$t > t_0$ のとき：$\tau_1 > t_0$ と上のイ) と $h'(\tau_1) = g(\tau_1)$ に注意して，

$$\left|\int_{t_0}^{t} a_{ik}(\tau_1)\int_{t_0}^{\tau_1} a_{kj}(\tau_2)d\tau_2\,d\tau_1\right| \leqq \int_{t_0}^{t}|a_{ik}(\tau_1)|\cdot\left|\int_{t_0}^{\tau_1} a_{kj}(\tau_2)d\tau_2\right|d\tau_1$$

$$\leqq \int_{t_0}^{t} g(\tau_1)h(\tau_1)d\tau_1 = \frac{1}{2}\int_{t_0}^{t}\frac{d}{d\tau_1}\{h(\tau_1)\}^2 d\tau_1 = \frac{h^2(t)}{2},$$

ロ)′　$t < t_0$ のとき：$\tau_1 < t_0$ と上のロ) と $h'(\tau_1) = -g(\tau_1)$ に注意して，

$$\left|\int_{t_0}^{t} a_{ik}(\tau_1)\int_{t_0}^{\tau_1} a_{kj}(\tau_2)d\tau_2\,d\tau_1\right| \leqq \int_{t}^{t_0}|a_{ik}(\tau_1)|\cdot\left|\int_{t_0}^{\tau_1} a_{kj}(\tau_2)d\tau_2\right|d\tau_1$$

$$\leqq \int_{t}^{t_0} g(\tau_1)h(\tau_1)d\tau_1 = \int_{t_0}^{t}\{-g(\tau_1)\}h(\tau_1)d\tau_1$$

$$= \frac{1}{2}\int_{t_0}^{t}\frac{d}{d\tau_1}\{h(\tau_1)\}^2 d\tau_1 = \frac{h^2(t)}{2}$$

となるから，任意の $t \in Q$ に対して，次の不等式が得られる：

$$\left|\left[\int_{t_0}^{t} A(\tau_1)\int_{t_0}^{\tau_1} A(\tau_2)d\tau_2\,d\tau_1\right]_{ij}\right| = \left|\sum_{k=1}^{n}\int_{t_0}^{t} a_{ik}(\tau_1)\int_{t_0}^{\tau_1} a_{kj}(\tau_2)d\tau_2\,d\tau_1\right|$$

$$\leqq \sum_{k=1}^{n}\left|\int_{t_0}^{t} a_{ik}(\tau_1)\int_{t_0}^{\tau_1} a_{kj}(\tau_2)d\tau_2\,d\tau_1\right| \leqq \frac{n h^2(t)}{2}.$$

こうして，一般に数学的帰納法によって，次の不等式が成り立つことがわかる：

$$\left|\left[\int_{t_0}^{t}\int_{t_0}^{\tau_1}\int_{t_0}^{\tau_2}\cdots\int_{t_0}^{\tau_{k-1}} A(\tau_1)A(\tau_2)\dots A(\tau_k)\,d\tau_k\dots d\tau_2 d\tau_1\right]_{ij}\right| \leqq \frac{n^{k-1}h^k(t)}{k!}.$$

したがって，次のような形の無限級数が (3) のいずれの行列成分に対しても，収束する優級数としての役割を果たしていることがわかる：

(4)
$$1 + h(t) + \frac{n h^2(t)}{2!} + \frac{n^2 h^3(t)}{3!} + \dots\dots$$

$$= \frac{1}{n}\left\{n + n h(t) + \frac{n^2 h^2(t)}{2!} + \frac{n^3 h^3(t)}{3!} + \dots\dots\right\} = \frac{1}{n}e^{n h(t)} + \frac{n-1}{n}.$$

以上により，行列の無限級数 (3) は $A(t)$ の定義域 Q に含まれる任意の有限な閉区間において絶対かつ一様に収束することがわかった (Weierstrass の判定法)．これで定理が証明された．

系 1．任意に与えられた点 $t_0 \in Q$ と任意の n 次正則行列 X_0 に対して，初期値問題：

(5)
$$\frac{dX}{dt} = A(t)X, \quad X(t_0) = X_0$$

の解 $X = X(t)$ がただ１つ存在する．

証明．冒頭の定理の初期値問題 (1) の解を $H(t)$ で表わせば，$H(t_0) = I$ であるから，

明らかに $X=H(t)X_0$ が初期値問題(5)の解である．解の一意性はすでに§13の(へ)で見た．

以下では，初期値問題(1)の解 $H(t)$ をとくに方程式(1)の正規解とよび，Gantmacher の本[1]に従って，方程式の係数 $A=A(t)$ と点 t_0 を書き添えて，$\Omega_{t_0}^{t}(A)$ で表わすことにする．

つぎに，正規解のいくつかの性質をあげておこう．

系 2．(i) $A(t)$ が定数行列 A に等しい場合には，$\Omega_{t_0}^{t}(A)=e^{(t-t_0)A}$.

(ii)
$$\log|\Omega_{t_0}^{t}(A)|=\int_{t_0}^{t}\mathrm{tr}A(\tau)d\tau,$$

(ただし，ここで $|\Omega_{t_0}^{t}(A)|=\det\Omega_{t_0}^{t}(A)$，$\mathrm{tr}A(\tau)=\sum_{k=1}^{n}a_{kk}(\tau)$．

(iii) 任意の $t_0, t_1, t_2, \dots, t_k, t\in Q$ に対して，次の等式が成り立つ：

(6)
$$\Omega_{t_0}^{t}(A)=\Omega_{t_k}^{t}(A)\,\Omega_{t_{k-1}}^{t_k}(A)\,\dots\,\Omega_{t_1}^{t_2}(A)\,\Omega_{t_0}^{t_1}(A)\,.$$

(iv) $B(t)$ を Q において連続なもう1つの行列値関数とすれば，

(7)
$$\Omega_{t_0}^{t}(A+B)=\Omega_{t_0}^{t}(A)\,\Omega_{t_0}^{t}(P)\,,\ \text{ただし，}\ P=P(t)=\left\{\Omega_{t_0}^{t}(A)\right\}^{-1}B(t)\,\Omega_{t_0}^{t}(A)\,.$$

証明．(i)は§13の定理3から得られる．(ii)は§13の(へ)の(33)から明らか．(iii)は3点 t_0, t_1, t について $\Omega_{t_0}^{t}=\Omega_{t_1}^{t}\Omega_{t_0}^{t_1}$ となることを証明すればよい．$\Omega_{t_0}^{t}$ と $\Omega_{t_1}^{t}$ は共に初期値問題(1)の解であるから，すでに§13の(へ)で見たように，ある正則定数行列 C によって $\Omega_{t_0}^{t}=\Omega_{t_1}^{t}C$ なる関係にある．ゆえに，ここで $t=t_1$ とおけば $\Omega_{t_1}^{t_1}=I$ であるから $C=\Omega_{t_0}^{t_1}$ となり，$\Omega_{t_0}^{t}=\Omega_{t_1}^{t}\Omega_{t_0}^{t_1}$ が得られる．(iv)を証明するため，$X=\Omega_{t_0}^{t}(A)$，$Y=\Omega_{t_0}^{t}(A+B)$ とおけば，

$$\frac{dX}{dt}=AX\,,\quad \frac{dY}{dt}=(A+B)Y$$

であるから，$Y=XZ$ とおいて，この両辺を t で微分すれば，次の等式が得られる：

$$(A+B)XZ=AXZ+X\frac{dZ}{dt}\quad \text{すなわち，}\ \frac{dZ}{dt}=X^{-1}BXZ.$$

ここで $X(t_0)=Y(t_0)=I$ に注意すれば $Z(t_0)=I$ であるから，Z は方程式 $Z'=(X^{-1}BX)Z$ の正規解であり，$Z=\Omega_{t_0}^{t}(X^{-1}BX)$ でなければならない．この Z を $Y=XZ$ に代入し，$P=X^{-1}BX$ とおいたものが(7)に他ならない．

【注】 方程式(1)は，実変数 t を複素変数 z に，変係数 $A(t)$ を複素平面上のある領域 D で定義された z の一価解析関数 $A(z)$ に替えれば，複素領域 D における微分方程式：

(8)
$$\frac{dX}{dz}=A(z)X$$

の解 $X=X(z)$ を求める問題になる．この場合にも，基本解，正規解 $\Omega_{z_0}^{z}(A)$ が考えられる．その際，(3)における積分では t_0, t がそれぞれ z_0, z となるが，その無限級数に対しても(領域 D に多少の条件を付け加え，z_0 から z への積分路は z_0 と z とを結ぶ線分を取ることによって)，(4)と同様の収束する優級数をつくることができて，方程式(8)に対し定理1，系1がそのまま成り立つ．しかし，複素変数の場合には $A(z)$ が1価であっても解 $X(z)$ は z の多価関数になることがある．詳しくは[1]を参照されたい．

§30. 行列値関数の乗法的積分と乗法的微分.

A] 行列のノルム. 行列の各成分についてのさまざまな議論と記述を行列の成分全体について一括して行えるようにするために，通常の絶対値の概念を一般化したノルムなる概念を導入しよう. n 次行列 $P=[p_{ij}]\in\mathfrak{M}_n(C)$ に対して，そのノルム $\|P\|$ を次のように定義する:

(1)
$$\|P\|=\Big(\sum_{i,j=1}^{n}|p_{ij}|^2\Big)^{\frac{1}{2}}.$$

とくに，n 項の列ベクトル $\boldsymbol{x}={}^t(x_1,x_2,\dots,x_n)\in\boldsymbol{C}^n$ は $(n,1)$ 型の行列と考えられるから（左肩の t は転置の記号)，そのノルム $\|\boldsymbol{x}\|$ は次のようになる（行ベクトルに対しても同様である）:

$$\|\boldsymbol{x}\|=\Big(\sum_{i=1}^{n}|x_i|^2\Big)^{\frac{1}{2}}.$$

(1)は行列 P を n^2 次元の数ベクトル空間 $\boldsymbol{C}^{n^2}$ の元と考えたときの，ベクトルとしてのノルムに他ならない. ノルムに関して次の基本的な性質が確かめられる:

(i) $\|P\|\geqq 0$（等号は $P=O$ の場合に限る） (ii) $\|\alpha P\|=|\alpha|\cdot\|P\|$ （$\alpha\in\boldsymbol{C}$）

(iii) $\|P+Q\|\leqq\|P\|+\|Q\|$ （$Q\in\mathfrak{M}_n(\boldsymbol{C})$） (iv) $\|P\boldsymbol{x}\|\leqq\|P\|\cdot\|\boldsymbol{x}\|$

(v) $\|PQ\|\leqq\|P\|\cdot\|Q\|$.

(iii)は三角不等式とよばれている. (ii)と(iii)からただちに次の不等式が得られる:

(2)
$$\big|\|P\|-\|Q\|\big|\leqq\|P-Q\|,\quad \|\alpha P+\beta Q\|\leqq|\alpha|\cdot\|P\|+|\beta|\cdot\|Q\| \ (\beta\in\boldsymbol{C}).$$

これらの性質の証明は読者にまかせよう. ノルムの概念を利用すれば，行列の無限列あるいは行列値関数の極限に関わる議論と記述も行列の個々の成分についてではなく，行列の成分全体について一括して簡単に行えるようになる. たとえば，§1 の定義 1 で述べた意味での行列の無限列 $(A_k)_{k=1}^{\infty}$ に関する（個々の行列成分に対しての）Cauchy の収束条件あるいは $\lim\limits_{k\to\infty}A_k=A$ は，それぞれ，単に $\lim\limits_{l,m\to\infty}\|A_l-A_m\|=0$ あるいは $\lim\limits_{k\to\infty}\|A_k-A\|=0$ と述べ換えられる. また，やはり§1で述べた行列値関数 $A(t)$ の $t\to t_0$ のときの極限 A，あるいは $t=t_0$ における関数 $A(t)$ の連続性についての定義は，それぞれ $\lim\limits_{t\to t_0}\|A(t)-A\|=0$ あるいは $\lim\limits_{t\to t_0}\|A(t)-A(t_0)\|=0$ と同等になることも明らかであろう. なお，$\lim\limits_{k\to\infty}\|A_k-A\|=0$ のとき $\lim\limits_{k\to\infty}\|A_k\|=\|A\|$ となることは，直接にノルムの定義からも，(2)の最初の不等式からもわかる.

つぎに，$A(t)=[a_{ij}(t)]$ を区間 $[a,b]$ で定義された連続な行列値関数であるとしよう. $a_{ij}(t)$ は連続であるから，$[a,b]$ の任意の分割:

$$\Delta: a=t_0<t_1<t_2<\dots<t_{m-1}<t_m=b$$

に対して $\Delta t_k=t_k-t_{k-1}$ とおけば，任意に取った $\tau_k\in[t_{k-1},t_k]$ に対し，次の積分が存在する:

$$\lim_{\delta\to 0}\sum_{k=1}^{m}a_{ij}(\tau_k)\Delta t_k=\int_a^b a_{ij}(\tau)d\tau \quad (\text{ただし，}\max_{1\leqq k\leqq m}\Delta t_k<\delta).$$

ゆえに，行列値関数の積分の定義(§12)と(2)の第1の不等式により，次の等式が得られる:

(3)
$$\lim_{\delta\to 0}\Big\|\sum_{k=1}^{m}A(\tau_k)\Delta t_k-\int_a^b A(t)dt\Big\|=0,\quad \lim_{\delta\to 0}\Big\|\sum_{k=1}^{m}A(\tau_k)\Delta t_k\Big\|=\Big\|\int_a^b A(t)dt\Big\|.$$

他方，$\|A(t)\|$ も $[a,b]$ で連続であるから，次の積分も存在する：

$$\lim_{\delta\to 0}\sum_{k=1}^{m}\|A(\tau_k)\|\Delta t_k=\int_a^b\|A(t)\|dt. \tag{4}$$

この等式(4)から，(3)の第2式と(2)の第2の不等式を用いて，次の不等式が得られる：

$$\left\|\int_a^b A(t)dt\right\|\leqq\int_a^b\|A(t)\|dt. \tag{5}$$

この不等式は $A(t)$ が多変数の連続関数であって，積分が多重積分の場合にも成り立ち，このあとのB]で利用される．

ノルムの定義(1)から明らかなように，

$$|p_{ij}|<\frac{\varepsilon}{n}\ (i,j=1,2,\dots,n)\ \text{ならば，}\ \|P\|<\varepsilon, \tag{6}$$

$$\|P\|<\varepsilon\ \text{ならば，}\ |p_{ij}|<\varepsilon\ (i,j=1,2,\dots,n) \tag{7}$$

となる．上の(6)，(7)で見られるような，行列の個々の成分について逐一記述する煩雑さを避けるため，つぎに簡単な定義と記号を導入する．

2つの n 次の実行列 $P=[p_{ij}]$，$Q=[q_{ij}]\in\mathfrak{M}_n(\boldsymbol{R})$ に対して，

$$p_{ij}\leqq q_{ij}\ (i,j=1,2,\dots,n)\ \text{のとき，}\ P\leqq Q$$

と書くことにする．また，行列 [*] の各成分の絶対値を成分とする行列を abs [*] で表わし，すべての成分が1に等しい n 次行列を I で表わす．そうすれば，(6)は次のように書ける：

$$\mathrm{abs}\,P<\frac{\varepsilon}{n}\mathbf{I}\ \text{ならば，}\ \|P\|<\varepsilon. \tag{8}$$

また，(7)は次のように書き表わすこともできる：

$$\|P\|<\varepsilon\ \text{ならば，}\ \mathrm{abs}\,P\leqq\varepsilon\mathbf{I}. \tag{9}$$

なお，行列 I に対しては $\mathbf{I}^2=n\mathbf{I}$，$\mathbf{I}^3=n^2\mathbf{I}$ となって，一般に等式 $\mathbf{I}^k=n^{k-1}\mathbf{I}$ が成り立つから，定数あるいは t の関数 $a_1,a_2,\dots,a_s$ に対して，行列 $a_1\mathbf{I},a_2\mathbf{I},\dots,a_s\mathbf{I}$ は互いに可換であり，$(a_1\mathbf{I})(a_2\mathbf{I})\dots(a_s\mathbf{I})=n^{s-1}a_1a_2\dots a_s\mathbf{I}$ となる．

B] 初期値問題の正規解と乗法的積分．以下では，実変数の線形連立微分方程式の初期値問題の解を行列の積の極限として定義されるある種の積分によって表示する方法について述べることにする．そのための準備からはじめよう．r 個の n 次行列 $P_1,P_2,\dots,P_{r-1},P_r$ の2通りの積 $P_1P_2\cdots P_{r-1}P_r$ と $P_rP_{r-1}\cdots P_2P_1$ をそれぞれ $\overset{r}{\underset{k=1}{\Uparrow}}P_k$ と $\overset{r}{\underset{k=1}{\Downarrow}}P_k$ で表わす．すなわち，

$$\overset{r}{\underset{k=1}{\Uparrow}}P_k=P_1P_2\cdots P_{r-1}P_r,\qquad \overset{r}{\underset{k=1}{\Downarrow}}P_k=P_rP_{r-1}\cdots P_2P_1.$$

そうすれば，次の2つの恒等式：

$$\overset{2}{\underset{k=1}{\Uparrow}}P_k-\overset{2}{\underset{k=1}{\Uparrow}}Q_k=(P_1-Q_1)P_2+Q_1(P_2-Q_2),$$

$$\overset{3}{\underset{k=1}{\Uparrow}}P_k-\overset{3}{\underset{k=1}{\Uparrow}}Q_k=(P_1-Q_1)Q_2Q_3+P_1(P_2-Q_2)Q_3+P_1P_2(P_3-Q_3)$$

から推察されるように，数学的帰納法によって次の等式を容易に証明することができる：

(10) $$\prod_{k=1}^{r} P_k - \prod_{k=1}^{r} Q_k = (P_1 - Q_1)\prod_{k=2}^{r} Q_k + P_1(P_2 - Q_2)\prod_{k=3}^{r} Q_k + \prod_{k=1}^{2} P_k(P_3 - Q_3)\prod_{k=4}^{r} Q_k$$
$$+ \cdots + \prod_{k=1}^{r-3} P_k(P_{r-2} - Q_{r-2})\prod_{k=r-1}^{r} Q_k + \prod_{k=1}^{r-2} P_k(P_{r-1} - Q_{r-1})Q_r + \prod_{k=1}^{r-1} P_k(P_r - Q_r) .$$

(これと同様な等式が，$\coprod_{k=1}^{r} P_k - \coprod_{k=1}^{r} Q_k$ に対しても成り立つ)．これより，ノルムの性質(iii)，(v)によって，次の不等式が得られる：

(11) $$\left\| \prod_{k=1}^{r} P_k - \prod_{k=1}^{r} Q_k \right\| \leqq \|P_1 - Q_1\| \cdot \prod_{k=2}^{r} \|Q_k\| + \|P_1\| \cdot \|P_2 - Q_2\| \cdot \prod_{k=3}^{r} \|Q_k\|$$
$$+ \prod_{k=1}^{2} \|P_k\| \cdot \|P_3 - Q_3\| \cdot \prod_{k=4}^{r} \|Q_k\| + \cdots + \prod_{k=1}^{r-3} \|P_k\| \cdot \|P_{r-2} - Q_{r-2}\| \cdot \prod_{k=r-1}^{r} \|Q_k\|$$
$$+ \prod_{k=1}^{r-2} \|P_k\| \cdot \|P_{r-1} - Q_{r-1}\| \cdot \|Q_r\| + \prod_{k=1}^{r-1} \|P_k\| \cdot \|P_r - Q_r\| .$$

ゆえに，ここでもしもある $\varepsilon>0$，$L>0$ に対して

(12) $$\|P_j - Q_j\| < \varepsilon, \quad \|P_j\| < L, \quad \|Q_j\| < L \quad (j = 1, 2, \ldots, r)$$

ならば，(11)から次の不等式が得られる：

(13) $$\left\| \prod_{k=1}^{r} P_k - \prod_{k=1}^{r} Q_k \right\| < \varepsilon r L^{r-1} .$$

ここで，§29で見た変係数の微分方程式の初期値問題(1)の正規解 $\Omega_{t_0}^{t}(A)$ を考えよう．閉区間 $[t_0, t] \subset Q$ の中に $m-1$ 個の分点 $t_1, t_2, \ldots, t_{m-1}$ を $t_0 < t_1 < t_2 < \cdots < t_{m-1} < t_m = t$ のように取り，$[t_0, t]$ を m 個の小区間に分割して，各区間 $[t_{k-1}, t_k]$ の中に任意に点 τ_k を取る：$t_{k-1} \leqq \tau_k \leqq t_k$ $(k = 1, 2, \ldots, m)$．このとき，§29の系2の(iii)で述べた正規解の性質によって，次の等式が成り立つ：

(14) $$\Omega_{t_0}^{t}(A) = \Omega_{t_{m-1}}^{t}(A) \cdots \Omega_{t_1}^{t_2}(A)\Omega_{t_0}^{t_1}(A) .$$

仮定により，$A(t) = [a_{ij}(t)]$ は Q で連続であるから閉区間 $[t_0, t]$ で一様連続になり，任意に与えられた $\varepsilon>0$ に対して，十分に小さく $\delta>0$ を取れば，

(15) $$|t' - t''| < \delta \text{ のとき } \|A(t') - A(t'')\| < \varepsilon$$

となるようにすることができる(そのためには，(8)からわかるように，

$$|t' - t''| < \delta \text{ のとき } \mathrm{abs}\left\{A(t') - A(t'')\right\} < \frac{\varepsilon}{n} \mathrm{I}$$

となるように $\delta>0$ を取ればよい)．

いま，区間 $[t_0, t]$ の中に取る分点の個数 m を十分に大きくし，各小区間の長さが δ よりも小さくなるようにする：すなわち，$\mathrm{Max}\left\{t_k - t_{k-1} : k = 1, 2, \ldots, m\right\} < \delta$．このとき，$\|A(\tau_k) - A(t_k)\| < \varepsilon$ となることは言うまでもない．さらにまた，閉区間 $[t_0, t] \subset Q$ における $A(t)$ の連続性から，十分に大きな $L>0$ を取って，

(16) $$t_0 \leqq t' \leqq t \text{ ならば } \|A(t')\| < L$$

とすることができる．こうしたところで，変係数の線形微分方程式の初期値問題：

(17) $$\frac{dX}{dt} = A(t)X, \quad X(t_{k-1}) = I$$

の解(正規解)$\Omega_{t_{k-1}}^{t}(A)$と，定係数の線形微分方程式の初期値問題(§13の(イ)参照)：

(18) $$\frac{dX}{dt}=A(\tau_k)X,\quad X(t_{k-1})=I \quad (A(\tau_k)\text{は定数行列})$$

の解 $\Omega_{t_{k-1}}^{t}(A(\tau_k))=e^{(t-t_{k-1})A(\tau_k)}$ との差をノルムによって評価してみよう．

初期値問題(17)の解 $X(t)=\Omega_{t_{k-1}}^{t}(A)$ は§29の(3)で表わされるから(ただし，そこでの t_0 を t_{k-1} として)，

$$\Omega_{t_{k-1}}^{t}(A)=I+\int_{t_{k-1}}^{t}A(\sigma_1)d\sigma_1+\int_{t_{k-1}}^{t}A(\sigma_1)\int_{t_{k-1}}^{\sigma_1}A(\sigma_2)d\sigma_2\,d\sigma_1$$
$$+\int_{t_{k-1}}^{t}A(\sigma_1)\int_{t_{k-1}}^{\sigma_1}A(\sigma_2)\int_{t_{k-1}}^{\sigma_2}A(\sigma_3)d\sigma_3 d\sigma_2 d\sigma_1+\cdots\cdots$$
$$=I+\sum_{r=1}^{\infty}\int_{t_{k-1}}^{t}\int_{t_{k-1}}^{\sigma_1}\int_{t_{k-1}}^{\sigma_2}\cdots\int_{t_{k-1}}^{\sigma_{r-1}}A(\sigma_1)A(\sigma_2)\cdots A(\sigma_r)\,d\sigma_r\cdots d\sigma_2\,d\sigma_1 \quad (\sigma_0=t)$$

であるが，他方，(18)の解は次式で与えられる：

$$\Omega_{t_{k-1}}^{t}(A(\tau_k))=e^{(t-t_{k-1})A(\tau_k)}=I+\int_{t_{k-1}}^{t}A(\tau_k)d\sigma_1+\int_{t_{k-1}}^{t}A(\tau_k)\int_{t_{k-1}}^{\sigma_1}A(\tau_k)d\sigma_2\,d\sigma_1$$
$$+\int_{t_{k-1}}^{t}A(\tau_k)\int_{t_{k-1}}^{\sigma_1}A(\tau_k)\int_{t_{k-1}}^{\sigma_2}A(\tau_k)d\sigma_3\,d\sigma_2\,d\sigma_1+\cdots\cdots$$
$$=I+\sum_{r=1}^{\infty}\int_{t_{k-1}}^{t}\int_{t_{k-1}}^{\sigma_1}\int_{t_{k-1}}^{\sigma_2}\cdots\int_{t_{k-1}}^{\sigma_{r-1}}\{A(\tau_k)\}^r d\sigma_r\cdots d\sigma_2\,d\sigma_1 \quad (\sigma_0=t).$$

したがって，ノルムの性質(iii)と不等式(5)によって次式が得られる：

(19) $$\|\Omega_{t_{k-1}}^{t}(A)-\Omega_{t_{k-1}}^{t}(A(\tau_k))\|$$
$$\leqq\sum_{r=1}^{\infty}\int_{t_{k-1}}^{t}\int_{t_{k-1}}^{\sigma_1}\int_{t_{k-1}}^{\sigma_2}\cdots\int_{t_{k-1}}^{\sigma_{r-1}}\|A(\sigma_1)A(\sigma_2)\cdots A(\sigma_r)-\{A(\tau_k)\}^r\|d\sigma_r\cdots d\sigma_2\,d\sigma_1.$$

ゆえに，ここで $P_j=A(\sigma_j)$，$Q_j=A(\tau_k)$ $(j=1,2,\ldots,r)$ とおけば，$t_{k-1}\leqq\tau_k\leqq t_k$，$t_{k-1}\leqq\sigma_r\leqq\sigma_{r-1}\leqq\cdots\leqq\sigma_2\leqq\sigma_1\leqq t$ に注意して，(15)，(16)により(12)となるから，(13)によって，

$$\|A(\sigma_1)A(\sigma_2)\cdots A(\sigma_r)-\{A(\tau_k)\}^r\|<\varepsilon rL^{r-1}$$

が得られる．これより

$$\int_{t_{k-1}}^{t}\int_{t_{k-1}}^{\sigma_1}\int_{t_{k-1}}^{\sigma_2}\cdots\int_{t_{k-1}}^{\sigma_{r-1}}\|A(\sigma_1)A(\sigma_2)\cdots A(\sigma_r)-\{A(\tau_k)\}^r\|d\sigma_r\cdots d\sigma_2\,d\sigma_1$$
$$\leqq\varepsilon rL^{r-1}\frac{(t-t_{k-1})^r}{r!}=\varepsilon L^{r-1}\frac{(t-t_{k-1})^r}{(r-1)!}$$

となるから，(19)によって，次の不等式が得られる：

(20) $$\|\Omega_{t_{k-1}}^{t}(A)-\Omega_{t_{k-1}}^{t}(A(\tau_k))\|\leqq\sum_{r=1}^{\infty}\varepsilon L^{r-1}\frac{(t-t_{k-1})^r}{(r-1)!}=\varepsilon(t-t_{k-1})e^{(t-t_{k-1})L}<\varepsilon\delta e^{\delta L}.$$

$\Omega_{t_{k-1}}^{t}(A(\tau_k))=e^{(t-t_{k-1})A(\tau_k)}$ であるから，ここで $t=t_k$ とおけば，上の不等式(19)と(9)から次のことが言える：

(21) $$\mathrm{abs}\{\Omega_{t_{k-1}}^{t_k}(A)-e^{(t_k-t_{k-1})A(\tau_k)}\}<\varepsilon\delta e^{\delta L}\mathbf{I}\longrightarrow O \quad (\delta\to 0\text{のとき}).$$

簡単のため $\Delta t_k = t_k - t_{k-1}$ とおけば (21) は，$\Omega_{t_{k-1}}^{t_k}(A)$ がすべての行列成分が δ よりも高位の無限小であるようなある行列 S_k，$\tilde{S}_k$（すなわち，$\lim_{\delta\to 0} S_k/\delta = O$，$\lim_{\delta\to 0}\tilde{S}_k/\delta = O$）によって，次のように書き表わされることを意味する：

$$\Omega_{t_{k-1}}^{t_k}(A) = e^{A(\tau_k)\Delta t_k} + S_k = I + A(\tau_k)\Delta t_k + \tilde{S}_k.$$

これを (14) に代入すれば，δ よりも高位の無限小のある行列 R_m, $\tilde{R}_m$ によって，$\Omega_{t_0}^{t}(A)$ は次のように 2 通りの形に表わされることがわかる（$\lim_{\delta\to 0} R_m/\delta = O$，$\lim_{\delta\to 0}\tilde{R}_m/\delta = O$）：

(22) $$\Omega_{t_0}^{t}(A) = e^{A(\tau_m)\Delta t_m}\dots e^{A(\tau_2)\Delta t_2}e^{A(\tau_1)\Delta t_1} + R_m,$$

(23) $$\Omega_{t_0}^{t}(A) = \{I + A(\tau_m)\Delta t_m\}\dots\{I + A(\tau_2)\Delta t_2\}\{I + A(\tau_1)\Delta t_1\} + \tilde{R}_m.$$

以上の考察から，分点の個数 $m\to\infty$ とし，$\delta\to 0$ のとき (22)，(23) の右辺は収束して，次のようになる：

(24) $$\Omega_{t_0}^{t}(A) = \lim_{\Delta t_k\to 0} e^{A(\tau_m)\Delta t_m}\dots e^{A(\tau_2)\Delta t_2}e^{A(\tau_1)\Delta t_1},$$

(25) $$\Omega_{t_0}^{t}(A) = \lim_{\Delta t_k\to 0}\{I + A(\tau_m)\Delta t_m\}\dots\{I + A(\tau_2)\Delta t_2\}\{I + A(\tau_1)\Delta t_1\}.$$

この 2 つの等式 (24)，(25) の右辺を，区間 $[t_0, t]$ における行列値関数 $A(t)$ の乗法的積分 (Multiplicative integral, Produktintegral) とよび，それぞれ次のように書き表わす：

(26) $$\prod_{t_0}^{t} e^{A(\tau)d\tau},\quad \prod_{t_0}^{t}\{I + A(\tau)d\tau\}.$$

前者を $A(t)$ の指数型の乗法的積分 とよび，後者を Stieltjes式乗法的積分とよぶ．結局，§ 29 の初期値問題 (1) の解（正規解）は乗法的積分によって次のように表示されることになる：

$$\Omega_{t_0}^{t}(A) = \prod_{t_0}^{t} e^{A(\tau)d\tau} = \prod_{t_0}^{t}\{I + A(\tau)d\tau\}.$$

以上の考察の結果を定理として述べておこう．

定理．$A(t)$ を実数のある区間 Q で連続な n 次の行列値関数，$t_0\in Q$ のとき，初期値問題：

$$X' = A(t)X,\ X(t_0) = I \quad (I \text{ は } n \text{ 次の単位行列})$$

の解（正規解）X は，次のような形の 2 種類の乗法的積分によって与えられる：

$$X = \prod_{t_0}^{t} e^{A(\tau)d\tau} = \prod_{t_0}^{t}\{I + A(\tau)d\tau\}.$$

【注 1】．区間 $[t_0, t]$ の中のすべての t'，t'' に対して $A(t')A(t'') = A(t'')A(t')$ ならば

(27) $$\prod_{t_0}^{t} e^{A(\tau)d\tau} = e^{\int_{t_0}^{t}A(\tau)d\tau}\left(= \exp\int_{t_0}^{t}A(\tau)d\tau\right)$$

となることは § 12 の定理 2 から明らかであろう．また，たとえば，$a_1(\tau), a_2(\tau), \dots, a_s(\tau)$ が区間 $[t_0, t]$ において連続な関数で，$A(\tau)$ がこれらの関数を対角成分にもつ対角行列であれば，明らかに (27) が成り立つ．あるいは，$A(\tau)$ が次のような対角型ブロック行列：

$$A(\tau) = a_1(\tau)\mathrm{I}_1 \oplus a_2(\tau)\mathrm{I}_2 \oplus \dots \oplus a_1(\tau)\mathrm{I}_s \quad (\tau\in[t_0, t])$$

である場合にも(27)が成り立つ．ただし，$\mathrm{I}_j\ (1\leq j\leq s)$は(9)のすぐあとのところで定義したような，すべての成分が１に等しい(いろいろな次数の)正方行列である．

なお，行列の積の順序を逆にして定義される次の形の乗法的積分：

(28) $$\overrightarrow{\int_{t_0}^{t}} e^{A(\tau)d\tau},\quad \overrightarrow{\int_{t_0}^{t}}\left\{I+A(\tau)d\tau\right\}$$

を考えることもできる(つぎの【注２】参照)．あえて区別したいときには，(28)を正順(右)の乗法的積分，(27)を逆順(左)の乗法的積分とよぶことにしよう．

【注２】．いくつかの連続な行列値関数の積，連続な正則行列値関数の逆行列はまた連続な行列値関数になるから，(22)，(23)と$[e^{A(\tau)\Delta t}]^{-1}=e^{-A(\tau)\Delta t}=I-A(\tau)\Delta t+\dots$ とから明らかなように，$\Omega_{t_0}^{t}(A)$の逆行列は次の２つの行列：

$$e^{-A(\tau_1)\Delta t_1}e^{-A(\tau_2)\Delta t_2}\dots e^{-A(\tau_m)\Delta t_m},$$

$$\left\{I-A(\tau_1)\Delta t_1\right\}\left\{I-A(\tau_2)\Delta t_2\right\}\dots\left\{I-A(\tau_m)\Delta t_m\right\}$$

の$\delta\to 0$ ($\Delta t_k\to 0$)のときの極限である．ゆえに，次の等式が得られる：

$$\left\{\Omega_{t_0}^{t}(A)\right\}^{-1}=\overrightarrow{\int_{t_0}^{t}} e^{-A(\tau)d\tau}=\overrightarrow{\int_{t_0}^{t}}\left\{I-A(\tau)d\tau\right\}.$$

もちろん，$\left\{\Omega_{t_0}^{t}(A)\right\}^{-1}$を下の(30)のように逆順の乗法的積分のままで表わすこともできる．

系１．乗法的積分の定義からただちに得られる基本的な公式をあげておこう(指数型の乗法的積分に関する同様な公式は省略する)：

(29) $t_0\leq t'\leq t$ のとき，$\overleftarrow{\int_{t_0}^{t}}\left\{I+A(\tau)d\tau\right\}=\overleftarrow{\int_{t'}^{t}}\left\{I+A(\tau)d\tau\right\}\cdot\overleftarrow{\int_{t_0}^{t'}}\left\{I+A(\tau)d\tau\right\}$,

(30) $\overleftarrow{\int_{t}^{t_0}}\left\{I+A(\tau)\,d\tau\right\}=\left[\overleftarrow{\int_{t_0}^{t}}\left\{I+A(\tau)d\tau\right\}\right]^{-1}$,

(31) 任意の正則定数行列Cに対して $\overleftarrow{\int_{t_0}^{t}}\left\{I+CA(\tau)C^{-1}d\tau\right\}=C\overleftarrow{\int_{t}^{t_0}}\left\{I+A(\tau)d\tau\right\}C^{-1}$.

等式(30)の**証明**．閉区間$[t_0, t]$の中に，等式(14)の証明のときと同じ分点 $t_0<t_1<t_2<\dots<t_{m-1}<t_m=t$ ($t_{k-1}\leq\tau_k\leq t_k$)を取ろう．このとき，(14)と同様に次の等式が成り立つ：

$$\Omega_{t}^{t_0}(A)=\Omega_{t_1}^{t_0}(A)\,\Omega_{t_2}^{t_1}(A)\dots\Omega_{t_{m-1}}^{t_{m-2}}(A)\,\Omega_{t}^{t_{m-1}}(A)\ .$$

この等式を利用して，(23)と同様に，次のような計算ができる：

$$\begin{aligned}\Omega_{t}^{t_0}(A)&=\lim_{\delta\to 0} e^{A(\tau_1)(t_0-t_1)}e^{A(\tau_2)(t_1-t_2)}\dots e^{A(\tau_m)(t_{m-1}-t)}\\&=\lim_{\delta\to 0} e^{-A(\tau_1)(t_1-t_0)}e^{-A(\tau_2)(t_2-t_1)}\dots e^{-A(\tau_m)(t-t_{m-1})}\\&=\lim_{\delta\to 0}\left\{e^{A(\tau_m)(t-t_{m-1})}e^{A(\tau_{m-1})(t_{m-1}-t_{m-2})}\dots e^{A(\tau_1)(t_1-t_0)}\right\}^{-1}.\end{aligned}$$

これは，次の等式が成り立つことを意味する：

$$\Omega_{t}^{t_0}(A)=\left\{\overleftarrow{\int_{t_0}^{t}} e^{A(\tau)d\tau}\right\}^{-1}\text{すなわち}\ \overleftarrow{\int_{t}^{t_0}}\left\{I+A(\tau)d\tau\right\}=\left[\overleftarrow{\int_{t_0}^{t}}\left\{I+A(\tau)d\tau\right\}\right]^{-1}.$$

(31)の証明には等式$(I+CPC^{-1})(I+CQC^{-1})=C(I+P)(I+Q)C^{-1}$を利用すればよい．

C］乗法的微分．行列値関数 $X=X(t)$ が正則行列（$\det X(t)\neq 0$，$t\in Q$）かつ微分可能なとき，その乗法的微分（作用素）D_t を次のように定義する：

$$D_t X=\frac{dX}{dt}X^{-1}\quad (t\in Q).$$

系 2．次の公式が成り立つ：

（32）　任意の定数行列 C に対して，$D_t(XC)=D_tX$，$D_t(CX)=C(D_tX)C^{-1}$．

（33）　2 つの行列値関数 $X(t),Y(t)$ の積に対して，$D_t(XY)=D_tX+X(D_tY)X^{-1}$．

（34）　$D_t(X^{-1})=-X^{-1}(D_tX)X$．

さらに，乗法的微分と乗法的積分とを結びつける次の公式が成り立つ：

（35）　$$\prod_{t_0}^{t}\Big[I+\big\{D_\tau X(\tau)+B(\tau)\big\}d\tau\Big]=X(t)\prod_{t_0}^{t}\Big\{I+X(\tau)^{-1}B(\tau)X(\tau)d\tau\Big\}X(t_0)^{-1}.$$

（32），（33），（34）は乗法的微分の定義と§12 の公式（5），（3），（6）から導かれる．

等式（35）は正規解の性質として述べた§29 の系 2 の（iv）で見た等式：

（36）　$$\Omega_{t_0}^{t}(A+B)=\Omega_{t_0}^{t}(A)\,\Omega_{t_0}^{t}(P)\ ,\ \text{ただし},\ P=P(t)=\big\{\Omega_{t_0}^{t}(A)\big\}^{-1}B(t)\,\Omega_{t_0}^{t}(A)$$

を書き直しただけのものである．実際，$A=D_tX$ とおけば $X=\Omega_{t_0}^{t}(A)X(t_0)$ であるから，これより $\Omega_{t_0}^{t}(A)=X(t)X(t_0)^{-1}$ となり，（36）の等式は次のように書き直すことができる：

（37）　$$\Omega_{t_0}^{t}(D_\tau X+B)=X(t)X(t_0)^{-1}\Omega_{t_0}^{t}(P).$$

また，（36）のただし書きの等式は $P(t)=X(t_0)X(t)^{-1}B(t)X(t)X(t_0)^{-1}$ と書き表わされる．ここで，（37）の $\Omega_{t_0}^{t}(D_\tau X+B)$ と $\Omega_{t_0}^{t}(P)$ を乗法的積分の形に書き表わせば，次のようになる：

（38）　$$\prod_{t_0}^{t}\Big[I+\big\{D_\tau X+B\big\}d\tau\Big]=X(t)X(t_0)^{-1}\prod_{t_0}^{t}\Big[I+\big\{X(t_0)X^{-1}BXX(t_0)^{-1}\big\}d\tau\Big].$$

公式（31）によって，（38）の右辺の定数行列 $X(t_0)$ と $X(t_0)^{-1}$ をそれぞれ積分記号の外に括り出して（35）が得られる．等式（35）は通常の積分の部分積分の公式に相当すると考えられる．

【注３】 乗法的微分で $D_tX=A(t)$ の場合（これは $X'=A(t)X$ を意味するから），乗法的微分に関する $A(t)$ の原始関数に相当するのは，解 $X=X(t)$ であり，それは $A(t)$ の乗法的積分 $\prod_{t_0}^{t}\big\{I+A(\tau)d\tau\big\}X(t_0)$ で与えられ，逆に，この乗法的積分の乗法的微分は明らかに $A(t)$ になるから，$A(t)$ が連続であるかぎり，乗法的微分 D_t と乗法的積分 $\prod_{t_0}^{t}$ は互いに逆な算法である．

$A(t)$ が連続のとき，$D_tX=A(t)$ ならば，$X(t)=\prod_{t_0}^{t}\big\{I+A(\tau)d\tau\big\}X(t_0)$ と書き表わせるから，$\prod_{t_0}^{t}\big\{I+A(\tau)d\tau\big\}=X(t)X(t_0)^{-1}$ となる．この等式は通常の微分法で $X'=A(t)$ の場合に成り立つ微分積分法の基本公式：$\int_{t_0}^{t}A(\tau)d\tau=X(t)-X(t_0)$ に相当する．この $X(t)-X(t_0)$ に当る部分が乗法的積分では $X(t)X^{-1}(t_0)$ となっていること注意しよう．

§ 31. 乗法的積分の一般化.

A] Stieltjes式乗法的積分. まえの§30では行列値関数 $X(t)$ に関する微分方程式(17)の正規解の性質を利用して§29の初期値問題(1)の解を乗法的積分によって表示したが，一般に数直線上の閉区間 $[a,b]$ で定義された行列値関数 $F(t)$ に対して，Stieltjes式乗法的積分は次のように定義される. それには，まず $[a,b]$ の1つの分割

$$\Delta : a=t_0<t_1<t_2<\dots<t_{m-1}<t_m=b$$

に対して $\Delta t_k=t_k-t_{k-1}\ (k=1,2,\dots,m)$，$|\Delta|=\max_{1\leq k\leq m}(\Delta t_k)$ とおく. また，行列値関数 $F(t)$ に対しては $\Delta F_k=F(t_k)-F(t_{k-1})\ (k=1,2,\dots,m)$ とおいて，次のような行列の m 個の積をつくる(記号 $\overset{m}{\underset{k=1}{\overrightarrow{\prod}}}$，$\overset{m}{\underset{k=1}{\overleftarrow{\prod}}}$ については，まえの§30のB]で説明してある)：

$$\overset{m}{\underset{k=1}{\overrightarrow{\prod}}}(I+\Delta F_k)=(I+\Delta F_1)(I+\Delta F_2)\dots(I+\Delta F_{m-1})(I+\Delta F_m) \tag{1}$$

このとき，ある定数行列 $\underset{\rightarrow}{\Xi}$ が存在して，任意に与えられた $\varepsilon>0$ に対して適当に $\delta>0$ をとって，$|\Delta|<\delta$ であるような $[a,b]$ のどんな分割 Δ に対しても，

$$\left\| \underset{\rightarrow}{\Xi}-\overset{m}{\underset{k=1}{\overrightarrow{\prod}}}(I+\Delta F_k)\right\|<\varepsilon$$

とできるならば，このことは $\underset{\rightarrow}{\Xi}=\lim_{|\Delta|\to 0}\overset{m}{\underset{k=1}{\overrightarrow{\prod}}}(I+\Delta F_k)$ を意味するから，$\underset{\rightarrow}{\Xi}$ を区間 $[a,b]$ における行列値関数 $F(t)$ のStieltjes式乗法的積分と名づけ，$\underset{\rightarrow}{\Xi}=\overrightarrow{\int_a^b}\{I+dF(\tau)\}$ で表わす. 全く同様にして，$\overset{m}{\underset{k=1}{\overleftarrow{\prod}}}(I+\Delta F_k)$ の形から逆順のStieltjes式乗法的積分 $\underset{\leftarrow}{\Xi}=\overleftarrow{\int_a^b}\{I+dF(\tau)\}$ が定義される. また，$\overset{m}{\underset{k=1}{\overrightarrow{\prod}}}e^{\Delta F_k}$，$\overset{m}{\underset{k=1}{\overleftarrow{\prod}}}e^{\Delta F_k}$ の $|\Delta|\to 0$ のときの極限となる定数行列 $\lim_{|\Delta|\to 0}\overset{m}{\underset{k=1}{\overrightarrow{\prod}}}e^{\Delta F_k}$，$\lim_{|\Delta|\to 0}\overset{m}{\underset{k=1}{\overleftarrow{\prod}}}e^{\Delta F_k}$ が存在するならば，それらを指数型のStieltjes式乗法的積分と名づけて，それぞれ次のように書き表わす：

$$\overrightarrow{\int_a^b}e^{dF(\tau)},\quad \overleftarrow{\int_a^b}e^{dF(\tau)}.$$

$[a,b]$ で定義された行列値関数 $G(t)$ に対して，Stieltjes式ではない通常の指数型のRiemann式乗法的積分：

$$\overrightarrow{\int_a^b}e^{G(\tau)d\tau},\quad \overleftarrow{\int_a^b}e^{G(\tau)d\tau}$$

とは，それぞれ言うまでもなく，定数行列 $\lim_{|\Delta|\to 0}\overset{m}{\underset{k=1}{\overrightarrow{\prod}}}e^{G(\tau_k)\Delta t_k}$，$\lim_{|\Delta|\to 0}\overset{m}{\underset{k=1}{\overleftarrow{\prod}}}e^{G(\tau_k)\Delta t_k}$ のことである(もしもこれらが存在するならば).

以下では，行列値関数 $F(t)$ あるいは $G(t)$ に対して，その乗法的積分が存在するための条件について考えることにする.

B］有界変動の行列値関数．まえのA］と同じ記号を用いることにする．$F(t)$を数直線上の閉区間［a,b］で定義された行列値関数とする．区間［a,b］の分割：

$$\Delta : a=t_0<t_1<t_2<\dots<t_{m-1}<t_m=b$$

に対して，

$$v_\Delta=\sum_{k=1}^{m}\|F(t_k)-F(t_{k-1})\|\left(=\sum_{k=1}^{m}\|\Delta F_k\|\right)$$

と定義して，これを分割Δに対応する行列値関数$F(t)$の（［a,b］での）変動という．とくに，［a,b］の分割Δをどのようにしても，v_Δがある一定数を越えないとき，$F(t)$は有界変動であるという．このとき，あらゆる分割Δに対するv_Δの上限を［a,b］における$F(t)$の全変動といい，これを$V_a^b(F)$で表わす：$V_a^b(F)=\sup\limits_{\Delta}(v_\Delta)$．

定理1．$F(t)$が閉区間［a,b］で連続な有界変動の行列値関数ならば，その乗法的積分

$$\underset{\rightarrow}{\Xi}_1=\int_a^b\!\!\!\!\!\!\rightarrow\left\{I+dF(\tau)\right\},\quad \underset{\rightarrow}{\Xi}_2=\int_a^b\!\!\!\!\!\!\rightarrow e^{dF(\tau)}$$

のいずれか一方が存在すれば，他方も存在して$\underset{\rightarrow}{\Xi}_1=\underset{\rightarrow}{\Xi}_2$となる．

証明．以下では，［a,b］の分割Δとその他の記号の意味は上のA］で述べたままのものとして活用し，§30で述べたノルムの基本的な性質も随所で利用する．

$$P_k=e^{\Delta F_k},\ Q_k=I+\Delta F_k\quad (k=1,2,\dots,m)$$

とおけば，$\|P_k\|=\left\|e^{\Delta F_k}\right\|\leqq\sum_{j=0}^{\infty}\frac{\|\Delta F_k\|^j}{j!}=e^{\|\Delta F_k\|}$，$\|Q_k\|\leqq 1+\|\Delta F_k\|\leqq e^{\|\Delta F_k\|}$となるから，明らかに次の不等式が成り立つ（ただし，$V=V_a^b(F)$）：

(2) $$\left\|\overset{j}{\underset{k=1}{\overrightarrow{\prod}}}P_k\right\|\leqq\prod_{k=1}^{j}\|P_k\|\leqq\prod_{k=1}^{m}e^{\|\Delta F_k\|}=\exp\sum_{k=1}^{m}\|\Delta F_k\|\leqq e^{v_\Delta}\leqq e^V\quad (j=1,2,\dots,m-1),$$

(3) $$\left\|\overset{m}{\underset{k=j}{\overrightarrow{\prod}}}Q_k\right\|\leqq\prod_{k=j}^{m}\|Q_k\|\leqq\prod_{k=j}^{m}e^{\|\Delta F_k\|}\leqq e^V\quad (j=2,3,\dots,m),$$

(4) $1\leqq k\leqq m$に対して，
$$\|P_k-Q_k\|=\left\|\frac{1}{2!}(\Delta F_k)^2+\frac{1}{3!}(\Delta F_k)^3+\dots\right\|$$
$$\leqq\frac{1}{2}\|\Delta F_k\|^2\left\{1+\|\Delta F_k\|+\frac{1}{2!}\|\Delta F_k\|^2+\dots\right\}\leqq\frac{1}{2}\|\Delta F_k\|^2e^V.$$

したがって，§30の公式(10)のrをここではmと書き換えた等式：

(5) $$\overset{m}{\underset{k=1}{\overrightarrow{\prod}}}P_k-\overset{m}{\underset{k=1}{\overrightarrow{\prod}}}Q_k=(P_1-Q_1)\overset{m}{\underset{k=2}{\overrightarrow{\prod}}}Q_k+P_1(P_2-Q_2)\overset{m}{\underset{k=3}{\overrightarrow{\prod}}}Q_k+\overset{2}{\underset{k=1}{\overrightarrow{\prod}}}P_k(P_3-Q_3)\overset{m}{\underset{k=4}{\overrightarrow{\prod}}}Q_k$$
$$+\dots+\overset{m-3}{\underset{k=1}{\overrightarrow{\prod}}}P_k(P_{m-2}-Q_{m-2})\overset{m}{\underset{k=m-1}{\overrightarrow{\prod}}}Q_k+\overset{m-2}{\underset{k=1}{\overrightarrow{\prod}}}P_k(P_{m-1}-Q_{m-1})Q_m+\overset{m-1}{\underset{k=1}{\overrightarrow{\prod}}}P_k(P_m-Q_m)$$

と(2)，(3)，(4)によって，§30の(11)と同様にして，次の不等式が得られる：

(6) $$\left\|\overset{m}{\underset{k=1}{\overrightarrow{\prod}}}P_k-\overset{m}{\underset{k=1}{\overrightarrow{\prod}}}Q_k\right\|\leqq\frac{e^{3V}}{2}\sum_{k=1}^{m}\|\Delta F_k\|^2\leqq\frac{e^{3V}}{2}\max_{1\leqq k\leqq m}\|\Delta F_k\|\left\{\sum_{k=1}^{m}\|\Delta F_k\|\right\}$$
$$\leqq\frac{e^{3V}}{2}V\cdot\max_{1\leqq k\leqq m}\|\Delta F_k\|.$$

いま，任意に $\varepsilon>0$ が与えられたとする．仮定より $F(t)$ は閉区間 $[a,b]$ において連続な行列値関数であったから，$F(t)$ の行列成分はいずれも $[a,b]$ で一様連続であり，適当に $\delta_0>0$ を取れば，$|t'-t''|<\delta$ $(t',t''\in[a,b])$ のとき

$$(7) \qquad \|F(t')-F(t'')\|<\frac{\varepsilon}{V}e^{-3V}$$

となるようにできる．ここで，たとえば乗法的積分 $\underset{\rightarrow}{\Xi}_1=\lim_{|\Delta|\to 0}\prod_{k=1}^{m}Q_k$ が存在したとしよう．そうすれば，適当に $\delta_1>0$ を取って，$|\Delta|<\delta_1$ をみたす $[a,b]$ のどんな分割 Δ に対しても

$$(8) \qquad \left\|\underset{\rightarrow}{\Xi}_1-\prod_{k=1}^{m}Q_k\right\|<\frac{\varepsilon}{2}$$

とできる．したがって，このとき $|\Delta|<\min(\delta_0,\delta_1)$ をみたすどんな分割 Δ に対しても，(7) から $\max_{1\leq k\leq m}\|\Delta F_k\|<\frac{\varepsilon}{V}e^{-3V}$ となって，(8) と (6) からただちに次の不等式が得られる：

$$(9) \qquad \left\|\underset{\rightarrow}{\Xi}_1-\prod_{k=1}^{m}P_k\right\|<\left\|\underset{\rightarrow}{\Xi}_1-\prod_{k=1}^{m}Q_k\right\|+\left\|\prod_{k=1}^{m}Q_k-\prod_{k=1}^{m}P_k\right\|<\frac{\varepsilon}{2}+\frac{\varepsilon}{2}<\varepsilon.$$

このことは，$\underset{\rightarrow}{\Xi}_2=\lim_{|\Delta|\to 0}\prod_{k=1}^{m}P_k=\lim_{|\Delta|\to 0}\prod_{k=1}^{m}e^{\Delta F_k}=\underset{\rightarrow}{\Xi}_1$ となることを示している．これで $\underset{\rightarrow}{\Xi}_2=\underset{\rightarrow}{\Xi}_1$ が証明された．$\underset{\rightarrow}{\Xi}_2$ の方が存在すると仮定した場合の $\underset{\rightarrow}{\Xi}_1=\underset{\rightarrow}{\Xi}_2$ の証明も全く同じである．

C] Stieltjes 式乗法的積分と Riemann 式乗法的積分との関係． ここでは，2 種類の乗法的積分の関係について簡単に述べておこう．

$G(t)=[g_{ij}(t)]$ を $[a,b]$ で定義された n 次の行列値関数で，ノルム $\|*\|$ に関して有界と仮定する（連続性は仮定してない）．この § のはじめに見た $[a,b]$ の分割 Δ に対して，

$$(10) \qquad w_k(\Delta)=\sup\{\|G(\tau)-G(\tau')\|\,;\,\tau,\tau'\in[t_{k-1},t_k]\}\ (k=1,2,\dots,m)$$

とおいて，これを区間 $[t_{k-1},t_k]$ における $G(t)$ の振幅と名づける．任意に $\varepsilon>0$ が与えられたとき適当に $\delta>0$ を取って，$|\Delta|<\delta$ であるような $[a,b]$ の分割 Δ に対して，

$$(11) \qquad \sum_{k=1}^{m}w_k(\Delta)\Delta t_k<\varepsilon \quad (\Delta t_k=t_k-t_{k-1})$$

とできるとき，$G(t)$ は Riemann 可積分な行列値関数であるという．このとき，行列値関数のノルムの定義（§ 30 の (1)）から明らかなように，(10) より次式が得られる：

$$(12) \qquad |g_{ij}(\tau)-g_{ij}(\tau')|\leq w_k(\Delta) \quad (\tau,\tau'\in[t_{k-1},t_k]\,;\,i,j=1,2,\dots,n).$$

ゆえに (11) は，各関数 $g_{ij}(t)$ が区間 $[a,b]$ において Riemann 積分可能なこと，すなわち

$$\lim_{\delta\to 0}\sum_{k=1}^{m}g_{ij}(\tau_k)\Delta t_k=\int_a^b g_{ij}(t)dt \quad (\tau_k\in[t_{k-1},t_k]\,;\,i,j=1,2,\dots,n)$$

が存在することを示し，この関係をノルムを用いて表わせば，次のようになる：

$$(13) \qquad \lim_{\delta\to 0}\left\|\sum_{k=1}^{m}G(\tau_k)\Delta t_k-\int_a^b G(t)dt\right\|=0.$$

ゆえに条件 (11) は，行列値関数 $G(t)$ がノルムに関して収束する Riemann 式積分 $\int_a^b G(t)dt$ を

もつことを意味しているばかりでなく，$\left|\|G(\tau)\|-\|G(\tau')\|\right|\leqq\|G(\tau)-G(\tau')\|$ であるから，スカラー関数 $\|G(t)\|$ も $[a,b]$ で Riemann 積分可能なことを示し，(13) とノルムの性質から，§30 の (5) と同様に，次の不等式が成り立つことがわかる：

$$\left\|\int_a^b G(t)\,dt\right\|\leqq\int_a^b\|G(t)\|\,dt. \tag{14}$$

定理 2．$G(t)$ が区間 $[a,b]$ で Riemann 可積分であって，$F(t)=F(a)+\int_a^t G(\tau)d\tau$ ならば，次の 3 つの乗法的積分：

$$\underset{\rightarrow}{\Xi}_1=\underset{\rightarrow}{\int_a^b}\left\{I+dF(\tau)\right\},\quad \underset{\rightarrow}{\Xi}_2=\underset{\rightarrow}{\int_a^b}e^{dF(\tau)},\quad \underset{\rightarrow}{\Xi}_3=\underset{\rightarrow}{\int_a^b}e^{G(\tau)d\tau}$$

のうちの 1 つが存在するとき，他の 2 つの積分も存在して，$\underset{\rightarrow}{\Xi}_1=\underset{\rightarrow}{\Xi}_2=\underset{\rightarrow}{\Xi}_3$ となる．

証明．定理 1 で $\underset{\rightarrow}{\Xi}_1$，$\underset{\rightarrow}{\Xi}_2$ の一方が存在すれば他方も存在して，$\underset{\rightarrow}{\Xi}_1=\underset{\rightarrow}{\Xi}_2$ となることを示したから，以下では，$\underset{\rightarrow}{\Xi}_1=\lim_{|\Delta|\to 0}\overset{\rightarrow}{\prod_{k=1}^{m}}(I+\Delta F_k)$，$\underset{\rightarrow}{\Xi}_3=\lim_{|\Delta|\to 0}\overset{\rightarrow}{\prod_{k=1}^{m}}e^{G(\tau_k)\Delta t_k}$ の一方が存在したとして，他方の存在と $\underset{\rightarrow}{\Xi}_1=\underset{\rightarrow}{\Xi}_3$ を証明しよう．$G(t)$ は有界であったから，ある定数 $L>0$ をとれば，$\|G(t)\|\leqq L\ (t\in[a,b])$ となって，$F(t)$ の定義と (14) から，次の 2 つの不等式が得られる：

$$\|F(t')-F(t'')\|^2=\left\|\int_{t''}^{t'}G(\tau)d\tau\right\|^2\leqq\left\{\int_{t''}^{t'}\|G(\tau)\|d\tau\right\}^2\leqq L^2|t'-t''|^2\ (t',t''\in[a,b]).$$

$$v_\Delta=\sum_{k=1}^{m}\|F(t_k)-F(t_{k-1})\|\leqq L\sum_{k=1}^{m}(t_k-t_{k-1})=L(b-a). \tag{15}$$

したがって，$F(t)$ は $[a,b]$ において有界変動な行列値関数である．

$$R_k=e^{G(\tau_k)\Delta t_k}=\sum_{j=0}^{\infty}\frac{1}{j!}\left\{G(\tau_k)\Delta t_k\right\}^j=I+G(\tau_k)\Delta t_k+\frac{\left\{G(\tau_k)\Delta t_k\right\}^2}{2!}+\cdots$$

とおこう ($\Delta t_k=t_k-t_{k-1}$)．ここで $Q_k=I+\Delta F_k$ に注意すれば，次の不等式が成り立つ：

$$\|R_k-Q_k\|\leqq\|G(\tau_k)\Delta t_k-\Delta F_k\|+\sum_{j=2}^{\infty}\frac{1}{j!}\|G(\tau_k)\Delta t_k\|^j. \tag{16}$$

ところが，$\Delta F_k=F(t_k)-F(t_{k-1})=\int_{t_{k-1}}^{t_k}G(\tau)d\tau$ であるから，(14) と $w_k(\Delta)$ の定義 (10) によって，(16) の右辺の第 1 項は次のようになる：

$$\|G(\tau_k)\Delta t_k-\Delta F_k\|\leqq\left\|\int_{t_{k-1}}^{t_k}\left\{G(\tau_k)-G(\tau)\right\}d\tau\right\|\leqq\int_{t_{k-1}}^{t_k}\|G(\tau_k)-G(\tau)\|d\tau\leqq w_k(\Delta)\Delta t_k \tag{17}$$

また，(16) の右辺の第 1 項以外の項については，次の不等式が得られる：

$$\sum_{j=2}^{\infty}\frac{1}{j!}\|G(\tau_k)\Delta t_k\|^j\leqq\sum_{j=2}^{\infty}\frac{1}{j!}L^j(\Delta t_k)^j\leqq\frac{L^2(\Delta t_k)^2}{2}e^{L\Delta t_k}. \tag{18}$$

ゆえに，(17) と (18) によって，(16) は次のようになる：

$$\begin{aligned}\|R_k-Q_k\|&\leqq\|G(\tau_k)\Delta t_k-\Delta F_k\|+\sum_{j=2}^{\infty}\frac{1}{j!}\|G(\tau_k)\Delta t_k\|^j,\\&\leqq w_k(\Delta)\Delta t_k+\frac{L^2e^{L(b-a)}}{2}\max_{1\leqq k\leqq m}(\Delta t_k)\cdot\Delta t_k.\end{aligned} \tag{19}$$

さらに，$\|G(t)\| \leqq L$ と(15)に注意して次の 2 つの不等式が成り立つ：

$$(20)\quad \left\| \prod_{k=1}^{j} R_k \right\| \leqq \prod_{k=1}^{j} e^{\|G(\tau_k)\|\Delta t_k} \leqq \exp\left\{ \sum_{k=1}^{m} \|G(\tau_k)\| \Delta t_k \right\} \leqq e^{L(b-a)} \quad (j=1,2,\dots,m-1),$$

$$(21)\quad \left\| \prod_{k=j}^{m} Q_k \right\| \leqq \prod_{k=j}^{m} e^{\|\Delta F_k\|} \leqq \exp\left\{ \sum_{k=1}^{m} \|\Delta F_k\| \right\} \leqq e^{v_\Delta} \leqq e^{L(b-a)} \quad (j=2,3,\dots,m).$$

ここで，定理 1 の証明で利用した公式(5)の P_k を R_k で置き換え，不等式(19)~(21)に注意して不等式(6)を導いたのと同様な計算を行えば，次の不等式が得られる：

$$\begin{aligned} \left\| \prod_{k=1}^{m} R_k - \prod_{k=1}^{m} Q_k \right\| &\leqq \sum_{k=1}^{m} \|R_k - Q_k\| e^{2L(b-a)} \\ &\leqq e^{2L(b-a)} \left\{ \sum_{k=1}^{m} w_k(\Delta)\Delta t_k + \sum_{k=1}^{m} \frac{L^2 e^{L(b-a)}}{2} \max_{1 \leqq k \leqq m}(\Delta t_k) \cdot \Delta t_k \right\} \\ &= e^{2L(b-a)} \left\{ \sum_{k=1}^{m} w_k(\Delta)\Delta t_k + \frac{L^2 e^{L(b-a)}}{2} (b-a)|\Delta| \right\}. \end{aligned}$$

ゆえに，$G(t)$の性質(11)に注意すれば，十分に小さい $\delta>0$ を取って，$|\Delta|<\delta$ であるような$[a,b]$のどんな分割 Δ に対しても，上の最後の式の括弧 $\{\dots\}$ の中の式の値を前もって与えられた値よりも小さくすることができる．すなわち，任意の $\varepsilon>0$ に対して，十分に小さい $\delta>0$ を取れば，$|\Delta|<\delta$ であるような$[a,b]$のどんな分割 Δ に対しても，

$$\left\| \prod_{k=1}^{m} R_k - \prod_{k=1}^{m} Q_k \right\| < \frac{\varepsilon}{2}$$

とすることができる．この不等式を用いれば，$\underset{\to}{\Xi}_1 = \lim_{|\Delta| \to 0} \prod_{k=1}^{m} Q_k$，$\underset{\to}{\Xi}_3 = \lim_{|\Delta| \to 0} \prod_{k=1}^{m} R_k$ のどちらか一方が存在すれば，他方も存在して両者が相等しくなることは，定理 1 の証明の終わりでおこなった論法と全く同様にして示される．これで定理が証明された．

【注2】 行列値関数に対する乗法的積分は上で述べた方法によって，一般に，ヒルベルト空間における有界な(連続な)線形作用素 $F(t)$ に対してもそのまま定義され，特別な型の作用素の積分表示に利用されている．その際，$F(t)$の定義域は必ずしも数直線上の区間とは限らず，ある閉集合 Γ であることもある．その場合には，Γ の分割 Δ に属するある 2 つの隣接する分点 t_{j-1}, t_j が Γ の補集合に含まれた開区間の端点ならば，$|\Delta| = \max_{1 \leqq k \leqq m}(\Delta t_k)$ において，Δt_j すなわち $t_j - t_{j-1}$ を 0 と考え，さらに $F(t)$ には

$$\{F(t_j) - F(t_{j-1})\}^2 = O \ (\text{零作用素})$$

という条件を付加することによって，乗法的積分を定義することができる．これらのことについて詳しくは「参考書(増補改訂版の)」の[2]を見られたい．

【注3】[1](F.R.Gantmacher)によれば，乗法的積分と乗法的微分(作用素)の概念は，イタリアの数学者 Vito Voltrra (1860−1940)が行列値関数に対する解析学を独自に建設するために，1887年に初めて学界に発表したものである．

記号一覧

本書全体を通じ一貫して用いられる記号をここにまとめておく．これらの記号がはじめて出てくるページまたはその定義が述べられているページを記す．

$I, \boldsymbol{I}$：単位行列，恒等変換　1，174

$\det X$：行列 X の行列式　5

$\Phi_A(z)$：行列 A の固有多項式　7，179

$\Psi_A(z)$：行列 A の最小多項式　7，21，180

$\sigma(A)$：行列 A のスペクトル　7

$f[\sigma(A)]$：行列 A のスペクトル上での関数 f の値の集合　8

$\mathscr{F}_\sigma[A]$：行列 A のスペクトル上で定義された関数全体の集合　8

$L_{A,f}(z)$ または $L_f(z)$：行列 A の f に対する Lagrange-Sylvester の多項式　9，15

$\sum_{k=1}^{p}\oplus$：p 個の正方行列または部分空間の直和　10，123

N, N_q：ベキ零行列　11，160，163，206

$\binom{n}{r}$：相異なる n 個のものから r 個を取り出す場合の数 ${}_nC_r$ に同じ　14，34，127

$L_\zeta(z)$：（行列 A と）数列 $\boldsymbol{\zeta}$ からつくられる Lagrange-Sylvester の多項式　15

δ_{ik}：クロネッカー（Kronecker）の記号　24

Z_{jk}：固有値 λ_j に属する基幹行列　24

$\boldsymbol{C}^n$：n 項の複素-数ベクトル空間　26，171

$\mathcal{N}(\lambda)$：固有値 λ に属する固有空間　40，142，200

$\tilde{\mathcal{N}}(\lambda_j)$：固有値 λ_j に属する一般固有空間　40，142，200

$\mathscr{S}_A$：同次連立微分方程式 $\dot{\boldsymbol{x}}=A\boldsymbol{x}$ の解空間　88

$\dim \mathcal{M}$：線形空間 $\mathcal{M}$ の次元　89，173

$\mathscr{B}_0$：$\boldsymbol{C}^n$ の自然座標系　108，173

$\mathscr{R}_\sigma(A)$：$\sigma(A)$ を含む複素平面上の開集合 U_f で定義された正則関数の全体　112

$\mathrm{Adj}\,X$：行列 X の余因子行列　115

$\mathrm{Max}\{*, \ldots, *\}$：実数 $*, \ldots, *$ の中で最大のもの　115

$\mathcal{M}(m, n; \boldsymbol{C})$：$(m, n)$ 型の複素行列全体がつくる複素線形空間　124

$\mathscr{B}$：線形空間の基底　132

$\mathscr{C}(A)$：（複素）正方行列 A と交換可能な行列全体がつくる $\mathcal{M}_n(\boldsymbol{C})$ の部分空間　137

$\mathcal{P}(A)$：正方行列 A の多項式の全体がつくる $\mathscr{C}(A)$ の部分空間　138

$e_1(z), e_2(z), \ldots, e_n(z)$：$n$ 次行列の単因子　136，187

$\mathcal{M}_n(\boldsymbol{C})$：$n$ 次複素行列全体がつくる複素線形空間　137

A_J：行列 A の Jordan 標準形　140，207

rank X, $\rho(X)$：行列 X の階数 141，209
min(j,k)：2 つの実数 j,k の大きくない方 143
(x_k)，${}^t[x_k]$：第 k 成分が x_k の行（横）ベクトル 171
$[x_k]$，${}^t(x_k)$：第 k 成分が x_k の列（縦）ベクトル 171
$\mathscr{L}(\boldsymbol{a},\boldsymbol{b},\ldots)$：ベクトル $\boldsymbol{a},\boldsymbol{b},\ldots$ から生成される部分空間 172
$A(z)$：z-行列 173，185
$d_k(z)$：$A(z)$ の k 次小行列式 190
$J(\lambda,p)$：λを含む単純単因子から作られる p 次の Jordan 細胞 206
$J(\lambda)$：固有値 λ に対応するJordan区画 206
$\Omega_{t_0}^{t}(A)$：初期値問題 $\dfrac{dX}{dt}=A(t)X$，$X(t_0)=I$ の解（正規解） 231
$\overset{r}{\underset{k=1}{\Uparrow}} P_k$：$r$ 個の行列の積 $P_1P_2\cdots P_{r-1}P_r$ 233
$\overset{r}{\underset{k=1}{\Downarrow}} P_k$：$r$ 個の行列の積 $P_rP_{r-1}\cdots P_2P_1$ 233
$\mathbf{I}$：すべての成分が 1 に等しい正方行列 233
$\|\boldsymbol{x}\|$：ベクトル $\boldsymbol{x}$ のノルム 232
$\|P\|$：行列 P のノルム 232
abs P：行列 P の各成分の絶対値を成分とする行列 233
$\overrightarrow{\int}_{t_0}^{t}\{I+A(\tau)d\tau\}$，$\overleftarrow{\int}_{t_0}^{t}\{I+A(\tau)d\tau\}$：正順，逆順の（通常の）Riemann式乗法的積分 236
$\overrightarrow{\int}_{t_0}^{t}e^{A(\tau)d\tau}$，$\overleftarrow{\int}_{t_0}^{t}e^{A(\tau)d\tau}$：正順，逆順の指数型Riemann式乗法的積分 236
$\overrightarrow{\int}_{t_0}^{t}\{I+dA(\tau)\}$，$\overleftarrow{\int}_{t_0}^{t}\{I+dA(\tau)\}$：正順，逆順の（通常の）Stieltjes式乗法的積分 239
$\overrightarrow{\int}_{t_0}^{t}e^{dA(\tau)}$，$\overleftarrow{\int}_{t_0}^{t}e^{dA(\tau)}$：正順，逆順の指数型Stielyjes式乗法的積分 239

参考書(初版の)

[1] Ф.Р.Гантмахер:Теория матриц (издание второе,дополненное), издательство «Наука» (1966)

初版の英訳本は The Theory of Matrices,I,II, Chelsea (1955)

[2] E.T.Browne:Introduction to the theory of Determinants and Matrices, The University of North Carolina Press (1958)

[3] C.G.Cullen:Matrices and Linear Transformations, Addison-Wesley Publishing Co.(1967)

[4] 杉浦光夫:Jordan 標準形と単因子論,I,II,岩波講座　基礎数学(1977)

丁寧に書かれたこの好著は，同講座の中の横沼健雄:「テンソル空間と外積代数」と合冊されて単行本「ジョルダン標準形・テンソル代数」として 1990 年に出版されている.

[5] 古屋　茂:行列と行列式,培風館(1959)

[6] 吉田洋一:函数論(第 2 版),岩波全書(1965)

[7] 一松　信:解析学序説　上巻，裳華房(1963)

[8] L.S.ポントリャーギン(木村俊房 校閲，千葉克裕 訳):常微分方程式〈新版〉共立出版(1974)

本書の第 1 章(§1,§5,§6 を除く)と第 3 章は [1] を参考にしたところが多い. 第 2 章の §10 では [2] を，その他の § ではさらに [1],[4],[6] を参考にした. 第 4 章は [3],[4],[5],[8] に負う. なお，具体例の大部分は著者によるものである.

最後に一言. 筆者の不勉強のため，和書，洋書を問わず，行列を変数とする関数について系統的に書かれた初等的な成書に関する知見を筆者は持ち合わせていないので，ここに紹介することができないことを残念に思っている. 読者からのご教示が得られればと願うものである.

なお，数学用ワープロ SPE はすでに故人となられた(当時は立教大学理学部数学科教授)島内剛一氏(1930-1989)のきわめて優れた労作である. SPE は複雑な数式はもとより，化学構造式から楽譜の作成までを目指した強力で微妙な操作性にも富んだソフトウェアである. その機能について作者自身による専門的な解説は次の論文に見られる:

[9] 島内剛一:数学用ワープロ SPE，数学(日本数学会)，Vol.40(1988),pp.264-268.

「岩波ソフトウェアライブラリー」で発売されている数学用ワープロ SPE には作者とその良き協力者であった浅本紀子氏(現在お茶の水女子大学情報科学科)との共著になる二冊の解説書「SPE 入門」，「SPE 解説」が添付されている.

この他に一般向きの解説書としては次のものがある:

[10] 塩田　清:(パソコン)数式記述ソフトの使い方 —— 数学用ワープロSPE100%活用法，理工学社(1992)

参考書（増補改訂版の）

[1] Ф.Р.Гантмахер:Теория матриц (издание второе, дополненное), издательство «Наука» (1966)

[2] М.С.Бродский:Треугольные и жордановы представление линейных операторов, издательство «Наука» (1969)

筆者は本書の初版の作成の際にも，またこの増補改訂版を準備する折にもしばしば[1]を参考にしたが，「行列の理論」と題されて懇切丁寧に書かれたこの600ページに近い大著を手にするたびに，筆者は著者 F.R.Gantmacher の非常に広範囲にわたる蘊蓄の深さに多大の感銘を与えられたばかりでなく，この著作に費やされたエネルギーにも圧倒されたものである．筆者が参考にした[1]は第2版であるが，初版が 1953 - 1954 年に出版されて以来今日まで半世紀余りを経た現在でも，この極めて貴重な文献の存在価値は少しも失われていないと信じる．

この増補改訂版では，§13の(へ)，(ト)および§29，§30 は [1] に負っている．また，§31 の 2 つの定理は [2] によった．[2]の著者はM．S．ブロツキー(Brodskii)で，書名は「線形作用素の三角型とジョルダン型の表現」である．

初版の際にあげた参考書はすべて本書を書くために筆者が参考にした書物だけであるが，初版の出版後に二，三の読者から，この本を読むために線形代数と微分方程式の入門書を参考書としてあげて読者の便宜を計ったほうが一層親切であろうとのご指摘があった．これら２つの分野に関する入門書は余りにも多く，良書も数多く出版されていると思うが，筆者にはそれらに触れる機会がなかった．そのため，出版年代は古いが，筆者の手許にあるものの中から線形代数の手頃な入門書として 3 冊だけをあげておく．なお，出版年数はいずれも初版時のものである．

[3] 齋藤正彦：線形代数入門，東京大学出版会(1966)

[4] 請川高三郎，宇磨谷教明，竹内康滋，広森勝久 共著：線形代数，培風館(1976)

[5] 小寺平治：明解演習 線形代数，共立出版(1982)

[3]は長いこと定評を保っている入門書である．[4] は本文140ページほどの薄手の本であるが，基礎的な事項が分かり易く簡潔に述べられている．[5]は演習書であるが基本事項が要所々々で非常に見易く簡明にまとめられ，初学者向けに良く工夫された好著である．

常微分方程式の入門書については，次の 2冊だけをあげておこう．

[6] 木村俊房：常微分方程式の解法，培風館(1958)

[7] 小寺平治：なっとくする微分方程式，講談社(2000)．

故木村俊房先生による [6] は，筆者が本書の初版で参考書としてあげた故古屋 茂先生の「行列と行列式」と同じ培風館の「新数学シリーズ」の中の一冊で，小冊子ながら常微分方程式の入門書として非常に優れている．[7] は[5]と同様，初学者に分かり易く懇切丁寧に書かれた入門書で，多くの例題を通じて基本事項が学べるよう著者の配慮が行き届いている．

索　引

ア行

1 次結合　89,172

1 次独立，1 次従属　89,172

(~ を法として)1 次独立　205

1 次変換　40,173,175

—— の和　177

—— のスカラー倍　178

—— の積　178

一般固有空間　40,200

n 項の(複素)数ベクトル　171

n 項の(複素)数ベクトル空間 C^n　171

カ行

解空間　76,88,141,220

階数　46,188

可換　5,84

関数関係(行列の関数の)　6,51

(固有値の)幾何的重複度　7

基幹行列　24

基本公式(行列の関数 $f(A)$ の)　24

基幹多項式　24

基底　89,173

基本解系　77

基本行列　77,90,96,185

基本操作(行または列の)　185

基本変形　56,185

行列

可逆 ——　186

—— の自然対数　167

(固有値 * に属する)主べキ零 ——　24

(固有値 * に属する)べキ等 ——　24

—— の代数方程式　64

—— の平方根と立方根　59,60,62

—— の無限列の収束　2

—— のべキ級数の収束　3

—— の関数列の収束　45,47

(座標系の)変更の ——　176

z - 行列　180

行列式因子　190

行列値関数　4

—— の収束　4

正則な ——　103

—— の乗法的積分　237

—— の全変動　24

連続な ——　5,104

—— の不定積分　81

—— の微分・積分　81

—— の導関数　81,104,

(曲線に沿っての) —— の積分　104

—— の Taylor 展開　106

—— の Laurent 展開　44,106

有界変動の ——　240,241

Riemann 可積分な ——　242

クロネッカーの記号　24

恒等変換　174

固有空間　200

固有多項式　179

固有値　7,179

—— の幾何的重複度　7

—— の代数的重複度　7

Cauchy(コーシー)

—— の収束条件　2

—— の積分定理　102

—— の積分公式　102

サ行

最小多項式　7,180

最小方程式　180

座標　173

振幅(行列値関数の)　242

次元　173

(ベキ零行列の)指数 11,42
自然基底 77,90,173
自然座標系 173
初期条件,初期値 74,76,86
初期値問題 75,78,86,90
Jordan(ジョルダン)
　—— 基底 213
　—— 区画 62,206
　—— 系列 213
　—— 細胞 12,206,207
　—— 標準形 207,214
射影(部分空間への) 40,43,108,115,199
収束
　行列の無限級数の—— 2
　スペクトル上での関数項の無限級数の—— 4
　スペクトル上での関数列の—— 45,48
主ベキ零行列 24
主要部(Laurent展開の) 107
商集合 204
商線形空間 204
乗法的積分
　正順(逆順)の —— 238
　指数型の —— 237
　Riemann 式 —— 242
　Stiejtjes 式 —— 240
乗法的微分(作用素) 239
スペクトル 7
　—— 上で定義された関数 8
　—— 上での関数の値 8
　—— 上での関数項の無限級数の 48,49
　—— 上での関数列の収束 45
スペクトル分解 41
Smith 標準形 188,195
生成される(部分空間) 47,172
成分 (ベクトルの, 直和分解の) 171,199
正則な行列値関数 103
線形写像 76,89
線形変換 173
z-行列 180
全射 77,89
相似(行列の) 10,41,183,192

タ,ナ行

対等(行列の) 185
対角化可能 41
対角型ブロック行列 10,123
多項式
　Lagrange-Sylvester の —— 9,15
　基幹 —— 24
　固有 —— 7,179
　最小 —— 7,180
　零化 —— 180
　行列係数の z の —— 180
単因子 187,195
単純単因子 140,195,206
単射 76,89
直和 (行列の, 部分空間の) 10,199
　——成分(因子) 10,123
　——分解 199
同型写像 77
同値律 183,185
同値, 同値類 183,204
特性行列 191
ノルム(行列の) 232

ハ行

Hamilton-Cayley の定理 182
表現行列 174
部分空間 171
　—— の直和 199
ブロック行列 123
ベキ等行列 24
ベキ零行列 11,42

ベクトル
行(横)——，列(縦)—— 171
——の和 171
——のスカラー倍 171
固有—— 179
不足数(行列の)141
不変部分空間 131,202
変更の行列(座標系の) 176
分裂(単純単因子の) 145

マ,ヤ,ラ行

類別 183,204
連続的な多価性(行列のベキ根の) 152
離散的な多価性(行列のベキ根の)152

【著者略歴】

千　葉　克　裕

１９５３年　立教大学理学部数学科卒業

１９５９年　立教大学理学部数学科大学院 修士課程修了．立教高等学校，
立教大学理学部講師を経て，

１９８２年　東京女子医科大学教授

１９９４年　定年退職

【主要著訳書等】

P.S.アレクサンドロフ：位相幾何学　Ⅰ，Ⅱ，Ⅲ
（三瓶与右衛門氏と共訳，共立出版，1957年～1958年）

L.S.ポントリャーギン：常微分方程式
（木村俊房 校閲，共立出版，初版 1963年，新版 1968年）

アヒエゼル/グラズマン：ヒルベルト空間論
（上，下．共立出版，1972年～1973年）

関数解析（現代数学レクチャーズ B―9，培風館，1982年）

“生存競争と数学”（最終講義．東京女子医科大学雑誌 第64巻 第9号 43-50．1994年）

行列の関数とジョルダン標準形（サイエンティスト社，初版 1998年）

Chiba, K. ” *Note on the asymptotic behavior of solutions of a system of linear ordinary differential equations,* ” Comm. Math. Univ. St. Paul, **13** (1965), 51-62

Chiba, K. and Kimura, T. ” *On the asymptotic behavior of solutions of a system of linear ordinary differential equations,* ” Comm. Math. Univ. St. Paul, **18** (1970), 61-80

大変残念ながら、著者千葉克裕先生は、2012年12月26日ご逝去されました。
生前、先生は本書のご執筆に大変力を尽くされておられました。
先生のご冥福をお祈りするとともに、微力ながら先生のご意志を継がせていただき、謹んで第２刷を発行させていただきます。

サイエンティスト社

行列の関数とジョルダン標準形【増補改訂版】　ISBN978-4-86079-039-4

2010年6月30日　増補改訂版第1刷発行
2014年5月29日　増補改訂版第2刷発行

著　者　千葉　克裕
発行者　中山　昌子
発行元　株式会社 サイエンティスト社
〒151-0051　東京都渋谷区千駄ヶ谷5-8-10-605
Tel. 03（3354）2004　Fax. 03（3354）2017
Email: info@scientist-press.com
www.scientist-press.com
印刷・製本　シナノ印刷株式会社